普通高等教育"十一五"国家级规划教材
信息与通信工程专业核心教材

现代交换原理与技术

（第4版）

罗国明　陈庆华　邹仕祥　杨　健　编著

电子工业出版社

Publishing House of Electronics Industry

北京·BEIJING

内 容 简 介

本书为普通高等教育"十一五"国家级规划教材。本书按照技术发展和教育认知规律，系统地介绍与通信网相关的各类交换技术的基本概念和工作原理，并对推动通信网演进和发展的新技术进行讨论。全书共 8 章，主要内容包括：交换技术概论，电路交换，信令系统，分组交换与 IP 交换，宽带 IP 网络与新型网络技术，下一代网络与 IMS，移动交换，光交换。

本书概念准确、系统性强，论述严谨、教学功能突出，内容新颖、图文并茂。既注重基本概念和基本原理的阐述，又力图反映交换技术的最新发展，重视理论与实际的结合。

本书可作为高等院校通信、电子及相关专业本科和研究生的教学用书，也可作为通信与网络工程技术人员的技术参考书。

图书在版编目（CIP）数据

现代交换原理与技术 / 罗国明等编著. —4 版. —北京：电子工业出版社，2021.2

ISBN 978-7-121-40641-6

Ⅰ. ①现… Ⅱ. ①罗… Ⅲ. ①通信交换－高等学校－教材 Ⅳ. ①TN91

中国版本图书馆 CIP 数据核字（2021）第 034509 号

责任编辑：韩同平

印　　刷：三河市鑫金马印装有限公司

装　　订：三河市鑫金马印装有限公司

出版发行：电子工业出版社

　　　　　北京市海淀区万寿路 173 信箱　邮编：100036

开　　本：787×1092　1/16　印张：17.25　字数：552 千字

版　　次：2006 年 7 月第 1 版

　　　　　2021 年 2 月第 4 版

印　　次：2025 年 2 月第 9 次印刷

定　　价：59.90 元

凡所购买电子工业出版社图书有缺损问题，请向购买书店调换。若书店售缺，请与本社发行部联系，联系及邮购电话：(010) 88254888，88258888。

质量投诉请发邮件至 zlts@phei.com.cn，盗版侵权举报请发邮件至 dbqq@phei.com.cn。

本书咨询联系方式：(010) 88254525，hantp@phei.com.cn。

第 4 版前言

本书为**普通高等教育"十一五"国家级规划教材**,其第 1、2、3 版分别于 2006、2010 年、2014 年出版。本书出版至今,得到了众多高校师生的厚爱,先后被解放军陆军工程大学等国内数十所高校的相关专业选作教材,经过近 15 年的精心培育、多次修订锤炼,已经成为国内通信网与交换领域的主选教材,在通信、电子和信息类专业的人才培养中发挥了重要作用。

近年来,随着以 5G 为代表的新型网络技术的快速发展,通信网设备形态和网络生态正在发生深刻而复杂的变化,有鉴于此,需对第 3 版教材内容进行更新,以适应人才培养和课程建设需要。本次修订按照"精简陈旧内容、精选成熟技术和精编体系结构"思路进行编写。

第 4 版将第 3 版的 10 章压缩为 8 章,全书按 40 学时进行设计和内容取舍。与第 3 版相比较,第 4 版的变化主要体现在:

(1)在章节结构方面,进一步精简了第 3 版第 2 章电路交换内容,删除了第 5 章传统智能网内容;将第 4 章和第 6 章整合为一章——分组交换与 IP 交换,将传统的分组交换(X.25、FR、ATM),与局域网交换和 IP 交换整合成一个体系。

(2)在基本原理方面,依然保留了交换原理与信令控制的基础性和教学性作用,并增加了信令的 IP 传送和 IP 信令网等内容;突出经典的分组交换原理,以及 IP 交换技术的精髓,在体现技术原理传承和发展的同时兼具系统性。

(3)在技术发展方面,结合网络技术近年来的发展,增加了软件定义网络、网络功能虚拟化、5G 核心网等新型网络技术;充实和优化了 NGN 与 IMS、移动交换、光交换等章节内容。

第 4 版教材在继承第 1~3 版教材优点的基础上,具有以下特点:

(1)结构更加科学合理。本教材根据高等院校通信与电子类专业对通信网交换技术的教学需要,从下一代网络与网络融合的角度,对纷繁复杂的交换原理和技术进行了系统的梳理和科学的组织,合理地把握了成熟、实用和技术热点之间的关系,同时注重理论与实际的结合,并将该领域最本质的原理与技术呈现给读者。体系新、内容精,反映了交换技术的最新发展。

(2)内容系统精炼,教学功能突出。按照教育认知规律,将不断发展的网络交换技术同基本原理有机地结合起来,形成完整的知识体系。做到启发思维,诱导探索,学以致用。通过本教材进行教学,使学生能够建立起通信全程全网的思维理念,掌握分析问题和解决问题的方法。

参加第 4 版编写的有:罗国明负责第 1、2、3、7 章,陈庆华负责第 5、6 章,邹仕祥负责第 4、8 章,杨健参与了第 2、3 章部分内容的修订;全书由罗国明负责统稿。

第 4 版充分吸收了长期从事通信网与交换类课程的多位老师的建议,以及读者的反馈意见。本书得到解放军陆军工程大学通信工程学院领导的大力支持,通信工程学院军事通信网教研室为此提供了许多方便。在此向领导、老师、同人和参考文献的提供者表示衷心的感谢。

通信网交换技术发展迅速,加之编著者水平有限,书中错误及不当之处,敬请读者批评指正。

编著者(lgm_ice@126.com)

于解放军陆军工程大学

目　　录

第1章 概　　论

1.1　交换与通信网

1.1.1　交换机的引入

信息需要从一方传送到另一方才能体现它的价值。如何准确而经济地实现信息的传输，这就是通信要解决的问题。从广义上说，无论采用什么方法，使用何种媒介，只要将信息从一方传送到另一方，均可称为通信，如古代的烽火报警、驿站传书，近代的邮政、电话和数据通信等。从一般意义上讲，**通信即是指按约定规则而进行的信息传送**。由"通信"到"电信"，仅仅一字之差，却牵动了一场革命，拉开了通信技术发展的帷幕。今天我们所说的通信，通常是指电通信，信息以电磁波形式进行传输，即电信。

一个电信系统至少应当由发送或接收信息的终端和传送信息的传输媒介组成，如图 1-1 所示。终端将包含信息的消息，如话音、数据、图像等，转换成适合传输媒介传输的电磁信号，同时将来自传输媒介的电磁信号还原成原始消息；传输媒介则负责把电磁信号从一方传输到另一方。这种只涉及两个终端的通信系统称为点对点通信系统。

图 1-1　点对点通信系统

当存在多个终端，并希望它们中的任何两个都能进行点对点通信时，最直接的方法是把所有的终端两两相连，如图 1-2 所示。这样的连接方式称为全互连方式。

全互连是一种最简单、最直接的组网方式，但存在下列问题：

（1）每个终端都需配置很多线路接口，才能实现与其他终端相连。

（2）连接线对的数量随终端数的平方增加，当存在 N 个终端时，需要的连接线对数为 $N(N-1)/2$；

（3）当终端相距很远时，需要大量的长途线路。

因此，在实际应用中，全互连方式仅适用于终端数少、地理位置较集中、可靠性要求很高的场合。

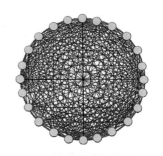

图 1-2　全互连方式示意图

上述问题将随着用户数量的增加而变得更加突出。为此，可以考虑在用户分布较集中的地区安装一台设备，把每个用户终端（如电话机）或其他设备用各自专用的线路连接到这台设备上，如图 1-3 所示。这台设备相当于一组**开关（Switch）**，当任意两个用户需要通信时，该设备可以立即将这两个用户之间的通信线路连通（称为"**接续**"），让用户进行通信。用户通信完毕，该设备又可以立即把两个用户之间的连接线断开。由此可见，这台设备能够完成任意两个用户之间的信息交换任务，因此称之为**交换机**，也可称为交换节点。有了交换机，N 个用户只需要用 N 对连接线就可以满足通信要求了，这显然可以大大降低线路的投资费用。这里，虽然增加了交换设备的费用，但由于它的利用率很高，相比之下，总的投资费用将下降，特别是当用户数很大时更是如此。

根据 IEEE（电子和电气工程师协会）的定义，**交换机的作用是在任意选定的两条用户线之间建立和（而后）释放一条通信链路**。换句话说，**交换机应能为连接到本机的任意两个用户之间建立一条通信链路，并能随时根据用户要求释放（断开）通信链路。**

引入交换机后，用户之间的点对点通信就可由交换机来提供。交换机最早用于电话通信。最简单的通信网仅包含一台交换机，如图 1-3 所示。每个用户（电话机或通信终端）通过一条专用的用户线与交换机的相应端口相连接。实际的电话用户线常是一对双绞线，线径在 0.4～0.7mm 之间。

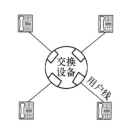

图 1-3　单交换机通信网

1.1.2　交换式通信网

由交换机构建通信网的一个突出优点是很容易组成大型网络。例如，当终端数目很多，且分散在不同地区时，可以用交换机组成如图 1-4 所示的通信网。网中直接连接电话机的交换机称为**本地交换机或市话交换机**，相应的交换局称为**端局或市话局**；仅与其他交换机连接的交换机称为**汇接交换机**。当交换机相距很远，必须采用长途线路时，这种情况下的汇接交换机也称为**长途交换机**。交换机之间的连接线路称为**中继线**。显然，长途交换机一般仅涉及交换机之间的通信，而本地市话交换机则既涉及交换机之间的通信，也涉及与用户终端之间的通信。类似地，本地汇接交换机也可只涉及交换机之间的通信。图 1-4 中，用户交换机常称为 PBX（Private Branch Exchange），主要用于集团内部通信。

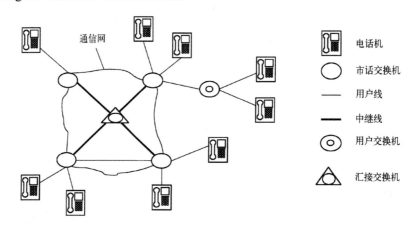

📞	电话机
◯	市话交换机
──	用户线
━━	中继线
◎	用户交换机
△	汇接交换机

图 1-4　由多台交换机组成的通信网

按需实现任意入线（入端口）与任意出线（出端口）之间的互连是交换机最基本的任务。 从交换机完成用户之间通信的不同情况来看，交换机应能控制以下 4 种接续。

本局接续：指在交换机内用户线之间的接续。

出局接续：指用户线与出中继线之间的接续。

入局接续：指入中继线与用户线之间的接续。

转接接续：指入中继线与出中继线间的接续。

为了完成上述接续任务，交换机必须具备以下基本的功能：

① 为了发现和判断用户的呼叫请求，交换机能正确接收和分析来自用户线或中继线的呼

叫信号；

    ② 能正确接收和分析来自用户线或中继线的地址信号；

    ③ 能按目的地址进行路由选择，以及在中继线上转发信号；

    ④ 能控制交换机端口之间连接通路的建立；

    ⑤ 能按照收到的释放请求信号拆除已建立的连接。

在计算机局域网中也有被称为 **LAN Switch** 的交换机，俗称**网络交换机**。LAN Switch 的基本任务是将来自输入端口的数据包根据其目的地址转发到输出端口，只要目的地址不变，出、入端口之间的对应关系就保持不变，相当于建立了端口之间的连接。因此，LAN Switch 和电话交换机具有类似的功能。

1. 通信网的定义

对于通信网的定义，从不同的角度可以具有不同的观点。从用户角度看，通信网是一个信息服务设施，甚至是一个娱乐服务设施，用户可以利用它获取信息、发送信息、参与娱乐等；而从工程师角度看，通信网则是由各种软硬件设施按照一定的规则互连在一起，完成信息传送任务的系统。工程师希望这个系统应能可管、可控、可运营。因此，我们给通信网下一个通俗的定义：**通信网是由一定数量的节点（包括终端系统、交换机）和连接这些节点的传输系统有机地组织在一起的，按照约定规则或协议完成任意用户间信息交换的通信体系。**

在通信网上，信息的交换可以在两个用户之间进行，在两个计算机进程之间进行，还可以在用户和设备之间进行。交换的信息包括用户信息（如话音、数据、图像等）、控制信息（如信令信息、路由信息等）和网络管理信息三类。由于信息通常以电磁形式进行传输，因而现代通信网也称为电信网。通信网要解决的是任意两个用户间的通信问题，由于用户数目众多、地理位置分散，并且需要将采用不同技术体制的各类网络互联在一起，因此通信网必然涉及组网结构、编址、选路、控制、管理、接口标准、建设成本、可扩充性、服务质量保证等一系列在点对点通信中原本不是问题的问题，这些因素增加了设计一个实际通信网的复杂度。

2. 网络工作方式

在通信网中，将信息由信源传送至信宿具有两种工作方式：**面向连接（CO，Connection Oriented）方式和无连接（CL，Connectionless）**。这两种方式可以比做铁路交通和公路交通。铁路交通是面向连接的，如从北京到南京，只要铁路信号提前往沿线各站一送，道岔一合（类似于交换），火车就可以从北京直达南京，一路畅通，准时到达。公路交通是无连接的，汽车从北京到南京一路要经过许多立交或岔路口，在每个路口都要进行选路，遇见道路拥塞时还要考虑如何绕行，路况对运输影响的结果是：或者延误时间，或者货物受到影响，时效性（通信中称为服务质量）难以得到保证。

（1）面向连接网络

面向连接网络的工作原理如图 1-5 所示。假定 A 站有三个数据分组要传送到 C 站，A 站首先发送一个"呼叫请求"消息到节点 1，要求网络建立到 C 站的连接。节点 1 通过选路确定将该请求发送到节点 2，节点 2 又决定将该请求发送到节点 3，节点 3 决定将该请求发送到节点 6，节点 6 最终将"呼叫请求"消息投送到 C 站。如果 C 站接受本次通信请求，就响应一个"呼叫接受"消息到节点 6，这个消息通过节点 3、2 和 1 原路返回到 A 站。一旦连接建立，A 站和 C 站之间就可以经由这条连接线路（图中虚线所示）来传送（交换）数据分组了。A 站需要发送的三个分组依次通过连接线路传送，各分组传送时不再需要选择路由。因此，来自 A 站的每个数据分组，依次穿过节点 1、2、3、6，而来自 C 站的每个数据分组依次穿过节点 6、3、2、1。通信结束时，A、C 任意一站均可发送一个"释放请求"信号来终止连接。

面向连接网络建立的连接可以分为两种：实连接和虚连接。用户通信时，如果建立的连接是由一段接一段的专用电路级联而成，无论是否有信息传送，这条专用连接（专线）始终存在，且每一段占用恒定的电路资源（如带宽），那么这种连接就叫实连接（如电话交换网）；如果电路的分配是随机的，用户有信息传送时才占用电路资源（带宽根据需要分配），无信息传送就不占用电路资源，对用户信息采用标记进行识别，各段线路使用标记统计占用线路资源，那么这些串接（级联）起来的标记链叫做虚连接（如分组交换网）。显而易见，实连接的资源利用率较低，而虚连接的资源利用率较高。

（2）无连接网络

无连接网络的工作原理如图 1-6 所示。同样，如果 A 站有三个数据分组要传送至 C 站，A 站直接将分组 1、2、3 按序发给节点 1。节点 1 为每个分组独立选择路由。在分组 1 到达后，节点 1 得知输出至节点 2 的队列较短，于是将分组 1 放入输出至节点 2 的队列。同理，对分组 2 的处理方式也是如此。对于分组 3，节点 1 发现当前输出到节点 4 的队列最短，因此将分组 3 放在输出到节点 4 的队列中。在通往 C 站的后续节点上，都做类似的选路和转发处理。这样，每个分组虽然都包含同样的目的地址，但并不一定走同一路由。另外，分组 3 先于分组 2 到达节点 6 也是完全可能的，因此，这些分组有可能以不同于它们发送时的顺序到达 C 站，这就需要 C 站重新对分组进行排列，以恢复它们原来的顺序。

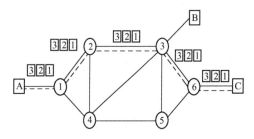

图 1-5　面向连接网络的工作原理

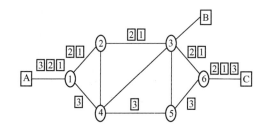

图 1-6　无连接网络的工作原理

上述两种工作方式的主要区别如下：

① 面向连接网络对每次通信总要经过建立连接、传送信息、释放连接三个阶段；而无连接网络则没有建立和释放的过程。

② 面向连接网络中的节点必须为相关的呼叫选路，一旦路由确定连接即建立，路由中各节点需要为接下来进行的通信维持相应的连接状态；而无连接网络中的节点必须为每个分组独立选路，但节点中并不维持连接状态。

③ 用户信息较长时，采用面向连接方式通信效率较高；反之，无连接方式要好一些。

1.2　交　换　方　式

交换机的任务是完成任意两个用户之间的信息交换。按照所交换信息的特征，以及为完成交换功能所采用的技术不同，出现了多种交换方式。目前，在电信网和计算机网中使用的主要交换方式如图 1-7 所示。

下面对各种交换方式进行简要说明。

1.2.1　电路交换

电路交换（CS，Circuit Switching）是最早出现的一种交换方式，主要用于电话通信。电路交换的基本过程包括呼叫建立、信息传送（通话）和连接释放三个阶段，如图1-8所示。

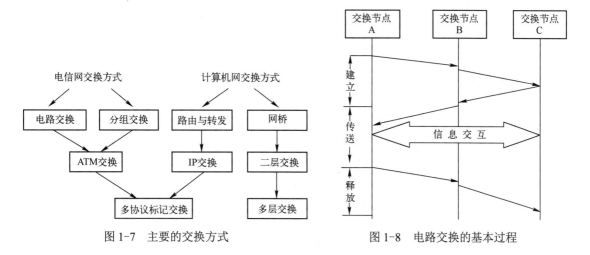

图 1-7　主要的交换方式　　　　图 1-8　电路交换的基本过程

　　在双方开始通信之前，发起通信的一方（通常称为**主叫**）通过一定的方式（如拨号）将接受通信的一方（**被叫**）的地址告诉网络，网络根据被叫地址在主叫和被叫之间建立一条电路，这个过程称为**呼叫建立**（或称连接建立）。然后主叫和被叫进行通信（通话），通信过程中双方独占所占用的通信电路。通信结束后，主叫或被叫通知网络释放通信电路，这个过程称为**呼叫释放**（或连接释放）。通信过程中所占用的电路资源在释放后，才能被其他用户通信所用。这种交换方式就称为电路交换。包括最早使用的磁石电话在内的人工交换通常都采用电路交换方式（直至20世纪90年代IP电话出现）。

　　电路交换是一种实时交换，当任一用户呼叫另一用户时，交换机应立即在两个用户之间建立通话电路；如果没有空闲的电路，呼叫将损失掉（称为**呼损**）。因此，对于电路交换而言，应配备足够的电路资源，使呼叫损失率控制在服务质量允许的范围内。

　　电路交换采用固定分配带宽（物理信道），在通信前要先建立连接，在通信过程中一直维持这一物理连接，只要用户不发出呼叫释放信号，即使通信（通话）暂时停顿，物理连接也仍然保持。因此，电路利用率较低。由于通信前要预先建立连接，故有一定的连接建立时延；但在连接建立后可实时传输信息，传输时延一般可忽略不计。电路交换通常采用基于呼叫损失制的方法处理业务流量，过负荷时呼损率增加，但不影响已经接受的呼叫。

● 电路交换的主要优点：

① 传输速率恒定，实时性好。

② 交换机对用户信息不进行处理，信息在通信电路中"透明"传输，信息传输效率较高。

● 电路交换的主要缺点：

① 电路资源被通信双方独占，电路利用率低。

② 由于存在呼叫建立过程，电路接续时间较长。当通信时间较短（或传送较短信息）时，呼叫建立的时间可能大于通信时间，网络的利用率较低。

③ 有呼损，即可能出现由于被叫忙或通信网络负荷过重而呼叫不通的情况。

④ 通信双方在信息传输速率、编码格式等方面必须完全兼容，否则难于互通。

　　电路交换通常适合于电话通信、文件传送、高速传真等业务，而不适合突发性强、对差错敏感的数据通信。

1.2.2 分组交换

分组交换来源于报文交换，采用"存储-转发（Store and Forward）"方式，同属于可变比特率交换范畴。为此，下面先介绍报文交换（Message Switching）。

1. 报文交换

报文交换又称存储转发交换。与电路交换的原理不同，网络不需为通信双方建立实际电路连接，而是将接收的报文暂时存储，然后按一定的策略将报文转发到目的用户。报文中除了用户要传送的信息以外，还有源地址和目的地址，交换机要分析目的地址和选择路由，并在选择的端口上排队，等待线路空闲时才发送（转发）到下一个交换节点。

图 1-9 示出了报文交换的一般过程。当用户 A 要向用户 B 传送信息（发送报文）时，用户 A 不需要先叫通与用户 B 之间的电路，而只需与交换机 1 接通，由交换机 1 暂时把用户 A 要发送的报文接收和存储起来，并根据报文中提供的用户 B 的地址确定交换网内的路由，将报文送到输出队列中排队，等到该输出线空闲时立即将该报文发送到下一台交换机 2，以此类推，最后根据该报文的地址信息将报文投递到目的用户 B。

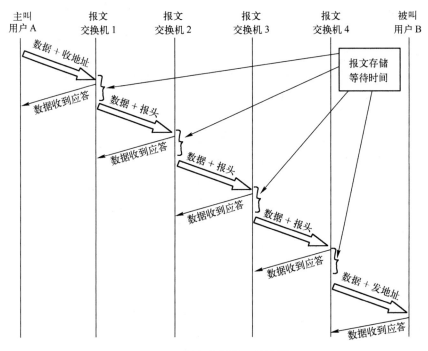

图 1-9　报文交换的一般过程

报文交换中信息的格式以报文为基本单位。一份报文包括三个部分：报头、正文和报尾。报头包括发端地址（源地址）、收端地址（目的地址）及其他辅助信息；正文为用户要传送的信息；报尾是报文的结束标志，若报文具有长度指示，则报尾可以省略。报文交换的特征是交换机要对用户的信息进行存储和处理。

● 报文交换的主要优点：

① 信息以"存储-转发"方式通过交换机，输入输出电路的速率、编码格式等可以不同，很容易实现各种不同类型终端之间的通信。

② 在信息传送（报文交换）的过程（从用户 A 到用户 B）中没有电路接续过程，来自不同用户的信息可以在一条线路上以报文为单位进行多路复用，线路可以以它的最高传输能力工

作，电路利用率高。

③ 用户不需要叫通目的用户就可以发送报文；如果需要，同一报文可以由交换机转发给多个不同的用户，易于实现多播通信。

● 报文交换的主要缺点：

① 由于采用"存储-转发"，信息通过交换机时存在时延较大，而且不同报文之间时延的变化也较大，不利于实时通信。

② 交换机要有能力存储用户发送的报文，其中有的报文可能很长，要求交换机具有较高的处理能力和较大的存储容量。

2. 分组交换

报文交换的传输时延大，难以满足数据通信的实时性要求（尽管数据通信相比于话音通信对实时性要求要宽松得多）。因此，产生了分组交换技术。

分组交换同样采用"存储-转发"方式，但不是以报文为单位，而是把报文划分成许多比较短的、规格化的"分组（Packet）"进行交换和传输的。分组长度较短，且具有统一的格式，便于交换机进行存储和处理。分组进入交换机后只在主存储器中停留很短的时间，进行排队处理，一旦确定了路由，就很快输出到下一个交换机。分组通过交换机或网络的时间很短（为毫秒级），能满足绝大多数数据通信对信息传输的实时性要求。根据交换机对分组的不同处理方式，分组交换有两种工作模式：**数据报（Datagram）和虚电路（Virtual Circuit）**。

数据报方式类似于报文交换，只是将每个分组作为一个报文来对待。每个数据分组中都包含目的地址信息，分组交换机为每一个数据分组独立地寻找路径，因此，一个报文包含的多个分组可能会沿着不同的路径到达目的地，在目的地需要重新排序。

虚电路方式类似于电路交换，用户终端在开始传输数据之前，同样必须通过网络建立连接，只是建立的是逻辑上的连接（虚电路），而不是物理连接。一旦这种连接建立之后，用户发送的数据（以分组为单位）将顺序通过该路径传送到目的地。当通信完成之后用户发送拆链请求，网络清除连接。由于分组在网络中是顺序传送的，因而不需要在目的地重新排序。

● 分组交换的主要优点：

① 可为用户提供异种终端（支持不同速率、不同编码方式和不同通信协议的数据终端）的通信环境。

② 在网络负荷较轻情况下，传输时延较小，能够较好地满足交互式业务的通信要求。

③ 线路的利用率高，在一条物理线路上可以同时提供多条信息传送通路。

④ 可靠性高。分组在网络中传输时可以在中继线和用户线上分段进行差错校验，使信息传输的比特差错率大大降低，一般可控制在 10^{-10} 以下。由于分组在网络中传输的路由是可变的，当网络设备或线路发生故障时，分组可自动地避开故障点，故分组交换的可靠性高。

⑤ 经济性好。信息以分组为单位在交换机中存储和处理，不要求交换机具有很大的存储容量，便于降低设备造价；对线路的统计复用也有利于降低用户的通信费用。

● 分组交换的主要缺点：

① 分组中开销较大，对长报文通信效率较低。按照分组交换的要求，一份报文要分割成许多分组，每个分组要加上控制信息（分组头）。此外，还必须附加许多控制分组，用以实现管理和控制功能。可见，在分组交换网内除了传输用户数据之外，还要传输许多辅助控制信息。对于那些长报文而言，分组交换的传输效率可能不如电路交换或报文交换。

② 技术实现复杂。分组交换机需对各种类型的分组进行处理，为分组的传输提供路由，并且在必要时自动进行路由调整；为用户提供速率、编码和通信协议的变换；为网络的维护管

理提供必要的信息等；因而技术实现复杂，对交换机的处理能力要求也较高。

③ 时延较大。由于节点处理任务较多，信息穿越网络经由的路径越长、节点越多，时延越大。因此，传统的分组交换主要用于数据通信，很难应用于实时多媒体业务。

3. 快速分组交换

传统的分组交换是基于 X.25 协议的。X.25 协议采用 3 层结构，第 1 层物理层，第 2 层数据链路层，第 3 层分组层，对应于**开放系统互连（OSI，Open System Interconnection）参考模型**的下 3 层，每一层都包含了一组功能。

X.25 协议是针对模拟通信环境设计的。随着光通信技术的发展，光纤逐渐成为通信网传输媒介的主体。光纤通信具有容量大、传输质量高的特点，其误码率远远低于模拟信道。在这样的通信环境下实现数据通信，显然没有必要设计烦琐的差错与流量控制功能。快速分组交换（FPS，Fast Packet Switching）就是在这样的背景下提出的。

快速分组交换可理解为尽量简化协议，只保留核心的链路层功能，以提供高速、高吞吐量、低时延服务的交换方式。广义的 FPS 包括帧中继（FR，Frame Relay）和信元中继（CR，Cell Relay）。

与 X.25 协议相比，帧中继只具有下两层，没有第 3 层，在数据链路层也只保留了核心功能，如帧的定界、同步及差错检测等。与传统的分组交换相比，帧中继具有两个主要特点：①帧中继以帧为单位传送和交换数据，在第 2 层（数据链路层）进行复用和传送，而不是在分组层，简化的协议加快了处理速度；②帧中继将用户面与控制面分离，用户面负责用户信息的传送，控制面负责呼叫控制和连接管理，包括信令功能。

帧中继取消了 X.25 协议中规定的节点之间、节点与用户设备之间每段链路上的数据差错控制，将逐段链路上的差错控制推到了网络边缘，由终端负责完成。网络只进行差错检测，错误帧予以丢弃，节点不负责重发。帧中继的这种设计思路是基于一定的技术背景的。正如前面所述，由于采用了光纤作为数据通信的主要手段，数据传输的误码率很低，链路上出现差错的概率大大减小，传输中不必对每段链路都进行差错控制。同时，随着终端智能化程度和处理能力的增强，原本由网络完成的部分功能可以推到网络边缘，由终端实现。

4. ATM 交换

从前面的介绍中可以看出，电路交换和分组交换具有各自的优点和不足，两者实际上是互补的。电路交换适合实时话音业务，但对数据业务效率不高；而分组交换适合数据业务，却对实时业务的支持不够好。显然，能够适应综合业务传送要求的交换技术必须具有电路交换和分组交换的综合优势，这正是 ITU-T 提出异步传送模式 ATM（Asynchronous Transfer Mode）的初衷。

ATM 交换的基本特点如下：

（1）采用定长的信元

与采用可变长度分组的帧中继比较，ATM 采用固定长度的信元（Cell）作为交换和复用的基本单位。信元实际上就是长度很短的分组，只有 53 个字节（Byte），其中前 5 个字节称为信头（Cell Header），其余 48 个字节为净荷（Pay Load）。定长的信元结构有利于简化节点的交换控制和缓冲器管理，以便获得较好的时延特性，这对综合业务的传送十分关键。

信头中包含控制信息的多少反映了交换节点的处理开销。因此，要尽量简化信头，以减少处理开销。ATM 信元的信头只有 5 个字节，主要包括虚连接标志、优先级指示和信头的差错校验等。信头中的差错校验是针对信头本身的，这是非常必要的功能，因为信头如果出错，将导致信元丢弃或错误选路。

（2）面向连接

ATM 采用面向连接方式。在用户传送信息之前，先要有连接建立过程；在信息传送结束之后要拆除连接。这一点与电路交换方式类似。当然，这里不再是物理连接，而是一种虚连接。

为了便于应用和管理，ATM 的虚连接分成两个等级：虚信道（VC，Virtual Channel）和虚通路（VP，Virtual Path）。如图 1-10 所示，一条物理传输信道可包含若干个 VP，每个 VP 又可划分为若干个 VC。

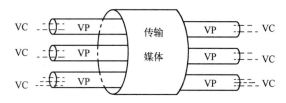

图 1-10　ATM 虚连接与传输通道示意图

（3）异步时分交换

电路交换属于同步时分（STD，Synchronous Time Division）交换，ATM 则属于异步时分（ATD，Asynchronous Time Division）交换。

关于同步时分交换这里只做简要说明。时分意味着复用，即一条物理信道可以由多个连接所共享，各自占用不同的时间位置。各个连接属于不同的呼叫，在交换过程中必须加以区分，也就是要判别每个时间位置（时隙）中的信息是属于哪个连接的。以 PCM 数字传输系统 PCM30/32 为例，每帧有 32 个时隙，假如在呼叫建立过程中将 TS10 分配给连接 A，则每帧的 TS10 始终用于传送连接 A 的用户信息，周而复始，直到连接释放。

ATD 复用的各个时间位置相当于各个信元所占的位置，即一个信元占有一个时间位置。ATD 与 STD 不同的是，属于某个连接的多个信元不占用固定的时间位置，而是根据该连接所需的带宽，或多或少的占用时间位置。也就是说，属于同一连接的信元可以或密或疏地在传输信道上出现。因此，它不再是固定分配时隙的同步方式，而是灵活分配带宽的异步方式，因而可以适应各种不同业务的传输要求。

为便于比较，图 1-11 简明地示意了 STD 与 ATD 概念的区别。图 1-11（a）所示为 STD，A，B，C 表示不同的呼叫连接，它们周期性地占用固定分配的时隙位置；图 1-11（b）所示为 ATD，X，Y，Z 表示不同虚连接所属的信元，它们在信道上的位置是随机分配的。

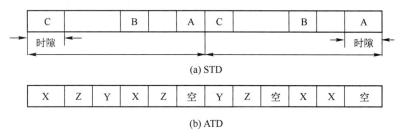

图 1-11　STD 与 ATD 的概念

综上所述，ATM 交换综合了电路交换和分组交换的优点，既具有电路交换的优点，支持实时业务；同时又具有分组交换支持可变比特率业务的优点，并能对业务信息进行统计复用。因而，ATM 很快被通信界所接受，并成为宽带综合业务数字网（B-ISDN，Broadband Integrated Service Digital Network）的首选技术。有关 ATM 交换技术将在第 4 章中介绍。

1.2.3 IP 网络交换

本书所述"IP 网络交换"主要是指计算机网络中的交换方式。

计算机网络是利用通信设备和传输线路将不同地理位置、功能独立的多个计算机系统互连在一起，通过一系列的协议实现资源共享和信息传送的系统。**从服务范围看，计算机网络分为局域网（LAN，Local Area Network）、城域网（MAN，Metropolitan Area Network）和广域网（WAN，Wide Area Network）**。随着局域网技术，特别是电信级以太网技术（CE，Carrier Ethernet）的发展，它的应用范围已延伸至城域网甚至广域网。

局域网技术包括以太网、令牌环、光纤分布式数据接口（FDDI）、ATM 等，但真正得到广泛应用的是美国电气和电子工程师学会 IEEE 802 委员会制定的以太网标准和技术。早期出现的局域网为共享传输介质的以太网（由集线器连接）或令牌环，对信道的占用采用竞争方式。随着用户数量的增加，信道冲突加剧、网络性能下降，每个用户实际获得的带宽急剧减小，甚至引起网络阻塞。解决这一问题的方法是在网络中引入两端口或多端口**网桥**，网桥的作用是将网络划分成多个网段以减小冲突域，提高网络传输性能。**由于网桥隔离了冲突域，在一定条件下具有增加网络带宽的作用**。但在一个较大的网络中，为保证响应速度，往往要分割很多网段，这不但增加建设成本，而且使网络的结构和管理也变得复杂。

局域网交换技术是在多端口网桥的基础上于 20 世纪 90 年代初发展起来的，它是一种改进的网桥技术，与传统的网桥相比，它能提供更多的端口，端口之间通过空分交换矩阵或存储转发部件实现互连。局域网交换机的引入，既提高了网络性能和数据传输的可靠性，又增强了网络的扩展性。

1．第二层交换

局域网交换机工作在数据链路层，它能够读取数据帧中的 MAC 地址并根据 MAC 地址进行信息交换，这也是称为第二层交换的原因。在这种交换机中，内部通常有一个地址表（地址池），地址表的各表项标明了 MAC 地址和端口的对应关系。当交换机从某个端口收到一个数据帧时，它首先读取帧头中的源 MAC 地址，这样它就可知道 MAC 地址所属的终端连接在哪个端口上。然后，它再读取帧头中的目的 MAC 地址，并在地址表中查找相应的表项。如找到与该 MAC 地址对应的**表项（MAC 地址-端口号）**，就把数据帧从这个端口转发出去；如果在表中找不到相应的表项，则把数据帧广播到除输入端口之外的所有端口上。当目的主机响应广播数据帧时，交换机就在地址表中记下响应主机的 MAC 地址与所连接端口的对应关系，这样，在下次传送数据时就不再需要对所有端口进行广播了。**第二层交换机就是这样通过自动学习和广播机制建立起自己的地址表的**。由于第二层交换机一般具有高速的交换总线，所以可以同时在很多端口之间交换数据。与网桥相比较，第二层交换机具有更多的端口和更高的交换速率。传统网桥大都基于软件实现，转发时延为毫秒级。第二层交换机的工作大都由硬件完成，如 FPGA、ASIC 芯片或网络处理器等，转发时延为微秒级。因此，可以实现线速转发，使局域网的交换性能得到明显的提升。

2．路由与互连

第二层交换机在一定程度上减少了网络冲突，提高了数据转发性能。但由于交换机采用端口地址自动学习和广播相结合的机制没有根本改变，仍会导致广播风暴，难以满足大型网络的组网需要，因此又引入了路由器。用路由器来实现不同局域网之间的互连，在不同子网之间转发分组。**路由器可以彻底隔离广播风暴，适应大型组网对性能、容量和安全性的要求**。路由器具有路由选择功能，不但可为跨越不同局域网的分组选择最佳路径，而且可以避开失效的节点或网段，还可以进行不同网络协议的转换，实现异构互连。如图 1-12 所示，路由器可将很多分布在各地的局域网互连起来构成广域网，实现更大范围的资源共享和信息传送。目前，最大的计算机广域网就是国际互联网（Internet）。

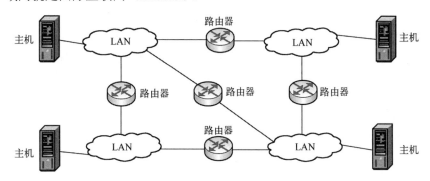

图 1-12　广域网组网示意图

路由器是计算机网络的典型组网设备，它工作在网络层，采用无连接方式对进入节点的每个分组进行逐包检查，并采用"**最长地址匹配**"原则将每个分组的目的地址与路由表中的表项逐个进行比较，选择合适的路由并将分组转发出去。传统路由器对每个分组都要进行一系列复杂的处理，如差错控制、流量控制、路由处理、安全过滤、策略控制等，并需支持多种协议以便实现异构互连。这些功能和操作大都是通过软件实现的。随着网络通信量的增加，路由器的处理能力不堪重负，因此，网络拥塞在所难免，网络的服务质量无法得到保证。尽管路由器在互连功能上具有优势，但价格相对较高，报文转发速度较低。为了解决局域网互连对转发速率和安全性的要求，人们在第二层交换的基础上，引入了虚拟局域网（VLAN，Virtual Local Network）技术和第三层交换技术。

3．虚拟局域网

虚拟局域网（VLAN）是指在交换式局域网的基础上，通过网管配置构建的可跨越不同网段、不同网络的端到端的逻辑网络。一个 VLAN 组成一个逻辑子网，即一个广播域，它可以覆盖多个网络设备，允许处于不同地理位置的用户加入到一个逻辑子网中。对网络交换机而言，每个端口可对应一个网段，由于子网由若干网段构成，通过对交换机端口的组合，可以逻辑形式划分子网。广播报文只限定在子网内传播，不能扩散到别的子网，通过合理划分逻辑子网，能够达到控制广播风暴的作用。VLAN 技术不用路由器就能解决广播风暴的隔离问题，且 VLAN 内网段与其物理位置无关，即相邻网段可以属于不同 VLAN，相隔甚远的两个网段可以属于同一个 VLAN，而属于不同 VLAN 的终端之间不能相互通信。VLAN 可以按基于端口、基于 MAC 地址和基于 IP 路由等方式进行划分。对于采用 VLAN 技术的网络来说，一个 VLAN 可以根据部门职能将不同物理位置的网络用户划分为一个逻辑网段。在不改动网络物理连接的情况下可以任意地将工作站在 VLAN 之间移动。利用 VLAN 技术，不但可以有效控制广播风暴，提高网络性能和安全性，而且可以减轻网管和维护负担，降低网络维护成本。

4．第三层交换

第三层属于网络层。但第三层交换并非只使用第三层的功能，也不是简单地把路由器的软硬件叠加在局域网交换机上，而是把第三层的路由器与第二层的交换机两者的优势有机地结合起来，利用第三层路由协议中的选路信息来增强第二层交换功能，以实现分组的快速转发。按照 OSI/RM 模型的功能划分，网络层的主要任务是寻址、选路和协议处理。传统路由器由于使用软件和通用 CPU 实现数据包转发，同时还要完成包括路由表创建、维护和更新等协议处理，因而处理开销大，转发速度受到限制，难以满足局域网高速互连对转发速率的要求。而第二层交换在解决大型局域网组网的扩展性、抑制广播风暴和安全性控制等方面又力不从心，为了解决这些问题，第三层交换应运而生。第三层交换技术的出现，既解决了局域网中 VLAN 划分之后，子网必须依赖路由器进行互连和管理的问题，又解决了传统路由器低速、复杂所造成的网络瓶颈问题。

从硬件结构上看，第二层交换机的接口模块是通过高速背板（速率可高达数十 Gb/s）实现数据交换的，在第三层交换机中，与路由有关的第三层路由模块也连接在高速背板上，这使得路由模块可以与需要路由的其他模块高速交换数据。在软件结构方面，第三层交换机也有重大的改进，它将传统的基于软件的路由器功能进行了界定，其做法是：对于数据包的转发，如 IP/IPX 包的转发，通过线路板卡中的专用集成芯片（ASIC）高速实现。对于第三层路由软件，如路由信息的更新、路由表维护、路由计算、路由的确定等功能，采用优化、高效的软件实现。第三层交换技术主要包括逐包式和流式交换，局域网第三层交换机主要采用逐包式交换技术，流式交换技术主要用于广域网。

目前，在计算机网络领域，出现了多种交换与组网技术，如局域网中的二层交换、三层交换等，广域网中的 IP 交换、多协议标记交换等。这些内容将在第 4 章进行详细介绍。有关宽带 IP 网络的 QoS 技术、组网方案以及近年来在体系结构上的演进将在第 5 章介绍。

1.3 交换与路由

如前所述，交换技术主要用于电信网，路由技术主要用于计算机网。交换和路由技术在很长时间内一直分属于这两类网络，被视作两个并行的技术。在互联网的冲击下，电信网和计算机网逐渐趋于融合，IP 逐渐成为通信网的核心技术，因此，有必要厘清交换和路由间的关系。

首先需要明确它们的区别，但要给出对这个问题的清晰答案并不容易。虽然一些通信设备厂商将其产品称为交换或路由设备，但在许多情况下是为了迎合市场需要而命名的，并不能确切地反映其技术内涵。事实上，交换和路由技术是相互影响、相互渗透的。前已述及，交换的含义十分广泛，从控制方式看，有面向连接和无连接方式，其中面向连接方式还有实连接和虚连接之分；从网络应用看，有电路交换、分组交换、局域网交换等；从涉及的网络层次来看，与第三层相关的称为分组交换，如 X.25、IP/IPX 等；与第二层相关的则称为帧交换，如帧中继、ATM 和 LAN Switch。众所周知，路由技术属于第三层，但从广义上说，它属于分组交换范畴。

归纳起来，交换和路由技术的主要差别主要体现在以下几方面。

（1）交换技术主要是面向连接的，而路由技术则是无连接的。虽然交换技术可以是无连接的，但电信网中实际应用的交换技术大多是面向连接的，这是电信网基于服务质量保证和运营管理需要而确定的基本原则。路由具有灵活性，它无须预先建立连接，路由器之间通过路由协议可以自动发现网络故障，从而确保通信的可靠性。

（2）交换具有信令机制，而路由则没有。信令的基本任务是在交换机之间以及用户和交换机之间交互控制信息，据此建立端到端的连接。信令是电信网的特有技术，信令使电信网存在一个独立的控制面，其功能就是负责呼叫和连接的建立、维护和管理。而路由技术主要体现为网络层的路由协议、算法与分组转发，没有专用的信令机制，也没有独立的呼叫控制面。

（3）交换是有状态的，而路由则是无状态的。为了保持呼叫连接，交换机必须保存连接状态信息，如出入端口、呼叫标识、带宽等信息，因此交换是有状态的。路由器虽然也保存并不断更新其路由信息，但路由表只与分组的目的地址相关，而与具体的通信过程无关，因此路由器是无状态的。

（4）交换具有 QoS 保证，而路由则难以确保。由于交换连接是固定的，即使是虚连接，属于同一呼叫或通信过程的数据包其传送路径也是相同的，因此数据分组传送是有序的，端到端时延和丢包等性能易于控制。而在路由技术中，属于同一通信过程的数据包可能经由不同路径，网络只能保证可达性，难以保证到达顺序和传输性能。因此，QoS 一直是困扰路由技术的一个难题。

在通信网的演进和发展过程中，源于电信网的交换技术和源于互联网的路由技术曾集中体现为 ATM 与 IP 的竞争。多年的探索和实践证明，电信网和互联网必须相互结合，IP 和 ATM 必须互相借鉴。其实，ATM 和 IP 是分属不同层次的技术，各有其优势和不足。融合这两种技术的 MPLS 充分体现了交换与路由技术结合的优势。电信级 IP 通信网和新一代互联网也在借鉴和引入类似于电信网的控制与管理平面。

总之，交换是电信网的核心技术，即使是下一代通信网依然如此。必须深入研究网络演进环境下的新的交换技术，包括交换和路由技术的有机结合。

1.4　交换技术的发展

1.4.1　电路交换技术的发展

1. 机电式电话交换

自从 1876 年贝尔发明电话以后，为适应多个用户之间的电话通信要求，1878 年出现了第一部人工磁石交换机。磁石电话机需自备干电池作为通话电源，并用手摇发电机发送交流呼叫信号。后来又出现了人工供电交换机，通话电源由交换机统一供给，省去了电话机中的手摇发电机，由电话机直流环路的闭合向交换机发送呼叫信号。供电式交换机比磁石交换机有所改进，但仍采用人工接线，接续速度慢。

1892 年诞生了第一部史端乔（Armond Strowger）步进制自动交换机。用户通过拨号盘向交换机发送拨号脉冲，直接控制交换机中的步进接线器做升降和旋转动作，从而完成电话的自动接续。从此，电话交换由人工交换时代迈入自动交换时代。步进制交换机及其后出现的机动制（旋转制或升降制）交换机均属于直接控制式机电交换机，这类交换机的特点是机械设备多，噪声大，接续部件易磨损，通话质量欠佳，维护工作量大。

纵横制交换机的出现是电话交换技术进入自动化时代后具有重要意义的转折点。纵横制交换机的技术进步主要体现在两个方面：一是采用了比较先进的纵横接线器，杂音少，通话质量好，不易磨损，寿命长，维护工作量较小；二是采用了公共控制方式，将控制功能与话路设备分开，使得公共控制部分可以独立设计，功能增强，灵活性提高，接续速度快，便于汇接和选择迂回路由，实现长途自动化。因此，纵横制远比步进制、机动制先进，而且更重要的是，公共控制方式的实现孕育着计算机程序控制方式的引入。

具有代表性的纵横制交换设备是瑞典的 ARF、ARM、ARK 等系列产品和美国的 1 号、4 号和 5 号纵横制交换机。我国从 20 世纪 50 年代开始研制纵横制交换机，并陆续定型和批量生产，主要型号有用于市话的 HJ921，用于长话的 JT801 和用户交换机的 HJ905 等。

2. 模拟程控交换

1965 年，美国开通了世界上第一个程控交换局，在公用电信网中引入程控交换技术，这是交换技术发展中具有重大意义的里程碑，标志着计算机技术与通信技术结合的开始。从此，世界各国纷纷致力于程控交换系统的研制，程控交换技术显示了巨大的优越性和生命力。早期的程控交换属于模拟程控交换。

程控交换的全称为**存储程序控制（SPC，Stored Program Control）**交换方式，它的特点是应用计算机软件来控制交换机的各种接续动作。所谓模拟程控交换，是指控制部分采用 SPC 方式，而话路部分传送和交换的仍然是模拟话音信号。与程控交换方式相比，机电式交换使用布线逻辑控制（WLC，Wired Logical Control）方式。程控交换的优越性概括如下：

（1）灵活性大，适应性强。SPC 可以适应电信网的各种网络环境和性能要求，在诸如编号计划、路由选择、计费方式、信令方式和终端接口等方面，都具有充分的灵活性和适应性。

（2）能提供多种新的服务性能。SPC 由于采用软件控制交换机的各种接续动作，故很容易通过改变软件来提供多种新的服务性能，如热线电话、呼叫等待、呼叫转移、会议电话等。

（3）便于实现公共信道信令。显然，只有在采用了 SPC 之后，才有可能促进公共信道信令的实现和发展。

（4）便于实现操作、维护及管理功能的自动化。从公用电信网的运营维护角度看，随着网络规模的不断扩大，对网络运行、维护、管理操作自动化的要求越来越迫切。采用 SPC 方式，可以利用软件技术，实现操作、维护和管理的自动化，提高维护管理质量。

（5）适应现代电信网的发展。正是由于程控交换特别是数字交换技术的发展，使得通信与计算机技术更加紧密地结合在一起，才使现代电信网有可能不断地开发出新的业务，适应网络发展的需要。

3．数字程控交换

1970 年，法国在拉尼翁（Lanion）成功开通世界上第一个数字程控交换系统 E10，标志着交换技术从传统的模拟交换进入数字交换时代。到 20 世纪 80 年代中期，技术上已趋于成熟，西方国际著名电信厂商相继推出众多型号的数字程控交换系统，如阿尔卡特的 E10，贝尔电话设备制造公司（BTM）的 S1240，AT&T 的 4ESS 和 5ESS，爱立信的 AXE10，西门子的 EWSD，北电的 DMS，富士通的 FETEX-150，以及日本电气（NEC）的 NEAX-61 等。

与模拟程控交换不同，数字程控在话路部分交换的是经过脉冲编码调制（PCM，Pulse Code Modulation）的数字话音信号，交换机内部采用数字交换网络（DSN，Digital Switching Network）。数字程控交换在技术上表现为以下 3 个主要特征：

（1）采用集成电路，实现了用户接口模块（用户级）和交换网络（选组级）的全数字化；

（2）在信令技术方面，普遍采用 7 号公共信道信令方式；

（3）随着计算机技术的迅速发展，数字程控交换普遍采用多机控制方式。

在数字程控交换领域，我国起步较晚，但起点较高，发展迅速。在 20 世纪 90 年代，相继推出了 HJD-04（巨龙公司）、C&C08（华为公司）、ZXJ-10（中兴公司）等大型数字程控交换系统，国产设备在我国电信网中的比重逐步增加，并迅速跻身世界先进行列。

经过一百多年的发展，电路交换技术现已非常成熟和完善，是通信网中使用的一种主要交换技术。传统电话网中的交换机，GSM、CDMA 数字移动通信系统的移动交换机，窄带综合业务数字网（N-ISDN）中的交换机，智能网 IN（Intelligent Network）中的业务交换点 SSP（Service Switching Point）均使用电路交换技术。

1.4.2　分组交换技术的发展

分组交换一词最早出自美国兰德（Rand）公司的研究报告。1964 年 8 月，巴兰（Baran P）在以分布式通信为题的一组兰德公司的研究报告中，首次提出了分组交换的概念。1965 年，在英国国家物理实验室（NPL，National Physical Laboratory）工作的戴维斯（Davies D）提出了存储-转发分组交换系统，并于 1966 年 6 月提出了"分组（Packet）"这一术语，用来表示在网络中传送的 128B 的信息块。1967 年 10 月公开发表 NPL 关于分组交换的建议。1969 年 12

月，美国国防部高级研究计划局（ARPA，Advanced Research Project Agency）研制的分组交换网 ARPANet（当时仅 4 个节点）投入运行，标志着以分组交换为基础的计算机网络的发展进入了一个崭新的纪元。1973 年，英国 NPL 也开通了分组交换试验网。现在业界都公认，ARPANet 为分组交换网之父，并将分组交换网的出现作为现代公用数据通信时代的开始。

ARPANet 和其他分组交换试验网的成功，促进了分组交换技术进入公用数据通信网，形成分组交换公用数据网（PSPDN，Packet Switched Public Data Network）。

从技术发展角度看，分组交换系统大致可以划分为 3 代。

1. 第 1 代分组交换系统

第 1 代分组交换系统实质上是直接利用计算机来完成分组交换功能的。处理机将存储器中一个输入队列的分组转移到另一个输出队列，从而完成分组的交换。典型的如 ARPANet 中所用的分组交换系统。后来，在系统中增加了前端处理机（FEP，Front End Processor），执行较低级别的任务（例如链路差错控制）以减轻主处理机的负荷。

在第 1 代分组交换系统中，分组吞吐量受限于处理机的速度，一般每秒只有几百个分组，这与当时传输链路的速率基本适应。第 1 代分组交换系统的结构示意如图 1-13 所示。

2. 第 2 代分组交换系统

第 2 代分组交换系统采用共享媒体方式将前端处理机互连，计算机主要用于虚电路的建立，不再成为系统的瓶颈。共享媒体可以是总线型或环型的，用于 FEP 之间分组的传送。媒体采用时分复用方式，每个时刻只能传送一个分组，因此系统的吞吐量将受到媒体带宽的限制。为此可采用并行（Parallel）的媒体，设置多重总线或多重环，以提高分组吞吐量。

第 2 代分组交换系统的结构示意如图 1-14 所示。

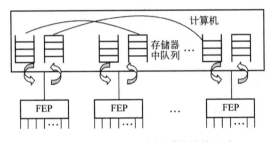

图 1-13　第 1 代分组交换系统结构示意

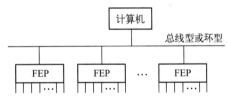

图 1-14　第 2 代分组交换系统结构示意

第 2 代分组交换系统在 20 世纪 80 年代得到了充分的发展，例如，阿尔卡特的 DPS2500，西门子的 EWSP 和北电的 DPN-100 等系统，其吞吐量达到每秒几万个分组。

3. 第 3 代分组交换系统

第 3 代分组交换系统采用交换结构取代共享媒体这一瓶颈。交换结构一直是电话交换和并行计算机系统感兴趣的研究领域，其着眼点是用较小的基本交换单元来构成多级互联网络，以增强并行处理能力，提高系统的吞吐量。实际上，第 3 代分组交换系统已进入快速分组交换的范畴，包括后来的高速路由器（如吉比特路由器）在内，基本上沿用了这一结构。

第 3 代分组交换系统的结构示意如图 1-15 所示。

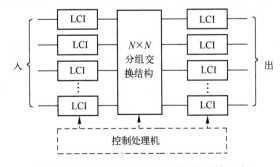

图 1-15　第 3 代分组交换系统的结构示意

1.4.3 宽带交换技术的发展

1. ATM 交换技术的发展

20 世纪 80 年代，随着宽带业务的发展及其业务发展的某些不确定性，迫切需要找到一种新的交换方式，能兼具电路交换和分组交换的优点，适应宽带业务快速发展的需要。1983 年出现的快速分组交换（FPS）和异步时分交换（ATD）的结合，导致了 ATM 的产生。

从 20 世纪 80 年代后期到 90 年代初期，是 ATM 技术发展的黄金时代。计算机界和电信界致力于 ATM 技术的研究和 ATM 交换系统的开发。首先推出的是吞吐量在 10GB 以下的小容量 ATM 交换机，用于计算机通信网。随着宽带业务的发展和 ATM 技术的逐渐成熟，ATM 交换技术的应用开始从专用网扩大到公用网，其标志是相继推出了一系列用于公用网的大容量 ATM 交换系统和一些公用 ATM 宽带试验网投入运行。

从技术角度看，ATM 在多业务承载方面是适合的，而且 ATM 相关协议和标准十分完善，但其协议体系的复杂性造成了 ATM 系统研制、配置、管理、故障定位的难度；在当时情况下，ATM 没有机会将原有设施推倒重来，构建一个纯 ATM 网。相反，ATM 必须支持已经应用到桌面的 IP 协议才能够生存。传统的 IP 技术只能提供尽力而为（Best Effort）服务，没有任何有效的服务质量保证机制。同时，IP 技术在发展过程中也遇到了路由器瓶颈等问题。如果把 ATM 与 IP 技术结合起来，既可以利用 ATM 网络资源为 IP 用户提供高速数据转发，发展 ATM 上的 IP 用户业务，又可以解决路由器的瓶颈问题，推动互联网业务的进一步发展。ATM 的发展在 20 世纪 90 年代中期达到顶峰。也就是在此期间，世界通信技术及网络技术的发展格局发生了重大变化，特别是互联网的发展，使 ATM 的应用受到很大影响。以互联网为代表的 IP 技术的快速发展动摇了电信界对 ATM 的信心。ATM 缺乏业务和末端用户支持、价格昂贵、技术复杂的缺点日益显现，IBM 公司力图使 ATM 技术走向桌面的努力也未能取得成功。最后，ATM 技术的发展与应用被 IP 的简单、灵活和经济性所淹没。电信界选择 IP 技术并非它足够理想，而是它已经无处不在。

2. IP 交换技术的发展

以互联网为代表的 IP 技术的迅猛发展，迫切需要提高 IP 网络的服务质量。传统 IP 路由器和 X.25 分组交换机都是在第 3 层进行转发的，采用软件控制将分组从一个端口转移到另外一个端口，这是基于存储-转发的概念，转发时延较大、速率较低。为了提高 IP 分组转发的效率，适应数据及多媒体业务发展的需要，IP 交换技术应运而生。

IP 交换的概念，最早由美国 Ipsilon 公司在 1996 年提出。它将 IP 路由处理器捆绑在 ATM 交换机上，去除了交换机中原有的 ATM 信令。IP 交换机使用 IP 路由协议进行路由选择。它的连接建立是由数据流驱动的，即"一次路由、然后交换"：对于单个 IP 分组，采用传统 IP 逐跳转发方式进行转发；对于长持续时间的业务流，能自动建立一个虚通路，使用 ATM 交换方式进行转发。Cisco 公司在 1996 年提出的标签交换也是一种 IP 交换技术，它除了可以在 ATM 基础上实现外，还可以在帧中继、以太网等基础上实现。其标签交换路径的建立除了由数据流驱动外，还可以使用拓扑驱动等方式。

在 IP 交换的发展过程中，互联网工程任务组（IETF，Internet Engineering Task Force）起到了积极的推动作用，IETF 在 1997 年成立了多协议标记交换（MPLS，Multiple Protocol Label Switch）工作组，综合了 Cisco 和 Ipsilon 等的 IP 交换方案，制定出了一个统一、完善的 IP 交换技术标准，即 MPLS。MPLS 所具有的面向连接、高速交换、支持 QoS、扩展性好等特点，使它在具体组网中获得了广泛的应用，并成为主流的宽带交换技术。

3．光交换技术的发展

随着光通信技术的不断进步，波分复用系统在一根光纤中已经能够提供太比特每秒的信息传输能力。传输系统容量的快速增长给交换系统的发展带来了巨大的压力和动力。通信网交换系统的规模越来越大，运行速率也越来越高，未来的大型交换系统将需要处理总量达几百、上千太比特每秒的信息。但是，目前的电子交换和信息处理网络的发展已接近了电子器件的极限，其固有的 RC 参数、钟偏、漂移、串话、响应速度慢等缺点限制了交换速率的进一步提高。为了解决电子器件的瓶颈问题，通信界在交换系统中引入了光交换。

光交换技术是在光域直接将输入的光信号交换到不同的输出端，完成光信号的交换。光交换的优点在于，光信号在通过光交换单元时，不需经过光电、电光转换，因此它不受检测器、调制器等光电器件响应速度的限制，对比特速率和调制方式透明，可以大大提高交换系统的吞吐量。目前，光传送网已经由点对点波分复用系统发展到面向波长的光分插复用器/光交叉连接器，并将向融合电路交换和分组交换优点的自动交换光网络演进。

光交换网络的交换对象将从光纤、波带、波长向光分组交换发展，光交换必将成为未来全光网络的核心技术。

1.5　下一代网络与 IMS

在 21 世纪的头几年里，世界主要运营网络的数据业务量就已经超过了话音业务量。互联网的普及和 IP 技术的发展给电信运营商带来了巨大的压力。传统的电路交换将信息传送、呼叫控制和业务功能综合在单一的交换设备中，造成新业务生成代价高、周期长、网络演进困难，无法适应快速变化的市场环境和多样化的用户需求。为了摆脱这种极为不利的局面，在电信网中引进了基于互联网理念设计的 IP 技术，并将电信业务加载在 IP 网上，期望由此实现由 TDM 向分组传送的过渡。为此，电信界提出了一整套的体系和架构方案，这就是下一代网络（NGN，Next Generation Network）的由来。

1996 年，美国政府和大学分别牵头提出了下一代互联网（NGI，Next Generation Internet）计划和 Internet2。与此同时，一些国际组织参与的 NGN 行动计划也纷纷出现，如互联网工程任务组（IETF）提出的下一代 IP，第三代合作伙伴计划（3GPP，3G Partnership Project）提出的下一代移动通信，以及欧盟的 NGN 行动计划等。1997 年，Lucent 公司的 Bell 实验室首次提出了软交换的概念，并逐渐形成了基于软交换的 NGN 解决方案。以软交换为核心并采用 IP 分组传送技术的 NGN 具有网路结构开放、运营成本低等特点，能够满足未来业务发展的需求。

按照 ITU-T 的定义，NGN 是一个分组传送的网络，它提供包括电信业务在内的多种业务，能够利用多种带宽和具有 QoS 能力的传送技术，实现业务功能与底层传送技术的分离；提供用户对不同业务网的自由接入，并支持通用移动性，实现用户对业务使用的一致性和统一性。根据业务与呼叫控制相分离、呼叫控制与承载相分离的思想，国际分组通信协会 IPCC 提出了基于软交换的 NGN 网络结构，而 ETSI、3GPP 等提出了基于 IMS（IP 多媒体子系统，IP Multimedia Subsystem）的体系架构，认为 IMS 代表了 NGN 发展的方向，基于 IMS 的体系架构才是 NGN 的主体。IMS 系统采用 SIP 信令进行端到端的呼叫控制，这就为 IMS 同时支持固定和移动接入提供了技术基础，也使得网络融合成为可能。

从广义上看，软交换泛指一种体系结构，利用这种体系结构可以建立下一代网络框架，其功能涵盖 NGN 的各个功能层面，主要由软交换设备、综合接入设备 IAD、媒体网关、信令网关、应用服务器等组成。从窄义上看，软交换指软交换设备，定位在控制层。而 IMS 是基于软交换理念和原理的，并在软交换的基础上，进一步实现了网络的开放性，IMS 与软交换是互通融合的关系。IMS 拥有的与接入技术无关的特性使得其可以成为融合移动网络与固定网络的一种手段，这是与 NGN 的目标相一致的。IMS 这种天生的优势使得它得到了 ITU-T 和 ETSI 的关注，这两个标准化组织都把 IMS 引入到自己的 NGN 标准之中，在 NGN 的体系结构中 IMS 作为控制层面的核心架构，用于控制层面的网络融合。在向 NGN 演进的过程中，基于 IMS 的下一代网络将融合各种网络而成为一个统一的平台。

1.6 软件定义网络与网络功能虚拟化

1. 软件定义网络

互联网取得了巨大的成功，但随着网络规模的不断扩大，原有的网络架构已难以满足未来发展需要，封闭的网络设备使运营商难以定制和优化网络。在这种情况下，软件定义网络（SDN，Software Defined Network）技术应运而生。

SDN 是由美国斯坦福大学 clean slate 研究组提出的一种新型网络架构，其核心技术 OpenFlow 通过将网络设备控制面与数据面分离开来，从而实现对网络流量的灵活控制，为网络及应用的创新提供了良好的平台。SDN 代表了 IT 领域去硬件化，以软件获得功能灵活性的一种发展趋势。SDN 能够为 IT 产业增加一个更加灵活的网络部件，提供了一个设备供应商之外的企业、运营商能够控制网络自行创新的平台，使得网络创新的周期由数年大幅降低到数周。SDN 是一种新兴的、控制与转发分离并可直接编程的网络架构，其核心思想是将传统网络设备紧耦合的网络架构解耦成应用、控制、转发三层分离的架构，并通过标准化实现网络的集中管控和网络应用的可编程。SDN 一般分为广义和狭义两种，其中广义 SDN 一般指向上层应用开放资源接口，能够实现软件编程控制的各种基础网络架构；狭义的 SDN，则专指符合 ONF（开放网络联盟）定义的开放架构，在控制器控制下基于 OpenFlow 协议进行转发的网络架构。SDN 给网络设计规划与管理提供了极大的灵活性，可以选择集中式或是分布式的控制，对微量流（如校园网流）或聚合流（如主干网流）进行转发时的流表项匹配，可以选择虚拟实现或物理实现。

目前，SDN 主要用于校园网、数据中心、网络管理、安全控制和负载均衡等领域，随着 SDN 技术的深化发展，其应用领域会更加广泛。

2. 软件功能虚拟化

网络运营商部署了大量的基于硬件的网络设备，由于网络功能设备对高质量、高稳定性和特定协议的严格要求，导致开发周期长、服务灵活性差和对专有硬件具有严重的依赖性。与此同时，用户应用需求的日益剧增，使传统的网络功能设备无法快速地满足用户需求。此外，由于不同的网络功能设备来自不同的生产厂商，其开发实现差异较大，因而统一管理这些网络设备的难度也逐渐增大。

网络功能虚拟化（NFV，Network Function Virtualization）的出现为解决上述问题提供了可能。NFV 使用虚拟化技术，为设计、部署、管理网络服务提供了一种新的方法和途径。NFV 的主要思想是解耦物理网络设备和运行于之上的网络功能，意味着一个网络功能可看作普通软件的一个实例。这样就可以合并大量的网络设备到高容量的服务器中。对于一个给定的服务可以分解为多个虚拟网络功能（VNF，Virtual Network Function），这些 VNF 可以用软件实现并运行于通用服务器之上，能够方便地部署于网络的不同地方而不用购置和安装新的硬件。

NFV 的目标是灵活地为用户提供通信服务，并且能够快速支持新服务。为了实现这些目标，NFV 主要具有下列特性：

（1）解耦软件和硬件。由于网络功能设备不再是软件和硬件的高度集成，这就为软件和硬件各自的创新提供了可能，软件和硬件的开发和维护都有各自的时间周期。

（2）灵活的网络功能部署。软件从硬件中分离出来使得软件可再分配和共享基础设施资源，软件和硬件在不同的时间里呈现不同的功能，网络管理者可以快速地部署新的网络服务。各组件可以部署于任何可虚拟化的网络设备上，它们之间的连接可以灵活构建。

（3）动态扩展。网络功能被拆分为各个功能模块，网络管理者可以根据网络的规模动态扩展和合并大量的虚拟网络功能，从而提高扩展能力。VNF 是由软件实现的，升级更新快、开发周期短，提高了网络功能的创新性。

本 章 小 结

通信网包括终端、传输系统和交换节点，其中交换节点是通信网络的核心。在多用户通信组网时，为了降低用户线路投资，在通信网中引入了交换机。电信网交换技术主要有电路交换和分组交换两大类。电路交换经历了人工交换、步进制交换、纵横制交换、模拟程控交换和数字程控交换几个阶段；分组交换经历了 X.25、FR 和 ATM 的发展历程。计算机网络使用的交换技术经历了网桥、第二层交换、路由与转发、第三层交换、IP 交换等发展历程。将 IP 路由的灵活性与 ATM 交换技术融合形成了多协议标记交换 MPLS 技术。软交换是一种新的交换体系，它吸取了电信网和互联网的优点，采用分层、开放的体系结构，是下一代网络的关键技术。移动通信完成了从电路交换、移动软交换向基于 IMS 的下一代网络发展和演进。光交换是融合电路交换和分组交换的智能光网络，是未来全光通信网使用的核心技术。目前，通信网络处于不断演化之中，各种网络、各种交换技术同时存在。随着通信网向数字化、综合化、宽带化、智能化和个人化方向的快速发展，各种交换技术将按下一代网络（NGN）框架在控制、业务等层面进行融合，传统固定网、移动网、宽带互联网甚至有线电视网等网络之间的界限将会逐步消失。在核心网领域，逐步引入了 IMS 技术，SDN、NFV 等新型网络技术进一步增强了网络的开放性、灵活性和创新性；在接入网领域，将呈现多样化和 IP 化趋势，可以支持固定、移动、窄带、宽带等多种接入技术。终端则呈现多模化和智能化趋势，网络运营商将实现全业务运营。

习题与思考题

1.1 多用户全互连组网有何特点？为什么通信网不直接采用这种方式？

1.2 在通信网中引入交换机的目的是什么？

1.3 无连接网络和面向连接网络各有什么特点？

1.4 简要说明交换技术与路由技术的区别。

1.5 比较电路交换、分组交换、ATM 交换的异同。

1.6 如何理解 ATM 交换综合了电路交换和分组交换的优点？

1.7 NGN、软交换和 IMS 的含义是什么？它们之间有什么关系？

第2章 电路交换

2.1 交换单元与交换网络

根据 IEEE 对电信交换的定义，交换的基本功能是在任意的入线和出线之间建立（或拆除）连接。在交换系统中完成这一基本功能的部件是交换网络，它是交换系统的核心。交换网络是由各种交换单元构成的。

本节介绍基本交换单元和交换网络的基本结构和分类，以及网络阻塞的概念。

2.1.1 基本交换单元

1. 交换单元的基本概念

交换单元是构成交换网络的基本部件。按照一定的拓扑结构和控制方式，由多个交换单元即可构成交换网络。交换单元的功能也就是交换的基本功能，即在任意的入线和出线之间建立连接，或者说将入线上的信息分发到出线上去。

不管交换单元的内部结构如何，对外的特性都可归纳为一组入线和一组出线，以及完成控制功能的控制端和描述内部状态的状态端。入线为信息输入端，出线为信息输出端，如图 2-1 所示。这样我们可以暂时不考虑各种具体交换单元的个性，而从一般意义上讨论交换单元的基本概念和特性。

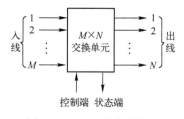

图 2-1 $M \times N$ 的交换单元

图 2-1 所示的交换单元是一个 $M \times N$ 的交换单元，入线编号为 $1 \sim M$，出线编号为 $1 \sim N$。若入线数与出线数相等且均为 N，则为 $N \times N$ 的对称交换单元。

若交换单元的每条入线都能够与每条出线相连接，则称为全互连交换单元；若交换单元的每条入线只能够与部分出线相连接，则称为非全互连交换单元或部分连接交换单元。

按照交换单元的所有入线和出线之间是否共享单一连接通路，可以把交换单元分为时分交换单元和空分交换单元。时分交换单元的基本特征是所有的输入端口与输出端口共享单一通路，从入线来的所有信息都要通过单一连接通路才能传送到目的出线上去。这条单一连接通路可以是一条共享总线，也可以是一个共享存储器。空分交换单元的所有入线与出线之间存在多条连接通路，从不同入线来的信息可以并行地在这些连接通路上传送。空分交换单元也可称为空间交换单元，典型的空间交换单元就是开关阵列。

交换单元的连接特性反映出交换单元从入线到出线的连接能力，是交换单元的基本特性。从数学角度看，交换单元的连接特性可采用集合和函数两种方式进行描述。

2. 内部通道与连接

当信号到达交换单元的某条入线时，交换单元要将该信号按照要求分发到出线上去。这时有两种情况。

一是信号为同步时分复用信号，信号本身只携带有用户信息，而没有指定出线地址（该地址由另外的信号如信令来指定）。这时，交换单元可根据控制指令（该控制指令包含了信号要传送到的目的地址等信息），在交换单元内部建立通道，将入线与相应的出线连接起来，入线上的输入信号沿着该内部通道在出线上输出，如图2-2（a）所示。

二是信号为统计复用信号，需要交换的信息单元为分组或信元，信号中不仅携带有用户信息，还有标志码，标志码相同的分组属于同一连接。这时，交换单元可根据该信号所携带的标志码，在交换单元内部建立通道，将信号从入线交换到出线上，如图2-2（b）所示。

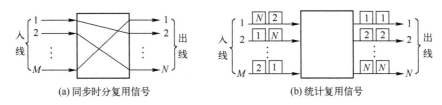

(a) 同步时分复用信号　　　　　　　　　(b) 统计复用信号

图 2-2　交换单元内部通道的"连接"

对于以上两种情况，在信息交换完毕后，还需将已建立的内部通道拆除。由此可见，交换单元完成交换的基本功能是通过交换单元中连接入线和出线的"内部通道"完成的。建立"内部通道"就是建立连接，拆除"内部通道"就是拆除连接。

3．交换单元的分类

交换单元有多种分类方法，根据入线和出线数量可分为如图2-3所示的三类。

● 集中型：入线数大于出线数（$M > N$），也可称为集中器。
● 扩散型：入线数小于出线数（$M < N$），也可称为扩展器。
● 分配型：入线数等于出线数（$M = N$），也可称为分配器。

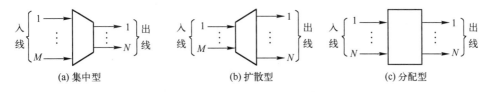

(a) 集中型　　　　　　　　(b) 扩散型　　　　　　　　(c) 分配型

图 2-3　几种交换单元

4．交换单元的性能

用于描述交换单元外部性能的指标一般有以下3项。

（1）容量

对于交换单元的容量，最基本的要素是交换单元入线和出线的数目。在此基础上，还应考虑交换单元每条入线上可以传送的信息量，对于模拟信号和数字信号，可分别用信号带宽和信号速率来衡量。将交换单元入线（出线）数与每条入线上可传送的信息量这两个要素结合起来，即为交换单元所有入线可以同时传送的总的信息量，称为交换单元的容量。

（2）接口

交换单元需要规定自己的信号接口标准，即信号形式、速率及信息流方向。不同的交换单元可以进行交换的信号形式是不同的，有的只能交换模拟信号，有的只能交换数字信号，而有的则是模数兼容的。

（3）质量

一个交换单元的质量可用两方面的指标来衡量：一是完成交换功能的情况，二是信息通过交换单元的损伤。前一指标是指交换单元完成交换连接的情况，即是否在任何情况下都能完成指定的连接，以及完成交换连接的速度。后一指标是指信号经过交换单元时的时延和其他损伤，如信噪比的降低等。需要说明的是，信息经过交换单元的时延是衡量交换单元质量的一个重要指标。此外，信息在经由交换单元时，如果存在出线竞争，交换单元还必须解决出线冲突问题。

5. 几种典型的交换单元

（1）开关阵列

在交换单元内部，要建立任意入线和出线之间的连接，最简单且最直接的方法是使用开关。在每条入线和每条出线之间都各自接上一个开关，所有的开关就构成一个开关阵列。

开关阵列是一种空分交换单元。开关阵列中的开关有两种状态：接通或断开。当开关接通时，该开关对应的入线和出线就被连接起来。当开关断开时，入线和出线就不被连接。

开关阵列在拓扑结构上可为排列成方形或矩形的二维阵列，分别称为 $N \times N$ 方形开关阵列和 $M \times N$ 矩形开关阵列。图 2-4 所示为 $M \times N$ 矩形开关阵列，图中交叉点（实心圆点）代表开关，共有 $M \times N$ 个开关，位于第 i 行第 j 列的开关记做 S_{ij}。

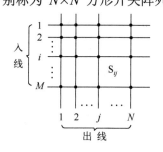

图2-4　$M \times N$ 矩形开关阵列

开关阵列的主要特性如下。

① 开关阵列控制简单。构成开关阵列的每一个开关都有一个控制端和一个状态端，以控制和反映开关的通断情况。开关的状态不外乎"接通"和"断开"，用二值信号表示即可，因此开关阵列的控制简单。

② 交换时延均匀。信息从任一入线到任一出线经过的开关数是相等的，因而信息通过交换单元的时延是均等的。

③ 容易实现多播和广播。当某条入线与其连接的所有出线间的一行开关部分（或全部）处于接通状态时，开关阵列很容易实现点对多点（多播或广播）功能。反之，在不需要点对多点和广播功能时，每条入线对应的一行开关只能有一个处于接通状态。

④ 适合构建小规模的交换单元。由于交换单元的出、入线数增加时交叉接点数会迅速增加，开关阵列的复杂度和成本也迅速上升，因此，适合构建小容量的交换单元。

⑤ 交换性能取决于使用的开关。模拟开关用于交换模拟信息，数字开关用于交换数字信息，光开关则构成光交换单元。

实际使用的开关阵列可以由多种器件实现，如电磁继电器、模拟电子开关、数字电子开关等。用继电器组成的开关阵列，既可以传送模拟信号又可以传送数字信号，而且可以双向传输信号，但干扰和噪声大，且动作较慢（毫秒级），体积也较大。

模拟电子开关一般利用半导体材料制成，如 MC142100、MC145100（4×4 开关阵列）。开关动作较快，干扰和噪声较小，但只能单向传输信号，且衰耗和时延较大。

数字电子开关用于交换数字信号，可以用逻辑门构成，如用数字多路选择器或分配器来实现。其开关动作极快且无信号损伤。由电子开关阵列构成的空间交换单元，可以实现时分复用线之间信息的交换。

（2）总线型交换单元

总线型交换单元的一般结构如图 2-5 所

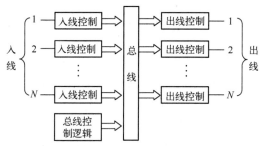

图2-5　总线型交换单元的一般结构

示。它包括三部分，即入线控制部分、出线控制部分和总线部分。交换单元的每条入线经各自的入线控制部件与总线相连，每条出线经各自的出线控制部件与总线相连，总线按时隙轮流分配给各个入线控制部件和出线控制部件使用，分配到的入线控制部件将输入信号送到总线上。

入线控制部件的功能是接收入线上的输入信号，进行相应的格式转换后存入缓冲存储器，并在总线分配给该入线控制部件的时隙把收到的信息送到总线上。因为输入信息是连续的比特流，而总线上接收和发送信息是猝发的，所以假设一条入线上的输入信息的速率为 V bps，每个入线控制部件每隔 τ s 获得一个总线时隙，则每条入线上输入缓冲器的容量至少应为 $V\tau$ bps。

出线控制部件的功能是检测总线上的信号，把属于自己的信息存入缓冲存储器，并进行一定的格式转换，然后由出线送出形成输出信号。同理，设一个出线控制部件在每个 τ s 时间段内获得的信息量是常数，而出线的数字信息的速率为 V bps，则每条出线上输出缓冲器的容量至少应为 $V\tau$ bps。

总线一般包含多条数据线和控制线，数据线用于在入线控制部件和出线控制部件之间传送信号，控制线完成总线控制功能，包括控制各入线控制部件获得时隙和发送信息，或控制出线控制部件读取属于自己的信息等。

总线上的时隙分配必须按照一定的规则。最简单也是最常用的规则是，不管各入线控制部件是否有输入信息，按时间顺序把总线时隙分配给各入线；比较复杂但效率较高的规则是，按需分配总线时隙，即只在入线有输入信息时才分配给时隙。

总线上的信号是一个同步时分复用信号，若有 N 条入线，每条入线的信号速率是 V bps，则总线上的信号的速率是 NV bps。因此，在总线型交换单元中，总线是信息的集散地，如果入线数较多且输入信号的速率较高，则总线上的信息速率会变得非常高。总线型交换单元的入线数和信号速率受总线上能够传送的信息速率及入线、出线控制电路的工作速率限制。这一限制实际上也就反映了交换单元的信息吞吐量。

工程上可从两方面来提高总线型交换单元的信息吞吐量：一是增加总线的宽度，总线中的数据线的数目增加后，在一个操作中可以送到总线上的信息量就会增加；二是提高入线缓冲器、出线缓冲器和总线读写操作的速度，如使用高速存储芯片。

（3）共享存储器型交换单元

共享存储器型交换单元适用于交换各种时分复用信号，包括同步时分复用信号和统计复用信号。其一般结构如图 2-6 所示。其中作为核心部件的存储器，被划分成 N 个单元（区域），N 路输入数字信号分别送入存储器的 N 个不同的单元（区域）中暂存，然后再按需输出。存储器的写入和读出应采用不同的控制方式，才能完成信息交换。

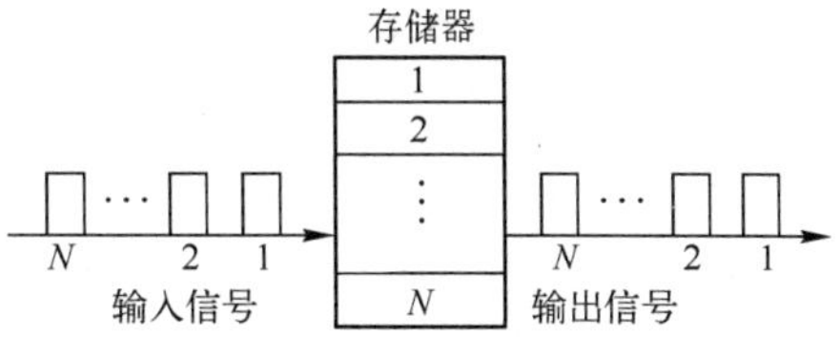

共享存储器型交换单元的工作方式有两种。

图 2-6 共享存储器型交换单元的一般结构

① 输入缓冲。若存储器中 N 个单元（区域）与各路输入信号相对应，即第 1 路输入信号存入 1 号存储单元，第 2 路输入信号存入 2 号存储单元，依此类推。

对于输入缓冲方式的交换单元，只要在读出存储器单元中的信号时，按照交换要求，有控制、有选择地读出所需单元的信号输出，即可完成信息交换。

② 输出缓冲。若存储器中 N 个单元（区域）与各路输出信号相对应，即 1 号存储单元作为第 1 路输出信号，2 号存储单元作为第 2 路输出信号，依此类推。

对于输出缓冲方式的交换单元，必须按照交换要求有控制地将输入信号写入适当的存储器单元，才能在输出时完成信息交换。

共享存储器型交换单元既可用于同步时分复用信号的信息交换，又可用于统计复用信号的信息交换，但其具体实现有所不同。

2.1.2 交换网络

将若干个基本交换单元按照一定的拓扑结构和控制方式进行组合，即可构成交换网络。构成交换网络的三大要素是交换单元、不同交换单元间的拓扑连接和控制方式，其结构如图 2-7 所示。

下面讨论 2 种常用交换网络的组合特性。

1. 单级网络

将交换单元按一定的拓扑结构连接起来，可形成单级和多级交换网络。单级交换网络由一个交换单元，或者若干个位于同一级的交换单元构成，如图 2-8 所示。

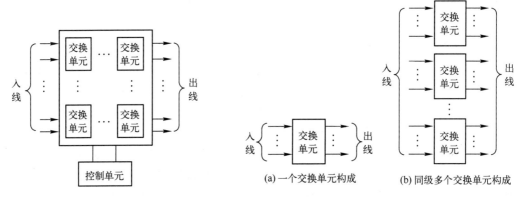

图 2-7　交换网络一般结构

(a) 一个交换单元构成　　(b) 同级多个交换单元构成

图 2-8　单级交换网络结构

单级交换网络结构简单，但难以满足用户容量和端口互连要求。早期，由于电子器件的限制，基本交换单元很难既做到大容量又实现低成本。而对于一个交换网络来说，交叉接点数的多少与网络部件的经济性直接相关。因此，在满足连接能力要求的情况下，交换网络设计应尽量控制交叉接点数量。对于一个 $M \times N$ 的单级交换网络，其交叉接点数目为 $M \times N$。当入线数与出线数较大时，交叉接点数会变得很大。例如，当 $M = N = 16$ 时，则 16×16 的单级网络的总的交叉接点数为：$16 \times 16 = 256$。

现将该 16×16 的单级网络用一个两级网络来代替，每一级为 4 个 4×4 的单级网络，如图 2-9 所示。入线和出线数仍然是 16，对于每一条入线和出线，都存在一条连接通路，与 16×16 的单级网络完成的功能是一样的，但其交叉接点总数为：$4 \times 4 \times 8 = 128$，可见多级网络有利于减少交叉接点总数。

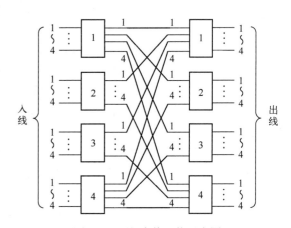

图 2-9　两级交换网络示意图

2. 多级网络

如果一个交换网络中的交换单元可以分成 K 级（$K=1, 2, 3, \cdots$），并且网络的所有入线都只与第 1 级交换单元的入线连接，所有第 1 级交换单元的出线与第 2 级交换单元的入线连接，所有第 2 级交换单元都与第 1 级和第 3 级交换单元连接，依此类推，第 K 级交换单元的出线作为整个交换网络的出线，则称这样的交换网络为多级（K 级）交换网络。

多级交换网络的拓扑结构可用三个参量来表示，分别是每个交换单元的容量，交换单元的级数，级间交换单元间的连接通路数（又称为链路数）。

多级交换网络与单级交换网络相比，优点是减少了交换网络总的交叉接点数目，降低了交换网络的复杂度；缺点是入线与出线的连接需通过多级交换单元之间的级间链路，增加了交换网络搜寻空闲链路的难度，相应地增加了交换网络控制的复杂性。另外，多级交换网络也存在内部阻塞问题。

3. 时分交换网络与空分交换网络

与交换单元的分类方法一样，交换网络也可以分为时分交换网络和空分交换网络。时分结构的基本特征是，所有的输入与输出端口分时共享单一连接通路，具有时隙交换功能。空分结构的基本特征是，可以在多对输入端口与输出端口间同时存在空间上并行的多个连接通路，具有空间交换的功能，下面介绍的 CLOS 网和在 ATM 交换中采用的 Banyan 网络【见二维码 2-1】均属于典型的空分交换网络。

二维码 2-1

2.1.3 网络阻塞与 CLOS 网

交换网络通常由多级交换单元组成，因而从交换网络的入线到出线将经由网络内部的级间链路。若出、入线空闲，但由于网络内部链路被占用而无法接通的情况，称为交换网络的内部阻塞。显然，可以通过增加级间的链路数量来降低内部阻塞的概率。当链路数量大到一定程度时，内部阻塞概率将等于零，即成为无阻塞的交换网络。

1. 内部阻塞

单级交换网络不存在内部阻塞，相同容量的多级交换网络由于内部交叉接点数比单级交换网络大大减少，因而会出现内部阻塞。图 2-10 所示为一个 $nm \times nm$ 的两级交换网络，它的第 1 级由 m 个 $n \times n$ 的交换单元构成，第 2 级由 n 个 $n \times m$ 的交换单元构成，第 1 级同一交换单元的不同编号的出线分别接到第 2 级不同交换单元的相同编号的入线上。交换网络的 nm 条入线中的任何一条均可与 nm 条出线的任何一条接通，因此从功能上相当于一个 $nm \times nm$ 的单级网络。

但第 1 级的每一个交换单元与第 2 级的每一个交换单元之间仅存在一条链路，假设当第 1 级 1 号交换单元的 1 号入线与第 2 级 2 号交换单元的 2 号出线接通时，第 1 级 1 号交换单元的任何其他入线就无法再与第 2 级 2 号交换单元的其他出线接通了。这就是内部阻塞。按照数据通信的观点，网络内部阻塞也可称为冲突，即不同入线上的信息试图同时占用同一条链路。

2. 无阻塞网络（CLOS 网络）

多级交换网络可减少总的交叉接点数，降低构造成本但带来了网络内部阻塞。如何解决多级网络的内部阻塞问题呢？下面以空分交换网络为例进行说明。

为了减少交叉接点总数而同时具有严格的无阻塞特性，Clos C 提出了严格无阻塞条件，这就是著名的 CLOS 网络。下面以 3 级 CLOS 网络为例，阐述 CLOS 的无阻塞条件。

如图 2-11 所示，输入级和输出级各有 r 台 $n \times m$ 接线器，中间级有 m 台 $r \times r$ 接线器。每一个交换单元（接线器）都与下一级的各个交换单元（接线器）有连接且仅有一条连接，因此任意一条入线与出线之间均存在一条通过中间级的路由。m, n, r 是整数，决定了交换单元和交换网络的容量，称为网络参数，记为 $C(m, n, r)$。

假定输入级第 1 台接线器的某条入线要与输出级第 r 台接线器的某条出线建立连接。在最不利的情况下，输入级第 1 台接线器的（$n-1$）条入线和输出级第 r 台接线器的（$n-1$）条出线均已被占用，而且这些占用是通过中间级不同的接线器完成的。也就是说，最不利的情况是，可选择的中间链路已被占用 $(n-1)\times2$ 条，为了确保无阻塞，至少还应存在一条空闲链路，即中间级至少要有 $(n-1)\times2+1=2n-1$ 台接线器。于是可以得到，3 级 $C(m, n, r)$CLOS 网络严格无阻塞的条件是：$m\geqslant2n-1$。

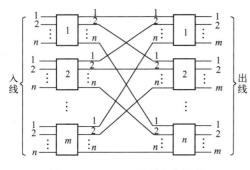 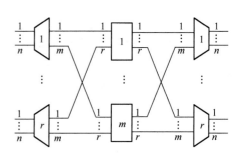

图 2-10　$nm\times nm$ 两级交换网络　　　　　图 2-11　3 级 CLOS 网络

当输入级每台接线器的入线数不等于输出级每台接线器的出线数，且分别为 $n_入$ 和 $n_出$ 时，则严格无阻塞的条件为：$m\geqslant(n_入-1)+(n_出-1)+1=n_入+n_出-1$。

3 级以上的多级 CLOS 网络和无阻塞原理与 3 级类似，只要将 3 级网络的中间一级代之以 3 级 CLOS 子网，就可构成 5 级 CLOS 网络。依此类推，使用子网络嵌套的方法，可构建更大容量的 CLOS 网。

2.1.4　同步时分交换网络

在电路交换方式中，对同步时分复用信号进行信息交换的交换网络称为同步时分交换网络，在数字程控交换系统中，又称为数字交换网络（DSN）。同步时分交换网络由时间交换单元、空间交换单元这两种基本交换单元组成。

有关同步时分交换网络的组成及工作原理，将在 2.3 节详细讨论。

2.2　数字程控交换机硬件结构

数字程控交换机是典型的电路交换系统，它由硬件和软件组成。本节主要介绍硬件结构，如图 2-12 所示，数字程控交换机分为话路系统和控制系统两部分。

2.2.1　话路系统

话路系统由用户级、选组级、各种中继接口、信号部件等组成。

1. 用户级

用户级包括本地用户级和远端用户级。本地用户级一般位于母局，远端用户级设置在距母局较远的用户集中点。

（1）本地用户级

本地用户级是用户终端与数字交换网络（选组级）之间的接口电路。用户级将每个用户产生的话务进行集中，然后送至数字交换网络，从而提高用户级和选组级之间链路的利用率。对模拟用户终端，用户级还要将模拟话音信号转换成数字信号。

用户级又称用户模块，其基本结构如图 2-13 所示。各组成单元功能如下：

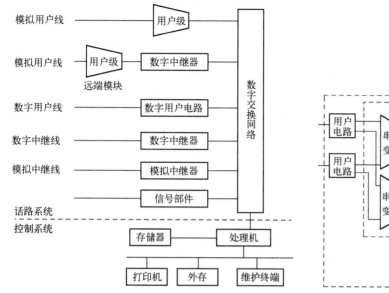

图 2-12　数字程控交换机硬件结构　　　　图 2-13　用户模块结构

- 用户电路，用户线与交换机的接口电路；
- 用户集线器，负责话务集中与疏导；
- 信号提取和插入电路，负责将信令信息从信息流中提取出来（或插入进去）；
- 网络接口，用于实现与数字交换网络的信号适配；
- 扫描存储器，用于暂存从用户电路读取的状态信息；
- 分配存储器，用于暂存向用户电路发送的控制指令。

用户集线器具有话务集中功能。如果每个用户电路直接与数字交换网络相连，则不利于提高接口电路和数字交换网络的利用率。因此，采用用户集线器，将用户线话务集中后接入数字交换网络。

用户集线器一般采用时分接线器，其出端信道数小于入端信道数。入端信道数和出端信道数之比称为集线比。如 480 个用户共用 120 个信道，则集线比为 4：1。

由于交流信号（如振铃、直流馈电等）不能通过采用微电子器件的交换网络，因此应由交换网络以外的用户电路实现。归纳起来，数字程控交换机的用户电路包括下列 7 项功能：

① 馈电 B（Battery Feed）。馈电电压一般为-48V。通话时馈电电流在 20～100mA 之间。

② 过压保护 O（Over-voltage Protection）。数字程控交换机的过压、过流保护一般包括两级。第一级保护在用户线入局的配线架上，通过保安单元实现，主要用于防止雷电。由于保安单元在雷电袭击时仍可能有上百伏的电压输出，为防止高压对交换机内集成元器件的损伤，用户电路中还要完成第二级过压和过流保护。

③ 振铃控制 R（Ringing Control）。振铃信号送向被叫用户，用于通知被叫有电话呼入。铃流电压一般较高，其标称值为 75±15V、25Hz 的交流电，振铃节奏为 1s 通，4s 断。高电压不能通过交换网络，因此，铃流一般通过继电器或高压集成电子开关向用户话机提供，并由微处理机控制铃流的通断。当被叫摘机时，交换机应立刻检测到，继而进行截铃和通话接续处理。

④ 监视 S（Supervision）。用户话机的摘、挂机状态是通过监视用户线上直流环路电流的有、无来实现的。用户挂机空闲时，直流环路断开，馈电电流为零；反之，用户摘机时，直流环路接通，馈电电流在 20mA 以上。

⑤ 编译码和滤波 C（Codec & Filters）。数字程控交换机只能对数字信号进行交换处理，因此，模拟用户电路需要完成话音信号的模/数和数/模变换，这是由滤波和编译码电路实现的。

⑥ 混合电路 H（Hybrid Circuit）。数字交换网络采用四线制（接收和发送各用一对线），而用户线采用二线制。因此，在用户线和编译码器之间应进行二、四线转换，以实现二线双向传输的模拟话音信号与四线单向传输的数字信号的转换；同时根据用户线路阻抗大小调节平衡网络，达到最佳平衡效果。这就是混合电路的功能。

⑦ 测试 T（Test）。对用户电路和外部线路进行测试是交换机维护管理的重要工作。测试工作可由外接的测试设备来完成，也可利用交换机的测试程序进行自动测试。

图 2-14 所示为模拟用户电路的功能方框图。除了上述基本功能外，某些特殊用户电路还具有极性转换、衰减控制、计费脉冲发送等功能。

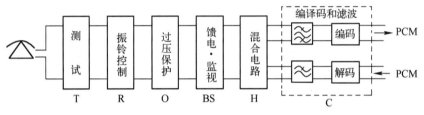

图 2-14 用户电路功能方框图

二维码 2-2

在数字程控交换机中，直接与数字用户终端连接的用户接口电路，称为数字用户电路【见二维码 2-2】。常见的数字用户终端有数字电话机、个人计算机、数字传真机及数字图像设备等。为了可靠地实现数字信号的发送和接收，数字用户电路应具备码型变换、回波抵消、均衡、扰码和解扰、信令提取和插入、多路复用和分路等功能。当然，数字用户电路还应与模拟用户电路一样，设置过压保护、馈电、测试等功能。当数字用户终端本身具备工作电源时，用户电路可以免去馈电功能。数字用户电路的基本功能方框图如图 2-15 所示。

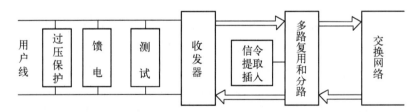

图 2-15 数字用户电路的基本功能方框图

（2）远端用户级

远端用户级是指装在距离电话交换机较远的用户集中点上的用户设施，其基本功能与本地用户级相似，包括用户电路和用户集线器。由于远端用户级实现了话音信号的模/数和/数模变换，因此，它直接以数字中继线方式连接本地交换机。

2. 选组级

选组级又称为数字交换网络，它是话路系统的核心设备，交换机的信息交换功能主要是通过它来实现的。有关数字交换网络的内容，将在 2.3 节详细介绍。

3．中继接口

在数字交换网络与局间中继线之间，必须通过中继接口进行互连。根据中继线的类型，有模拟中继接口和数字中继接口，分别称为模拟中继器和数字中继器。

模拟中继器是为数字交换机适应模拟环境而设置的。与用户电路相似，模拟中继器也有过压保护（O）、编译码及滤波（C）、测试（T）功能，不同的是它不需要馈电（B）和铃流控制（R）。中继线采用 2 线制时，有 2/4 线转换（H）功能，还有线路信号的监视控制和中继线的忙闲指示功能。另外由于中继线利用率高，因此对经模拟中继传送的话音信号无须像用户级那样进行话务集中。图 2-16 所示为模拟中继器的功能方框图。

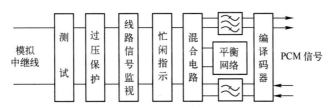

图 2-16　模拟中继器功能方框图

数字中继器是交换机与数字中继线之间的接口电路。数字中继线一般采用 PCM 30/32 系统（基群）。基群接口通常使用双绞线或同轴电缆传输，而高次群接口则采用光缆传输。数字中继器的主要作用是将对方局送来的 PCM30/32 复用信号分解成 30 路 64kbps 的信号，然后送至数字交换网络。同样，它也把从数字交换网络送来的 30 路 64kbps 信号，复合为 PCM30/32 信号，送到对方局。

数字中继器的功能方框图如图 2-17 所示。虽然 PCM 数字中继线上传输的信号也是数字信号，但它的码型与交换机内传输和交换的码型不同，而且时钟频率和相位也可能存在偏差，此外其信令格式也不一样。为此要求数字中继器应具有码型变换、时钟提取、帧定位、帧同步和复帧同步、信令提取和插入、告警检测等功能，以协调和适配彼此之间的工作。

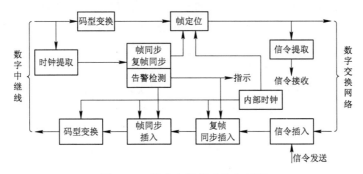

图 2-17　数字中继器功能方框图

4．信号部件

信号部件的主要功能是接收和发送电话信令。数字程控交换机一般具有下列信令设备。

信号音发生器：用于产生各种信号音，如拨号音、忙音、回铃音等。

双音多频（DTMF）接收器：用于接收用户话机发送的 DTMF 信号。

多频信号发送器和接收器：用于发送和接收局间的多频信号。

对于采用随路信令的交换机，用于完成呼叫监视、应答等功能的信令分散在用户接口和中继接口电路中。各种音信号、双音多频地址信号、多频地址信号体现在如图 2-12 所示的信号部件中。铃流发生器单独设置，通常设置在用户模块中。除铃流信号外，其他音信号和多频信号都以数字形式直接进入数字交换网络，并像数字话音信号一样交换到所需端口。

对于采用公共信道信令（如 NO.7 信令）的交换机，图 2-12 中的信号部件还包括信令终端，完成 NO.7 信令的链路级（第二级）功能，第一级功能由数字中继完成，高层功能包含在交换机的控制系统中。

2.2.2 控制系统

现代数字程控交换机的控制系统大多采用多处理机结构，如何配置这些处理机存在多种方案，从而形成了不同的控制结构或控制方式。

1. 处理机的控制结构

（1）集中控制

早期交换机大都采用这种控制方式。设交换机的控制系统由 n 台处理机组成，实现 f 项功能，每一项功能由一个程序来提供，系统有 r 个资源。如果在该系统中，每台处理机均能控制全部资源，也能执行所有功能，则这个控制系统采用集中控制方式，如图 2-18 所示。

集中控制的主要优点是：处理机掌握整个系统的状态，可以控制所有资源；控制功能的改变一般通过修改软件实现，比较方便。但这种控制的最大缺点是：软件要包括各种不同特性的功能，规模庞大，不便于管理；系统较脆弱，一旦出故障会造成全局中断。

（2）分散控制

在如图 2-18 所示控制结构中，如果每台处理机只能控制部分资源，执行部分功能，则这个控制系统采用分散控制方式。在分散控制中，各处理机可按容量分担或功能分担的方式工作。

容量分担方式是指每台处理机只分担一部分用户的全部呼叫处理任务。按这种方式分工的各处理机所完成的任务都是一样的，只是所服务的用户群不同。容量分担方式的优点是其扩展性好；缺点是每台处理机都要具有呼叫处理的全部功能。

功能分担方式是将交换机的各项控制功能分配给不同的处理机完成。处理机之间的功能可以静态分配，也可以动态分配。功能分担方式的优点是每台处理机只承担一部分功能，可以简化软件设计，若需增强功能，也易于实现。缺点是在容量小时，也必须配齐全部处理机。

目前使用的大中型交换机大多采用具有分散控制特点的分级控制方式。

分级控制按控制功能的高低配置处理机。对于层次较低、处理任务简单但工作量繁重的控制功能，如用户扫描、摘挂机及脉冲识别等采用外围处理机（或用户处理机）。对于层次较高、处理较复杂的控制功能，如号码分析、路由选择等，采用呼叫处理机承担。对于复杂度高、执行频次较少的故障诊断和维护管理等功能，采用主处理机完成。这样一般形成三级控制结构，如图 2-19 所示。

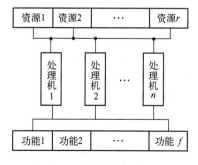

图 2-18　集中控制结构

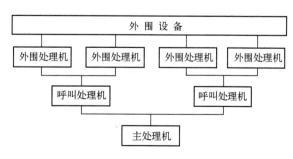

图 2-19　三级控制结构

（3）分布式控制

分布式控制是指数字交换机的全部用户线和中继线被分成多个终端模块（用户模块或中继模块），每个终端模块都有一套控制单元。在控制单元中配备微处理机，包括所有呼叫控制和交换控制在内的一切控制功能都由微处理机完成，每个终端模块基本上可以独立进行呼叫处理工作。如 S1240 数字程控交换机就采用这种控制方式。分布式控制方式具有业务适应能力强、能方便地引入新技术和可靠性高等优点，但采用分布式控制方式时，微处理机数量相对较多，微处理机之间的通信比较频繁，使各处理机真正用于呼叫处理的效率降低，同时也增加了软件系统的复杂性。

2．处理机的冗余配置

为了确保控制系统安全可靠，数字程控交换机的控制系统通常采用双机冗余配置，配置方式有微同步、负荷分担和主备用方式。

（1）微同步方式（同步双工方式）

如图 2-20 所示，两台处理机均接收从外围设备来的信息，但只有处理机 A 向外围设备发送指令。两台处理机独立进行工作，同时从外围设备接收同样的信息进行处理，每执行完一条指令，通过比较器进行比较。如果结果相同，继续执行下一条指令。一旦发现不一致，两台处理机立即中断正常处理，各自启动检查程序进行处理。

微同步工作方式的优点是发现错误及时，中断时间很短（20ms 左右），对正在进行的呼叫处理几乎没有影响。其缺点是双机进行指令比较需要占用一定机时，降低了处理机的效率。

（2）负荷分担（话务分担）方式

如图 2-21 所示，处理机 A、B 都从外围设备接收信息进行处理，各自承担一部分话务负荷，独立进行工作，发出控制指令。为了沟通工作情况，它们之间有信息链路及时地交换信息。为了防止两台处理机同时处理相同任务，它们之间设有"禁止"电路，避免"争夺"现象。两台处理机各自具有专用的存储器，一旦某一台处理机出现故障，则由另一台处理机承担全部负荷，无须切换过程，呼损很小。只是在非正常工作时，单机可能有轻微过载，但时间很短，一旦另一台处理机恢复运行，便会恢复正常。

负荷分担方式的优点是两台处理机都承担话务，因而过载能力很强。其缺点是为了避免资源同抢，双机互通信息也较频繁，这使得软件比较复杂，且负荷分担方式不如微同步方式那样较易发现处理机硬件故障。

（3）主备用方式

如图 2-22 所示。A、B 两台处理机共用存储器，在任何情况下只有其中一台处理机（A 或 B）与外围设备交换信息，即一台主用，一台备用。主用机承担全部外围设备的话务负荷，当主用机出现故障时，进行主/备用机倒换。

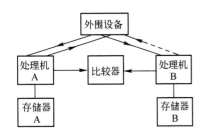 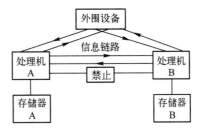 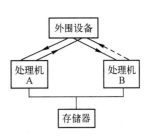

图 2-20　微同步方式结构图　　图 2-21　负荷分担方式结构图　　图 2-22　主备用方式结构图

主备用方式有冷备用（Cold Standby）与热备用（Hot Standby）两种。冷备用时，备用机中没有保存呼叫数据，在接替主用机时从头开始工作，会丢失大量呼叫。通常采用热备用方式，备用机根据原主用机故障前保存在存储器中的数据进行工作，可随时接替主用机。

3．处理机之间的通信

通过前面的介绍，我们知道数字程控交换机普遍采用多处理机控制方式。为了完成呼叫处理、维护和管理任务，通常需要多台处理机协同工作，因此，采用怎样的通信方式，在很大程度上影响着系统的处理能力和控制系统的可靠性。选择一种合理、高效和可靠的多处理机通信方式是设计控制系统时必须考虑的问题。

多处理机间通信既可以通过内部的数字交换网络实现，也可采用专用网络通信方式，如采用总线结构、环形结构、以太网结构等。

2.3 数字交换网络及工作原理

2.3.1 数字接线器

在数字程控交换机中，为实现不同用户之间的话音信息交换，数字交换网络必须完成不同时隙内容的互换，即将数字交换网络某条输入复用线上某个时隙的内容交换到指定输出复用线上的指定时隙。

时隙交换的简化示意图如图 2-23 所示。设有一条 PCM 复用线进入数字交换网络，该复用线上有 32 个时隙，输入时隙 TS2 中的信息 A 被搬移至输出时隙 TS18，输入时隙 TS18 中的信息 B 被搬移至输出时隙 TS2，即 PCM 输入复用线上某一时隙的信息经过交换网络后被转移到了 PCM 输出复用线上的另一时隙。因此，人们将 PCM 输入复用线上任一时隙的信息编码转移到输出复用线上另一编号时隙的控制过程称为**时隙交换**。

图 2-23 时隙交换示意图

对于大容量的交换机，接入到数字交换网络上的 PCM 复用线不止一条，如图 2-24 所示。这就要求数字交换网络还必须实现复用线之间的信息交换。如在图 2-24 中，第 1 条 PCM 复用线上 TS1 的信息 A 被交换到了第 n 条 PCM 复用线的 TS1，第 n 条 PCM 复用线中 TS22 的信息 B 被交换到了第 1 条 PCM 复用线的 TS16。

图 2-24 复用线之间的时隙交换示意图

因此，数字交换网络应具有下列基本功能：

① 完成同一复用线上不同时隙之间的信息交换；

② 完成不同复用线之间同一时隙的信息交换。

这两种基本的交换功能分别是由不同的数字接线器实现的，一种是时间接线器（T 接线器），另一种是空间接线器（S 接线器）。下面介绍这两种接线器的工作原理。

1．时间接线器

时间接线器（Time Switch）又称为时间交换单元，简称为 T 接线器，其功能是完成同一条 PCM 复用线上不同时隙之间的信息交换。

时间接线器主要由话音存储器（SM，Speech Memory）和控制存储器（CM，Control Memory）组成，如图 2-25 所示。SM 用于存储数字话音信息，以便延时；CM 用于存储话音时隙地址，以便控制延时。

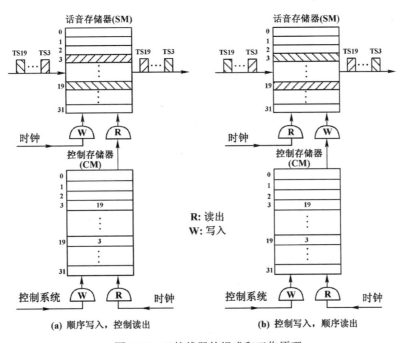

图 2-25　T 接线器的组成和工作原理

T 接线器中 SM 的存储单元数由输入复用线每帧的时隙数决定，SM 中每个存储单元的位数则取决于每个时隙中所含的码位数。假设图中 PCM 复用线每帧有 32 个时隙，则 SM 容量应为 32 个单元，每一时隙有 8 位码，则 SM 每一存储单元至少要存 8 位码。CM 的存储单元数与 SM 的存储单元数相等，但每个存储单元只需存放 SM 的地址码。

如图 2-25 所示，T 接线器的工作方式有两种：一种是"顺序写入，控制读出"方式；另一种是"控制写入，顺序读出"方式。顺序写入和顺序读出中的"顺序"是**指按照输入或输出复用线上时隙的编号顺序**，可由时钟脉冲电路来控制 SM 的写入或读出地址；而控制读出和控制写入的"控制"是**指按 CM 中已规定的内容来控制 SM 的读出或写入**。至于 CM 中的内容则是由交换机呼叫处理程序写入的。

下面先介绍第一种方式，即"顺序写入，控制读出"的工作原理。

如图 2-25（a）所示，T 接线器的输入线和输出线各为一条 32 个时隙的 PCM 复用线。如果占用 TS3（第 3 时隙）的用户 A 要和占用 TS19 的用户 B 通话，在 A 讲话时，就应把 TS3 的话音信息交换到 TS19 中去。在时钟脉冲控制下，当 TS3 时刻到来时，把 TS3 中的话音信息写入 SM 的第 3 号存储单元内。由于 T 接线器的读出是受 CM 控制的，当 TS19 时刻到来时，从 CM 中读出地址为 19 的单元内容"3"，以这个"3"为地址去读取 SM 第 3 号存储单元的话音信息。这样就完成了把 TS3 中的话音信息交换到 TS19 中去的任务。

为实现双向通信，在 B 用户讲话 A 收听时，还应把 TS19 中的话音信息交换到 TS3 中去，这一过程与 A 到 B 相似，即在 TS19 时刻到来时，把 TS19 中的话音信息写入 SM 地址为 19 的存储单元内，并在 CM 控制下的下一帧 TS3 时刻，读出这一话音信息。

根据上述介绍，可知 T 接线器在进行时隙交换时，被交换的话音信息要在 SM 中暂存一段时间，这段时间小于 1 帧（125μs），也就是说在数字交换会带来一定的时延。另外也可看出，话音信息在 T 接线器中需每帧交换一次。假设 A 和 B 两用户的通话时长为 2min，则上述时隙交换的次数达 96 万次，即 $(2 \times 60)/(125 \times 10^{-6}) = 9.6 \times 10^{5}$。

对于"控制写入，顺序读出"的工作原理，与"顺序写入，控制读出"相似，所不同的只是 CM 用来控制 SM 的写入，SM 的读出则是按输出复用线上的时隙编号（或 SM 地址顺序）顺序读出即可。

对于 T 接线器，不论是顺序写入，还是控制写入，都是将复用线上每个输入时隙的话音信息对应存入 SM 的一个存储单元，其实质是通过空间位置的变换来实现时隙交换，所以 T 接线器可以看做是按空分方式工作的。弄清这一概念，对掌握 T 接线器的工作原理是有帮助的。

2. 空间接线器

空间接线器（Space Switch）又称为空分交换单元，简称 S 接线器，其作用是完成不同时分复用线之间同一时隙的信息交换。

如图 2-26 所示，S 接线器由交叉接点矩阵和控制存储器组成。

图 2-26 表示 2×2 的交叉接点矩阵，它有 2 条输入复用线和 2 条输出复用线。控制存储器的作用是对交叉接点矩阵进行控制，控制方式有以下两种。

① 输入控制方式，如图 2-26（a）所示。按输入复用线来配置 CM，即按每一条输入复用线来配置 CM，由这个 CM 来决定该输入 PCM 线上各时隙的编码，要交换到哪一条输出 PCM 复用线上去。因此，CM 中各存储单元存放的是输出线号。

② 输出控制方式，如图 2-26（b）所示。按输出 PCM 复用线来配置 CM，即每一条输出复用线有一个 CM，由这个 CM 来决定哪条输入 PCM 线上的时隙编码，要交换到这条输出 PCM 复用线上来。因此，CM 中各存储单元存放的是输入线号。

现以图 2-26（a）为例来说明 S 接线器的工作原理。设输入 PCM_0 的 TS1 中的话音信息要交换到输出 PCM_1 中去，当时隙 1 时刻到来时，在 CM_0 的控制下，输入复用线 0 与输出复用线 1 的交叉接点闭合，使输入 PCM_0 的 TS1 的话音信息直接转送至输出 PCM_1 的 TS1 中去。同理，在该图中把输入 PCM_1 的 TS14 的话音信息，在 CM_1 控制下，输入复用线 1 与输出复用线 0 的交叉接点闭合，送至 PCM_0 的 TS14 中去。因此，S 接线器完成了不同 PCM 复用线之间的信息交换，但是在交换中其话音信息所在的时隙编号并没有改变，即 S 接线器只能完成同一时隙内的信息交换。故 S 接线器不能单独使用。

在图 2-26（a）中，假定 PCM_0 的 TS0，TS2，TS4，…时隙中话音信息需要交换到输出 PCM_1 的 TS0，TS2，TS4，…时隙中去，则在 CM_0 的控制下，输入复用线 0 与输出复用线 1 之间的交叉接点在一帧内就要闭合、断开若干次。因此在数字交换中，空间接线器的交叉接点是以时分方式工作的。这与空分交换中空分接线器的工作方式不同。

对于图 2-26（b）所示的输出控制方式的 S 接线器的工作原理，与上述输入控制方式的工作原理是相同的，不再赘述。

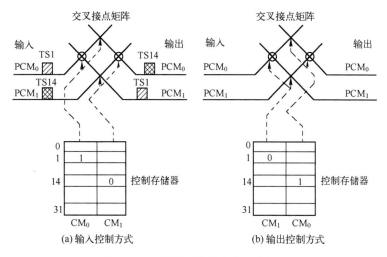

图 2-26 S 接线器的组成和工作原理

上面介绍的时间接线器和空间接线器都是以 PCM 基群速率为例的，但在实际的数字交换网络中，为了满足一定的容量要求，在交换器件允许的条件下，一般要尽可能提高 PCM 的复用度（复用线上每帧包含的时隙数）。这就需要在交换前，将多路 PCM 低次群复用成高次群信号，然后一并进行交换。在完成交换后，还要将复用的信号还原到 PCM 低次群信号。同时需要注意的是：在时间接线器和空间接线器的工作过程中，在交换器件内部存储和交换的都是并行的数字信号，因此，在复用线上传输的 PCM 串行码在交换前、后必须经过串并变换和并串变换。在数字程控交换机中，串并、并串处理通常与复用、分路过程结合起来实现。

2.3.2 数字交换网络

数字交换网络的功能是完成任意入线和任意出线之间的时隙交换。对于不同容量的交换机，数字交换网络具有不同的组网结构。最简单的只有一个单级 T 接线器，对于大型网络可以由 T 接线器与 S 接线器结合，构成 T-S-T、T-S-S-T、T-S-S-S-T、S-T-S、S-S-T-S-S 等结构，以适应大、中型数字交换机的容量需要。下面以大量应用的 T-S-T 为例，介绍数字交换网络的工作原理。T-S-T 数字交换网络为三级交换网络，两侧为时间接线器，中间为空间接线器。

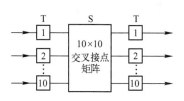

图 2-27 TST 网络结构示意图

1. T-S-T 交换网组成

假设输入与输出时分复用线各有 10 条，说明两侧各需 10 个 T 接线器，左侧为输入，右侧为输出，中间由空间接线器的 10×10 的交叉接点矩阵将它们连接起来，如图 2-27 所示。

如果每一时分线的复用度为 512，那么每个 T 接线器中有一个 512 个单元的话音存储器和一个具有 512 个单元的控制存储器。因此，每个 T 接线器可完成 512 个时隙之间的交换。

空间接线器具有 10×10 的交叉接点矩阵，完成 10 条出、入线之间的交换。并有 10 个控制存储器，每个控制存储器也应有 512 个单元。

这样，这一 T-S-T 网络可完成 5120 个时隙之间的交换。

2. T-S-T 的工作原理

以图 2-28 为例，说明 T-S-T 的工作原理。输入侧 T 接线器的话音存储器用 SMA 表示，控制存储器用 CMA 表示，输出侧 T 接线器话音存储器与控制存储器分别用 SMB 和 CMB 表示，空间接线器的控制存储器用 CMC 表示。该图输入、输出侧各用三套 T 接线器，每线的复用度为 32。

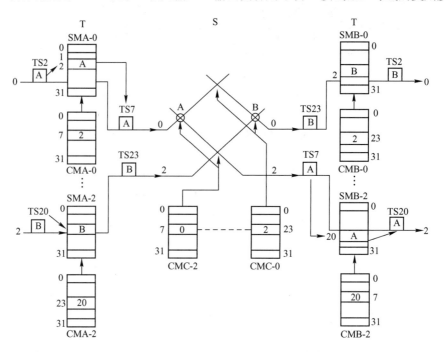

图 2-28　T-S-T 网络的组成和工作原理

　　现假设输入侧 T 接线器采用顺序写入、控制读出工作方式，输出侧 T 接线器则采用控制写入、顺序读出的工作方式，空间接线器采用输出控制方式。如要求输入线 0、时隙 2 与输出线 2、时隙 20 之间进行交换接续，T-S-T 如何完成交换工作呢？

　　按 T 接线器假设的工作方式，应将输入线 0、时隙 2 的内容写入 SMA-0 中的 2 号存储单元内。在哪个时隙（又叫内部时隙）输出呢？这应取决于 CPU 控制设备在各存储器中寻找到的空闲路由。所谓空闲路由，即从各级接线器的控制存储器看，输入侧 CMA-0、输出侧 CMB-2 及中间的 CMC-2 同时都有一个相同的空闲单元号，如选择入线 0 与出线 2 的交叉点 A 的闭合时间为时隙 7，那么必须是 CMA-0，CMB-2 及 CMC-2 的 7 号存储单元都空闲，才可使入线 0、时隙 2 与出线 2、时隙 20 进行交换。如现在需将入线 0、时隙 2 的信息送到出线 2、时隙 20 中，这时，CPU 应设置各控制存储器的内容：向 CMA-0 的 7 号单元内写入 2，向 CMC-2 的 7 号单元内写入 0，向 CMB-2 的 7 号单元内写入 20。

　　这些任务完成后，意味着内部时隙 7 到时，交叉接点 A 闭合，因此，CMA-0，CMB-2，CMC-2 同时起作用，做以下动作：顺序读出 CMA-0 内 7 号单元中的内容 2，并以此作为 SMA-0 的读出地址，将原来存在 SMA-0 内 2 号单元中的信息读出，转移到中间时隙 7 上；同时，CMC-2 在时隙 7 相对应的单元读出内容 0，控制输入线 0 和输出线 2 接通，即 A 接点闭合，这样就把时隙 7 的话音信息经过交叉接点 A 送到输出线 2 上；与此同时，在 CMB-2 控制下，把沿着空间接线器输出线上送来的信息，写入 SMB-2 的 20 号存储单元。在 SMB-2 顺序读出时，便在时隙 20 读出 SMB-2 的 20 号单元内所存的信息。该信息就是原输入线 0、时隙 2 的内容，即完成了入线 0、时隙 2 的信息交换到出线 2、时隙 20。

　　上述交换只实现了单向信息传送，而用户之间的通话信息必须双向传送，所以交换网络应建立双向通路。由于 PCM 传输采用四线制，如果上述通路表示 A 用户到 B 用户，那么还需建立一条 B 用户到 A 用户的通路。为简化控制，可使两个方向的内部时隙具有一定的对应关系。为此，B 至 A 方向的通路通常采用反相法，即来、去两方向的时隙通路相差半帧，两个方向的通路同时示闲、示忙。这个半帧是指双向通路内部时隙之间的关系。如某一方向选用的内部时隙号为 x，则另一个方向所用的内部时隙号为 $(x+n/2)$。其中，n 为复用线上信号的复用度。

本例中 A 至 B 选用内部时隙 $x=7$，那么 B 至 A 方向必定要选 7+32/2=23，即时隙为 23。如果按上式计算大于或等于 n，则应减去 n。例如某一方向选用内部时隙 30，那么另一方向按上式计算为 30+32/2=46，大于 32，所以需将 46 减去 32，得到另一方向的内部时隙数为 14。这样的做法可使呼叫处理程序一次选定两个方向的通路，从而减轻 CPU 的负担。另外还为输入侧 T 接线器和输出侧 T 接线器的控制存储器的合并创造了条件。至于如何实现输入侧和输出侧 T 接线器控制存储器的合并，这里就不介绍了，有兴趣的读者可以自己分析。

除确定内部通路外，还需指出一点，上述 A 至 B 通路，输入线 0、时隙 2 为输入时隙，它是 A 用户的发话时隙；输出线 2、时隙 20 为输出时隙，它是 B 用户的受话时隙。那么，B 至 A 的通路确定后，又如何确定 A 用户的受话时隙与 B 用户的发话时隙呢？由于交换网络本身是单方向的，因此发话时隙总在输入侧，受话时隙总在输出侧，所以安排 B 至 A 方向的 B 用户发话时隙及 A 用户受话时隙的原则是：线号及时隙号都不变，只是换个方向而已。本例 B 用户发话时隙应为输入线 2、输入时隙 20，A 用户的受话时隙为输出线 0、输出时隙 2。

B 至 A 方向话音信息的传送应由 CMA-2, CMB-0, CMC-0 协助完成，由呼叫处理程序控制向这三个控制存储器写入有关信息，如图 2-28 所示。当双方通话完毕拆线时，由呼叫处理程序将各控制存储器相应单元的内容清除，释放相关资源。

上面叙述 T-S-T 的工作原理时假设输入侧 T 接线器采用顺序写入控制读出，输出侧 T 接线器采用控制写入顺序读出方式。如果将输入侧和输出侧 T 接线器的工作方式对换一下，那么 T-S-T 又该如何工作呢？读者可以自行研究，这里不再赘述。

2.4 数字程控交换机软件系统

数字程控交换机是由电子计算机控制的实时信息交换系统，随着微电子技术的发展，硬件成本不断下降，而软件系统的情况则完全不同。一个大型程控交换机容量可达数十万门，其软件工作量十分庞大。因此，程控交换机的成本、质量（如可靠性、话务处理能力、过负荷控制能力等）在很大程度上取决于软件系统。

2.4.1 交换软件组成与特点

交换软件包括支援软件和运行软件两大部分。其中，支援软件又称脱机软件，是一个支撑软件开发、生产及维护的工具和环境系统。运行软件又称联机软件，是指交换机工作时运行在各处理机中，对交换系统的各种业务进行处理的软件的总和。运行软件的组成如图 2-29 所示。

1. 应用软件

应用软件包括呼叫处理程序和维护管理程序。其中：

呼叫处理程序负责整个交换机所有呼叫的建立与释放，以及新业务性能的提供。主要完成交换状态管理、交换资源管理、交换业务管理和交换负荷控制等功能。

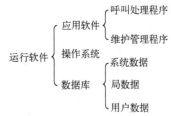

图 2-29　程控交换软件组成

维护管理程序的主要功能是，协助实现交换机软、硬件系统的更新，计费管理和监视交换机的工作情况，以确保交换机的服务质量。同时要实现交换机的故障检测、故障诊断和恢复等功能，以保证交换机可靠工作。

运行软件各组成部分所占的大致比例如图 2-30 所示。

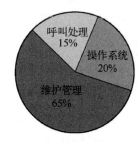

图 2-30　运行软件各部分所占比例示意图

2．操作系统

操作系统用于对交换机所有软、硬件资源的管理和调度，并为应用软件提供运行环境支持。其主要功能是任务调度、存储器管理、时间管理、通信支援、故障处理（包括系统安全和恢复），以及外设处理、文件管理、装入引导等。

数字程控交换机的操作系统是一个实时多任务操作系统，其特点是实时性强、可靠性高，能支持多任务并发处理。

3．数据库

数据是描述交换机软硬件配置和运行环境的基础信息，运行软件处理的全部数据由数据库管理系统统一进行管理，以便采取有效措施保证数据的完整性、安全性和并发性。数字程控交换机数据库所涉及的数据如下。

（1）局数据

局数据用于描述交换机的配置及运行环境，反映交换局在网络中的地位（或级别）和连接关系。它包括硬件配置、编号计划、中继信号方式等。局数据随不同交换局而异。

（2）用户数据

用户数据用来描述用户的情况，每个用户都有其特有的用户数据。

用户数据包括用户号码、端口物理地址、用户业务类别、用户终端类别、出局权限、计费类别、用户业务权限等信息。

（3）系统数据

这部分数据与交换机的部署无关，具有较强的通用性。由设备制造厂家根据设备数量、组网形态、存储器地址分配等有关数据在出厂前预设。

在数字程控交换机中，所有有关交换机的信息都可以通过数据来描述，如交换机的硬件配置、运用环境、编号方案、用户和资源（如中继、路由等）的当前状态、接续路由等。

4．程序设计语言

大容量数字程控交换系统的设计需要众多技术人员合作完成，为了提供一个良好的软件开发环境，ITU-T 建议了三种程序设计语言，这就是规范描述语言（SDL，Specification and Description Language）、CHILL 和人机对话语言（MML）。

（1）SDL

SDL 用于在系统设计阶段对交换机的功能和行为进行描述。原则上，SDL 既能说明一个待设系统应具有的功能和行为，又能描述一个已实现系统的功能和行为。这里，"行为"是指系统在收到输入信号时的响应方式。

SDL 有图形表示和语句表示两种形式。在系统设计和程序设计初期，SDL 用于概括地描述设计者的思路、程序功能结构，以及与周围环境（硬件和软件）的联系等。它比一般的计算机高级语言更抽象，更概念化，也更适合对系统进行宏观描述。

（2）CHILL

CHILL（CCITT High Level Language）是 1980 年 11 月 CCITT 正式建议的用于交换软件的标准程序设计语言，主要用于软件的编程和调试阶段。CHILL 包括以下三个基本部分：以"数据语句"描述的数据对象；以"操作语句"描述的动作；以"结构语句"描述的程序结构。

CHILL 具有通用性强、可靠性高、处理能力强，应用灵活等特点，可满足编写操作系统、接口和特殊数据处理（如位处理）等设计需要；具有良好的结构性，便于模块化设计；而且易学易用。

当然，C 语言也是交换软件设计常用的一种高级编程语言，C 语言的结构和指针功能强，适于编制实时控制程序，在交换软件设计中得到了广泛应用。如美国 AT&T 公司生产的 5ESS、我国华为公司生产的 C&C08、中兴通讯公司生产的 ZXJ10 等交换机都采用了 C 语言。

（3）MML

MML（Man-Machine Language）是一种交互式人机对话语言，用于程控交换系统的操作、维护、安装和测试。这种语言的书写形式与自然语言接近，便于理解和使用。

MML 包括输入语言与输出语言。输入语言用于对交换机下达指令。输出语言是交换机的输出信息，在输出信息中又分非对话输出（自动输出）和对话输出（应答输出）。非对话输出为特定事件（如告警）出现或预设任务（如话务统计）结束后的自动输出。对话输出是对指令的响应，当操作人员输入的指令被交换机正确执行后，即显示"指令成功执行"的信息及指令执行的相关结果；若指令有错或系统无法执行时则输出拒绝执行的原因。

5. 交换软件的特点

数字程控交换软件具有下列特点：

① 规模大。大型程控交换机的软件通常有数十万乃至百万条以上语句，其软件开发量达数百人年。随着新业务的引入，功能的不断完善，其软件工作量不断增大。

② 实时性强。程控交换机是一个实时系统，它要求能及时收集各个用户的当前状态数据，并对这些数据及时加以分析处理，实时做出相应的反应，不能因为软件的处理能力不足而造成呼叫失败。例如在收号时，必须及时对到来的号码进行识别，否则将造成错号。

③ 多重处理。在一个大容量的程控交换机中，用户数量众多，会出现多个用户同时发出呼叫请求，以及同时多个用户进行通话等情况，而且每个用户会有各种不同的任务要求处理，这就要求交换机能够在"同一时刻"执行多种任务，也就是要求软件程序要有多重处理性，或者说，要有在一个很短的时间间隔内处理众多任务的能力。

④ 高可靠性。对一个交换机来讲，其可靠性指标要具有 99.98% 的正确呼叫处理率及在 40 年内系统中断运行时间不超过 2 小时。即使在硬件或软件系统本身故障的情况下，系统仍能保持可靠运行，并能在不中断系统运行的前提下，从硬件或软件故障中恢复到正常运行。这就要求必须有诸多保证软件可靠性的措施。

⑤ 维护要求高。交换软件具有相当大的维护工作量。一般而言，在整个软件生存周期内，总成本的 50%～60% 需要用于软件维护。因此，提高软件的可维护性，对于提高交换机的服务质量，降低成本，具有十分重要的作用。

2.4.2　程序的分级与任务调度

程控交换软件的基本特点是实时性和多任务并发处理。因此，在对程序的执行进行管理时，必须预先安排好各种程序的执行计划，在特定时刻，选择执行最合适的处理任务。如何按照计划依次执行各种程序以满足实时性要求，一种有效的方法就是将程序划分成不同的优先级。

1. 程序的分级

典型的程序执行级别包括下列三级。

① 故障级。故障级程序是负责故障识别、紧急处理的程序。其任务是识别故障源，隔离故障设备，切换备用设备，进行系统重组，使系统恢复正常状态。故障级的级别最高，以保证交换系统能立即恢复正常运行。由于故障的发生是随机的，故在出现故障时应立即产生故障中断，调用并执行故障处理程序。

② 周期级。周期级程序是指具有固定执行周期，每隔一定时间就由时钟定时启动的程序，也称时钟级程序。为确保周期程序的执行，交换机的时钟电路（如 CTC 芯片）向处理机发出定时中断请求（时钟中断）。基准时钟周期一般为 4ms 或 5ms。各周期级程序执行周期的确定原则是：既要能满足实时性要求，又要满足执行周期为基准时钟周期的整倍数要求。

③ 基本级。基本级程序是指没有严格时间限制的程序。其对实时性要求不太严格，多为一些分析程序，如数字分析、路由选择，以及维护管理程序等。

基本级程序的级别最低，这些程序的执行稍有时延影响不大。在交换机正常运行时，一般只有周期级和基本级程序的交替执行。当时钟中断到来时，首先执行周期级程序，周期级程序执行完毕后才转入基本级程序。如图 2-31 所示，基本级程序执行完毕到下一次时钟中断到来，存在一些空余时间。由于话务负荷的变化，空余的时间有长有短。在话务高峰时也可能出现基本级尚未执行完毕，就发生时钟中断的情况，此时不仅没有空余时间，而且有的基本级程序还未执行，这就要推迟到下一周期去执行。但在正常话务负荷下，不应经常出现无空余时间的情况。如果经常出现超负荷，就说明处理机处理能力不够。

图 2-31 时钟级与基本级的执行

在程控交换机中，还可将故障级、周期级和基本级程序再进行细分。如将故障级程序再分为高（FH）、中（FM）、低（FL）三级，对应于严重程度不同的故障。将周期级程序分为高（H）、低（L）两个级别，高级别对时间的要求比低级更为严格，如拨号脉冲扫描、局间信令的发送和接收等属于高级，而对话路设备和输入/输出设备的控制程序属于低级。基本级程序也可划分为多个队列等。

2. 任务调度

周期级和基本级程序的执行次序是由任务调度程序控制的。如任务调度程序控制周期级程序中的高（H）、低（L）级和基本级（B）的启动，故有三种相应的调度控制程序。首先被启动的是 H 级控制程序（HLCTL，High Level Control Program）。HLCTL 首先启动最优先的 H 级程序，执行完一个任务后返回至 HLCTL，HLCTL 再启动下一个 H 级程序，逐项进行直到本周期需要执行的 H 级程序都执行完毕。然后转入 L 级控制程序（LLCTL），LLCTL 启动 L 级程序，在 L 级任务都完成后，再转入基本级控制程序（BLCTL），以控制基本级程序的执行。如基本级程序包括三个队列，则先从第一队列（BQ₁，Basic Queue1）开始执行，随后执行第二队列（BQ₂，Basic Queue2），最后执行第三队列（BQ₃，Basic Queue3）的程序。

任务调度过程如图 2-32 所示。如果在执行低级程序时，遇到 4ms 周期到来，即使 L 级或基本级任务尚未执行完，也要被中断，以优先执行 H 级任务，然后执行 L 级任务，随后执行被中断的基本级任务，最后再依次执行 BQ_1、BQ_2、BQ_3 的任务。

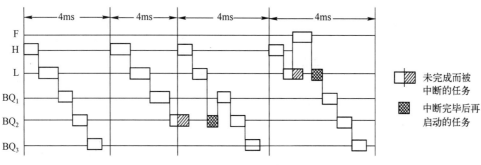

图 2-32　任务调度与程序的执行示例

3. 时钟级程序的调度

时钟级调度程序的功能是确定每次时钟中断时应调度哪些时钟级程序运行，以满足各种时钟级程序的不同时限要求。通常以时钟中断为基准，采用时间表作为调度依据。常用的有比特型时间表和时区型时间表两种类型，下面主要介绍比特型时间表调度时钟级程序的基本原理。

（1）时间表的结构

比特型时间表的结构如图 2-33 所示。其由四个部分组成：时间计数器（HTMR）、有效指示器（HACT）、时间表（HTBL）和转移表（HJUMP）。

时间表纵向对应时间，每往下一行代表增加一个时间单位，实际上相当于一个时钟中断的周期。时间表横向代表所管理的程序类别，每一位代表一种程序，总位数即计算机字长，故一张时间表可容纳的程序类别数等于字长。当时间表某行某位填入 1 时，表示执行该类程序；填入 0 表示不执行该类程序。

时间计数器 HTMR 的任务是软件计数，按计数值为索引取时间表的相应单元。

有效指示器 HACT 表示对应比特位程序的有效性，为"1"表示有效，为"0"表示无效。其作用是便于对时间表中某些任务进行暂时删除（抑制执行）和恢复。

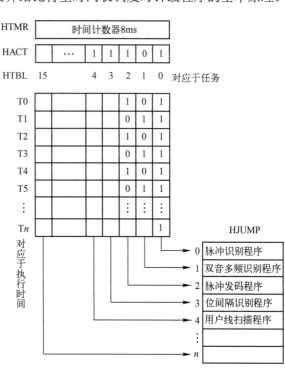

图 2-33　比特型时间表的结构

转移表 HJUMP 也称为任务地址表，其每个单元分别存放着任务（程序）的入口地址。

（2）时间表的工作过程

每次时钟中断到来时，调度程序首先从时间计数器中取值，然后将时间计数器加 1，并判断时间计数器加 1 后其值是否等于时间表行数，若等于时间表行数，则将时间计数器清 0；然后以原时间计数器的值为指针，依次读取时间表的相应单元，将该单元的内容与 HACT 的内容做"与"运算，再进行寻"1"操作。寻到 1，则转向该位对应程序的入口地址，执行该程序，执行完毕返回时间表，再执行其他为"1"的相应程序。当被处理单元寻 1 完毕时，则转向基本级程序。

在调用过程中，后续程序的执行时刻取决于前面程序是否被启动执行，因此，对运行时限严格要求较高的程序应排在比特表的前边，而对时限要求较低的可相应排在后边。时间表的时间间隔应小于所有程序对最小时限的要求，时间表的行数等于各程序执行周期与最短周期之比的最小公倍数。为使 CPU 在各时间间隔周期的负荷均衡，应使每行中所含程序数大致相同。

由于各种程序的执行时限差异较大，而且对时间精度要求不同，因此，实际应用时可根据需要设置多个时间表，以满足程序的调度要求。

4．基本级程序的调度

基本级程序中一部分具有周期性，同样可用时间表进行调度。而对没有严格时限要求的程序，可采用队列调度法，同一级程序的调度可采用先到先服务的调度原则进行处理。

5．故障级程序的调度

故障级程序的调度是由故障级中断控制的，一般不通过操作系统调度。当交换系统出现故障时，中断源触发器发出故障级中断请求，处理机一旦识别到故障中断，立即中断正在执行的周期级和基本级程序，而优先执行故障级处理程序。

故障处理程序包括故障识别、主/备设备切换以及恢复处理等。

2.5　呼叫处理原理

呼叫处理程序是最能体现数字程控交换机特色的软件，在呼叫处理过程中，交换软件的实时性和并发性都有体现。呼叫处理程序在交换机运行软件中所占比重并不多，但其运行十分频繁，占用处理机的时间最多。本节从呼叫接续的一般过程出发，着重讨论呼叫处理程序控制接续的基本原理。

2.5.1　接续过程与状态转移

1．一次呼叫的接续过程

一个正常的呼叫过程包括：主叫摘机、听拨号音；拨被叫用户号码；被叫听振铃音、主叫听回铃音；被叫摘机应答，主被叫开始通话；主、被叫任一方挂机，另一方听忙音后挂机。

对应于用户的这些操作，交换机完成下列接续动作。

（1）监视主叫摘机呼叫：交换机检测到主叫摘机时，查阅主叫用户数据，以区分是同线电话、普通电话、投币电话等。并根据话机类别（按键或号盘话机），准备相应的收号器。

（2）送拨号音，准备收号：交换机寻找一个空闲收号器以及它和主叫端口间的空闲路由；寻找并建立主叫用户和信号音发生器间的连接通路，向主叫用户送拨号音；同时，监视收号器的输入信号，准备收号。

（3）收号：收号器接收主叫用户所拨号码；收到第一位号后，停送拨号音；对收到的号码进行存储；收号完毕将拨号数字送至号码分析程序。

（4）号码分析：交换机收到拨号数字后，进行内部处理，分析本次接续是本局还是出局。下面按本局接续来说明。

（5）接至被叫用户：测试并预占空闲路由，包括：向主叫用户送回铃音路由；控制向被叫用户电路振铃；预占主、被叫用户之间的通话电路。

（6）向被叫振铃：向被叫用户送铃流，向主叫用户送回铃音；同时监视主、被叫状态。

（7）被叫应答通话：被叫摘机应答，交换机停振铃和回铃音；并建立主被叫用户间的通话电路。启动计费设备，开始计费；同时监视主、被叫状态。

（8）话终（主叫先挂机）：主叫先挂机，交换机释放通话电路，停止计费；向被叫送忙音。

（9）话终（被叫先挂机）：被叫先挂机，交换机释放通话电路，停止计费；向主叫送忙音。

这就是交换机完成的一个完整的呼叫接续过程。从控制角度看，如果把交换机外部的变化，诸如用户摘机、拨号、中继占用等，都称为事件，则呼叫处理的基本功能之一就是收集所发生的事件（输入），并对收到的事件进行处理（分析处理），最后发送控制指令（输出）。交换机的接续过程，就是由中央处理机根据话路系统发生的事件做出相应的处理来实现的。

2. 状态迁移和有限状态机

分析交换机对一个呼叫的接续过程可以看出，呼叫处理从开始到结束可分为若干个阶段，每个阶段（等待输入信号的变化）都可用一个稳定状态来标识，如空闲、送拨号音、收号、振铃、通话等。在某个稳定状态下，如果输入信号发生变化，在处理机完成相应处理后，状态发生转移。因此，可以把输入信号的变化看成事件，而把状态转移看成结果，事件与结果之间存在一定的对应关系，但这种关系由于以下原因变得十分复杂。

（1）在不同状态下发生同一事件，可能导致不同的结果。如同样是摘机，但在"空闲"状态下的摘机，呼叫处理完成后将转移到"送拨号音"状态；而在"振铃"状态下的摘机，呼叫处理完成后将转移到"通话"状态。

（2）在同一状态下发生不同事件，可能导致不同的结果。如在"振铃"状态下，收到主叫挂机信号，需做中途挂机处理，呼叫处理完成后将转移到"空闲"状态；而在"振铃"状态下收到被叫摘机信号，则需做通话接续处理，呼叫处理完成后将转移到"通话"状态。

（3）在同一状态下发生同一事件，也可能导致不同的结果。如在"空闲"状态下，收到主叫摘机信号，如果处理机找到空闲收号器以及空闲路由，则向主叫送拨号音，呼叫处理完成后将转移到"送拨号音"状态；如没有空闲的收号器或空闲路由，则向主叫送忙音，呼叫处理完成后将转移到"空闲"状态。

实际的呼叫处理是一系列复杂的控制过程，涉及所有可能的事件和相关状态，因此，系统设计时需要对呼叫处理过程进行抽象，通过建立有限状态机（FSM，Finite State Machine）模型，并采用 SDL 语言来对呼叫处理过程进行描述。有限状态机是一个事件驱动的数学模型，其处理条件和相关动作的逻辑都被定义在一个表中，该表描述了应用程序中所有可能的处理状态，及驱动应用程序从一个状态转到另一状态的事件。在呼叫处理过程中，呼叫处理进程根据其当时的状态和接收到的事件信号进行相应的处理，然后转移到下一个稳定状态等待新的信号到来。随着呼叫的不断进行，对呼叫进行处理的进程总是走走停停，不断地从一个稳定状态进入另一个稳定状态，并在状态转移中执行具体的任务作业，直到呼叫处理结束。

由于有限状态机具有规范的结构，可以减少程序的差错，提高软件设计的自动化程度。同时，便于软件的调测、修改和新功能的引入，有利于实现程序设计的模块化。因此，FSM 在程控交换软件的设计中得到广泛应用。

2.5.2 呼叫处理程序的结构

在呼叫处理过程中，处理机对接续的控制仅体现在对事件的检测以及状态迁移过程中的作业执行。作业中有对处理机内部数据的处理、对硬件的驱动，向其他处理机发送信号和形成新的事件以触发新的状态转移，每次状态的迁移都终止于一种新的状态。我们将引起状态迁移的原因称为"事件"，处理状态迁移的工作称为"任务"。识别启动原因的处理实际就是监视处理，即输入处理。输入处理程序简称为输入程序；根据输入信息，查找和分析相关数据以确定执行何种任务的程序叫做分析程序；控制状态迁移的程序叫做任务执行程序。在任务执行中把与硬件动作有关的程序，从任务执行中分离出来，作为独立的输出程序。另外，任务执行又分前后两部分，分别称为"始"和"终"。呼叫处理程序结构如图2-34所示。

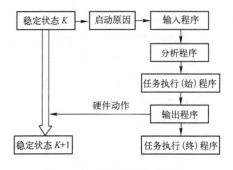

图 2-34　呼叫处理程序结构

把任务分成"始"和"终"的原因是为了实现软、硬件的协同，如需占用话路系统的某个部件，在硬件动作之前软件先要使它示忙，以免被其他呼叫占用。硬件动作后，还必须由软件继续进行监视。如需释放刚才被占用的部件，在软件驱动硬件复原后，应将该部件的软件映射状态修改为空闲。

在呼叫处理程序中，输入程序和输出程序与硬件动作有关，称为输入/输出程序。与硬件没有直接关系的程序，如分析和任务执行（始、终）程序，仅是处理机的分析处理，称为内部处理程序。由此可知交换动作的基本形式是：首先由输入程序识别外部事件并分析输入信息，决定执行哪一个任务，然后执行该任务（始）；输出程序驱动话路设备动作，使它转移到另一个稳定状态，此后再执行任务的剩余部分（终）。

上述各种处理，归纳起来可分为三种类型。

① 输入处理，通常在时钟中断控制下按一定周期执行，主要任务是发现事件而不是处理事件。完成收集话路设备的状态变化和有关信令信息的任务，各种扫描监视程序都属于输入处理。输入处理是靠近硬件的低层软件，实时性要求较高。

② 分析处理，是呼叫处理的高层软件，与硬件无直接关系，如数字（号码）分析、通路选择、路由选择等。分析处理程序的一个共同特点是通过查表进行一系列的分析、译码和判断。程序的执行结果可以是启动另一个处理程序，或者启动输出处理。

③ 输出处理，是与硬件直接有关的低层软件。输出处理与输入处理都要针对一定的硬件设备，可合称为设备处理。扫描是处理机输入信息，驱动是处理机输出信息，扫描和驱动是处理机在呼叫处理过程中与硬件相联系的两种基本方式。

因此，呼叫处理过程可以看成是输入处理、分析处理和输出处理的不断循环过程。

2.5.3　呼叫处理程序的实现

呼叫处理程序包括用户扫描、信令扫描、数字分析、通路选择、路由选择、任务执行与输出处理等功能模块，涉及众多任务和作业，下面介绍几种典型的呼叫处理程序的实现原理。

1. 摘挂机识别

用户扫描程序属于输入处理程序，负责检测用户线的状态变化。用户挂机时，用户环路为断开状态，假定扫描点输出为"1"。用户摘机时，用户环路为闭合状态，扫描点输出为"0"。用户线状态从挂机到摘机的转换，表示用户摘机，反之表示用户挂机。用户摘、挂机识别的扫描周期为100～200ms。摘、挂机识别原理如图2-35所示。

如处理机每200ms对用户线扫描一次，读出用户线的状态并存入"本次扫描结果"，用 A 标识；然后从存储器中取出"上次扫描结果"，用 B 标识。若 $\overline{A}B=1$，识别为用户摘机。若 $A\overline{B}=1$，则识别为用户挂机。

在大型交换机中常采用"群处理"方法，即每次对一组用户的状态进行检测，从而达到节省机时、提高扫描速度的目的。

2. 收号识别

收号识别也属于输入处理程序。双音多频话机送出的每个按键由两个音频组成，这两个音频分别属于高频组和低频组，每组各有 4 个频率。每一个号码由从高、低频组中各取一个频率（4 中取 1）组合而成，常称为双音多频信号（DTMF，Dual Tone Multi-Frequency）。交换机对这种号码的接收使用专门的 DTMF 收号器，其基本结构如图 2-36 所示。DTMF 收号器对收到的双音频信号进行识别，其识别方法有两种：

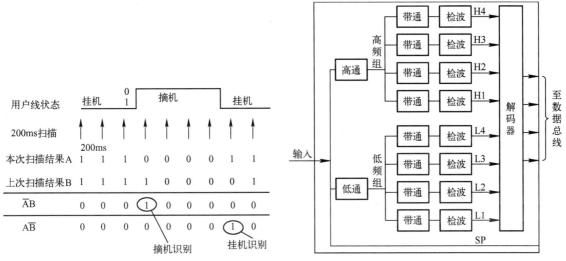

图 2-35 用户摘、挂机识别原理　　　　　　图 2-36 DTMF 收号器基本结构

一种是模拟方法，即将接收到的频率信号经窄带滤波器分拣出频率成分。双音频信号首先通过高通和低通滤波器分成两组，再由带通滤波器滤出频率分量，这时，在高、低两组滤波器中将各有一个滤波器输出，经检波电路转换为直流高电平送解码逻辑电路。解码逻辑电路对检波器输出的信号进行判断，当高、低频率组中各有一个有效频率出现时，就将其译成 4 位二进制数据，从而完成对音频信号的译码和识别。常用的 DTMF 收号器集成电路有 MITEL 公司的 MT8870、MT8880 等。

另一种是数字法，利用数字滤波器直接从数字音频信号中识别其频率成分。大型数字程控交换机一般采用这种方法，由数字逻辑电路将识别到的 DTMF 信号转换为二进制数据输出，然后由扫描程序接收。

CPU 从 DTMF 收号器采集号码信息一般采用查询方式。首先读状态信息 SP，若 SP=0，表明有 DTMF 信号送达，可以读取。若 SP=1，则不读取。其扫描识别过程和前面识别摘挂机的方法一样，这里不再重复。DTMF 收号原理如图 2-37 所示。DTMF 按键信号的持续时间一般大于 40ms，因此用 16ms 扫描周期即可满足识别要求。

3. 数字分析

数字分析属于分析处理程序。按照分析的信息不同，可分为去话分析、数字（号码）分析、来话分析和状态分析 4 类分析程序。下面主要介绍数字分析程

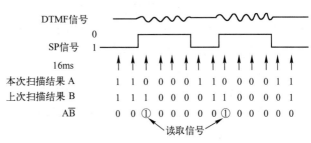

图 2-37 双音频号码接收原理

序的实现原理。数字分析的主要任务是根据收到的被叫号码（通常是前几位）判定接续类型（本局还是出局）。从译码的角度来看就是根据不同的呼叫源、主叫用户的拨号数字等参数为索引查找相关的局数据，从而得到一次呼叫的路由索引、计费索引、最小号长及最大位长和呼叫的释放方式等数据。数字分析的主要方法如下。

（1）表格展开法

如图 2-38 所示，数字分析程序根据收到的号码逐位检索各级表格，最后得到所需的分析数据。表格分为多级，每一级表格由若干个记录组成，每个记录设有一个标志位：0 表示继续查表，此时所得记录为指向下一级表头的指针；1 表示结束，记录内容给出检索结果。

（2）对键法

对键法数字分析的结构如图 2-39 所示，这种方法是将收到的拨号数字作为一个关键值，在查表时，将它与表格中的每一个表项的固定字段进行比较，这个固定字段被称为"键孔"。当键与键孔数据完全相符时，即得到分析结果。具体实现时，对表格的检索可以采用两种方式，一是按序逐个查找，即依次检索各表项，当表格较长时，检索时间较长；二是对分检索，即在表格检索时，首先搜索表格中部，然后根据检索值与键孔值的大小关系再检索表格上半部或下半部。对分检索速度较快，但要求表格必须按序排列。

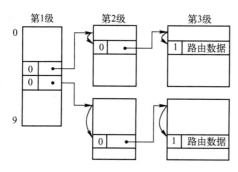

图 2-38　表格展开法分析结构　　　　图 2-39　对键法数字分析的结构

4．路由选择

路由是网络中任意两个交换局之间的信息传送途径。它可以由一个电路群组成，也可以由多个电路群经交换局串接而成。路由选择也称选路，是指一个交换局呼叫另一个交换局时在多个传送信息的途径中进行选择。具体地，对于交换机而言，路由组织结构一般分为四个层次：

- 路由块：表示到达指定局向的路由的集合，包括首选路由和一个或多个迂回路由；
- 路由（索引）表：表示直接连接两个交换机的若干个中继群的组合；
- 中继线群：表示直接连接两个交换机的具有相同特性的中继线的集合，这些特性是指信令方式，接续方向及电路的优劣等；
- 中继线：直接连接两个交换机之间的中继线路。

路由选择基于数字分析的结果。数字分析结果包含多种数据，如路由索引、计费索引、还需接收的号码位数等。其中，路由索引用于路由选择，即确定中继线群并从中选择一条空闲中继线；计费索引用来检索与计费有关的表格，以确定呼叫的计费方式和费率等。

当数字分析的结果为出局呼叫时，分析结果给出对应局向的路由块编号，进而利用路由（索引）表在指定的路由块中选择一条空闲中继线。路由选择查表示意图如图 2-40 所示。根据数字分析得到路由索引（RTX），查找路由索引表，得到两个数据：一个是中继线群号（TGN），另一个是迂回路由索引（NRTX）。首先在所选的中继线群中选择空闲中继线，如果全忙，则利用 NRTX 继续检索路由索引表。

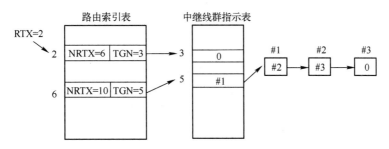

图 2-40 路由选择查表示意图

图 2-40 表明，从数字分析得到 RTX=2，用 2 检索路由索引表，得到 NRTX=6，TGN=3，用 3 检索中继线群指示表，其内容为"0"，表示对应于 TGN=3 的路由全忙。为此，再用 NRTX=6 查路由索引表，得到 NRTX=10，TGN=5，用 5 再次检索中继线群指示表，得到的不是"0"而是"#1"，表示该中继线群有空闲中继线。至此，路由选择结束。

5. 通路选择

通路选择在数字分析和路由选择后执行，其任务是在交换网络指定的输入端和输出端之间选择一条空闲的通路。呼叫处理程序执行通路选择的依据是链路的忙闲状态表。一条通路常常由多级链路串接而成，如经过用户级→选组级→用户级，这些串接的链路段都空闲才算是一条空闲通路。通路选择一般采用条件选试，即对网络全局做出全盘观察，在指定的入端与出端之间选择一条空闲通路。

为了进行通路选试，处理机必须存有交换网络的忙闲表（网络映像）。现以 F150 数字程控交换机的 T-S-T 网络为例，说明交换网络的通路选择过程。

（1）T-S-T 网络及其网络映像

F150 选组级网络结构如图 2-41 所示。初级 T 接线器（PTS）最多可达 64 个，每个 T 接线器的出入时隙数为 1024，次级 T 接线器（STS）的个数和复用时隙数与输入初级 T 接线器的相同，故中间 S 级接线器最大为 64×64。对应的一个 PTS、STS 和 S 级组成一个网络模块，NW_i 和 NW_k 分别表示第 i 个网络模块和第 k 个网络模块。

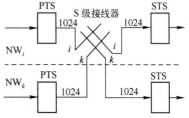

图 2-41 F150 选组级 T-S-T 网络

每个网络模块有 64 个字的网络映像，即忙闲表，表示内部时隙（ITS）的忙闲状态，如图 2-42 所示。32 个字用于 PTS，存入 PTS 出线上 1024 个 ITS 的忙闲状态；另外 32 个字用于 STS，存入 STS 入线上 1024 个 ITS 的忙闲状态。每个字 32 位，32×32 对应于 1024 个 ITS。用 $T_9\sim T_0$ 表示 ITS 编号，$T_9\sim T_5$ 表示 ITS 在忙闲表中的行号，$T_4\sim T_0$ 表示位号。

（2）T-S-T 网络的通路选择

通路选择时，出、入端位置已确定。假设入线在 NW_i，出线在 NW_k，由此可确定要用哪两个模块或一个模块（出、入端属于同一个模块的情况）。

32 行 ITS 可任意选用，但为了均匀负荷，可设置一个行计数器 WC，初值为 31，每选 1 次减 1。根据 WC 的值，取 NW_i 和 NW_k 的相应一行进行群处理的逻辑"与"运算。

对于每次接续，要建立正向和反向两条通路。对于主叫到被叫的正向通路而言，涉及 NW_i 的 PTS 忙闲表和 NW_k 的 STS 忙闲表应为：

（NW_i忙闲表第 WC 行）·（NW_k忙闲表第 WC+32 行）

式中，WC+32 表示跳过 NW_k 的 PTS 忙闲表的 32 行而进入 STS 忙闲表的第 WC 行。

以上逻辑"与"的两项内容如图 2-43 所示。如果逻辑"与"结果不等于 0，表示存在空闲时隙，可用寻 1 指令从最右端起寻找第 1 个 "1"，其所在位号加上行号（WC）即得到所选中的 ITS 的号码。

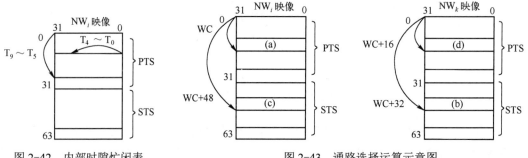

图 2-42　内部时隙忙闲表　　　　　　图 2-43　通路选择运算示意图

对于被叫到主叫的反向通路，采用反相法确定。将半帧的时隙数 512 换算到网络映像中为 16 行，故涉及 NW_k 的 PTS 忙闲表和 NW_i 的 STS 忙闲表应为：

$$（NW_k 忙闲表第（WC+16）行）\cdot（NW_i 忙闲表第 WC+48 行）$$

式中，WC+48 表示跳过 NW_i 的 PTS 忙闲表的 32 行而进入 STS 忙闲表的第 WC+16 行。实际上，当 ITS 都是差半帧成对地使用双向通路时，若正向有空闲通路，则反向也必然有对应的空闲通路。一旦选中某一通路后，应在有关的忙闲表中将各个 ITS 置忙。如果逻辑 "与" 为 0，则表示这一行全忙，继续在下一行检索空闲通路，直到最后一行。

6．任务执行与输出处理

任务的执行分为动作准备、输出处理和终了处理三个阶段。输出处理就是控制话路设备动作的处理，也称为输出驱动。如驱动数字交换网络的通路建立或释放，驱动用户电路振铃继电器的动作等。在动作准备阶段，首先是准备硬件资源，如选择空闲设备并进行预占。编制启动或复原硬件设备的控制字，以及准备状态转移。输出处理即根据编制好的控制字进行输出，对话路设备进行驱动。在输出驱动完成以后，要进行终了处理。终了处理是在硬件动作完成并转移至新状态后，软件对相关数据进行修改，使软件符合已经动作的硬件的状态变化。如对已复原设备在忙闲表中示闲。

2.6　交换机主要技术指标

1．性能指标

性能指标是评价交换机呼叫处理能力和交换能力的指标，可以反映交换机所具备的技术水平。具体有以下指标。

（1）话务负荷能力

话务负荷能力是指交换机在一定的呼损情况下，忙时承担的话务量。程控交换机能够承受的话务量直接由交换网络可以同时连接的话路数决定。大型局用交换机的话务量指标通常可达到数万爱尔兰。

（2）呼叫处理能力

话务量所衡量的是交换机话路系统能够同时提供的话路数目。交换机的话务处理能力往往受到控制设备的呼叫处理能力的限制。控制系统的呼叫处理能力用 BHCA 来衡量，这是一个评价交换系统设计水平和服务能力的重要指标。影响 BHCA 值的因素较多，包括交换系统容量、控制结构、处理机能力、软件结构、算法等。甚至编程语言都与之相关。

（3）设备最大容量

交换机能够提供的用户线和中继线的最大数量，是交换机的一个重要指标。局用交换机中，数字交换网络一般能够同时提供数万条话路，这些话路可以用来连接用户线和中继线。由于用户线的平均话音业务量较小，一般在 0.2 Erl 左右，即同时进行呼叫和通话的用户占全部用户的 20%，因此交换机的用户模块都具有话务集中（扩散）的能力，这样就可以使交换机的话路系统连接更多的用户线。很多局用交换机能够连接的用户线达十万线以上，而中继线也可以达到数万线。

2．QoS 指标

（1）呼损指标

呼损率是交换设备未能完成的呼叫数与用户试呼数的比值，简称呼损。这个比率越小，交换机为用户提供的服务质量就越高。

在实际考察呼损时，要考虑到在用户满意服务质量的前提下，使交换系统有较高的使用率，这是相互矛盾的两个因素。因为若要让用户满意，呼损就不能太大；而呼损小了，设备的利用率又较低。因此要进行权衡，从而将呼损确定在一个合理的范围内。一般认为，在本地电话网中，总呼损在 2%～5% 范围内是比较合适的。

（2）接续时延

接续时延包括用户摘机后听到拨号音的时延和用户拨号完毕听到回铃音的时延。前一个时延反映了交换机对于用户线路状态变化的反应速度以及进行必要的去话分析所需的时间。当该时延不超过 400ms 时，用户不会有明显的等待感觉。后一个时延反映了交换机进行数字分析、通路选择、局间信令配合以及对被叫发送铃流所需要的时间，一般规定平均时延应小于 650 ms。

3．可靠性指标

可靠性指标是衡量交换机维持良好服务质量的持久能力。

数字程控交换机的可靠性通常用可用度 A 和不可用度 U 来衡量。

$$A = \text{MTBF}/(\text{MTBF} + \text{MTTR})$$

$$U = 1 - A = \text{MTTR}/(\text{MTBF} + \text{MTTR})$$

对于采用冗余配置的双处理机系统，其平均故障间隔时间可近似表示为：

$$\text{MTBF}_D = \text{MTBF}^2/(2\,\text{MTTR})$$

相应地，双机系统的可用度可近似表示为：

$$A_D = \text{MTBF}^2/(\text{MTBF}^2 + 2\,\text{MTTR}^2)$$

一般要求局用交换机的系统中断时间在 40 年中不超过 2 小时，相当于可用度 A 不小于 99.9994%。要提高可靠性，就要提高 MTBF 或降低 MTTR，这样就对硬件系统的可靠性和软件的可维护性提出了很高的要求。

有关话务量、呼损及交换机呼叫处理能力的工程计算参见附录 A。

2.7 电话通信网

2.7.1 网路组织

电话通信网简称为电话网，其全称是公众交换电话网（PSTN，Public Switched Telephone

Network），是采用电路交换技术的电信网，具有分级网和无级网两种组网结构。在分级网中，每个交换中心（交换局）根据其地位和作用被赋予一定的等级，不同等级的交换中心采用不同的连接方式，低等级交换中心一般要连接到高等级交换中心。在无级网中，每个交换中心的等级是相同的，各交换中心采用网状网或不完全网状网相连。就全国范围内的电话网而言，很多国家采用等级结构。低等级的交换中心与所属区域高等级的交换中心相连，形成多级汇接辐射网即星状网；而最高等级的交换中心之间可直接相连，形成网状网。因此，分级电话网一般是复合型网络。

我国电话网采用分级结构，包括长途电话网和本地电话网两大部分。其中，长途电话网曾长期根据行政区划采用四级（大区、省、市、县）结构，随着网络和技术的发展，长途光缆的敷设和本地电话网的建设，我国长途电话网的等级结构已由四级逐步演变为两级（一级长途中心 DC1、二级长途中心 DC2），整个电话网相应地由五级演变为如图 2-45 所示三级结构。其中长途网由 DC1 和 DC2 组成，本地网由端局 DL 和汇接局 Tm 组成。

1. 长途电话网

我国长途电话网的两级结构及网路组织示意如图 2-46 所示。

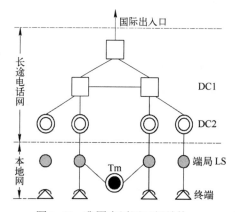

图 2-45　我国电话网三级结构

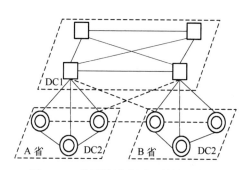

图 2-46　我国长途电话网结构示意图

（1）一级长途交换中心

一级长途交换中心 DC1 设在各省会城市，主要职能是疏通和转接所在省的省际长途来话、去话业务，以及所在本地网的长途终端业务。

（2）二级长途交换中心

二级长途交换中心 DC2 设在各地市，主要职能是汇接所在本地网的长途终端业务。

DC1 之间以网状结构互连，形成省际平面（高平面）。DC1 与所属省内各地市 DC2 之间以星状结构相连，省内各 DC2 之间以网状或不完全网状相连，形成省内平面（低平面）。同时，根据话务流量流向，DC2 也可与非从属的 DC1 之间建立直达电路群。

需要说明的是，较高等级的交换中心可具有较低等级交换中心的功能，即 DC1 可同时具有 DC1、DC2 的功能。随着长途业务量的增长，为保证网络安全可靠、经济有效地疏通话务，允许在同一本地网内设置多个长途交换中心。当一个长途交换中心汇接的忙时话务量达到 6000～8000Erl（或交换机满容量时），且根据话务预测近两年长途话务量将达到 12000Erl 以上时，可设第二个长途交换中心；当已设的两个长途交换中心所汇接的话务量达到 20000Erl 以上时，可引入多个长途交换中心。直辖市本地网设一个或多个长途交换中心时，一般均设为 DC1（含 DC2 功能）。省（自治区）DC1 所在本地网设一个或两个长途交换中心时，均设为 DC1（含 DC2 功能）；设三个及以上长途交换中心时，一般设两个 DC1 和若干个 DC2。地市级本地网设长途交换中心时，均设为 DC2。

由于两级长途电话网简化了网络结构，也使长途路由选择得到了简化，但仍然应遵循尽量减少路由转接次数和少占用长途电路的原则，即先选直达路由，次选迂回路由，最后选择由基干路由构成的最终路由。

2．本地电话网

本地电话网**是指在同一个长途编号区范围内的电话通信网**，是由该地区内所有交换设备、传输系统和用户终端设备组成的电话网。本地电话网简称为本地网。

本地网交换局主要包括端局和汇接局。端局通过用户线直连用户终端，仅有局内交换和来话、去话功能。根据组网需要，端局以下还可设远端模块、用户集线器和用户交换机（PABX）等用户设施。汇接局用于汇接本汇接区的本地和长途电话业务。由于本地网属于同一个长途编号区，因此，本地网内的电话呼叫不需要拨打长途区号。在同一个长途编号区内可根据需要设置一个或多个长途交换中心。但长途交换中心及长途电路不属于本地网范畴。

目前，我国本地网一般采用如图 2-47 所示的两级结构。图中，LS（Local Switch）是端局。TM（Tandem）是汇接局，用于汇接各端局间的话务。SSP 是智能业务交换点，是电话网（PSTN）或综合业务数字网（ISDN）与智能网的连接点，SSP 可以检测智能业务呼叫，当检测到智能业务时向业务控制点（SCP）报告，并根据 SCP 的指令完成对智能业务的处理。SCP 是智能网的业务控制核心，SCP 接收从 SSP 送来的智能业务触发请求，运行相应的业务逻辑程序，查询相关的

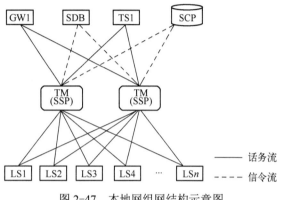

图 2-47　本地网组网结构示意图

业务数据和用户信息，向 SSP 发送控制指令，控制完成智能业务。SDB 是集中的用户数据库，用于存储用户基本信息和业务签约信息等。GW 是关口局，用于疏通到其他运营商的来、去话业务。TS 是设置在本地网的长途交换中心，其功能是汇接所在本地网的长途终端话务。

本地网内，一般设置一对或多对汇接局，各汇接局之间设置低呼损直达电路群。各端局到汇接局也设置低呼损直达电路群，各端局双归属到两个汇接局的中继电路群采用负荷分担方式工作。

3．路由计划

（1）路由的基本概念

在电话网中，路由是指源节点到目的节点的一条信息传送通路。可以由单段链路组成，也可由多段链路经交换局串接而成。所谓链路，是指两个交换局之间的一条直达电路或电路群。

局间电路是根据不同的呼损指标进行分类的。所谓呼损是指在用户发起呼叫时，由于网络或中继等原因导致呼叫损失的情况。按链路上所设计的呼损指标不同，可将电路分为低呼损电路群和高效电路群。低呼损电路群上的呼损指标应小于 1%，低呼损电路群上的话务量不允许溢出至其他路由。即在选择低呼损电路进行接续时，若电路拥塞不能进行接续，也不再选择其他电路进行接续，故该呼叫被损失。因此，在网络规划时，要根据话务量计算所需的电路数，以满足呼损指标要求。而对于高效电路群则没有呼损指标，通过的话务量可以溢出至其他路由，由其他路由再进行接续。

按照呼损不同，路由可分为低呼损路由和高效路由，其中低呼损路由包括基干路由和低呼损直达路由。若按照路由选择顺序，则还有首选路由和迂回路由之分。

下面简要介绍这些基本概念。

① 基干路由。基干路由由具有上下级汇接关系的相邻等级交换中心之间以及长途网和本地网的最高等级交换中心（指 DC1 局或 TM）之间的低呼损电路群组成。基干路由上的低呼损电路群又叫基干电路群。电路群的呼损指标是为保证全网的接续质量而规定的，应小于 1%，且话务量不允许溢出至其他路由。

② 低呼损直达路由。直达路由是指由任意两个交换中心之间的电路群组成的，不经过其他交换中心转接的路由。低呼损直达路由由任意两个等级的交换中心之间的低呼损直达电路组成。两个交换中心之间的低呼损直达路由可以疏导局间终端话务，也可以疏导由这两个交换中心转接的话务。

③ 高效直达路由。高效直达路由是由任意两个等级的交换中心之间的高效直达电路组成的。高效直达路由上的电路群没有呼损指标，其上的话务量可以溢出至其他路由。同样地，两个交换中心之间的高效直达路由可以疏导其间的终端话务，也可以疏导由这两个交换中心转接的话务。

④ 首选路由和迂回路由。当一个交换中心呼叫另一交换中心时，对目标局的选择可以有多个路由。其中第一次选择的路由称为首选路由，当首选路由遇忙时，就迂回到第二路由或者第三路由。此时，第二路由或第三路由称为首选路由的迂回路由。迂回路由一般由两个或两个以上的电路群转接而成。对于高效直达路由而言，由于其上的话务量可以溢出，因此必须有迂回路由。

（2）路由选择

路由选择也称选路（Routing），是指交换中心根据呼叫请求在多个路由中选择一条最优的路径。对一次电话呼叫而言，直到选到了可以到达目标局的路由，路由选择才算结束。

电话网的路由选择可采用**等级制选路和无级选路**两种结构。所谓等级制选路是指路由选择在从源节点到目标节点的一组路由中依次按序进行，而不管这些路由是否被占用。无级选路是指在路由选择过程中，被选路由无先后顺序，且可相互溢出。

为配合路由选择，交换机路由表的设置具有**固定路由计划和动态路由**计划两种方式。固定路由计划是指交换机的路由表一旦生成后就在相当长的一段时间内保持不变，交换机按照路由表内指定的路由进行选择。若要改变路由表，须由人工进行修改。而动态路由计划是指交换机的路由表可以动态变化，通常根据时间、状态或事件而定，如每隔一段时间或一次呼叫结束后改变一次。这些改变可以是预先设置的，也可以是实时进行的。

不论采用什么方式进行选路，都应遵循一定的原则。在分级电话网中，一般采用固定路由计划，等级制选路结构，即固定等级制选路。下面以我国电话网为例，介绍长话网和本地网的路由选择原则。

依据我国《自动交换电话（数字）网技术体制》要求，长途网的路由选择原则如下：

① 网中任一长途交换中心呼叫其他长途交换中心时所选路由局向最多为三个。

② 路由选择顺序为先选直达路由，再选迂回路由，最后选最终路由。

③ 在选择迂回路由时，先选择直接至受话区的迂回路，后选择经发话区的迂回路由。所选择的迂回路由，在发话区是从低级局往高级局的方向（自下而上），而在受话区是从高级局往低级局的方向（自上而下）。

④ 在经济合理的条件下，应使同一汇接区的主要话务在该汇接区内疏通，路由选择过程中遇低呼损路由时，不再溢出至其他路由，路由选择即终止。

本地网的路由选择原则如下：

① 先选直达路由，遇忙再选迂回路由，最后选基干路由。在路由选择中，当遇到低呼损

路由时，不允许再溢出到其他路由上，路由选择结束。

② 在本地网中，原则上端到端的最大串接电路数不超过三段，即端到端呼叫最多经过两次汇接。当汇接局间不能个个相连时，端至端的最大串接电路数可放宽到四段。

③ 一次接续最多可选择三个路由。

2.7.2 编号计划

所谓编号计划，是指为本地网、国内长途网、国际长途网，以及一些特种业务、新业务等的各种呼叫所规定的号码编排和规程。编号计划是自动交换电话网正常运行的一个重要规程，交换设备应能适应各项接续的编号要求。

电话网编号计划遵循 ITU-T E.164 建议。目前，国际号码的最大位数不超过 15 位，我国国内有效电话用户号码的最大位长可为 13 位，目前我国实际采用了最大为 11 位的编号计划。除国家码由 ITU-T 规定外，长途区码和本地网号码的总位数和编号计划由一个国家或地区的电信主管部门规定。

1. 首位号码分配

第一位号码的分配规则如下：

① "0" 为国内长途全自动冠号；

② "00" 为国际长途全自动冠号；

③ "1" 为特种业务、新业务及网间互通的首位号码；

④ "2" ～ "9" 为本地电话首位号码，其中，"200" "300" "400" "500" "600" "700" "800" 为新业务号码。

2. 本地网编号

在一个本地网内，采用统一的编号，一般采用等位制编号，号长根据本地网的长远规划容量来确定，我国规定本地网号码加上长途区号的总长度不应超过 11 位。

本地网的用户号码包括两部分：局号和用户号。其中局号可以是 1～4 位，用户号为 4 位。如一个 8 位长的本地用户号码可以表示为：PQRS（局号）+ABCD（用户号）。

在同一本地网范围内，用户之间相互呼叫时拨统一的本地用户号码。如呼叫固定用户直接拨 PQRSABCD，如呼叫归属地 GSM 移动用户，则直接拨 $138H_0H_1 H_2H_3ABCD$ 即可。

3. 长途网编号

（1）长途号码的组成

长途呼叫是指不同本地网用户之间的呼叫。呼叫时需在被叫本地网电话号码前加拨长途字冠 "0" 和长途区号，即长途号码的构成为：0 + 长途区号 + 本地电话号码。按照我国的规定，长途区号加本地网电话号码的总位数最多不超过 11 位（不包括长途字冠 "0"）。

（2）长途区号编排

将全国划分为若干个长途编号区，每个长途编号区分配一个固定的编号。长途编号可采用等位制和不等位制两种。等位制适用于大、中、小城市的总数在 1000 个以内的国家，不等位制适用于大、中、小城市的总数在 1000 个以上的国家。我国幅员辽阔，各地区通信发展不平衡，因此目前采用不等位制编号，采用 2、3 位的长途区号。具体编排的规则如下。

① 首都北京，区号为 "10"。按照我国对电话号码的最大位长规定，其本地网号码最长可以为 9 位。

② 大城市及直辖市，区号为 2 位，编号为 "2X"，X 为 0～9，共 10 个号，分配给 10 个大城

市。如上海为"21"、广州为"20"、南京为"25"等。这些城市的本地网号码最长可为9位。

③ 省中心、省辖市及地区中心，区号为 3 位，按 X1X2X3 进行编排，X1 为 3～9，X2 为 0～9，X3 为 0～9。将全国分成 7 个编号区，分别以区号的首位 3～9 来表示，我国台湾地区为 "6"；区号的第二位代表编号区内的省；区号的第三位是这样规定的，省会为 1，地市为 2～9。如哈尔滨为"451"，拉萨为"891"。这些城市的本地网号码最长可以为 8 位。

④ 首位为"6"的长途区号除 60、61 留给台湾外，其余号码 62X～69X 共 80 个作为 3 位区号使用。

长途区号采用不等位的编号，不但可以满足我国对号码容量的需要，而且可以使长途电话号码的长度不超过 11 位。显然，若采用等位制编号，如采用 2 位区号，则只有 100 个容量，满足不了我国的要求；若采用 3 位区号，区号容量是够了，但每个城市的号码最长都只有 8 位，难以满足一些特大城市未来的号码扩容需求。

4. 国际长途电话编号

国际长途呼叫时需在国内电话号码前加拨国际长途字冠"00"和国家号码，即：00＋国家号码＋国内电话号码。其中，国家号码加国内电话号码的总位数最多不超过 15 位（其中不包括国际长途字冠"00"）。国家号码由 1～3 位数字组成，根据 ITU-T 的规定，全球共分为 9 个编号区，我国在第 8 编号区，国家代码为 86。

本 章 小 结

本章从构建交换网络的基本部件——交换单元开始，通过几种典型的交换单元，如开关阵列、共享存储器型交换单元、总线型交换单元等的介绍，提示了它们的结构特性和工作原理。交换网络是由若干个交换单元按照一定的拓扑结构和控制方式构成的，它包含交换单元、拓扑结构和控制方式三个要素。本章重点介绍了交换网络的结构方式，阐述了单级网络、多级网络、内部阻塞等基本概念，并给出了无阻塞交换网络（CLOS 网络）的条件，以及如何利用 CLOS 网络构建多级无阻塞网络。

从硬件功能结构看，数字程控交换机包括话路系统和控制系统。话路系统由用户级、选组级、各种中继接口、信号部件等组成。控制系统是具有交换控制功能的处理机系统，通常采用多机控制方式，具有集中控制和分散控制两种控制结构，其中分散控制又可分为分级分散控制和分布式分散控制。为了提高交换机的可靠性，处理机必须采用冗余配置方式，如微同步、负荷分担和主备用方式。由于交换机存在多个处理机，因此还必须解决多机通信问题。各处理机之间的通信可采用 PCM 专用时隙或计算机网络结构方式实现。

数字交换网络（DSN）是数字程控交换机的核心接续部件，其功能是完成任意 PCM 时分复用线上任意时隙之间的信息交换。在具体实现时 DSN 应具备两种功能，即完成：同一时分复用线上不同时隙之间的信息交换；不同时分复用线之间同一时隙的信息交换。这两种基本功能分别由时间接线器和空间接线器实现。将时间接线器和空间接线器组合起来，可以构建大容量数字交换网络，实现任意 PCM 复用线上任意时隙之间的信息交换。DSN 具有多种组网结构，如单 T、T-S-T、T-S-S-T、T-S-S-S-T、S-T-S、S-S-T-S-S 等。

大型数字程控交换机的软件系统十分庞大，总体上可分为运行软件和支援软件两部分。运行软件又称联机软件，是交换机工作时运行在各处理机中，对交换机的各种业务进行处理的软件的总和。支援软件又称脱机软件，实际上是一个支撑软件开发、生产及维护的工具和环境软件的系统。根据完成的功能不同，运行软件系统分为操作系统、数据库和应用软件。

操作系统用于对系统中所有软、硬件资源的管理和调度，并为应用软件提供运行环境支持，其主要功能包括任务调度、存储器管理、时间管理、通信支援、故障处理等。数据库实现了应用程序、数据结构和存取方法的相对独立，便于软件的模块化设计。交换机中的全部数据（系统数据、局数据、用户数据）都由数据库管理系统统一进行管理，以便采取有效措施保证数据的完整性、安全性和并发性。交换机应用软件主要包括呼叫处理程序和维护管理程序。呼叫处理程序用于控制呼叫的建立和释放，对应于呼叫处理过程，如用户和中继扫描、信令扫描、数字分析、通路选择、路由选择、输出驱动等。呼叫处理程序分为输入处理、分析处理和输出处理三种类型。维护管理程序的主要功能是协助实现交换机软硬件系统的更新、计费管理，监视交换机的工作情况以确保交换机的服务质量，以及实现交换机的故障检测、故障诊断和恢复等功能，以确保交换机的可靠运行。在交换机整个设计和维护管理过程中，CCITT/ITU-T 建议了三种程序设计语言，即 SDL、CHILL 和 MML。

为了满足各种交换程序对不同实时性的要求，将程序划分为不同的优先级，典型的程序分级包括故障级、周期级（时钟级）和基本级。故障级和时钟级都是在中断驱动下执行的，基本级是在时钟级程序执行完毕后才执行的。交换机通常采用比特型时间表来启动时钟级的程序，用队列来调度和管理基本级程序。呼叫处理程序是数字程控交换机完成呼叫处理任务的核心程序，每一个呼叫处理过程就是处理机监视、识别输入信号、执行任务和输出指令的不断循环过程。实际的呼叫处理是一系列复杂的控制过程，涉及所有可能的事件和相关状态，因此，系统设计时需要对呼叫处理过程进行抽象，通过建立有限状态机（FSM）模型，并采用 SDL 来对呼叫处理过程进行描述。呼叫处理程序包括输入处理、分析处理和输出处理，因此，呼叫处理过程可看成这三者不断循环的过程。

交换机性能指标主要包括交换机忙时能够承受的话务负荷、呼叫处理能力和交换机能够接入的用户和中继最大容量等。其中，话务负荷能力和最大忙时试呼次数是评价交换机设计水平和服务能力的重要指标。交换机服务质量指标主要包括呼损指标和接续时延。交换机可靠性指标用来衡量交换机维持良好服务质量的持久能力，通常用可用度和不可用度来衡量。

电话通信网的组网结构分为分级网和无级网。我国电话网采用分级结构，包括长途电话网和本地电话网。长途电话网也采用两级结构，根据长途交换中心在网路中的地位和作用不同，将长途交换中心分为 DC1 和 DC2。本地网交换局主要包括端局和汇接局。端局通过用户线直接连接用户，汇接局用于汇接本汇接区内的本地或长途电话业务。路由是电话网的重要组成部分，路由选择也称选路，它是指交换机根据呼叫请求在多个路由中选择最优的路径。电话网的路由选择可以采用固定等级制选路和动态无级选路两种结构，我国电话网采用固定等级制选路策略。路由选择总体原则是：先选直达路由，遇忙再选迂回路由，最后选基干路由。编号是寻址的基础，编号计划是指为本地网、国内长途网、国际长途网，以及一些特种业务、新业务等的各种呼叫所规定的号码编排和规程。我国电话网编号计划是根据 ITU-T E.164 建议和我国的具体情况制定的。

习题与思考题

2.1　典型的基本交换单元有哪些？它们具有什么特点？

2.2　试比较单级网络与多级网络的优缺点。

2.3　交换网络的内部阻塞是怎样产生的？

2.4　无阻塞网络的条件是什么？

2.5　简述数字程控交换机的硬件组成及其基本功能。

2.6　数字程控交换机模拟用户电路应具备哪些基本功能？

2.7　简述控制系统处理机的几种冗余配置方式。

2.8　简述控制系统处理机之间的几种通信方式。

2.9　简述数字程控交换机的软件组成及各部分的功能。

2.10　简述复用器和分路器的功能，并说明为什么要进行串并变换？

2.11　简述时间接线器和空间接线器的基本工作原理。并说明同步时分交换网络的构建方法。

2.12　呼叫处理主要包括哪几种处理？分别完成怎样的任务？

2.13　试画图说明用户摘、挂机识别的原理。

2.14　简述数字程控交换机软件系统的特点。

2.15　按照实时性要求的不同，交换机中的呼叫处理程序可分为哪几个级别？

2.16　简要说明时间表调度的工作原理。并用时间表实现下列程序的调度：

（1）10ms　　（2）20ms　　（3）50ms　　（4）40ms

画图说明时间表的结构，并说明如何确定时间表的容量和系统中断周期。

2.17　简述数字程控交换机的性能指标和服务质量指标。

2.18　简述我国长途电话网的组网结构和各级交换中心的职能。

2.19　电话网中，低呼损路由与高效路由的区别是什么？

2.20　什么是本地电话网？本地电话网的路由选择原则是怎样规定的？

第3章 信令系统

3.1 概　　述

为了实现有效的信息传送，通信网节点设备之间必须进行"对话"，以协调各自的运行。**在通信网节点设备之间相互交换的控制信息简称为信令。信令在传送过程中所需遵循的协议规定称为信令方式。实现特定信令方式的软硬件设施的集合就是信令系统。**信令系统是通信网的重要组成部分，是通信网的神经系统。

在通信网的发展过程中，提出过多种信令方式，如 ITU-T 的前身 CCITT 建议了 NO.1 至 NO.7 信令方式，我国也相应地规定了中国 NO.1 和中国 NO.7 信令。从目前的应用来看，我国公众电信网主要采用 NO.7 信令，局部和一些专网仍在使用中国 NO.1 信令。本章简要介绍随路信令，然后对 NO.7 信令及其相关内容进行阐述。

信令的分类很多。例如：

按照信令的传送方向，可分为前向信令和后向信令。前向信令是指沿着接续进行的方向由主叫方向被叫方发送的信令；后向信令是指由被叫方向主叫方发送的信令。

按信令的工作区域，可分为用户线信令和局间信令。用户线信令是用户终端和交换局之间传送的信令；局间信令是交换局之间传送的信令。局间信令比用户线信令复杂得多，按完成的功能不同，局间信令一般分为线路信令和记发器信令。线路信令是在话路设备（如各种中继）之间传送的信令（如占用、挂机、拆线和闭塞等）；记发器信令是在记发器之间传送的信令（如地址及其他与接续有关的控制信息）。

按信令的传送方式不同，分为随路信令和共路信令。随路信令指信令和话音在同一通路上传送的工作方式，如图 3-1 所示，主要用于模拟交换网或数模混合的通信网；共路信令是把传送信令的通路和传送话音的通路分开，即把若干条话路中的各种信令集中在一条通路上传送，其工作方式如图 3-2 所示。共路信令也称为公共信道信令，它不但传送速度快，而且在通话期间仍然可以传送和处理信令；此外共路信令成本低廉，具有提供大量信令的潜力，便于开放新业务。

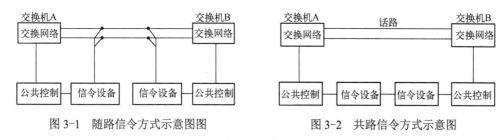

图 3-1　随路信令方式示意图图　　　　　　　图 3-2　共路信令方式示意图

3.2 随 路 信 令

随路信令是传统的信令方式，局间各话路传送各自的信令，即信令和话音在同一信道上传送，或在与话路有固定关系的信道上传送。随路信令技术实现简单，可满足普通电话接续的需要，但信令传送效率低，且不能适应电信新业务的发展。中国NO.1信令就是一种随路信令。

随路信令方式具有如下的基本特征：

（1）信令全部或部分地在话音通道中传送；

（2）信令的传送处理与其服务的话路严格对应和关联；

（3）信令在各自对应的话路中或固定分配的通道中传送，不构成集中传送多个话路信令的通道，因此也不构成与话路相对独立的信令网。

1. 用户线信令

用户线信令和局间信令如图3-3所示。图3-3（a）是两个用户通过两个交换局进行通话的连接示意图，图3-3（b）是其接续过程中使用的信令及其流程。

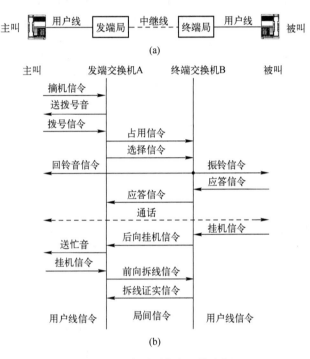

图3-3 用户通话信令及其流程

用户线信令是用户和交换局之间在用户线上传送的信令。图 3-3（b）中主叫－发端局、终端局－被叫间传送的信令就是用户线信令。

用户线信令包括：用户状态信令、选择（地址）信令、铃流和各种信号音。用户状态信令由话机产生，通过闭合或切断直流回路，用以启动或复原局内设备，包括摘机、挂机等。用户状态信令一般为直流信令。选择信令是用户发送的拨号（被叫号码）数字信令。在使用号盘话机及直流脉冲按键话机的情况下，发出直流脉冲信号；在使用多频按键话机的情况下，发送的信号是由两个音频组成的双音多频信令。铃流及各种信号音是交换机向用户设备发送的信号，或在话机受话器中可以听到的可闻信号，如拨号音、回铃音、忙音、长途通知音和空号音等。

随着数据通信和 ISDN 的发展，ITU-T 针对数字用户线提出了数字用户信令（DSS1，Digital Subscriber Signaling NO.1），由 Q.930/Q.931 定义，并在实际中得到了一定的应用。

2. 线路信令与记发器信令

局间信令采用随路信令方式时，从功能上可分为线路信令（Line Signaling）和记发器信令（Register Signaling）。

（1）线路信令

线路信令用于监视中继设备的呼叫状态。主要包括：

① 占用信令：一种前向信令，用来使来话局中继设备由空闲状态变为占用状态。

② 应答信令：被叫用户摘机后，由终端局向发端逐段传送的后向信令。

③ 挂机信令：被叫用户话毕挂机后，由终端局向发端局逐段传送的后向信令。

④ 拆线信令：前向信令，由去话局中继设备向来话局中继设备发送。

⑤ 重复拆线信令：在去话局向来话局发出拆线信令后，如在 3～5s 内收不到来话局回送的释放监护信令，就发送前向重复拆线信令。

⑥ 释放监护信令：来话局收到拆线信令后，向去话局发送的后向证实信令。

⑦ 闭塞信令：当来话局中继设备工作不正常时，向去话局发送的后向信令。

⑧ 再振铃信令：为长途半自动接续的话务员信令，长途话务员与被叫用户建立连接时，被叫用户应答之后又挂机，若话务员需要再呼出该用户时，由去话局向来话局发送此前向信令。

⑨ 强拆信令：为长途半自动接续的一种前向话务员信令，如果长途话务员在接续中遇到被叫用户市话忙，在征得被叫用户同意后，发送强拆信令。

⑩ 回振铃信令：一种后向话务员信令，只在话务员回叫主叫用户时使用。

除了上述信令外，还有请发码信令（占用证实信令）、首位号码证实信令和被叫用户到达信令等。

线路信令主要有以下三种不同的形式。

① 直流型线路信令。它用直流极性的不同标志，代表不同的信令含义，主要用于早期模拟交换网。

直流型线路信令结构简单、经济、维护方便，但传送距离有限。

② 带内（外）单频脉冲型线路信令。局间采用频分多路复用的传输系统时，一般采用带内或带外单频脉冲线路信令。带内单频脉冲线路信令一般选择 2600Hz 带内音频，这是因为话音中 2600Hz 的频率分量较少而且能量较低，因此对信令的干扰最小。带外信令利用载波电路中两个话带之间的某个频率来传送信令，一般采用单频 3825Hz 或 3850Hz。由于带外信令所能利用的频带较窄，因此频分多路复用线路一般均采用带内单频脉冲线路信令。

③ 数字型线路信令。当局间采用 PCM 传输系统时，采用数字型线路信令。ITU-T 推荐的数字型线路信令有两种，一种用于 30/32 路 PCM 系统，另一种用于 24 路 PCM 系统。我国采用第一种方式，在这种信令方式中，PCM 系统的第 16 时隙用于传输线路信令，且采用复帧形式将第 16 时隙的编码固定分配给每个话路。由于线路信令主要用于中继线的监视和接续控制，因此，在整个呼叫过程中都可传送线路信令。

（2）记发器信令

记发器信令是在电话自动接续时，在交换机记发器之间传送的控制信令。主要包括选择路由所需的选择信令（也称地址信令）和网路管理信令。

记发器信令按照其承载传送方式可分为两类，一类是十进制脉冲编码方式，另一类是多频编码方式。由于后者采用多音频组合编码方式实现信令的编码，因此无论是信令的容量还是信令传送的速度和可靠性都有较大的提高。记发器信令一般采用多频互控（MFC，Multi-Frequency Compelled）方式进行传送。

3. 中国 NO.1 信令

中国 NO.1 信令是国际 R2 信令系统的一个子集，可通过 2 线或 4 线传送。按信令传送方向，有前向信令和后向信令之分；按信令功能，有线路信令和记发器信令。下面主要介绍数字型线路信令和局间记发器信令。

（1）数字型线路信令

在 PCM E1 数字传输系统中必须采用局间数字型线路信令。为提供 30 个话路线路信令的传送，提出了复帧的概念，即由 16 个子帧（每子帧为 125μs，含 32 个时隙）组成一个复帧。这样，一个复帧中就有 16 个 TS16，其中第一帧（F0）的 TS16 的前 4 个比特用做复帧同步，后 4 个比特中用 1 个比特做复帧失步对告，其余 15 帧（F1～F15）的 TS16 按半个字节方式分别用做 30 个话路的线路信令传送。PCM 系统的帧结构及 TS16 的分配情况如图 3-4 所示。

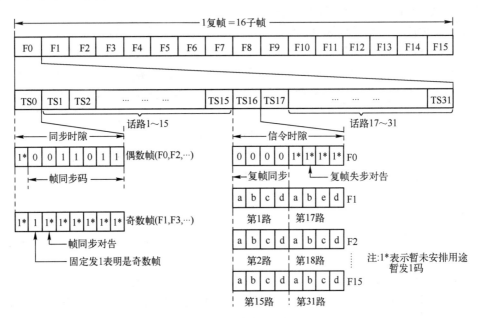

图 3-4　PCM 30/32 路系统复帧结构及 TS16 的分配

如图 3-4 所示，在一个复帧内每一话路占用 4 比特（a，b，c，d）用于传送线路信令。根据规定，前向信令采用 a_f，b_f，c_f 3 位码，后向信令采用 a_b，b_b，c_b 3 位码，它们的基本含义如下。

① a_f 是表示去话局状态的前向信令，$a_f=0$ 为摘机占用状态，$a_f=1$ 为挂机拆线状态。

② b_f 是表示去话局故障状态的前向信令，$b_f=0$ 为正常状态，$b_f=1$ 为故障状态。

③ c_f 是表示话务员再振铃或强拆的前向信令，$c_f=0$ 为话务员再振铃或进行强拆操作，$c_f=1$ 为话务员未进行再振铃或未进行强拆操作。

④ a_b 是表示被叫用户摘机状态的后向信令，$a_b=0$ 为被叫摘机状态，$a_b=1$ 为被叫挂机状态。

⑤ b_b 是表示来话局状态的后向信令，$b_b=0$ 为示闲状态，$b_b=1$ 为占用或闭塞状态。

⑥ c_b 是表示话务员回振铃的后向信令，$c_b=0$ 为话务员进行回振铃操作，$c_b=1$ 为话务员未进行回振铃操作。

（2）MFC 记发器信令

多频方式的带内记发器信令有脉冲多频信令和互控多频信令两种，我国采用多频互控（MFC）信令。在这种信令方式中，前向和后向信令都是连续的，对每个前向信令都用一个后向信令加以证实。并且前向信令和后向信令互相控制传送进程，故称为多频互控方式。记发器信令主要完成主、被叫号码的传送，以及主叫用户类别、被叫用户状态及呼叫业务类别的传送。采用多频互控可靠性较高，但传送速度较慢，约每秒钟发送 6～7 个信令。

（3）信令编码

线路信令分模拟线路信令和数字型线路信令。模拟线路信令用中继线上传送的电流或某一单音频（有 2600Hz 或 2400Hz 两种）脉冲信号表示；数字型线路信令用数字编码表示。记发器信号一般采用双音多频方式编码，采用 120Hz 的等差级频。前向信号采用 1380～1140Hz 频段，按"六中取二"编码，最多可组成 15 种信号。后向信号采用 780～1140Hz 频段，按"四中取二"编码，最多可组成 6 种信号。

（4）信令传输

对模拟的线路信令，一般通过话音信道传输；对数字型线路信令，则通过 PCM 系统的第 16 时隙传输。记发器信令的传输可采用互控方式或非互控方式。采用互控方式时，一个互控周期分四个节拍。第一个节拍去话局发送前向信号；第二个节拍来话局收到前向信号，回送后向证实信号；第三个节拍去话局收到后向信号，停发前向信号；第四个节拍来话局检测到前向信号停发，停发后向信号。记发器信号为带内信令，因此既可通过模拟信道传输，也可经 PCM 编码后由数字信道传输。

3.3 公共信道信令

共路信令也称为公共信道信令，它是 20 世纪 60 年代发展起来的用于局间接续的信令方式。ITU-T/CCITT 提出的第一个共路信令是 6 号信令，主要用于国际通信，也适合国内网使用，信令传输速率为 2.4kbps。经试验和应用证明，6 号信令用于模拟电话网是适合的。为适应数字电话网的需要，ITU-T/CCITT 于 1972 年提出了 6 号信令的数字形式建议，信令传输速率为 4.8kbps 和 56kbps。但 6 号信令的数字形式并未改变其适于模拟环境的固有缺陷，不能满足数字电话网特别是综合业务数字网的发展需要。

自 1976 年起，ITU-T/CCITT 开始研究 NO.7 信令方式，先后经历了四个研究期，提出了一系列的技术建议。它采用开放式的系统结构，可以支持多种业务和多种信息传送的需要。这种信令能使网络的利用和控制更为有效，而且信令传送速度快，效率高，信息容量大，可以适应电信业务发展的需要。因此，在世界各国得到了广泛的应用。下面主要介绍 NO.7 信令及其相关内容。

3.3.1 NO.7 信令概述

NO.7 信令属于共路信令，ITU-T/CCITT 于 1980 年首次提出了与电话网和电路交换数据网相关的 NO.7 信令的建议（黄皮书）。在黄皮书的基础上，1984 年研究并提出了与综合业务数字网和开放智能网业务相关的 NO.7 信令建议（红皮书）。到 1988 年提出蓝皮书建议，CCITT 基本上完成了消息传递部分（MTP）、电话用户部分（TUP）和信令网的监视与测量三部分的研究，并在 ISDN 用户部分（ISUP）、信令连接控制部分（SCCP）和事务处理能力（TC）三个重要领域取得进展，基本满足开放 ISDN 基本业务和部分补充业务的需要。1993 年的白皮书继续对 ISUP、SCCP、TC 做了进一步研究和完善，为 NO.7 信令在电信网中的应用奠定了基础。

我国于 1984 年制定了第一个国内 NO.7 信令技术规范，经过几年的实践和修改后，于 1990 年经原邮电部批准发布执行《中国国内电话网 NO.7 信号方式技术规范》，1993 年发布了《NO.7 信令网技术体制》，1998 年经修改后再次发布《NO.7 信令网技术体制》。NO.7 信令的其他技术规范在 2000 年前后得到了进一步的完善。

NO.7 信令主要用于：①电话网的局间信令；②电路交换数据网的局间信令；③ISDN 的局间信令；④各种运行、管理和维护中心的信息传递；⑤移动通信；⑥PABX 的应用等。NO.7 信令除具有共路信令的特点外，在技术上具有很强的灵活性和适应性。具体表现如下。

1．功能模块化

NO.7 信令系统采用模块化功能结构，如图 3-5 所示。NO.7 信令系统由消息传递部分和多个不同的用户部分组成。消息传递部分的主要功能是为通信的用户部分之间提供信令消息的可靠传递。它只负责消息的传递，不负责消息内容的检查和解释。用户部分是指使用消息传递能力的功能实体，它是为各种不同电信业务应用设计的功能模块，负责信令消息的生成、语法检查、语义分析和信令控制过程。用户部分体现了 NO.7 信令系统对不同应用的适应性和可扩充性。各功能模块具有一定联系但又相互独立，特定功能模块的改变并不明显影响其他功能模块，各国可以根据本国通信网的实际情况，选择相应的功能模块组成一个实用的系统。采用功能模块化结构，也有利于 NO.7 信令的功能扩充。例如在 1984 年新引入了信令连接控制部分（SCCP）和事务处理能力（TC）部分，使得 NO.7 信令在原有基本结构的基础上，可以很方便地满足移动通信、运行管理维护和智能网（IN）应用的要求。

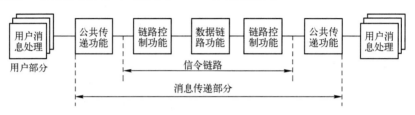

图 3-5　NO.7 信令系统结构

2．通用性

NO.7 信令在各种特定应用中都包含了任选功能，以满足国际和国内通信网的不同要求：国际网的信令应当尽可能在国内网中使用；由于各国国内通信网的业务特点不同，应当允许根据其应用特点选用 ITU-T/CCITT 建议的功能。

3．消息传递功能的改进

NO.7 信令采用了新的差错控制方法，克服了消息传递的顺序和丢失问题。因此，NO.7 信令既可以很好地完成电话、数据等有关呼叫建立、监视和释放的信令传递，也可以作为一个可靠的消息传递系统，在通信网的交换局和各种特种服务中心间（如运行、管理维护中心和业务控制点等）进行各种数据业务的传递。

此外，NO.7 信令还具有完善的信令网管理功能，以进一步确保消息在网络故障情况下的可靠传递。NO.7 信令采用不定长消息格式，以分组传送和标记寻址方式传送信令消息；在传统的电话网中，最适合采用 64kbps 和 2Mbps 的数字信道工作。

3.3.2　NO.7 信令系统的功能结构

NO.7 信令系统将消息传递部分分为三个功能级，并将用户部分作为第四功能级。按功能级划分的结构如图 3-6 所示。

这里的"级"与 OSI 参考模型的"层"没有严格的对应关系。各级的主要功能如下。

1．第一级——信令数据链路功能级

第一级定义了信令数据链路的物理、电气和功能特性，以及链路接入方法。它是一个双工传输通道，包括工作速率相同的两个数据通道，可以是数字信令数据链路或模拟信令数据链路。通常采用 64kbps 的 PCM 数字通道，作为 NO.7 信令系统的数字信令数据链路。原则上可

利用 PCM 系统中的任一时隙作为信令数据链路。实际系统中常采用 PCM 一次群的 TS16 作为信令数据链路，这个时隙可以通过交换网络的半固定连接和信令终端相接。

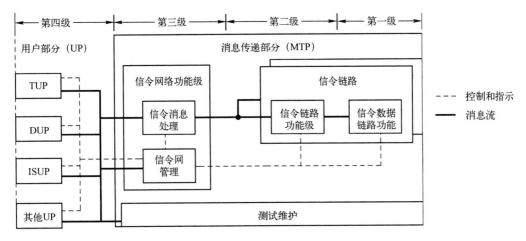

图 3-6   NO.7 信令系统的四级功能结构

需要注意的是：**对信令数据链路的一个重要的特性要求是链路应具有透明性。**链路透明是指"透明地传送比特流"，也就是比特流经链路传输后不能发生任何变化。因此在信令链路中不能接入回声抑制器、数字衰减器、A/μ律变换器等设备。

数字信令数据链路可以通过数字选择级或接口设备构成。

通过数字选择级的接入方式如图 3-7 所示。信令数据链路实际上是由传输信道和两端交换机中的数字交换网络组成的。第二级位于交换机的信令终端，信令终端与数字交换网络选择级相连。我国目前使用的信令数据链路是传输速率为 64kbps 和 2Mbps 的高速信令链路。

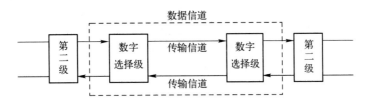

图 3-7   通过数字选择级接入的信令数据链路

通过接口设备接入的方式如图 3-8 所示。它适用于数字信令数据链路或模拟信令数据链路。对于数字信令数据链路，由时隙接入设备提供接口功能；对于模拟信令数据链路，通常由调制解调器提供接口功能。

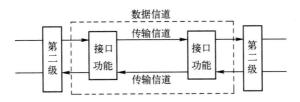

图 3-8   通过接口设备接入的信令数据链路

2. 第二级——信令链路功能级

第二级定义信令消息沿信令数据链路传送的功能和过程，它与第一级一起为两个信令点之间的消息传送提供一条可靠的链路。在 NO.7 信令系统中，信令消息是以不等长的信令单元形式传送的。

第二级规定了以下八种功能和程序。

（1）信令单元的定界

所谓定界就是识别一个信令单元的开始和结束标志 01111110（Flag），即从信令数据链路的比特流中识别出一个一个的信令单元。前已述及，信令单元用标志码进行分界，通常一个标志码既是一个信令单元结尾的标志，又是下一个单元的开始标志。由于 CCITT 规定在两个信令单元之间允许插入任意多个标志码，在这种情况下，搜索到一个标志码后，还必须继续搜索它后面的字节。若某标志码后面紧邻字节不再是标志码，则称其为起始定界标志，它表示一个新的信令单元的开始。通常在信令终端过负荷的情况下，由于来不及处理迅速到来的大量信令单元，则可请求发端在两信令单元之间插入一些标志码，当信令终端收到多个标志码时，将不对其进行处理，从而降低处理机的工作负荷。此外，为防止因信令单元内部编码与定界标志相同而产生误定界，信令单元在发送和接收时必须进行"插零"和"删零"等防卫操作。

（2）信令单元的定位

信令单元的定位是指对已经识别的信令单元进行合法性检测，如果发现错误则认为失去定位。一方面要丢弃它，另一方面要由信令单元差错率监视程序进行统计，以便评估信令链路的传输质量。定位过程有两种，一种是初始定位，另一种是在已经开通业务的链路上进行定位。初始定位是信令链路首次启用或故障后恢复时所进行的定位过程。

在信令链路开始启用时，要启动检测 7 个连 1、八位位组计数、比特计数操作。即从以下三个方面检测信令单元的合法性。

① 在接收端收到的信令单元中，在"删零"操作之前，不应该出现 7 个连续的 1；如果出现，则这个信令单元不合法。

② 信令单元所包含的八位位组数目，有一个最大值。由于在信令单元中只有信令信息字段 SIF 是不定长的，因此，当 SIF 最长时，信令单元达到最长。CCITT 规定 SIF 的最大值 m：国际网 $m=62$，国内网 $m=272$。因此，信令单元八位位组数的最大值为 $m+6$。这是指开始标志码与结束标志码之间最多可允许的八位位组数。也就是说除 SIF 外的其他字段共占 6 个八位位组。当八位位组计数程序计数到一个信令单元有 $m+7$ 个八位位组时，便知道这个信令单元出错了。

③ 比特计数是在"删零"以后进行的，统计开始标志码与结束标志码之间的比特数，总比特数应为 8 的整数倍 N，而且 N 满足关系式：$5 \leqslant N < m+7$。前已述及，N 应当小于 $m+7$，而 N 的下限则是 5，这正好是填充信令单元的八位位组数。

（3）差错检测

信令链路存在噪声、瞬断等干扰，为了保证服务质量，必须采取差错控制措施。差错控制包括差错检测与差错校正两个方面。CCITT 规定在 NO.7 信令系统中采用循环冗余校验（CRC）的方法检错。这种方法检错效果好而又易于实现，在数据通信中广泛采用。

（4）差错校正

在数据通信系统中，差错校正有两种方法：前向纠错与后向纠错。前向纠错由接收端自行纠正错误，这就要有足够的冗余校验比特，而且纠错能力有限。后向纠错是在接收端检出错误后再要求发送端重发。显然，后向纠错能纠正所有的错误。NO.7 信令采用重发纠错，并规定了两种重发纠错方法：基本差错校正法和预防性循环重发。CCITT 建议当数据链路的单向传输时延小于 15ms 时采用基本差错校正法，而当单向传输时延大于等于 15ms 时（如卫星链路）采用预防性循环重发法。

（5）初始定位

初始定位过程是信令链路首次启用或故障恢复时所使用的控制过程。该过程通过信令链路两端信令终端的配合工作，最终验收链路的信令单元误码率是否在规定门限以内。如果验收合格，则初始定位过程结束。整个定位过程包括四个相继转移的状态，它们是：空闲、未定位、已定位和验收。其中根据验收周期的长短，又分为"正常"和"紧急"定位过程。正常定位的验收周期较长，对于 64kbps 的信令链路为 8.2s；紧急定位的验收周期较短，对于 64kbps 的信令链路为 0.5s；采用何种验收周期取决于链路状态控制模块和信令网功能级的指示。

（6）处理机故障

当由第二级以上的功能级造成信令链路不可用时，就认为发生了处理机故障。这时信令消息不能传到第三或第四功能级。这可能是由于中央处理机发生了故障，也可能是人工闭塞了信令链路。处理机故障有本地和远端处理机故障两种情况。

本地处理机故障的处理过程如下：当第二级收到来自第三级的指示，本地信令链路闭塞，或者已经识别出第三级故障时，第二级确定为本地"处理机故障"，并向对端发送表明处理机故障的 LSSU，同时舍弃此后收到的 MSU。如果信令链路远端的第二级功能处于正常的工作阶段（即正发送 MSU 或 FISU），则它将根据收到的表明处理机故障的 LSSU，通知第三级，并开始连续发送 FISU。当本地处理机故障恢复时，则恢复发送 MSU 或 FISU；只要远端的第二功能级正确接收了 MSU 或 FISU，则通知第三级回到正常的工作状态。

远端处理机故障发生时，其处理情况和上述类似。

（7）流量控制

流量控制用于处理第二级出现拥塞的情况。当信令接收端检出拥塞时，启动流量控制程序。这时，检出拥塞的接收端停止对接收到的 MSU 进行正证实和负证实，并向远端周期性地（$T=100ms$）发送状态指示为"忙"的链路状态信令单元，以使发送端能区分是出现了拥塞还是发生了故障。当发送端第一次收到指示为"忙"的 LSSU 时，就启动一个监视器，它是一个远端拥塞定时器，建议值为 5s。同时向第三级报告拥塞。第三级又向相关的用户部分报告，由相关的用户部分采取措施，减少信令消息的产生。一般来说，这样就会使拥塞逐渐缓解，若当定时器时间终了时仍未解除拥塞，则产生链路故障指示，判定该信令链路故障。

当拥塞消除时，信令接收端停止发送状态指示为"忙"的 LSSU 以恢复正常工作。在发送端，当在差错校正的基本方法中收到正证实或负证实，或在预防性循环重发校正法中收到正证实时，停止远端拥塞监视定时器，表明远端的拥塞状态已消除。

（8）信令链路差错率监视

为了保证信令链路的服务质量，第二级设有信令单元差错检测和校正功能。但是，当差错率过高时，信令链路重发消息信令单元的过程将变得十分频繁，引起信令单元的排队时延过长，使得信令链路的效率降低。因此，在信令链路上除了检测和校正信令单元的差错，还必须对信令链路上信令单元的"差错程度"进行监视。当信令链路传送信令单元的差错率达到一定程度时，应判定信令链路故障，并通知第三级做适当处理。

信令链路有两种差错率监视程序，一种是信令差错率监视，在信令链路开通业务后使用，用于监视信令链路的传输质量；另一种是定位差错率监视，在信令链路初始定位验收时使用。定位差错率监视由计数器在正常和紧急验收周期中对信令单元差错进行计数。每当进入定位验收状态，计数器就从零开始计数，每检出一个信令单元错误就加 1。当计数器达到门限值（正常验收门限为 4，紧急验收为 1）时，认为验收不合格。为了防止差错的偶然性，规定验收工作可连续进行 5 次；如果 5 次验收不成功，链路才转到业务中断状态。

3．第三级——信令网功能级

第三级定义了信令网操作和管理的功能和过程。这些过程独立于第二级的信令链路，是各个信令链路操作的公共控制部分。如图 3-9 所示，信令网功能包括信令消息处理和信令网管理两部分。

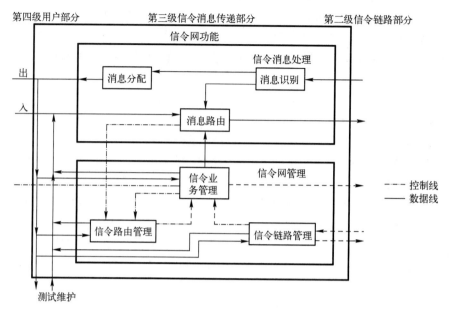

图 3-9　信令网功能结构图

（1）信令消息处理

信令消息处理功能保证用户部分产生的信令消息能传递到指定目的地，它分为消息识别、消息分配和消息路由三个部分，三者的关系如图 3-10 所示。

消息识别功能负责识别来自第二级的消息，根据收到的信令消息标记中的目的地信令点编码，确定本信令点是否为目的地点。若是，则将该消息送往消息分配部分，再传递到相应的用户部分；否则送往消息路由处理，以便将消息送向其他信令点。

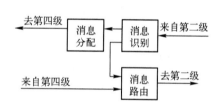

图 3-10　消息识别、消息路由和消息分配间的关系

消息分配功能把信令消息分配给本信令点的相关用户部分。由于信令点的 MTP 部分可能要为多个用户服务，因此决定信令消息分配给哪一个用户部分，主要根据信令消息中业务信息八位位组 SIO 的业务指示语（SI）来实现。例如，当 SI 字段等于 0000 或 0001 时，表示待分配的消息为信令网管理消息或信令网维护和测试消息。

消息路由功能确定信令消息到达目的信令点所需要的信令链路组和信令链路，它利用路由标记中的相关信息进行路由选择。在信令单元的信令信息字段 SIF 中有路由标记信息，MTP 信令消息处理功能所用的标记称为路由标记，其格式如图 3-11 所示。

图 3-11 中，目的地信令点编码（DPC，Destination Point Code）和源信令点编码（OPC，Originating Point Code）长度均为 24 位，信令链路选择（SLS，Signaling Link Selection）码长度为 4 位。在 NO.7 信令中，信令链路的负荷分担通常根据 SLS 码来实现。SLS 码负荷分担分成两种情况：

① 同一链路组内信令链路的负荷分担，如图 3-12 所示。由于 A 和 B 之间只设置了 2 条链路，因此 SLS 码只用最低位编码就够了。2 条信令链路编码的最低位分别为 0 和 1。

② 不同链路组间信令链路的负荷分担，如图 3-13 所示。图中示出了信令点 A 到信令点 F 在正常情况下的信令路由和负荷分担情况。

图 3-11　路由标记格式

图 3-12　同一链路组内的负荷分担

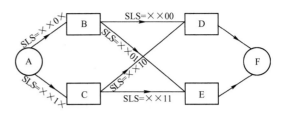

图 3-13　不同链路组间的负荷分担

从 A 到 F 最多有 4 条信令链路，所以用 SLS 码的最低 2 位编码。4 条路由分别为：A→B→D→F，SLS=××00；A→B→E→F，SLS=××01；A→C→D→F，SLS=××10；A→C→E→F，SLS=××11。

其中 A→B 和 A→C 使用 SLS 码的第二位码来实现两个信令链路组间的负荷分担。B→D、B→E 或 C→D、C→E 的不同链路组间两条链路的负荷分担使用 SLS 码的最低位。SLS 码共有 4 位码，因此最多可实现在 16 条信令链路间的负荷分担。

消息路由选择根据预置的路由数据，通过分析路由标记中的目的地信令点编码（DPC）和信令链路选择（SLS）码来完成。在某些情况下，还需要利用 SIO 中的 SI 和 SSF 来完成。

消息路由功能分三步确定去目的地路由中的一条信令链路。第一步根据 SIO 中的 SI 选择信令业务使用的路由表。这是由于不同的业务可能使用不同的信令路由。但如果信令网中不同的业务都使用同一路由表的话，这一步可以省略。第二步根据 DPC 来选择使用的信令链路组。第三步根据 SLS 码（或信令链路编码 SLC）选择链路组中的一条信令链路。

消息发送时，消息路由的选择过程如图 3-14 所示。SIO=4、DPC=18、SLS=1 的信令消息将经过 NO.1 信令链路组中的 NO.1 信令链路传送。消息路由功能在选择信令链路时所涉及的信令路由表、信令链路组、信令链路是在交换机开局时设置并生成的。在局数据中除了这些数据，还有信令路由、链路组信令链路的优先级及当前状态等数据。

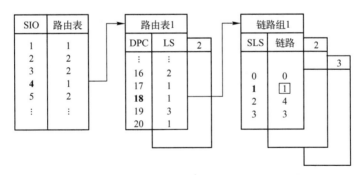

图 3-14　消息发送时消息路由选择过程

（2）信令网管理

在信令网中，当信令链路或信令转接点发生故障，或某信令点的信令业务发生拥塞时，必须采取一些网络调度及管理措施，以保证信令网的正常工作。将这些网络的管理调度措施，称为网络的重组能力，这种能力是由信令网管理功能实现的。

信令网管理功能分为以下三个部分。

① 信令业务管理。用于在信令链路或路由发生变化时（由可用变为不可用），将信令业务从一条链路或路由转移到另一条或多条不同的替换链路或路由，或在信令点拥塞的情况下暂时减小信令业务量。信令业务管理功能包括下列程序：信令链路倒换；信令链路倒回；强制重选路由；受控重选路由；管理阻断；信令点再启动；信令业务流量控制。各业务管理功能的详细内容参见《中国电话网 NO.7 信令方式技术规范》。

② 信令链路管理。用于控制本地连接的信令链路，包括信令链路的接通、恢复、断开等操作，为建立和保持链路组的正常工作提供手段。因此，当信令链路发生故障时，信令链路管理功能就采取恢复链路组能力的行动。

根据分配和重新组成信令设备的自动化程度，信令链路管理功能包含下列三种程序：基本的信令链路管理程序；自动分配信令终端程序；自动分配信令终端和信令数据链路程序。

在信令网中，可以采用上述三种程序之一进行链路管理。根据我国电话网的实际情况，《中国电话网 NO.7 信令方式技术规范》中确定，一般使用基本的信令链路管理程序。

③ 信令路由管理。其目的是保证信令点之间能可靠地交换关于信令路由的可达性信息，以便阻断或解阻信令路由。信令路由管理使用的程序主要有：受控传递程序；允许传递程序；禁止传递程序；受限传递程序；信令路由组测试程序；信令路由组拥塞测试程序。

4．第四级——用户部分

第四级由各种不同的用户部分组成，每个用户部分定义和某种电信业务有关的信令功能和过程。已定义的用户部分有：

- 针对基本电话业务的电话用户部分（TUP，Telephone User Part）；
- 针对电路交换数据业务的数据用户部分（DUP，Data User Part）；
- 针对综合业务数字网业务的 ISDN 用户部分（ISUP，ISDN User Part）；
- 针对移动电话，例如全球移动通信系统（GSM）的移动应用部分（MAP，Mobile Application Part）；
- 操作维护管理部分（OMAP，Operation，Maintenance and Administration Part）；
- 智能网应用部分（INAP，Intelligent Network Application Part）等。

本章主要介绍 TUP 和 ISUP，MAP 在第 9 章介绍。

3.3.3 NO.7 信令消息格式

如前所述，NO.7 信令是以不等长消息形式传送的。消息一般由用户部分定义，一些信令网管理和测试维护消息可由第三级定义。一个消息作为一个整体在终端用户之间透明地传送。为了保证可靠传送，消息中包含有必要的控制信息，在信令数据链路中实际传送的消息称为信令单元（SU）。通常以 8b 作为信令单元的长度单位，并称为一个 8 位位组（Octet）。所有信令单元均为 8b 的整数倍。NO.7 信令共有三种信令单元：消息信令单元（MSU，Message Signal Unit）、链路状态信令单元（LSSU，Link Status Signal Unit）和填充信令单元（FISU，Fill-In Signal Unit），它们的格式如图 3-15 所示。

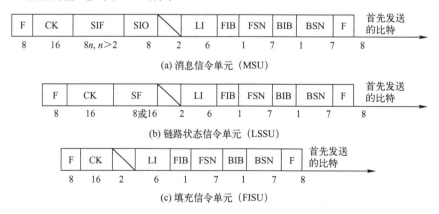

图 3-15　NO.7 信令单元的基本格式

其中，MSU 为真正携带用户信息的信令单元，信息内容包含在信令信息字段（SIF，Signaling Information Field）和业务信息八位位组（SIO，Service Indicator Octet）中。LSSU 为传送信令链路状态的信令单元，链路状态由状态字段（SF，Status Field）指示。LSSU 在信令链路开始投入工作或者发生故障（包括出现拥塞）时传送，以使信令链路能正常工作或得以恢复正常工作。FISU 是在信令链路上无 MSU 和 LSSU 传送时发送的填充信令单元，以维持信令链路两端的通信状态，并可起到证实收到对方发来消息的作用。

信令单元中各字段的含义如下：

F（Flag）——信令单元定界标志。

FSN 和 BSN——信令单元序号。其中，FSN（Forward Sequence Number）为前向序号，标识消息的顺序号；BSN（Backward Sequence Number）为后向证实序号，向对方指示序号直至 BSN 的所有消息均正确地收到。

BIB 和 FIB——重发指示位。其中 BIB（Backward Indication Bit）为后向重发指示位，BIB 反转指示要求对方从 BSN+1 消息信令单元开始重发。FIB（Forward Indication Bit）为前向指示位，FIB 反转指示本端开始重发消息。

第二级利用信令单元序号和重发指示位来保证消息不丢失、不错序，并在检出差错以后，利用重发机制实现差错校正。

LI（Length Indicator）——长度指示语，用于表明 LI 以后直至校验位比特之前的八位位组的数目。LI 的取值范围为 0～63。三种信令单元的长度指示语分别为：LI=0 表示填充信令单元 FISU，LI=1 或 2 表示链路状态信令单元 LSSU，LI>2 表示消息信令单元 MSU。

SIO——业务信息八位位组，只存在于 MSU 中，它分成业务指示语（SI，Service Indicator）和子业务字段（SSF，Sub-Service Field）两部分，如图 3-16 所示。

SI 供消息分配功能使用，用于分配用户部分的信令信息，在某些特殊场合可用于消息选路功能。其具体编码为：0000——信令网管理消息，0001——信令网测试和维护消息，0010——备用，0011——信令连接控制部分（SCCP），0100——电话用户部分（TUP），0101——ISDN 用户部分（ISUP），0110——数据用户部分（与呼叫和电路有关的消息）（DUP），0111——数据用户部分（性能登记和撤销消息）（DUP），1000～1111——备用。

子业务字段 SSF 包括网络表示语 NI（比特 C 和 D）和两个备用比特（比特 A 和 B），网络表示语用来识别国内业务和国际业务。具体编码为：备用比特 BA 置为 00。DC 为 00 表示国际网路、01 表示国际备用、10 表示国内网路、11 表示国内备用。

SIF——信令信息字段，该字段是用户实际承载的消息内容，如一个电话呼叫或数据呼叫的控制信息、网络管理和维护信息等。字段长度为 2～272 个八位位组。需要注意的是，ITU-T/CCITT 原来规定 SIF 的最大长度为 62 个八位位组，加上 SIO 字段，一共为 63 个八位位组，这正是长度指示码 LI 的最大值。后来，由于 ISDN 业务要求信令消息有更大的容量，因此 1988 年的蓝皮书规定，SIF 的最大长度可为 272 个八位位组。为了不改变原有的信令单元格式，LI 字段保持不变，规定凡 SIF 长度等于或大于 62 个八位位组时，LI 的值均置为 63。

SF——状态字段。SF 只存在于链路状态信令单元 LSSU 中，用来指示链路的状态，包括失去定位、正常定位、紧急定位、处理机故障、退出服务和拥塞。其长度可为一个八位位组或两个八位位组。目前仅用一个八位位组，其格式如图 3-17 所示。

图 3-16　业务信息八位位组　　　　　　　　　图 3-17　状态字段组成

状态指示字段 CBA 的编码含义为：000——失去定位状态指示 SIO，001——正常定位状态指示 SIN，010——紧急定位状态指示 SIE，011——退出服务状态指示 SIOS，100——处理机故障状态指示 SIPO，101——链路忙状态指示 SIB。

CK——校验位。为了检出差错，信令单元采用 16 位循环冗余码进行检验。

3.4 TUP 与 ISUP

3.4.1 TUP

NO.7 信令系统第四级最早规定的是电话用户部分（TUP）。ITU-T 在 1980 年的黄皮书中就提出了 TUP，经过几年的修改完善后，形成了 1988 年的蓝皮书建议。我国 NO.7 信令技术规范的 TUP 就是基于蓝皮书制定的。

TUP 主要规定控制电话呼叫建立和释放的功能和过程，即规定了局间传送的电话信令消息和信令过程。TUP 的呼叫处理程序和随路信令方式相似，只是信令的内容比随路信令要丰富得多，信令的形式与传送方式也不同。此外，TUP 除了可提供用户的基本业务外，还可提供一部分补充业务。补充业务又称附加业务，它是对基本电信业务的补充，如提供主叫识别号码、呼叫转移、三方通话等功能。

1. TUP 消息格式和编码

在 NO.7 信令中，所有电话信号都是通过消息信令单元传送的，电话信号全部放在消息信令单元的信令信息字段（SIF）中。因此，要了解电话消息格式，就必须了解 SIF 的结构。图 3-18 所示为 SIF 在信令单元中的位置和它的结构。SIF 由标记、标题码和一个或多个信号信息组成。

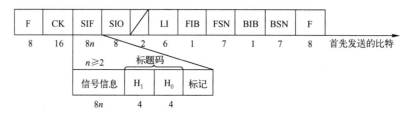

图 3-18　电话消息信令单元格式

（1）标记

每个电话信号都包括一个标记，MTP 的选路功能用标记来选择信令路由，而 TUP 则用标记的相关字段来识别信号消息与哪个呼叫相关。

我国采用的标记长度为 64 位，如图 3-19 所示。图中，DPC 和 OPC 均为 24b，电路识别码（CIC）为 12b。为了使标记的长度为 8 的整数倍，填充了 4 位比特。

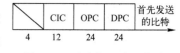

图 3-19　消息标记编码格式

（2）电路识别码

电路识别码（CIC，Circuit Identification Code）由两个交换局双方协商和/或预先确定的分配规则决定。例如，对于局间一次群和二次群话路的编码分配如下：

① 对于 2048kbps 的数字通路，CIC 的低 5b 表示话路时隙编号，其余 7b 表示 DPC 和 OPC 信令点之间 PCM 系统的编号。

② 对于 8448kbps 的数字通路，CIC 低 7b 是话路时隙编号，其余 5b 表示 DPC 和 OPC 信令点之间 PCM 系统的编号。

（3）标题码

所有电话消息都含有标题码，用于指明消息的性质。标题码包括 H_0 和 H_1，前者用来识别消息组，后者用于识别消息组中的某个消息。在更复杂的情况下，H_1 用于识别消息格式，在这种情况下，它后面往往跟随着一个或多个信号编码或信息指示语。

2．TUP 消息

TUP 消息共分为 8 类，分别介绍如下。

（1）前向地址消息（FAM，Forward Address Message）

FAM 主要用于传送被叫号码。包括：初始地址消息（IAM，Initial Address Message）、带有附加信息的初始地址消息（IAI，IAM with Information）、带有一个或多个地址的后续地址消息（SAM，Subsequent Address Message）、带有一个地址信号的后续地址消息（SAO，One-digit Subsequent Address Message）。

其中 IAM/IAI 是正常呼叫的第一个消息，除被叫号码外，还传送与选路、计费等有关的信息，IAI 中的附加信息目前主要是主叫号码。如果被叫号码不能一次传完，剩余部分由 SAM 或 SAO 发送。

（2）前向建立消息（FSM，Forward Setup Message）和后向建立消息（BSM，Backward Setup Message）

这是 NO.7 信令特有的消息。BSM 仅含有一个消息，即一般请求消息（GRQ，General Request Message），它和 FSM 中的一般前向建立信息（GSM，General Forward Set-up Information Message）配合，供后方局在呼叫过程中向前方局请求补充信息。这一请求机制给呼叫建立带来了很大的灵活性，借此可支持许多跨局的新业务。

FSM 中另两个消息用于向后方局指示电路导通检验：导通检验成功消息（COT，Continuity Signal）和导通检验失败消息（CFS，Continuity-Failure Signal）。由于 NO.7 信令消息是在与话路分离的独立信道中传送的，因此信令可达不一定表示话路导通。如果话路设备本身缺乏足够的检测告警功能，就需要在呼叫建立前对话路进行导通检验。检验请求在 IAM/IAI 中发出，发出请求的前方局在指定话路中发送 2000Hz 单频检验音，后方局收到此消息后将话路做环回连接。前方局应在规定时限内收到质量合格的环回信号，否则即判断检验失败。如果导通检验失败，前方局重新选择一条话路进行呼叫建立。对失败的话路专门进行维护和导通检验，这时要使用专门的导通检验请求消息（CCR，Continuity Check Request Signal）。

（3）后向建立成功消息（SBM，Successful Backward Message）

SBM 只有一个消息，即地址全消息（ACM，Address Complete Message）。在交换机中此消息一般隐含"被叫空闲"，表示呼叫建立成功。

（4）后向建立不成功消息（UBM，Unsuccessful Backward Message）

对于 UBM，我国定义了 12 个消息，表示呼叫建立失败。消息按失败原因区分，包括：交换设备拥塞、空号、中继电路拥塞、被叫号码不全、被叫忙等。我国特别将被叫忙分为被叫市话忙（SLB）和长话忙（STB），以适应半自动呼叫话务员的插入需要。不能归结为所列原因的失败或信令异常用呼叫失败（CFL，Call Failure）消息表示。

（5）呼叫监视消息（CSM，Call Supervision Message）

CSM 用以传送原本由线路信令传递的被叫应答和通话后主、被叫挂机信息，共有 6 个消息：ANC（Answer Charging，应答、计费）、ANN（Answer No charging，应答、免费）、CLF（Clear Forward，前向拆线）、CBK（Clear Backward，后向拆线）、CCL（Calling Party Clear，主叫用户挂机）和 RAN（Repeat Answer，再应答）。根据运营策略一般 CLF 发出后就拆线，

CBK 和 CCL 不一定产生拆线动作。

（6）电路监视消息（CCM，Circuit Supervision Message）

这类消息包括两类：一类是正常呼叫结束时的电路释放监护消息（RLG，Release Guard），前方局只有收到后向发来的 RLG，才能将电路完全释放；另一类是用于电路维护的消息，包括电路闭塞和解除闭塞信号、电路导通检验请求消息和电路复原消息（RSC）。后一类消息是 NO.7 信令特有的。

（7）电路群监视消息（GRM，Circuit Group Supervision Message）

这是 NO.7 信令特有的，用于对一群电路进行闭塞和解闭塞。根据闭塞原因分为三组消息，分别表示由于硬件故障、软件故障和管理原因引起的闭塞。一群电路最多可包含 256 条电路（4 个 PCM 系统）。设置这类消息的目的主要是便于对整个 PCM 传输系统进行维护。

（8）电路网管理消息（CNM，Circuit Network Management Message）

CNM 仅含一个消息，即自动拥塞控制（ACC，Automatic Congestion Control），用于将交换机发生拥塞的信息通知邻接局。收到此消息的交换局应减小去往拥塞局的话务量。

3. 信令传送程序示例

下面以市话呼叫经汇接局接续为例来说明电话信号的传送过程。在这个例子中，假设被叫用户空闲，呼叫处理中的信令传送过程如图 3-20 所示。

局间采用 NO.7 信令时，IAM 是由去话局前向发送的第一个消息。IAM 中包括被叫用户的地址、主叫用户类别等信息。也可以发送 IAI，这是带附加信息的初始地址消息。当来话局是一个终端市话局，它收全被叫地址且被叫空闲时，便发送地址全消息 ACM。收到地址全消息的各交换局接通话路，以便由终端市话局向主叫送回铃音。

被叫摘机应答时，终端市话局发送后向应答信号。如果需要计费，则发送应答、计费信号。图 3-20 中 ANC 是应答计费信号。收到应答、计费信号时，发端市话局启动计费程序。接着双方通话，通话完毕，若主叫用户先挂机则去话局发送拆线信号 CLF。收到拆线信号的来话局应立即释放电路，并回送释放监护信号 RLG。若来话局

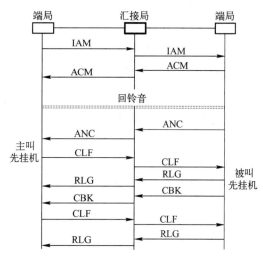

图 3-20　呼叫经汇接局接续的信令过程

作为转接局时，它还要向下一交换局转发拆线信号 CLF。若在通话结束时被叫先挂机，则终端市话局发送后向挂机信号 CBK，汇接局接着转发 CBK。由于复原控制有主叫控制和被叫控制两种方式，如果采用主叫控制复原方式，收到来话局送来的挂机信号 CBK 后，发端局不应马上释放电路，而是立即启动一个定时器。如果在规定的时限内，主叫用户仍未挂机，如果被叫重新摘机，双方还可继续通话。如果规定的时限已到而主叫仍未挂机，则由发端局自动产生并发送拆线信号 CLF。收到拆线信号 CLF 的来话交换局应立即释放电路，并回送释放监护信号 RLG。至此，整个呼叫过程结束。对于被叫控制复原方式，其过程与主叫控制方式类似，不同的是电路的释放转由被叫端局控制。

3.4.2　ISUP

ISDN 用户部分，即 ISUP 是在 TUP 基础上，由增加非话音承载业务和补充业务的控制协

议构成的。它提供基本承载业务和补充业务所需要的信令消息、功能和过程。同 TUP 相比，ISUP 具有如下特点：

（1）消息结构灵活，在消息中引入了任选参数，因此虽然消息数量比 TUP 少，但消息的信息容量却十分丰富，能够适应业务发展的需要。

（2）能支持各种电路交换的话音和非话业务，包括 ISDN 补充业务。

（3）规定了许多增强功能，尤其是端到端信令，可以实现用户之间的透明信息传送。

（4）TUP 主要考虑国内网应用，ISUP 从一开始就同时考虑国际网和国内网使用，编码留有充分的余地；ISUP 除支持基本的承载业务外，还支持主叫用户线识别（提供及限制）、呼叫转移、闭合用户群、直接拨入和用户至用户信令等补充业务。

ISUP 不仅包括 TUP 的全部功能，还具有满足 ISDN 基本业务和补充业务所需的信令功能。采用 ISUP 时，若用于电话基本业务，则与 TUP 一样需要 MTP 的支持。但在某些情况下，如传递端到端信令、开放智能网业务等，还需要 SCCP 提供支持。ISUP 功能强大，而且扩展能力也较强，这些都得益其灵活的消息结构。

1. ISUP 消息格式和编码

与 TUP 消息一样，ISUP 信令消息位于信令信息字段 SIF 中，ISUP 消息的其他字段与 TUP 消息基本相同，不再赘述。所不同的是业务信息八位位组 SIO 的业务指示语 SI，对于 TUP 为 0010，而 ISUP 编码为 1010。ISUP 消息结构如图 3-21 所示。

其中，路由标记和电路识别码与 TUP 消息含义相同。参数部分包括必备固定部分、必备可变部分和任选部分。必备部分是消息中必需有的，任选部分是当需要时才使用的参数。

（1）消息类型码：在 ISUP 消息中，消息类型编码占一个八位位组字段，对所有消息都是必备部分，唯一地标识 ISUP 消息的功能和格式。

（2）必备固定长参数：对于指定的消息类型，必备且长度固定的参数包含在参数的必备固定部分，参数的位置、长度和顺序统一由消息类型规定，因此在消息中不包括这些参数的名字和长度。

（3）必备可变长参数：对于指定的消息类型，必备且长度可变的参数将包含在必备可变部分。每个参数的开始用指针表示，指针按照八位位组计

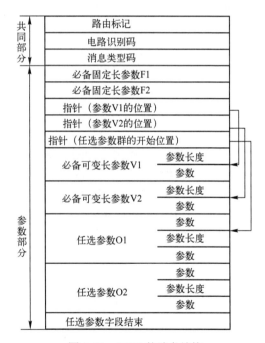

图 3-21　ISUP 的消息结构

数，其数值给出了该指针与该参数第一个八位位组之间的字节数。每个参数的名字和指针的发送顺序隐含在消息类型中，参数的数目和指针的数目统一由消息类型规定。每个参数包括长度指示语和参数内容。

必备可变长参数的所有指针集中在必备可变部分开始连续发送。在这些指针后面还有一个"任选部分起始指针"，用来指示任选部分的开始。如果某个消息任选部分没有参数，则置"任选部分起始指针"为全零；如果某个消息类型只包含必备参数，则任选部分在该消息中不出现，"任选部分起始指针"也将不存在。

（4）参数的任选部分：任选部分也可由若干个参数组成，有固定长度和可变长度两种。每

一任选参数都应包括参数名、长度指示语和参数内容。如果没有任选参数，则在任选参数发送后发送全 0 的八位位组，表示"任选参数结束"。

ITU-T 蓝皮书共定义了 42 种 ISUP 消息，其中，带 * 的消息为国内任选；另外，我国还增加了三种国内应用消息：OPR 话务员消息、MPM 计次脉冲消息、CCL 主叫用户挂机消息。

2．常用 ISUP 消息

（1）初始地址消息 IAM：原则上包括选路到目的交换局并把呼叫接续到被叫用户所需的全部消息。如果 IAM 消息的长度超过 272 个字节，则应分段传送。

（2）后续地址消息 SAM（Subsequent Address Message）：是 IAM 消息后前向传送的消息，用于传送剩余的被叫用户号码信息。

（3）信息请求消息 INR（Information Request）：是交换局为请求与呼叫有关的补充信息而发送的消息。消息必备参数是请求表示语、主叫用户地址请求表示语、保持表示语、主叫用户类别请求表示语、计费信息请求表示语及恶意呼叫识别请求表示语。

（4）信息消息 INF（Information）：是对 INR 的应答，用于传送在 INR 消息中请求传送的有关信息。

（5）地址全 ACM（Address Complete）消息：是后向消息，表示收到为呼叫选路到被叫所需的所有信息。消息必备字段是后向表示语，包括计费、被叫状态、被叫用户类别、端到端方式、互通、ISDN 用户部分、ISDN 接入、回声控制装置及 SCCP 方式表示语。

（6）呼叫进展消息 CPG（Call Progress）：是在呼叫建立阶段或呼叫激活阶段，任意一方发送的消息，表明某一具有意义的事件已经出现，应将其转送给始发接入用户或终端用户。CPG 必备参数是事件信息参数，用不同的编码表示是否出现了遇忙呼叫转移、无应答转移、无条件转移等事件。

（7）应答消息 ANM（Answer Message）：是后向发送的消息，表明呼叫已经应答。

（8）连接消息 CON（Connect）：是后向消息，表明已经收到将呼叫选路到被叫用户所需的全部地址信息且被叫已经应答。

（9）释放消息 REL（Release）：是在任一方向发送的消息，表明由于某种原因要求释放电路。该消息的必备参数是原因表示语，用于说明要求释放的原因。

（10）释放完成消息 RLC（Release Complete）：是在任意一方发送的消息，该消息是对 REL 消息的响应。

（11）用户到用户消息 USR（User to User）：是为了传送用户到用户信令而发送的消息。

3．ISUP 功能和支持的业务

ISUP 是为支持 ISDN 话音和非话基本承载业务和补充业务而提供的信令功能。ISUP 所能支持的业务主要包括：

（1）承载业务。承载业务在 ISDN 用户/网络接口处提供，网络采用电路交换或分组交换方式在两个用户/网络接口之间透明地传送信息。如话音、3.1kHz 音频、不受限的 64kbps、不受限的 2×64kbps、不受限的 385kbps 和不受限的 1920kbps 等电路交换业务。

（2）用户终端业务。用户终端业务在终端界面上提供，是面向用户的业务，如电报、传真、可视图文业务等。用户终端业务是在承载业务的基础上增加高层功能而形成的。

承载业务是由网络提供的，而用户终端业务则是由发起业务请求的终端提供的。用户终端业务通过网络提供的承载业务实现。以上两种业务统称为基本业务。

（3）补充业务。ISDN 补充业务是在基本业务基础上附加的业务，因此，也称为附加业务。它不能单独存在，总是和承载业务或用户终端业务一起提供，其目的是为了向用户提供更多、更方便的服务。实际上，当前的很多通信业务中都存在一些补充业务，但它们并没有单独定义，而只是被称做"性能（Facility）"。ISDN 的补充业务就相当于普通电话业务中的新业务，但其内容比新业务的内容更丰富。

ISUP 支持很多新功能和补充业务，如端到端信令、用户到用户信令、呼叫前转等。下面简要介绍这些功能。

端到端信令是指在发端交换机和终端交换机之间透明传送的与接续动作无关的信令。消息传送有两种工作方式：①逐段传送法，当传递的信息与现有呼叫有关时采用这种方法。如利用 ISUP 协议中的逐段传送消息（PAM，Parting Transfer Message）来实现；②SCCP 法，直接利用 SCCP 的端到端信令传送功能实现。

由于 ISDN 用户对承载业务的要求是通过用户/网络接口的 D 信道信令（Q.931）传送的，因此，ISUP 必须支持与 D 信道信令的配合，并将 D 信道信令适配成 ISUP 消息，以控制电路的接续。同时，允许部分用户信令通过 D 信道和 ISUP 消息进行端到端透明传送，这就是**用户到用户信令**。用户到用户信令分为三种模式：一是允许用户在呼叫建立和拆除阶段通过 ISUP 消息"捎带"传送，另外两种是利用 ISUP 协议中的专用用户到用户消息（USR，User to User Message）进行传送。

呼叫前转是指将呼叫从一个原来已接通的目的点改发至另一目的点，主要包括 CFU（无条件呼叫前转）、CFB（遇忙呼叫前转）和无应答呼叫前转 CFNR（Call Forwarding No Response）。

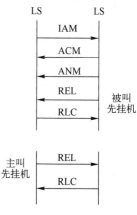

图 3-22　局间成功呼叫 ISUP 信令流程

限于篇幅，以上只对 ISUP 进行了简要介绍。总的来说，ISUP 具有灵活的消息结构，信息容量更加丰富，能够满足综合业务数字网和移动通信、数据通信的要求，在使用时有很大的灵活性和可选择性，并在实践中得到广泛应用。

4．ISUP 基本信令过程

（1）局间成功的呼叫信令流程

本地电话网中，交换局之间一次成功的呼叫信令流程如图 3-22 所示。

当主叫局收到用户的呼叫请求后，生成初始地址消息 IAM 并向被叫局发送。在 IAM 中包含选路到目的交换局的有关信息，如连接性质、前向呼叫表示语、主叫用户类别、被叫号码、传输介质请求、主叫号码等。被叫局收到 IAM 后分析被叫用户号码，以便确定呼叫应接续到哪一个用户，同时还要检测用户线的情况以便核实是否允许连接。如果允许，被叫局向主叫局发送后向地址全消息 ACM。当被叫用户应答时，被叫局接通话路，向主叫局发送应答消息 ANM。主叫局收到 ANM 消息时启动计费。通话结束后如果被叫先挂机，则被叫局发送释放消息 REL，主叫局收到 REL，则释放话路并回送释放完成消息 RLC。

如果是主叫先挂机，则主叫局发送 REL，被叫局收到 REL 后，释放话路并回送 RLC 消息。

（2）局间不成功的呼叫信令流程

如图 3-23 所示，当被叫局收到 IAM 后，如果由于用户号码不正确、电路拥塞或者兼容性等原因无法建立连接，被叫局向主叫局发送 REL 消息，REL 消息中包含释放的原因。主叫局收到 REL 后，释放通话电路并回送 RLC 消息。

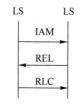

图 3-23　局间不成功呼叫 ISUP 信令流程

3.5 SCCP 与 TCAP

3.5.1 SCCP

1. SCCP 基本概念

NO.7 信令系统采用四级功能结构，能够有效地传送各种呼叫控制信息，是电话通信网特别是数字电话网理想的信令方式。在电话网中，所有信令消息都与呼叫和电路有关，消息传送路径一般和相关的呼叫连接路径有固定的对应关系。但是，随着通信网和通信新业务的发展，越来越多的业务需要在网络节点间直接传送控制消息，这些消息和电路建立无关，有的甚至与呼叫无关。例如，节点和网管中心之间的信息传送；移动网中，移动交换中心和归属位置寄存器（HLR）或访问位置寄存器（VLR）之间的信息传送；智能网中，业务交换点（SSP）和业务控制点（SCP）之间的消息传送。

其中有些消息（如网管消息）与呼叫完全无关，有些消息（如移动网和智能网中的信令）虽然与呼叫有关，但是消息传输路径不一定与呼叫或连接相关联。要满足在电信网中开放各种业务和网络维管理需要，支持网络向分组传送方式演进和互连互通，NO.7 信令系统必须具有更强的寻址和端到端的信息传送能力。

面对新的电信应用需求，MTP 还存在下列局限性：

（1）信令点编码没有全局意义，每个信令点的编码只与一个给定的国内网或国际网有关，而不能用于信令网之间的寻址和互通。

（2）受编码长度限制，信令点编码总数有限。

（3）对于一个信令点来讲，业务表示语 SI 只有四位，即只能支持 16 种应用，不能适应电信业务发展的需要。

（4）目前的电信业务大多只使用了信令的实时消息传送功能，随着网络中智能设备的引入，需要在网络节点之间传送大量的非实时消息（如维护、管理信息等）。对于大量的数据传送，虚电路是最好的方式。而 MTP 只支持无连接的信息传送。

为了解决上述问题，CCITT 于 1984 年提出了一个新的 NO.7 信令结构分层——信令连接控制部分（SCCP，Signaling Connection Control Part），并制定了相应的规范。其基本思想是将 SCCP 和 MTP 相结合，提供相当于 OSI 网络层的功能，实现信令消息在任意两个信令点之间的透明传输。参与通信的网络节点可以位于同一信令网，也可以位于不同的信令网。因此，SCCP 具有如下特点：

（1）能传送各种与电路无关的信令消息。

（2）引入子系统号和全局码，增强网内和网间信令消息的寻址和访问能力。

（3）同时提供无连接和面向连接服务。

因此，SCCP 和 MTP 的结合，可以提供完善的网络层功能。对综合业务数字网、移动网和智能网开展各项新业务、新功能具有十分重要的支撑意义。

2. SCCP 的功能结构与业务

SCCP 的功能结构如图 3-24 所示，主要由 SCCP 路由控制、面向连接控制、无连接控制和 SCCP 管理功能模块组成。路由控制完成无连接和面向连接业务消息的选路。面向连接控制根据被叫用户地址，使用路由控制完成到目的地信令连接的建立，然后利用信令连接传送数据，数据传送完成后，释放信令连接。无连接控制根据被叫用户地址，使用 SCCP 和 MTP 路由控制直接在信令网中传送数据。同时，SCCP 使用无连接的 UDT（Unit Data，单元数据）消息来传送 SCCP 管理消息，实现对 SCCP 的管理。

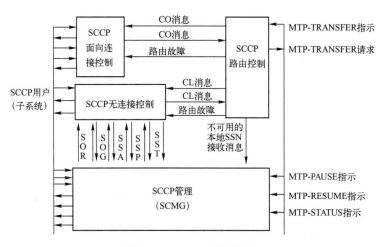

图 3-24　SCCP 功能结构

SCCP 与 SCCP 用户及 MTP 传送层间采用标准的原语进行交互，限于篇幅，不再赘述。

SCCP 提供的业务可分为 4 类。其中，0 类为基本无连接类；1 类为有序的无连接类；2 类为基本面向连接类；3 类为具有流量控制的面向连接类。

4 类业务分别通过 4 种协议类别提供。前两类为无连接业务，后两类为面向连接业务。SCCP 的无连接业务相当于数据网的数据报服务，0 类业务不保证消息的顺序到达，1 类业务依靠信令链路选择标记 SLS，可以保证消息按序到达。在无连接业务中传送的消息称为单元数据（UDT）。由于传输不可靠，无连接业务不适合传输大量数据。但由于无连接服务的实时性好，适合对传输实时性要求高的场合。如在智能网和移动网中，很多应用均采用了 SCCP 的无连接业务。SCCP 无连接业务的信令过程示意图如图 3-25 所示。

面向连接业务是用户（与业务相关的应用）在传递数据之前，在 SCCP 之间交换控制信息，协商数据传送的路由、业务类别（如基本面向连接类，或流量控制面向连接类），还可包括传送数据的数量等。信令的面向连接又可分为暂时信令连接和永久信令连接两种。

业务用户控制暂时信令连接的建立，暂时信令连接类似拨号连接。永久信令连接由本端（或远端）OAM 功能或节点管理功能建立，类似于租用线。由于面向连接业务需要预先确立消息传输的全程路径，因此不适合实时应用。面向连接服务的信令过程示意图如图 3-26 所示。

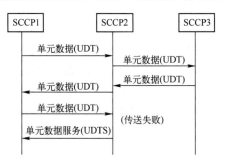

图 3-25　SCCP 无连接业务信令过程示意图

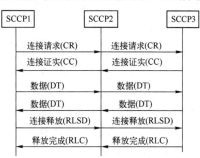

图 3-26　SCCP 面向连接业务信令过程示意图

3. SCCP 消息与地址格式

SCCP 消息封装在 MSU 的 SIF 中，MTP 通过 SIO 中的业务指示语（SI＝0011）来识别

SCCP 消息。SCCP 的消息格式如图 3-27 所示。

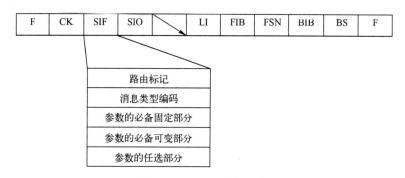

图 3-27　SCCP 消息格式

　　SCCP 消息各部分含义及格式可参见相关技术规范，其中 SCCP 消息的路由标记格式如图 3-28 所示。图中 OPC 和 DPC 表示源和目的地信令点编码，SLS 表示信令链路选择码，用于选择完成负荷分担的链路，同时可用于控制消息的按序传送。

图 3-28　SCCP 路由标记格式

　　（1）SCCP 地址类型

　　MTP 寻址利用的是目的信令点编码（DPC），而 SCCP 则采用了更丰富的地址形式，并具备地址翻译功能，寻址能力得到了增强。SCCP 地址有下列三种类型：

　　① 信令点编码 SPC

　　它只在所定义的 NO.7 信令网内有意义，包括 OPC 和 DPC。MTP 根据 DPC 识别目的地并选路，根据业务指示语（SI）识别目的点内的用户。SCCP 请求 MTP 传送消息时，必须给出 DPC，否则 MTP 因不知道下一个网络节点的地址而不能完成传递。但是 SCCP 用户在请求 SCCP 传送消息时，不一定给出 DPC，SCCP 可根据用户给出的 GT 码查找翻译表得到下一个网络节点的 DPC。

　　② 子系统号码 SSN

　　它是对 SCCP 用户的寻址信息，用于识别节点中的 SCCP 用户。子系统号采用八位比特编码，最多可表示 256 个子系统，已定义的子系统号码及其分配可查阅相关技术规范。

　　因此，SSN 对信令消息中 SI 的寻址范围进行了扩充。当 SCCP 消息到达目的地时，SCCP 必须获取该消息的 SSN，才能将消息交给用户。消息中可能已经包含 SSN，也可能没有；若没有，则必须根据消息中包含的 GT 码查找 GT 翻译表得到 SSN。

　　③ 全局码（GT，Global Title）

　　类似与全球通用的电话号码，通过 GT 可访问信令网中的任何用户，甚至跨网访问。但 MTP 无法根据 GT 选路，因此 SCCP 必须首先把 GT 翻译成 DPC+SSN 或 GT+DPC+SSN 形式，这种翻译功能可在网中分散提供，也可集中提供。由于节点的资源有限，不可能期望一个信令点的 SCCP 能翻译所有的全局名，因此有可能始发端先将 GT 翻译成某个中间点的 DPC，该中间点的 SCCP 再将 GT 翻译成下一中间点或最终目的地的 DPC。这样的中间翻译点称为 SCCP 消息的转接点。

　　（2）SCCP 地址格式

　　SCCP 消息中的主叫和被叫地址可以是上述三类地址中的一种或它们的任意组合（最常见的是 DPC+SSN 或 GT+DPC+SSN），因此在它的地址格式中必须有一个字段指明该信令消息的地址类型。SCCP 中的地址参数包括被叫用户地址和主叫用户地址。其地址的长度是可变的，结构如图 3-29 所示。

图 3-29　SCCP 地址结构　　　　图 3-30　SCCP 地址表示语结构

① 地址表示语

地址表示语指示地址所包含的地址类型，占用一个八位位组，其编码如图 3-30 所示。

比特 1：为"1"指示地址包含信令点编码；为"0"指示地址未包含信令点编码。

比特 2：为"1"指示地址包含子系统号；为"0"指示地址未包含子系统号。

比特 6～3：为全局码表示语。0000 说明不包括全局码，0001 表示全局码只包括地址性质表示语，0010 表示全局码只包括翻译类型、编码计划、编码设计，0100 表示全局码包括翻译类型、编号设计、编码设计、地址性质表示语，0101～1111 为备用编码。

根据全局码的取值，我们常称该 GT 码为第几类 GT 码。例如，GT 表示语为"0100"，则称该 GT 码为第 4 类 GT 码。不同类型的 GT 码的地址结构是不同的。

比特 7：为"0"指示应根据地址中的全局码来选择路由；为"1"指示应根据 MTP 路由标记中的 DPC 和被叫地址中的子系统号（DPC+SSN）来选择路由。

比特 8：国内备用。

② 全局码

实用的 GT 码分为 4 类，其中第 4 类 GT 码（GT 码表示语为 4 时）应用比较普遍，下面简要说明该类 GT 码的格式。对于其他类型的 GT 码可参见 ITU-T 建议 Q.713。

GT 码表示语为 4 时，GT 码地址结构如图 3-31 所示。参数说明：

GT 码表示语：同地址类型指示语中的 GT 码表示语。对于第 4 类 GT 码，应为"04H"。

翻译类型：目前没有应用，固定填为"00H"。

编号计划：高 4 比特为编号计划，指示地址信息采用何种方式编号，具体的编码如下：

比特 7654	含义
0000（0）	未定义
0001（1）	ISDN/电话编号计划（建议 E.163 和 E.164）
0010（2）	备用
0011（3）	数据编号计划（建议 X.121）
0100（4）	Telex 编号计划（建议 F.69）
0101（5）	海事移动编号计划（建议 E.210 和 E.211）
0110（6）	陆地移动编号计划（建议 E.212）
0111（7）	ISDN/移动编号计划（建议 E.214）
1000 ～1111	备用

图 3-31　全局码 GT 地址结构

编码设计：低 4 比特为编码设计，指示地址信息中地址信号数的奇偶，编码如下：

比特 7654	含义
0000	未定义
0001	奇数个地址信号
0010	偶数个地址信号
0011～1111	备用

地址性质表示语：八位位组 2 的比特 1～7，指明地址信息的属性，编码如下：

	8 7 6 5 4 3 2 1 比特
比特 7654321	
0000000（0） 空闲	八位位组1 第2个地址信号 | 第1个地址信号
0000001（1） 用户号码	. 第4个地址信号 | 第3个地址信号
0000010（2） 国内备用	: ......
0000011（3） 国内有效号码	八位位组N 填充0(若有必要) | 第n个地址信号
0000100（4） 国际号码	
0000101（5）～1111111（127） 空闲	图 3-32　全局码地址信息结构

地址信息：其格式如图 3-32 所示。每个地址占 4 个 bit，如果地址个数为奇数，地址信号结束后插入填充码 0000，即在第 N 个字节的高 4 比特填 0000。下面举例说明 GT 码的编码。

【例1】　操作人员录入 GT 码的 GT 表示语为 4，翻译类型为 0，编号计划为陆地移动编号计划（编码为 6），地址性质表示语为用户号码（编码为 1），地址信息为 1234567。由于地址信息为奇数个，故编码设计为 0001（即 1）。则 GT 码内容为 0400610121436507，GT 长度（指示八位位组的字节长度）为 8。

【例2】　操作人员录入 GT 码的 GT 表示语为 4，翻译类型为 0，编号计划为陆地移动编号计划（编码为 6），地址性质表示语为国内有效号码（编码为 3），地址信息为 13951768253。由于地址信息为奇数个，故编码设计为 0001（即 1）。则 GT 码内容为 04006103 315971865203，GT 长度（指示八位位组的字节长度）为 10。

4. SCCP 寻址与选路

（1）SCCP 寻址方式

SCCP 的地址表示语指明了 SCCP 寻址方式。SCCP 的寻址方式有两种：按 DPC 寻址；按 GT 寻址。为了理解不同寻址方式的应用，需要知道 SCCP 的选路原则。

（2）SCCP 的选路原则

由于在 INAP、CAP 以及 MAP 应用中目前只用到了 SCCP 无连接服务，下面主要讨论无连接服务时 SCCP 的选路原则。

对来自本地 SCCP 用户发送消息的选路原则：

① 若 SCCP 地址包含 DPC，且 DPC 非本节点，则直接送 MTP 发送。若 DPC 为本节点，则回送本地 SSN。

② 若 SCCP 地址不包含 DPC，则检索 GT 码翻译表，获得 DPC 后按①处理。

对来自 MTP 层消息的选路原则：

① 如果选路指示位为 1（按 DPC 寻址），则本节点为消息目的地。消息送本节点 SSN。

② 如果选路指示位为 0（按 GT 寻址），检索 GT 翻译表，得到 DPC。若 DPC 为本节点，则送本节点 SSN。若 DPC 非本节点，作为新的 SIF 路由标记，送 MTP 传送。

（3）GT 翻译表

上面提到的 GT 翻译表也称全局码翻译表，以 GT 码作为索引，查找该表即可得到如下所示的 SCCP 地址和寻址方式：DPC + SSN（目的地），按 DPC 寻址；DPC + OLD_GT（STP），按 GT 寻址；DPC，按 DPC 寻址；DPC + NEW_GT，按 GT 寻址。

（4）SCCP 消息传送示例

3-33 所示为网络信令节点 A 和 D 之间利用 SCCP 传送移动智能网 CAP 消息的示意图。

① 假设信令点 A 的 SCCP 用户不知道 D 的 DPC，或者没有到 D 的 MTP 路由，只能利用 GT 对 D 进行寻址。由于没有给出下一节点的 DPC，所以 SCCP 必须进行 GT 翻译。由于需要经 SCCP 转接，翻译类型为 DPC + OLD_GT（OLD_GT 表示 A 节点无法实现最终翻译，因此只能指向具有翻译功能的中间节点 C，以期对原有 GT 再进行翻译），得到下一个 SCCP 消息

转接点 C 的 DPC，交 MTP 发送。

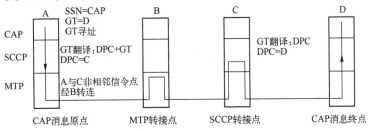

图 3-33　SCCP 消息传送示例

② 由于 C 和 A 之间无直连信令链路，MTP 消息经由 B 转接至 C。

③ 节点 C 的 MTP 将 SCCP 消息递上交 SCCP 层。由于 SCCP 目的地址采用 GT 寻址，要进行 GT 翻译。假设 C 知道 D 的 DPC 并且存在到 D 的 MTP 路由，则可以不经 SCCP 转接，而直接将 GT 翻译为 DPC（不翻译为 DPC + SSN 是考虑到 D 可能存在多个 SSN，应采用原地址中的 SSN），得到 D 的 DPC，交 MTP 发送。

④ 节点 D 将消息经 MTP、SCCP 送达用户 CAP。

可以看到，A、D 之间存在 CAP 信令关系；A、C 以及 C、D 之间存在 SCCP 信令关系，但 A、D 之间不存在 SCCP 信令关系。

3.5.2　TCAP

1. TCAP 概述

TUP 和 ISUP 是与电路建立和释放相关的 NO.7 信令用户部分。随着电信网和电信业务的发展，越来越多的应用需要在网络节点之间传送电路无关消息。例如，在交换节点和控制节点之间传送地址翻译信息、位置管理信息、计费及网路管理信息等。这些电路无关消息与呼叫控制相对独立，如果仍按传统方法为每一种应用专门设计一组信令消息，不但效率低下，而且协议管理将变得十分复杂。为此，希望将信息传送功能和呼叫控制功能分开，专门制定传送电路无关消息的统一协议，其协议过程和消息结构与具体应用无关，专门处理网络节点之间的交互和远程操作。这就是 NO.7 信令定义事务能力（TC，Transaction Capability）协议的原因。这里，"**事务（Transaction）**"一词泛指任意**两个网络节点之间的交互过程**。

TC 包括事物处理能力应用部分（TCAP）和中间业务部分（ISP）两部分。TCAP 在协议栈中的位置如图 3-34 所示。TCAP 完成第 7 层的部分功能，ISP 完成第四至第六层功能。

由于 ISP 一直未定义，TCAP 直接利用 SCCP 传递信令，因此 TC 只有 TCAP（鉴于此，常常将 TC 与 TCAP 同等对待，本书也不做区别）。TCAP 只完成 OSI 第七层协议的部分功能，提供节点间传

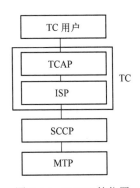

图 3-34　TCAP 的位置

递信息的手段，以及对相互独立的各种应用提供通用服务。各种应用统称为 TC 用户。目前，已定义的 TC 用户包括：智能网应用部分（INAP）、移动应用部分（MAP）、操作维护管理部分（OMAP）等。

为了向所有 TC 用户提供统一的支持，TCAP 将不同节点间的信息交互抽象为一个关于"操作"的过程，即源节点调用一个操作，远端（目的地）节点应源节点请求执行该操作，并根据操作类型决定是否返回操作结果。节点间的交互就像人与人之间的对话一样，对话语句由

基本单词组成，TCAP 的消息也由基本成分组成。一个成分对应于一个操作的请求或响应，一个消息（对话语句）可以包括多个成分。这种统一的消息结构和语法规则适用于任何类型的 TC 用户。因此，TCAP 协议和具体应用无关。但是消息的语义，即每个成分的含义，以及一个消息中各个成分的次序取决于具体的应用，由 TC 用户定义。

2. TCAP 的功能结构

如图 3-35 所示，TCAP 由两个子层组成。成分子层（CSL，Component Sub-Layer）处理成分，即传送远端操作及其响应的协议数据单元；事务处理子层（TSL，Transaction Sub-Layer）负责控制和管理两个 TC 用户之间的交互。从功能上讲，成分子层负责操作管理，事务处理子层负责事务管理。成分子层包含对话处理和成分处理，而事务处理子层提供消息处理和事务管理。目前 TCAP 的一次对话只处理一个事务，因此，成分子层的对话处理与事务子层的事务处理是一一对应的。TC 用户与成分子层之间的交互通过 TC 原语进行，成分子层和事务处理子层之间的交互通过事务处理原语 TR 进行。TC 用户之间的通信，通过成分子层传到事务处理子层，再通过网络层及一下各层实现对等层通信。

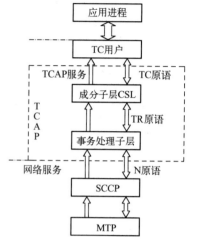

图 3-35　TCAP 的功能结构

（1）成分子层

成分是事务处理消息的基本单位。一个消息包含一个或多个成分（也可以不含成分，此时消息只起对话控制作用）。成分从属于操作，它可以是关于某一操作的请求，也可以是关于某一操作的结果，即对操作请求的响应。每个成分利用操作调用标识码（invoke ID）指示其相关的操作。标识码仅供成分子层区分并发执行的各个操作，以便对各个操作的执行过程进行监视和管理，它并不表示这是一个什么样的操作。具体操作由参数"操作码"指示，这是操作调用成分的一个必备参数，由 TC 用户给定，其含义取决于具体应用，TCAP 并不分析和处理。调用标识码由发起请求的成分子层分配，对端回送操作响应成分时，也必须包含该标识码，以指明是哪个操作的执行结果。由于成分是嵌在对话消息中发送的，即成分从属于对话，因此属于不同对话的成分可以使用相同的标识。这样，通过调用标识，TCAP 可控制大量的并发操作。

TCAP 定义的成分类型包括下列 5 类：

① 操作调用（Invoke，INV）：向远端用户请求信息或执行某一动作，所有 INV 成分均包含一个调用标识及一个用户定义的操作码。

② 回送结果：最终结果成分（Return_result_last，RR_L）。

③ 回送结果：非最终结果成分（Return_result_not_last，RR_NL）

④ 回送差错（Return_Error，RE）：表示远端操作失败，并通过差错代码及必要的参数表示失败原因。

⑤ 拒绝成分（Reject，REJ）：TC 用户或 TCAP 发现成分存在语法或语义问题，拒绝执行操作，并指明拒绝原因。

TCAP 定义的操作类型包括下列 4 类：

① 1 类：成功失败均报告（调用 INV，响应 RR、RE）

② 2 类：只报告失败（调用 INV，响应 RE）

③ 3 类：只报告成功（调用 INV，响应 RR）

④ 4类：成功失败均不报告（调用INV）

每个成分均包含若干必要的参数，这些参数由具体应用定义和解释。例如，某交换局收到被叫电话号码，经分析该号码需要送往网络数据库翻译以获得被叫的实际选路信息，于是该交换局就发送一个成分操作至数据库请求翻译，成分中的一个参数就是电话号码。数据库完成翻译后，向交换局回送一个成分，对请求做出回答（包含选路信息）。两个成分包含同样的调用标识码，交换局成分子层据此确定响应和请求的匹配关系。

成分子层主要完成操作管理、差错检测及对话成分分配等功能。成分的差错包括协议差错和响应超时。

（2）事务处理子层

事务处理子层完成TC用户之间对话过程的管理。事务处理子层目前唯一的用户就是成分子层（CSL），因此对于对等CSL用户之间的对话与事务是一一对应的。对话是在完成一个应用的信令过程时，两个TC用户间双向交换的一系列TCAP消息，消息的开始、结束、先后顺序及消息内容由TC用户控制和解释，事务处理子层对对话的启动、保持和终止进行管理，对对话过程中的异常情况进行检测和处理，其协议过程适用于各种应用对话。

事务处理子层管理的对话包括：

① 非结构化对话

Unidirectional（单向消息），TC用户发送不期待回答的成分，没有对话的开始、继续和结束过程，在TCAP中利用单向消息发送。例如，TC用户接收到一个单向消息时，若要报告协议差错，也要利用单向消息。

② 结构化对话

TC用户指明对话的开始、继续和结束。在两个TC用户间允许存在多个结构化对话，每个对话必须由一个特定的对话标识号标识。用户在发送成分前指明对话的类型：

Begin——起始消息，指示一个对话的开始，必然包含本地TSL分配的源端事务标识号，用以标识属于哪一个对话。

Continue——继续消息，TC用户继续一个建立的对话，可全双工交换成分对话证实和继续。第一个后向继续表明对话建立证实并可以继续。Continue消息包含源端事务标识号和目的地事务标识号。

End——结束消息，包含目的地事务标识号。

Abort——放弃消息，包含目的地事务标识号。

（3）TCAP的消息格式和编码

作为SCCP用户数据的TCAP消息，其结构如图3-36所示。

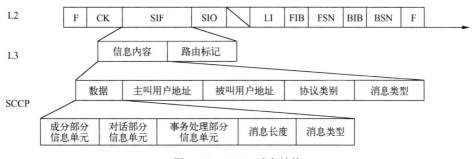

图3-36 TCAP消息结构

TCAP消息的基本组成单位称为信息单元（Information Element），每个TCAP消息由若干个信息单元组成。每个信息单元都由三个部分组成：**标记**用于区别不同类型的信息单元，决定内容字段的含义；**长度**指明内容字段所占的字节数；**内容**字段则为信息单元要传送的信息。内容字段可能只有一个参数，也可能由一个或若干个信息单元组成。如果内容字段只是一个参数，则称此信息单元为一个本原体（Primitive）；如果内容字段又包含一个或多个内嵌的信息单元，则称此信息单元为一个复合体（Constructor）。这种嵌套结构是 TCAP 消息的一个特点。这种消息结构非常灵活，用户可以自由利用本原体或复合体构造简单或复杂消息。

3．TCAP 应用示例

TCAP 为网络中任意两个节点间的交互操作建立一个对话，每个对话由若干操作组成。下面以一个数据库查询为例说明 TCAP 的操作过程。大家熟知的对方付费电话（800 号业务），就是一个基于 TCAP 的智能网应用。SSP 与 SCP 之间的 TCAP 对话过程如图 3-37 所示。

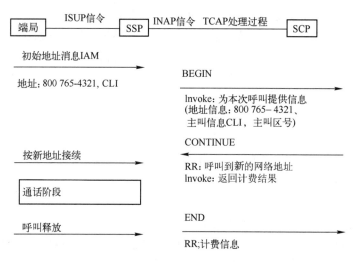

图 3-37　TCAP 对话过程

在智能网中，SSP 为业务交换点，用户拨打 800 号码时，SSP 触发智能网业务，便启动一个 SSP 与 SCP（业务控制点）的 TCAP 交互。当主叫用户拨了免费电话号码，呼叫接续到最近的一个 SSP（本地汇接局或长途局）。SSP 收到呼叫请求后，启动一个与 SCP 的结构化对话，并采用远端操作方式请求 SCP 如何处理呼叫。远端操作调用不仅需要提供被叫号码，还要提供主叫位置等相关信息，如主叫识别（CLI）、主叫所在区域等，这样 SCP 才能决定本次呼叫的路由。SCP 通过查询网络数据库，把 800 号码翻译成一个国内有效号码，并决定呼叫的账单号码。当来自 SCP 的远端操作返回时，对话继续。这个远端操作指示 SSP 完成与给定新号码和账单号码一致的呼叫。它是一个实际的电话号码，呼叫不需特别处理即可通过 PSTN 接续到目的地。一旦通话结束，SSP 记录对应账单号码和计费信息，并返回 SCP。

3.6　信令的 IP 传送

随着电信网传送方式向分组化发展，传统的 NO.7 信令必将向基于 IP 的传送方式转变，信令网也将从基于 TDM 的窄带信令网向基于 IP 的宽带信令网演进。NO.7 信令在向 IP 传送的转变过程中，信令网关（SG）用于对信令消息进行中继、翻译或终结处理。

1．信令传送协议结构

传统的 NO.7 信令采用专用信令链路（64kb/s 或 2Mb/s 电路）传送信令消息，并在组网结构上进行冗余配置，再加上完善的信令网管理功能，确保了 NO.7 信令传送对各项性能指标的要求。而 IP 是无连接的，不具备信令传送对性能和可靠性要求的环境和条件。为在 IP 网上实现 NO.7 信令的可靠传送，国际标准化组织 IETF 成立了信令传输 SIGTRAN（Signaling Transport）工作组专门对 NO.7 信令如何在 IP 网上实现可靠传送制定了明确的规范，提出了如图 3-38 所示的协议体系结构。原则上，SIGTRAN 将上层信令消息通过适配封装在 IP 中进行传送，它由 NO.7 信令适配层、流控制传送协议 SCTP（Stream Control Transmission Protocol）和标准的 IP 协议组成。SIGTRAN 体系可实现传统 NO.7 信令应用层协议不需进行任何修改即可直接承载在底层的 IP 协议上。

2．NO.7 信令适配协议

NO.7 信令适配层向上提供特定的原语接口（如管理指示、数据操作等），这些原语是上层信令协议所必需的。根据应用需求，SIGTRAN 定义了 MTP 第二级对等适配层（M2PA，MTP2 Peer-to-Peer Adaptation layer）、MTP 第二级用户适配层（M2UA，MTP2 User Adaptation）、MTP 第三级用户适配层（M3UA，MTP3 User Adaptation）、SCCP 用户适配层（SUA，SCCP-User Adaptation）、TCAP 用户适配层（TUA）和 ISDN Q.921 用户适配层（IUA）。这些适配协议用于不同的应用场合，其中，在实际应用较多的协议主要有 M2PA、M2UA、M3UA 三种。

（1）M2PA 是从 NO.7 的第二级对消息传送进行适配的，M2PA 信令传送机制允许任何 NO.7 信令网的节点与 IP 网中信令节点（IPSP）间传送和处理 MTP3 信令消息。如图 3-39 所示，采用 M2PA 的信令网关实际上是一个信令转接点（STP），它一端采用 TDM 信令链路连接 SP/STP，另一端基于 IP 的信令链路连接 IPSP。采用 M2PA 的 SG 必须具有 MTP3，至于是否需要 SCCP 则是任选的。此时 SG 作为一个独立的信令点存在，并且具有相应的信令点编码。

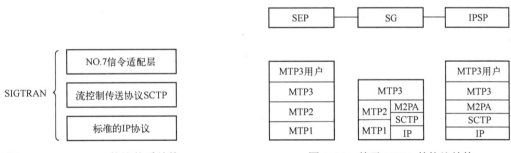

图 3-38　SIGTRAN 协议体系结构　　　　图 3-39　基于 M2PA 的协议结构

（2）M2UA 是从 MTP 的第二级对信令消息进行适配的，M2UA 信令传送机制允许任何 NO.7 网中节点与 IP 网中信令节点间传送 MTP2 的用户信令消息。如图 3-40 所示，采用 M2UA 的信令网关就像一个交叉连接设备，提供信令链路的中继功能。基于 M2UA 的 SG 不包含 MTP3，不是 NO.7 信令点，因此也不占用信令点编码资源。

（3）M3UA 是对 NO.7 的 MTP3 消息进行适配的，M3UA 信令传送机制允许任何 NO.7 节点与 IP 网中信令点间传送 MTP3 用户信令消息。如图 3-41 所示，采用 M3UA 的信令网关可以是 NO.7 网的端点，这样 IP 网中的节点 IPSP 就像是 NO.7 网中端点 MTP3 的远端用户；使用 M3UA 的 SG 也可以是 NO.7 网的信令转接点，只不过 SG 到 IPSP 的信令链路不是 TDM 信令链路，而是采用了 SG 和 IPSP 之间建立的偶联。M3UA 与上层用户之间使用和 MTP3 与上层用户间相同的原语，在底层使用 SCTP 所提供的服务。M3UA 属于网络层协议，具有寻址功能，它通过 M3UA 的地址翻译和映射功能实现，而不是像 M2PA、M2UA 那样仅仅进行简单的链路或接口之间的映射。

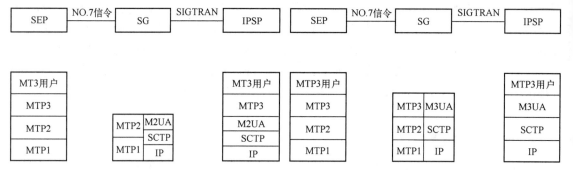

图 3-40　基于 M2UA 的协议结构　　　　图 3-41　基于 M3UA 的协议结构

M2PA 产生较早，其目的是将传统的 NO.7 信令网完全改造为基于 IP 的信令网，因此，M2PA 具备较强的信令网组网能力，适用于利用 IP 网组建与传统 NO.7 信令网功能基本相同的信令网。M2PA 协议是目前 SIGTRAN 协议中唯一能够组建 IP 信令网的协议。

M2UA 较为简单，对 SG 的处理能力要求较低，但对 IPSP 的处理能力要求较高，信令网管理功能较弱。因此，M2UA 适用于 IPSP 通过 SG 直接与少量 TDM 交换机设置直联信令链路或与 TDM 交换网中少量 STP 设置信令链路的组网模式。

M3UA 在网络组织上具有较大的灵活性，既可以工作在 STP 模式，也可以工作在信令代理模式。由于 SG 的 TDM 侧的 NO.7 信令链路编号（SLC）与 IP 侧信令链路（SCTP 偶联）没有一一对应关系，因此，当工作在 STP 模式的情况下，IPSP 与 SG（此时 SG 可以被看作 STP）之间不再有 16 条信令链路的限制，即 IPSP 与 SG 之间的传送带宽不再成为瓶颈；在信令网管理方面，当 SG 工作在 STP 模式的情况下也不存在任何问题。同时 SG 支持 STP 成对配置的组网模式，提高了信令网的安全可靠性；但对于 SG 工作在信令代理模式的情况，虽然略优于 M2UA，但相差不大。M3UA 唯一的不足在于，与 M2PA 相比，信令消息不能在网内经多个 SG 转发，不适合组建 IP 信令网。

3. 流控制传输协议

流控制传输协议 SCTP（RFC2960）是 SIGTRAN 新定义的一种传输层协议。通过"多宿"（Multi-home）和重选路由机制保证信令消息的可靠传输，同时采用"多流"（Multi-Stream）机制改善了信令传送的实时性。在 SIGTRAN 中采用 SCTP 替代安全性和可靠性较差的 TCP、UDP 协议。SCTP 的功能包括：确保用户数据无差错、不重复，数据段的大小与通道传输单元的大小保持一致，在多个流（Stream）中保证用户消息的顺序性，对于特定用户的消息到达顺序的要求可以进行选择，上层用户数据复用，且具有完备的拥塞避免和防伪装攻击机制。

SCTP 能根据上层用户的请求在端点之间建立"偶联"（Association），端点间提供"多宿主机"（Multi-home）地址列表，这些地址列表标识如何与多个主机地址通信。SCTP 的偶联概念比 TCP 中的连接概念含义更广，一个偶联的两个 SCTP 端点都向对端提供一个 SCTP 端口号和一个 IP 地址列表，这样每个偶联都由两个 SCTP 端口号和两个 IP 地址列表来识别。在一个偶联内的拥塞控制机制与 TCP 的拥塞控制机制类似。偶联由多个单向"流"组成，各个流相对独立，可以单独发送数据而不受其他流的影响，也可以协同实现用户数据的有序传送。流的建立和拆除过程相对独立、简单；而偶联的建立过程较为复杂，采用"四次握手"和

"cookie" 机制。所谓 "cookie" 实际就是一个包含 SCTP 端点初始化和加密信息的数据块，用于偶联建立时双方对有效性的确认和协商。引入这种机制的目的在于增强协议的安全性，防止拒绝服务（Denial of Service）和伪装（Masquerade）攻击。

较之 TCP 协议，SCTP 报文结构具有很好的可扩展性，容易实现对新功能的支持。同时，SCTP 传输时延小，具有快速重传和优先级消息 "旁路" 机制，可避免 TCP 的 "线头阻塞"，有更高的传输效率和可靠性、更高的重发效率和更好的安全性。SCTP 的这些特性使得它具有除信令传送之外的广泛应用，如在移动环境中的应用。

3.7 信 令 网

3.7.1 NO.7 信令网

1．基本概念

信令网：指逻辑上独立于通信网、专门用于传送信令消息的数据网络，它由信令点、信令转接点和互连它们的信令链路组成。

信令点（SP，Signaling Point）：信令网上产生和接收信令消息的节点。它可能是信令消息的源点，也可能是信令消息的目的点，如交换局、各种专用服务中心（网络管理中心（NMC）、操作维护中心（OMC）、网络数据库）和信令转接点等。

信令转接点（STP，Signaling Transfer Point）：将从某一信令链路上接收的消息转发至另一信令链路上去的信令转接中心。

信令链路（SL，Signaling Link）：连接两个信令点（或信令转接点）的信令数据链路及其传送控制功能实体组成信令链路。每条运行的信令链路都分配有一条信令数据链路和位于此信令数据链路两端的两个信令终端。

信令链路组（Signaling Link Set）：直接互连两个信令点的一束平行的信令链路。

信令链路群（Signaling Link Group）：在同一信令链路组中具有相同物理特性（如相同传输速率）的一组信令链路。

信令关系（Signaling Relation）：若两个信令点的对应用户部分（如 TUP、ISUP）存在信令交互，则称这两个信令点之间存在信令关系。

信令工作方式（Signaling Mode）：指信令消息传送路径和该消息所属信令关系之间的结合方式，也就是说，消息是经由怎样的路径由源点发送至目的地点的。

在 NO.7 信令网中，信令传送具有下列三种工作方式：

① 直联方式（Associated Mode）：属于两个邻接信令点之间某信令关系的消息沿着直接互连这两个信令点的信令链路组传送，这种方式称为直联方式。

② 非直联方式（Non-associated Mode）：属于某信令关系的消息沿着两条或两条以上串接的信令链路组传送，除源信令点和目的地点外，信令消息还将经过一个或多个 STP，这种方式称为非直联方式。

③ 准直联方式（Quasi-associated Mode）：是非直联方式中的一种特殊情况。在这种方式中，一个源信令点到一个目的地点的消息所走的路径是预先设定的，在给定的时刻固定不变。

在 NO.7 信令系统中，ITU-T/CCITT 规定采用①和③两种方式。其中直联方式主要用于STP 之间。为了充分利用信令链路的容量，两个非 STP 交换局之间采用直联方式的条件是，这两个局之间应有足够大的中继电路容量。图 3-42 所示为信令工作方式示意图。

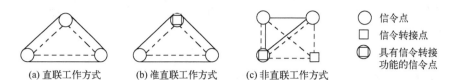

图 3-42　信令工作方式

信令路由（Signaling Route）：信令消息从源点到目的地点所经过的路径，它决定于信令关系和信令传送的方式。

信令路由集（Signaling Route Set）：一个信令关系可利用的所有可能的信令路由。对于一个给定的消息，在正常情况下其信令路由是确定的，在故障情况下，将允许转移至替换路由。

2．信令网的结构和特点

信令网可分为无级网和分级网两类。

如图 3-43 所示，无级网不设独立的 STP，除网状网外无级网的共同特点是：需要很多综合 STP；信令传输时延较大；技术性能和经济性较差。网状网虽然传输时延小，不需设独立 STP，但互连需要大量的信令链路，在信令点数量较大时，经济性较差。

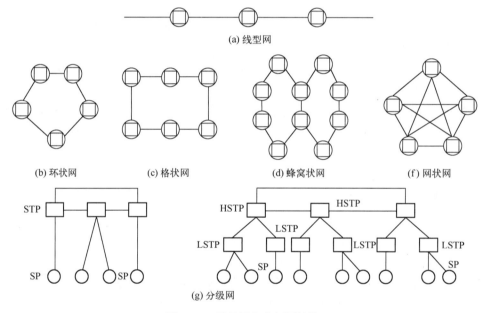

图 3-43　无级网和分级网结构

分级网的特点是：网络容量大，且只要增加级数就能容纳更多信令点；信令传输只经过 1～2 个 STP 转接，传输时延较小；网络设计和扩充简单。另外，在信令业务量较大的信令点之间，特别是 STP 之间，还可以设置直达信令链路，进一步提高信令网的性能和经济性。因此，较为理想的信令网结构是一个复合的分级网络。一般将 STP 分成低级信令转接点（LSTP）和高级信令转接点（HSTP）两级。为提高可靠性，HSTP 可采用网状互连。

3．信令网的可靠性措施

由于 NO.7 信令链路需要传送大量话路或连接的信令消息，因此必须具有极高的可靠性。其基本要求是信令网的不可利用度至少要比所服务的业务网低 2～3 个数量级，而且当任一信令链路或信令转接点发生故障时，不应造成网络阻断或容量下降。要实现这一目标，在网络结构上必须采用冗余配置，使得任意两个信令点之间有多条信令路由。如图 3-44 所示的双平面冗余结构，是最为经济实用的网络冗余结构。在这种结构中，所有 STP 均为双份配置，构成 A、B 两个完全相同的网络平面。任一信令点的信令业务按负荷分担方式由网络的两个平面传送，每一平面分担 50% 的业务量。两个平面中成对的 STP 对应连接。当任一平面发生故障时，另一平面可以承担全部信令负荷。此外，为了确保安全，成对的 HSTP 信令设备在设置时应相距一定距离（如大于 50km），避免因自然灾害等原因同时遭受破坏。

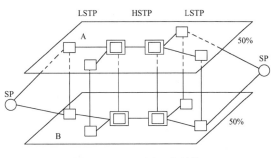

图 3-44　双平面冗余结构

在这种结构中，每两个邻接信令转接点之间的信令链路通常采用双份配置，两条链路采用负荷分担方式工作。这样形成所谓**四倍备份冗余结构**，具有更高的可靠性。另外，每一信令点都要设置一定数量的冗余信令终端，这些终端在需要时自动或人工分配给信令链路。

为了确保信令网的可靠性，除了上述冗余结构外，网络还具有完善的信令网管理功能。在信令设备、信令链路发生故障时，能自动利用网络的冗余配置重组信令网，将故障链路上的信令业务倒换到替代链路和路由上传送。同时，在信令网发生拥塞时，能及时调整信令业务和路由。

4．我国的 NO.7 信令网

我国的 NO.7 信令网由全国的长途 NO.7 信令网和大、中城市的本地 NO.7 信令网组成。

（1）全国长途 NO.7 信令网

根据网络的发展规划和目前厂家能提供的 STP 设备的容量和处理能力，我国长途 NO.7 信令网采用三级结构。如图 3-45 所示，第一级是信令网的最高级，称为高级信令转接点（HSTP，High-level Signalling Transfer Point），第二级是低级信令转接点（LSTP，Low-level Signalling Transfer Point），第三级是信令点（SP）。

长途 NO.7 信令网各级功能如下。

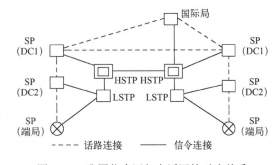

图 3-45　我国信令网与电话网的对应关系

① 第一级（HSTP）负责转接它所汇接的第二级 LSTP 和第三级 SP 的信令消息。HSTP 应尽量是独立式信令转接点。

② 第二级（LSTP）负责转接它所汇接的第三级 SP 的信令消息。LSTP 可以是独立式 STP，也可以是综合式 STP。

③ 第三级（SP）是信令网中各种信令消息的源点或目的地点。

（2）大、中城市本地 NO.7 信令网

如图 3-46 所示，大、中城市本地 NO.7 信令网一般由 LSTP 和 SP 两级组成。LSTP 的功能是负责转接它所汇接的第二级 SP 的信令消息，SP 则是本地信令网中各种信令消息的源点或目的地点。

（3）信令点编码

根据 ITU-T/CCITT 建议，各国 NO.7 信令网可采用两种编码方案：长、市统一编码或长、市独立编码。我国采用 24 位统一编码方案，信令点编码格式如图 3-47 所示。由于我国信令网采用三级结构，全网划分成 33 个主信令区，每个主信令区又划分成若干分信令区，每个分信令区内又有若干信令点和信令转接点。因此，我国信令点编码由三部分组成：第三字节用来识别主信令区；第二字节用来识别分信令区，第一字节用来识别各分信令区内的信令点。

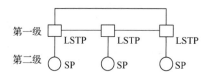

第三字节	第二字节	第一字节
主信令区编码	分信令区编码	信令点编码

图 3-46　大、中城市本地 NO.7 信令网结构　　图 3-47　国内信令网信令点编码格式

（4）我国信令网与电话网的对应关系

如图 3-45 所示，目前我国电话网为二级长途网（由 DC1 和 DC2 组成）加本地网。考虑到信令连接转接次数、信令转接点的负荷，以及可以容纳的信令点数量，结合我国信令区的划分和整个信令网的管理，HSTP 设置在 DC1（省）级交换中心的所在地，汇接 DC1 间的信令；LSTP 设置在 DC2（市）级交换中心所在地，汇接 DC2 和端局信令。端局、DC1 和 DC2 均分配一个信令点编码。

3.7.2　IP 信令网

SIGTRAN 是在 IP 网络中传递 NO.7 信令的协议体系，它利用标准 IP 作为信令消息的低层传送协议，并通过增强自身的功能来满足 NO.7 信令的传送需求。根据选择的适配协议不同，IP 信令网具有下列 3 种组网方案：

1. 基于 M3UA 协议的组网方案

接入侧和骨干侧全部采用 M3UA 协议的 IP 信令网组网结构如图 3-48 所示。

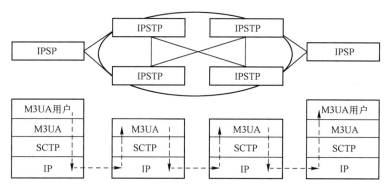

图 3-48　基于 M3UA 的 IP 信令网结构

M3UA 是一种用户层适配协议，因此对信令消息只能实现"一次转接"。如要实现"二次转接"必须对 M3UA 进行扩充。其次，M3UA 的大部分管理消息都没有指出消息需要到达的目的信令点，因此无法支持下一跳的操作。要解决这个问题也需要对 M3UA 进行扩展，在管理消息中增加目的信令点域。此外，传统 NO.7 信令网的 MTP3 在出现链路故障和路由故障时，有一整套的倒换和倒回机制，但 M3UA 基本上不支持网络管理功能，M3UA 在处理链路或路由故障时可能会造成消息丢失。因此采用 M3UA 组建 IP 信令网存在一定风险。

2. 基于 M2PA 协议的组网方案

接入侧和骨干侧全部采用 M2PA 协议的 IP 信令网组网结构如图 3-49 所示。

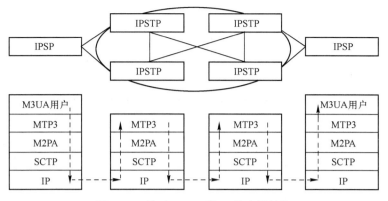

图 3-49　基于 M2PA 的 IP 信令网结构

由于 M2PA 是链路层对等适配协议，使用 M2PA 在组网和寻址方面仍可沿用传统 NO.7 信令网的构建思路，风险小。同时，可以利用 MTP3 完整的信令网管理功能，可靠性高，具有一定优势，能够满足组网的功能需求。现有 NO.7 信令设备只要增加 IP 接口并支持 M2PA 即可构建 IP 信令网。

3．基于 M3UA+M2PA 协议的组网方案

接入侧基于 M3UA、骨干侧基于 M2PA 协议的 IP 信令网组网结构如图 3-50 所示。

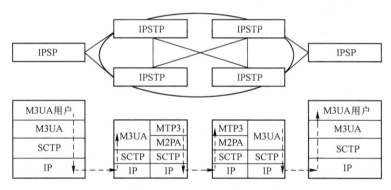

图 3-50　基于 M3UA+M2PA 的 IP 信令网结构

由于 M3UA 是 SIGTRAN 体系规定的信令适配协议，接入侧 IPSP 大都支持 M3UA 协议，而 M2PA 协议并不被大多数 IPSP 所支持。因此，采用 M3UA+M2PA 方案能充分利用 M3UA 和 M2PA 协议的特点，具有较好的可行性。

比较而言，尽管方案三对 IPSTP 设备的协议栈和功能要求较高，维护管理也相较其他方案复杂，但此方案既可满足网络演进需求，又可在 IP 信令网中保留 MTP3 功能，保持信令网的稳定性和安全性。

本 章 小 结

本章全面地介绍了信令的基本概念、信令的分类、信令系统的工作原理和相关标准。简要介绍了中国 NO.1 信令，系统地介绍了 NO.7 信令，并简要介绍了信令网的相关知识。

信令是终端和交换机之间，以及交换机和交换机之间进行"对话"的语言，是电信网的神经系统，它协调终端系统、传输系统、交换系统和业务节点的运行，在指定的终端之间建立连接，维护网络的正常运行和提供各种各样的服务等。

按信令的传送方式不同分为随路信令和共路信令。随路信令是传统的信令方式，局间各个话路传送各自的信令，即信令和话音在同一信道上传送。技术实现简单，可以满足普通电话接续的需要，但信令效率低，不能适应电信业务的发展要求。主要用于模拟和数模混合的交换网。我国采用的中国 NO.1 信令就是一种随路信令。共路信令是一种新型的信令方式，它采用与话音通路分离的专用信令链路来传送信令，因此，一条信令链路可以同时传递许多话路的信令。共路信令也称为公共信道信令，它可以支持多种业务和多种信息传送的需要。这种信令能使网络的利用和控制更为有效，而且信令传送速度快，信令效率高，信息容量大，可以适应电信业务发展的需要。共路信令消息可根据和话路的关系分成两类：一类为电路相关消息，即话路接续控制信令，这类消息均采用逐段转发方式传送。另一类是电路无关消息，如蜂窝移动网中的信令、智能网中的信令、网络管理和计费信息等，这类消息传送的是指令和数据，与话路没有关系，因此宜采用端到端方式直接传送。

NO.7 信令是一种共路信令系统，它采用全双工的数字传输信道传送信令，是一个国际标准化的通用的信令系统。它采用模块化的功能结构，实现了在一个信令系统内多种应用的并存。NO.7 信令系统由公共的消息传递部分（MTP）和面向不同应用的用户部分（UP）组成。用户部分包括电话用户部分（TUP）、数据用户部分（DUP）、ISDN 用户部分（ISUP）、移动应用部分（MAP）和智能网应用部分（INAP）等。NO.7 信令主要用于：①电话网，②综合业务数字网（ISDN），③移动通信网，④智能网，⑤网络的操作、管理和维护。尽管 ISDN 的发展和应用没有达到预期的效果，但 ISUP 由于其强大的功能，在电信网中得到了广泛的应用；支撑 ISDN 的相关信令规范，如数字用户信令 DSS1 也在一定范围内得到了应用，并对 VOIP 等技术产生了重要影响。为在 IP 网上实现 NO.7 信令的可靠传送，IETF 提出了 SIGTRAN 协议体系结构。原则上，SIGTRAN 将上层信令消息通过适配封装在 IP 中进行传送，它由 NO.7 信令适配层、流控制传送协议 SCTP 和标准的 IP 组成。SIGTRAN 体系可实现传统 NO.7 信令应用层协议不需进行任何修改即可直接承载在底层的 IP 协议上。根据选择的适配协议不同，IP 信令网具有多种组网方案，其中接入侧基于 M3UA、骨干侧基于 M2PA 协议的组网方案具有较好的可行性。由于 NO.7 信令消息的传送逻辑上独立于通信业务网，因此 NO.7 信令网是一个专门用于传送信令信息的数据网络。鉴于它的重要性，NO.7 信令网采用了一些不同于业务网的组网技术和冗余机制，以确保信令网的可靠性、安全性和高效运行。对于通信网来说，信令网是一个重要的支撑网。

习题与思考题

3.1 什么是信令？为什么说它是通信网的神经系统？

3.2 按照工作区域可将信令分为哪两类？各自的功能特点是什么？

3.3 按照传送方式不同可将信令分为哪几类？

3.4 什么是随路信令？什么是公共信道信令？与随路信令相比，公共信道信令有哪些优点？

3.5 假设 NO.7 信令完成一个呼叫平均需要双向传送 5.5 个消息，每个消息的平均长度为 140b，试计算一个 64kbps 的信令数据链路每小时能为多少个呼叫传送信令？如果每个呼叫的平均占用时长为 60s，取每条中继线的平均话务负荷为 0.7Erl，每条信令链路的业务负荷率为 0.3，试计算每条信令链路可为多少个中继话路服务？

3.6 在随路信令中，PCM E1 的 TS16 可用于传送多少个话路的什么信令？在共路信令中，同样可以采用 PCM E1 的 TS16 来传送信令，请说明它和随路信令中 PCM TS16 信令传送的区别。

3.7　简述 NO.7 信令的功能结构和各级的主要功能。

3.8　NO.7 信令单元有几种？试说明它们的组成特点。

3.9　画出说明本地网中经汇接局转接的 TUP 信令过程（设被叫空闲，通话后被叫先挂机）。

3.10　SCCP 在 MTP 的基础上增强了哪几方面的功能？SCCP 为用户提供哪几类服务？SCCP 的地址有哪几种形式？

3.11　画图说明 NO.7 信令与 OSI 分层模型的对应关系。

3.12　TCAP 成分按功能可划分哪几种类型？

3.13　在 SIGTRAN 体系中，与 TCP 协议相比，SCTP 具有哪些特点？

3.14　在 IP 信令网组网方案中，说明接入侧采用 M3UA 协议，骨干侧采用 M2PA 协议的优点。

3.15　信令网由哪几部分组成？各部分的功能是什么？

3.16　信令网有哪几种工作方式？

3.17　画图并说明我国信令网与电话网的对应关系。

第 4 章　分组交换与 IP 交换

4.1　概　　述

分组交换产生于 20 世纪 60 年代，是继电路交换和报文交换之后出现的、针对数据通信特点而开发的一种信息交换技术。在数据通信中，分组交换比电路交换具有更高的效率，可以在多个用户之间实现资源共享；同时，分组交换比报文交换的传输时延小。因此，分组交换是一种理想的数据交换方式。早期的 X.25 协议定义了数据终端设备（DTE，Data Terminal Equipment）和数据电路终接设备（DCE，Data Circuit-terminating Equipment）之间的接口，是广泛使用的分组网协议。目前，传统的分组交换技术已显得过时，但毋庸置疑的是，分组交换是后来发展的各种数据交换技术的基础，因此掌握分组交换原理和技术对理解其他数据交换技术十分重要。随着电信网向宽带化、综合化和智能化发展，相继出现了一些分组交换的改进技术，如帧中继、ATM 交换、IP 交换等。本章主要介绍分组交换原理和各种分组交换技术。

数据通信采用分组交换而不是电路交换或报文交换方式，主要基于以下原因：

（1）数据业务具有很强的突发性，采用电路交换信道利用率太低；采用报文交换时延又较长，不适于实时交互型业务。

（2）电路交换只支持固定速率的数据传输，要求收发双方严格同步，不适应数据通信网中终端间异步、可变速率的通信要求。

（3）话音通信对时延敏感，对差错不敏感，而数据通信对一定的时延可以忍受，但关键数据 1 个比特的错差也能造成灾难性后果。

4.2　分组交换原理

分组交换的基本思想是把用户需要传送的信息分成若干个较小的数据块，即分组（Packet），这些分组长度较短，并且具有统一的格式，每个分组包含用于控制和选路的分组头，这些分组以"存储-转发"的方式在网络中传输。分组交换的基本原理是存储转发。即每个节点首先对收到的分组进行暂存，然后检测分组在传输中的差错，分析分组头中的选路信息，进行路由选择，并在选定的输出端口上进行排队，等到信道空闲时转发至下一个节点。

采用分组交换的通信网称为分组交换网。设计分组交换的初衷是为了进行数据通信，其设计思路与电路交换截然不同。分组交换的技术特点归纳如下：

（1）统计时分复用。为了适应数据业务突发性强的特点，分组交换采用动态统计时分复用技术在线路上传送各个分组，每个分组都带有控制信息，属于多个通信过程的分组可以同时按需进行资源共享，因此提高了传输线路的利用率。

（2）存储-转发。在数据通信中，为了适应异种终端之间的通信，分组交换采用存储-转发方式，因此可以实现不同类型的数据终端设备（不同速率、不同编码、不同通信控制规程等）之间的通信。

（3）差错控制和流量控制。数据业务对可靠性要求很高，因此传统的分组交换在网络中采用逐段独立的差错控制和流量控制措施，使得端到端全程误码率低于 10^{-11}，提高了传输质量，满足数据业务的可靠性要求。

当然，分组交换也带来一些新的问题。例如，分组在网络节点存储-转发时因需要排队总会造成一定的时延。当网络业务量过大时，这种时延可能是不可接受的。各分组必须携带的控制信息也造成了一定的额外开销。另外，整个分组交换网的管理与控制也比较复杂。

4.2.1 统计时分复用与逻辑信道

在数字通信中，为了提高通信线路的利用率，常常采用时分复用技术进行信息传送。时分复用分为同步时分复用和统计时分复用。分组交换采用统计时分复用技术；它在给用户分配线路资源时，不像同步时分复用那样固定分配带宽，而是按需动态分配。即只在用户有数据传送时才给它分配资源，因此线路利用率较高。

分组交换中，统计时分复用功能是通过具有存储和处理能力的专用计算机——接口信息处理机（IMP，Interface Message Processor）来实现的，IMP 完成对数据流的缓冲存储和对信息流的控制功能，以解决各用户争用线路资源时产生的冲突。当一个用户有数据要传送时，IMP 给其分配线路资源；一旦没有数据传送，则线路资源被其他用户使用。图 4-1 所示为三个终端（用户）采用统计时分方式共享线路资源的情况。

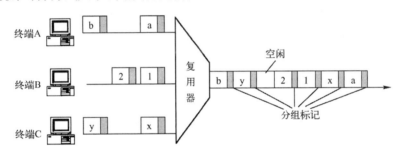

图 4-1　统计时分复用示意图

如图 4-1 所示，来自终端的各分组按到达的先后顺序在复用器内排队缓存。复用器按照先进先出原则，从队列中逐个取出分组，并向线路上发送。当复用器存储器空闲时，线路也暂时空闲；当缓存队列中有了新的分组时，复用器继续进行发送。开始时终端 A 有 a 分组要传送，终端 B 有 1、2 分组要传送，终端 C 有 x 分组要传送，它们按到达顺序进行排队：a、x、1、2，因此在线路上的分组传送顺序为：a、x、1、2，然后各终端均暂无数据传送，则线路空闲。后来，终端 C 有 y 分组要传送，终端 A 有 b 分组要传送，则线路上又顺序传送 y 分组和 b 分组。这样，在高速传输线上，形成了各用户分组的交织传输。这些用户数据的区分，不是像同步时分复用那样按时间位置区分，而是通过各个用户数据分组的"标记"来区分。

统计时分复用的优点是，可以获得较高的信道利用率。由于每个用户的数据使用自己独有的"标记"，可以把传送的信道按需动态地分配给各个用户，从而提高了传送信道的利用率。这样每个用户的传输速率可以大于平均速率，最高时可以达到线路总的传输能力。统计时分复用的缺点是，由于需要缓存，会产生附加的随机时延和数据丢失的可能。这是由于用户发送数据的时间是随机的，若多个用户同时发送数据，则需要进行竞争排队，引起排队时延；若排队的数据很多，引起缓冲器溢出，则将导致数据丢失。

在统计时分复用中，对各个用户的数据信息使用标记进行区分。这样，在一条共享的物理线路上，就形成了逻辑上分离的多个信道。如图 4-2 所示，在高速复用线上形成了分别为三个用户传输信息的子信道，这种子信道称为逻辑信道，用逻辑信道号（LCN，Logical Channel Number）标识。

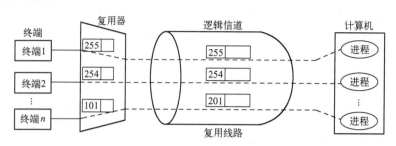

图 4-2　逻辑信道划分示意图

逻辑信道具有如下特点：

（1）由于分组交换采用统计复用方式，因此终端每次呼叫时，需要根据当时的资源情况分配 LCN。同一个终端可同时通过网络建立多个数据信道，它们之间通过 LCN 进行区分。同一个终端，每次呼叫可以分配不同的逻辑信道号，但在同一连接中，来自终端的数据使用相同的逻辑信道号。

（2）逻辑信道号是在用户至交换机的用户线或交换机之间的中继线上分配的，用于代表子信道的一种编号资源，每条线路上逻辑信道号的分配是独立的。也就是说，逻辑信道号并不全网有效，而是在每段链路上局部有效。或者说，它只具有局部意义。

（3）逻辑信道号是一种客观存在。逻辑信道总是处于下列状态中的某一种："就绪"状态、"呼叫建立"状态、"数据传输"状态和"呼叫清除"状态。

4.2.2　虚电路与数据报

分组交换网可向用户提供两种信息传送服务，一种是虚电路方式，另一种是数据报方式。

1．虚电路方式

所谓虚电路方式，就是在用户数据传送前先通过发送呼叫请求分组建立端到端的连接，即虚电路；一旦虚电路建立，属于同一呼叫的数据分组均沿着这一虚电路传送；最后通过呼叫清除分组来拆除虚电路。在这种方式中，用户的通信过程需要经过连接建立、数据传输、连接拆除三个阶段。因此，虚电路提供的是面向连接服务。

必须说明的是，分组交换中的虚电路和电路交换中的实电路是不同的。在分组交换中，以统计时分复用方式在一条物理线路上可以同时建立多个虚电路，两个用户终端之间建立的是虚连接，每个终端发送信息没有固定的时间（时隙），它们的分组在节点的相应端口统一进行排队，当某终端无信息发送时，其原来占用的线路资源立即由其他用户分享。而电路交换在用户终端之间建立的是实连接，当属于某通信过程的某个时隙无信息传送时，其他终端也不能在这个时隙上传送信息。换言之，建立实连接时，不但确定了信息所走的路径，同时还为信息的传送预留了带宽资源；而在建立虚电路时，仅仅是确定了信息的传送路径，并不一定要求预留带宽资源。

如图 4-3 所示，终端 A 和 C 通过网络建立了两条虚电路，VC1：A→1→2→3→B，VC2：C→1→2→4→5→D。所有 A→B 的分组均沿着 VC1 从 A 到达 B，所有 C→D 的分组均沿着 VC2 从 C 到达 D，在节点（节点机）1—2 之间的物理线路上，VC1、VC2 共享传输资源。若

VC1 暂时无数据传送时，所有的线路传送能力和交换机的处理能力将为 VC2 服务，此时 VC1 并不实际占用带宽和处理机资源。

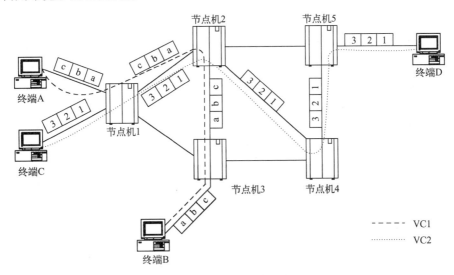

图 4-3　虚电路工作方式

虚电路服务具有如下特征：

（1）虚电路的路由选择仅仅发生在虚电路建立时，此过程在传统分组交换中称为虚呼叫；在后续的数据传输过程中，路径不再改变，因此可以减少节点不必要的控制和处理开销。

（2）由于属于同一呼叫的所有分组走同一路由，这些分组将按发送顺序到达目的地，接收端不再需要重新排序，因此分组的传输时延较小。

（3）虚电路建立以后，每个分组头中不再需要包含详细的目的地址，而只需逻辑信道号就可以区分各个呼叫的信息，因此减少了每个分组的额外开销。

（4）**虚电路是由多段逻辑信道级联而成的，虚电路在它经过的每段物理线路上都有一个逻辑信道号，这些逻辑信道的级联构成了端到端的虚电路。**因此，逻辑信道是基于段来划分的，而虚电路则是端到端的。

虚电路的缺点是当传输线路或设备发生故障时，可能导致虚电路中断，必须重新建立连接才能恢复数据传输。虚电路适用于一次建立后长时间传送数据的应用，其持续时间应显著大于呼叫建立时间，如文件传送、传真业务等。否则，虚电路的技术优势无法得到体现。

虚电路具有两种实现方式：交换虚电路（SVC，Switched Virtual Circuit）和永久虚电路（PVC，Permanent Virtual Circuit）。交换虚电路是指在每次呼叫时用户通过发送呼叫请求分组临时建立的虚电路；一旦虚电路建立后，属于同一呼叫的数据分组均沿着这一虚电路传送；当通信结束后，即通过呼叫清除分组将虚电路拆除。根据与用户约定，由网络运营者为其建立固定的虚电路（相当于租用线），每次通信时用户无须呼叫就可直接进入数据传送阶段，将这种虚电路称为永久虚电路。后一种方式一般适用于业务量较大的集团用户。

2．数据报方式

在数据报方式中，交换节点对每一个分组单独进行处理，每个分组都含有目的地址信息。当分组到达后，各节点根据分组包含的目的地址为每个分组独立寻找路由，属于同一用户的不同分组可能沿着不同的路径到达终点，因此需要在接收端重新排序，按发送顺序交付用户数据。

如图 4-4 所示，终端 A 有三个分组 a、b、c 要发送到 B，在网络中，分组 a 通过节点 2 转接到达节点 3，分组 b 通过节点 1 和 3 之间的直达路由到达节点 3，分组 c 通过节点 4 转接到达节点 3。由于每条路由上的业务情况（如负荷、带宽、时延等）不尽相同，三个分组的到达顺序可能与发送顺序不一致，因此在目的终端 B 要将它们重新排序。

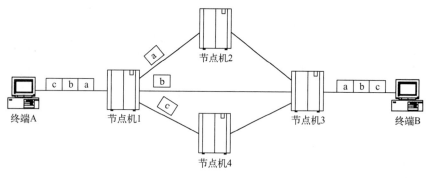

图 4-4　数据报工作方式

数据报服务具有如下特点：

（1）用户之间的通信不需要连接建立和清除过程，因此对于短报文通信效率比较高。

（2）网络节点根据分组地址自由地选路，可以避开网络中的拥塞路段或节点，因此网络的健壮性较好，对于分组的传送比虚电路更为可靠，如果一个节点出现故障，分组可以绕开它通过其他路由传送。

（3）数据报方式的缺点是分组的到达顺序不确定，终点需要重新排序，并且每个分组的分组头要包含详细的目的地址，因此分组和节点的处理开销较大。

（4）数据报适用于短报文的数据通信，如即时通信、询问/响应型业务等。

4.2.3　路由选择

在通信网中，网络节点间一般都存在一条或多条路由。多路由不但有利于提高通信的可靠性，而且有利于业务流量的控制。通信时交换节点的路由选择问题，就是在任何两个用户终端之间的呼叫建立过程中，交换机在多条路由中选择一条较好的路由。获得较好路由的方法就是路由算法。所谓较好的路由，应该使报文通过网络的平均时延较短，并具有平衡网内业务量的作用。路由选择问题不只是考虑最短的路由，还要考虑通信资源的综合利用，以及网络结构变化的适应能力，从而使全网的业务通过量最大。路由选择需要考虑以下问题：

一是路由选择准则。即以什么参数作为路由选择的基本依据。可以分为两类：以路由所经过的跳数为准则或以链路的状态为准则。其中以链路的状态为准则时，可以考虑链路的距离、带宽、费用、时延等。路由选择的结果应该使得路由准则参数最小，因此可以有最小跳数法、最短距离法、最小费用法、最小时延法等。

二是路由选择协议。依据路由选择的准则，在相关节点之间进行路由信息的收集和发布的规程和方法称为路由协议。路由参数可以从来不变化（静态配置）、周期性变化或动态变化等；路由信息的收集和发布可以集中进行，也可以分散进行。

三是路由选择算法。即如何获得一个准则参数最小的路由。可以由网络中心统一计算，然后发送到各个节点（集中式），也可以由各节点根据自己的路由信息进行计算（分布式）。

实用化的路由选择算法有多种，用得较多的有静态的固定路由算法和动态的自适应路由算法。对于小规模的专用分组交换网采用固定路由算法；对于大规模的公用分组交换网大多采用简单的自适应路由算法，同时仍可保留固定路由算法作为备用。

下面介绍几种路由选择方法。

1．固定型算法

① 洪泛法

洪泛法（Flooding）是欧洲 RAND 公司提出的用于军用分组交换网的路由选择方法。其基本思想是，当节点交换机收到一个分组后，只要该分组的目的地址不是其本身，就将此分组转发到全部（或部分）邻接节点。洪泛法分为完全洪泛法和选择洪泛法两种。

完全洪泛法除了输入分组的那条链路之外，向所有输出链路同时转发分组。而选择洪泛法则沿分组的目的地方向选择几条链路发送分组，最终该分组必会到达目的节点，而且最早到达的分组历经的必定是一条最佳路由，由其他路径陆续到达的同一分组将被目的节点丢弃。为了避免分组在网络中传送时产生环路，任何中间节点发现同一分组第二次进入时，即予以丢弃。

洪泛法十分简单，不需要路由表，且不论网络发生什么故障，它总能自动找到一条路由到达目的地，可靠性很高。但它会造成网络中无效负荷的剧增，导致网络拥塞。因此这种方法一般只用在可靠性要求特别高的军事通信网中。

② 随机路由选择

在这种方法中，当节点收到一个分组后，除了输入分组的那条链路之外，按照一定的概率从其他链路中选择某一链路发送分组。选择第 i 条链路的概率为：

$$P_i = C_i / \sum_j C_j$$

式中，C_i 是第 i 条链路的容量，$\sum_j C_j$ 是所有候选链路容量的总和。

随机路由选择同洪泛法一样，不需要使用网络路由信息，并且在网络故障时分组也能到达目的地，网络具有良好的健壮性。同时，路由选择是根据链路的容量进行的，这有利于通信量的平衡。但这种方法的缺点是显然的，所选的路由一般并不是最优的，因此网络必须承担的通信量负荷要高于最佳的通信量负荷。

③ 固定路由表算法

这是静态路由算法中最常用的一种。其基本思想是：在每个节点上事先设置一张路由表，表中给出了该节点到达其他各目的节点的路由的下一个节点。当分组到达该节点并需要转发时，即可按它的目的地址查路由表，将分组转发至下一节点，下一节点再继续进行查表、选路、转发，直到将分组转发至终点。在这种方式中，路由表是在整个系统进行配置时生成的，并且在此后的一段时间内保持不变。这种算法简单，当网络拓扑结构固定不变并且业务量也相对稳定时，采用此法比较好。但它不能适应网络的变化，一旦被选路由出现故障，就会影响信息的正常传送。

固定路由表算法的一种改进方法是，在表中提供一些预备的链路和节点，即给每个节点提供到各目的节点的可替代的下一个节点。这样，当链路或节点故障时，可选择替代路由来进行数据传输。

固定路由表算法的示例如图 4-5 所示。

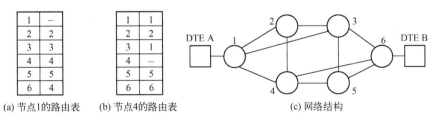

(a) 节点1的路由表　　(b) 节点4的路由表　　(c) 网络结构

图 4-5　固定路由表算法示例

表 4-1 所示为网络控制中心计算得到的全网的路由表。该表列出了所有节点到各个目的节点所确定的发送路由。实际上，对于每一个网络节点仅需存储其中相应的一列即可。

具体的路由选择过程如下：如图 4-5（c）所示，假设源节点为节点 1，终节点为节点 6。节点 1 收到 DTE A 的呼叫请求时，判断出被叫终端与节点 6 相连，故选路的目的地为节点 6。节点 1 查询自己的路由表，如图 4-5（a）所示，得知 1 到 6 的下一节点（转接节点）是节点 4，故将呼叫请求转发至节点 4。节点 4 再进行选路，查询路由表，如图 4-5（b）所示，得到节点 6 的路由为直达路由，因此直接转发至节点 6，由节点 6 将呼叫接续到目的终端 DTE B。

表 4-1 网络节点路由表

下一节点		终 节 点					
		1	2	3	4	5	6
源节点	1	—	2	3	4	3	4
	2	1	—	1	4	4	3
	3	1	2	—	2	5	6
	4	1	2	1	—	5	6
	5	3	4	3	6	—	6
	6	4	3	3	4	5	—

2. 自适应路由选择

自适应路由选择（Adaptive Routing）是指路由选择随网络情况的变化而改变。事实上在所有的分组交换网络中，都使用了某种形式的自适应路由选择技术。

影响路由选择判决的主要条件有：①故障。当一个节点或一条中继线发生故障时，它就不能被用做路由的一部分。②拥塞。当网络的某部分拥塞时，最好让分组绕道而行，而不是从发生拥塞的区域穿过。

到目前为止，自适应路由选择策略是使用最普遍的，其原因如下：①从网络用户的角度来看，自适应路由选择策略能够提高网络性能。②由于自适应路由选择策略趋向于平衡负荷，因而有助于拥塞控制。

总的说来，要想获得良好的选路效果，涉及网络结构、选路策略和流量工程等诸多因素，是一项复杂的系统工程。在路由选择中，要依据一定的算法来计算具有最小参数的路由，即最佳路由。这里最佳的路径并不一定是物理长度最短，也可能是时延最小或者费用最低等，若以这些参数为链路的权值，则一般称权值之和最小的路径为最短路径。经典的求最短路径的方法有 Dijkstra【见二维码 4-1】算法和 Bellman-Ford【见二维码 4-2】两种。

4.2.4 流量控制与拥塞控制

流量控制与拥塞控制是分组交换必须具备的功能特性。

1. 流量控制的作用

二维码 4-1　　　　二维码 4-2

（1）防止由于网络和用户过载而导致吞吐量下降和传送时延增加

拥塞将会导致网络吞吐量迅速下降和传送时延迅速增加，严重影响网络的性能。图 4-6 所示为网络拥塞对吞吐量和时延的影响，同时也示意了网络拥塞时对数据流施加控制之后的效果。在理想情况下，网络的吞吐量随着负荷的增加而线性增加，直至达到网络的最大容量时，吞吐量不再增大，成为一条直线。

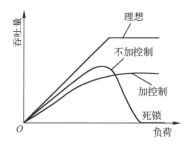
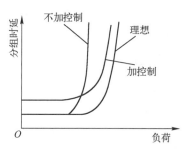

图 4-6 分组吞吐量、时延与输入负荷的关系

实际上，当网络负荷增大到一定程度时，由于节点中的分组队列加长，时延会迅速增加，并且有的缓存器已占满，节点将丢弃继续到达的分组，造成分组的重传次数增多，从而使吞吐量下降。因此吞吐量曲线的增长速率随着输入负荷的增大而逐渐减小。尤其严重的是，当输入负荷达到某一数值之后，由于重发分组的增加大量挤占节点队列，网络吞吐量将随负荷的增加而迅速下降，这时网络进入严重拥塞状态。当负荷增大到一定程度时，吞吐量下降为零，称为网络死锁（Deadlock）。此时分组的时延将无限增加。

如果有流量控制，吞吐量将始终随输入负荷的增加而增加，直至饱和，不会出现拥塞和死锁现象。从图4-6中可以看出，由于采用流量控制需要增加一些系统开销，因此，其吞吐量将小于理想情况下的吞吐量曲线，分组时延将大于理想情况，这点在输入负荷较小时尤其明显。可见，流量控制的实现是有一定代价的。

（2）避免网络死锁

如上所述，网络面临的一个严重问题是死锁。实际上，它也可能在负荷不重的情况下发生，这可能是一组节点间由于没有可用的缓冲空间而无法转发分组引起的。死锁有直接死锁、间接死锁和装配死锁三种类型。

（3）网络及用户之间的速率匹配

它用于防止网络或用户侵害其他用户。一个简单的例子是一条 56kbps 的数据链路访问低速的键盘或打印机，除非有流量控制，否则该数据链路将完全吞没键盘或打印机。同样，高速线路与低速的节点处理之间也必须进行速率匹配，以避免拥塞。

2. 流量控制的层次

如图4-7所示，流量控制分为：段级、沿到沿级、接入级和端到端级。

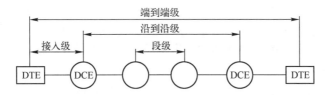

图 4-7　分级流量控制机制

- 段级是相邻节点间的流量控制，其目的是防止出现局部节点缓冲区拥塞和死锁。根据是对相邻两个节点之间总的流量进行控制还是对其间每条虚电路的流量分别进行控制，段级还可划分为链路段级和虚电路段级。其中，链路段级由数据链路层完成，虚电路段级由分组层控制完成。
- 沿到沿级是指从网络源节点至目的节点之间的控制，其作用是防止目的节点缓冲区出现拥塞，由分组层协议控制完成。
- 接入级是指从 DTE 到网络源节点之间的控制，其作用是控制进入网络的通信量，防止网络内部产生拥塞，由数据链路层控制完成。
- 端到端级是指从源 DTE 到目的 DTE 之间的控制，其作用是保护目的端，防止用户进程缓冲器溢出，由高层协议控制完成。

3. 流量控制方法

（1）滑动窗口机制

滑动窗口机制可用于 DTE 和邻接的节点之间，DTE 和 DTE 之间。其要求是，主机发送分组的序号必须在发送窗口之内，否则就要等待，直到节点发来新的确认后才可发送。在网络内部，不管通信子网采用虚电路还是数据报工作方式，只要目的 DTE 接收缓冲没有释放，源 DTE 就必须等待，只有从目的端获得新的确认时才可继续发送。也就是说，源 DTE 在数据链路层要等待源节点的应答才能发送，而在分组层要等待目的 DTE 的应答才能发送，否则就要等待。

（2）缓冲区预约方式

缓冲区预约方式可用于源节点到目的节点之间的流量控制。源节点在发送数据之前，要为每个报文在目的节点预约缓冲区，只有目的节点有一个或多个分组缓冲区时，源节点才可发送。在预约的缓冲区用完后，要等接收节点再次分配缓冲区后，才能继续发送数据。若通信子网采用虚电路方式，则一旦建立了一条虚电路，就说明目的节点有了基本的缓冲空间，可以在数据传送阶段采用流量控制分组进行控制。如果通信子网采用数据报方式，则源节点在发送数据之前先发送缓冲区请求分组，当收到接收主机返回的缓冲分配信息后，才可发送数据，这样可以避免由于接收端无足够的缓冲区而引起拥塞。

（3）许可证法

许可证法适用于 DTE 到网络源节点之间的流量控制。其基本原理是设置一定数量的"许可证"在网中随机地巡回游动，当终端向网络发送分组时，必须向源节点申请以获得许可证。如果源节点暂时没有许可证，则该终端必须等待，不能发送分组。当得到一张许可证后，将许可证和数据分组一起传送，到达终点后，要交出所持的许可证，使它重新在子网内巡回游动，以被其他终端使用。

4．拥塞控制方法

拥塞控制与流量控制关系密切，但它们之间也存在一些差别。拥塞控制的前提是网络能够承受现有的负荷。拥塞控制是一个全局性的过程，涉及众多节点和进程，以及与降低网络传输性能有关的所有因素。**流量控制往往是在给定的收发双方之间进行的通信量管理过程，其本质是在尽量提高发端发送速率的同时能使收端来得及接收。** 流量控制几乎总是存在着从接收端到发送端的某种直接反馈，使发送端知道接收端处于怎样的状态。流量控制和拥塞控制容易被混淆，这是因为拥塞控制算法是向发送端发送控制报文，并告诉发送端，网络出现拥塞，必须放慢发送速率。这又和流量控制相似。

目前，用于分组交换网络拥塞控制的机制很多，常用的有如下几种：

（1）从拥塞的节点向一些或所有的源节点发送一个控制分组。这种分组的作用是告诉源节点停止或降低发送分组的速率，从而达到限制网络分组总量的目的。这种方法的缺点是会在拥塞期间增加额外的通信量。

（2）根据路由选择信息调整新分组的产生速率。有些路由选择算法可以向其他节点提供链路的时延信息，以此来影响路由选择的结果。这个信息也可以用来影响新分组的产生速率，以此进行拥塞控制。这种方法的缺点是难以迅速调整全网的拥塞状况。

（3）利用端到端的探测分组来控制拥塞。此类分组具有一个时间戳，可用于测量两个端点之间的时延，利用时延信息来控制拥塞。这种方法的不足是同样会增加网络的开销。

（4）允许节点在分组经过时添加拥塞指示信息，具体实现有两种方法：

① 反向拥塞指示：节点在与拥塞方向相反的方向发送的分组上添加拥塞指示信息，这个信息一旦到达源节点，就可以减少注入网络的数据量，以达到拥塞控制的目的。

② 前向拥塞指示：节点在沿拥塞方向前进的分组上添加拥塞指示信息，目的节点在收到这些分组时，要么直接请求源节点调整其发送速率，要么通过反向发送的分组（或应答）向源

节点捎带拥塞信号，从而使源节点减少注入网络的数据量。

（5）隐式控制方法。某些协议会在发送一个分组后开启一个定时器，接收端收到该分组后会给出一个应答分组。发送端根据收到应答的时间可以计算出该分组的往返时延。往返时延增大通常意味着网络负荷较重，当往返时延增大到一定值时，说明网络发生了拥塞，此时发送端会主动降低发送速率，缓解网络拥塞状态。这种拥塞控制方式称为隐式拥塞控制方法。

4.3　X.25 与帧中继技术

4.3.1　X.25 简介

X.25 建议是 ITU-T 早在 1976 年就制定出的一个著名标准。它是一个对公用分组交换网的接口规范，在推动分组交换网的发展中做出了很大的贡献。由于现在已经有了性能更好的数据网络，因此本节只对 X.25 建议做简要的介绍。

根据 ITU-T 的定义，X.25 是数据终端设备（DTE）和数据电路终接设备（DCE）之间的接口协议，为公用数据网络在分组模式下提供终端操作。它不涉及网络内部应做成什么样子，这应由各个网络自己决定。因此，X.25 网只是说该网络与终端的接口遵循 X.25 标准而已。

X.25 是在传输质量较差、终端智能化程度较低、对通信速率要求不高的历史背景下，由 ITU-T 按照电信级标准制定的，含有复杂的差错控制和流量控制机制，只能提供中低速率的数据通信业务，主要用于广域互连。

如图 4-8 所示，X.25 协议定义了物理层、数据链路层和分组层。

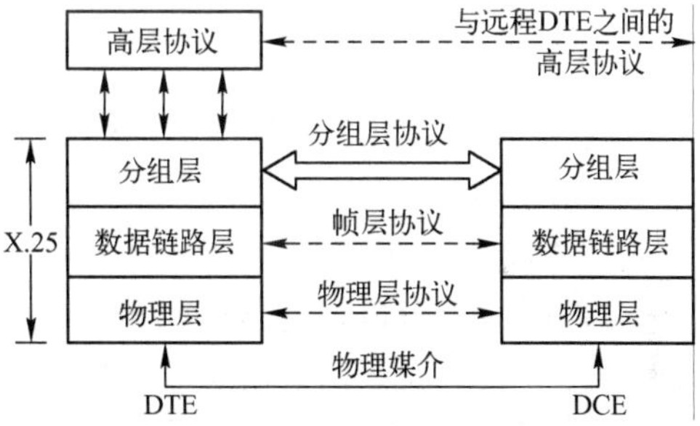

图 4-8　X.25 的分层协议结构

1. 物理层

第一层为物理层，定义了 DTE 和 DCE 之间建立、维持和释放物理链路的过程，包括机械、电气、功能和规程等特性。X.25 物理层接口采用 ITU-T X.21、X.21bis 和 V 系列建议。而 X.21bis 和 V 系列建议实际上是兼容的，因此可以认为是两种接口。其中 X.21 建议用于数字信道，X.21bis 与 V.24 或 RS-232 兼容，主要用于模拟信道。

2. 数据链路层

第二层为数据链路层，规定了在 DTE 和 DCE 之间的线路上交换帧的过程。X.25 数据链路层采用高级数据链路控制规程（HDLC，High-level Data Link Control）的子集——平衡型链路接入规程（LAPB，Link Access Procedure Balanced）作为数据链路的控制规程。

链路层的主要功能有：在 DTE 和 DCE 之间有效地传输数据；确保收发之间的同步；检测和纠正传输中产生的差错；识别并向高层报告规程错误；向分组层报告链路层的状态。

（1）HDLC

HDLC 是由 ISO 定义的面向比特的数据链路控制协议的总称。面向比特的协议是指传输时以比特作为基本单位。HDLC 传输效率较高，能适应数据通信的发展，因此广泛应用于公用数据网。为了满足各种应用的需要，HDLC 定义了三种类型的站（Station）、两种链路配置及三种数据传送模式。

1）站类型

所谓站是指链路两端的通信设备。HDLC 定义的三种站是：

① 主站：负责控制链路的操作。主站只能有一个，由主站发送的帧称为命令。

② 从站：在主站的控制下操作。从站可以有多个，由从站发送的帧称为响应。主站为链路上的每个从站维护一条独立的逻辑链路。

③ 复合站：兼具主站和从站的功能。复合站发送的帧可能是命令，也可能是响应。

2）链路配置

① 非平衡配置：由一个主站和一个或多个从站组成，可以按点到点方式配置，也可以按点到多点方式配置。

② 平衡配置：由两个复合站组成，只能按点到点方式配置。

3）数据传送模式

① 正常响应方式（NRM，Normal Response Mode）：适用于非平衡配置，只有主站才能启动数据传输，从站只有在收到主站发给它的命令帧时，才能向主站发送数据。

② 异步平衡方式（ABM，Asynchronous Balanced Mode）：适用于平衡配置，任何一个复合站都可以启动数据传输过程，而不需得到对方的许可。

③ 异步响应方式（ARM，Asynchronous Response Mode）：适用于非平衡配置，在主站未发来命令帧时，从站可以主动向主站发送数据，但主站仍负责对链路的管理。

X.25 的 LAPB 采用平衡配置方式，用于点到点链路，采用异步平衡方式来传输数据。

（2）LAPB 帧结构

LAPB 采用 HDLC 的帧结构，格式如图 4-9 所示。

1）标志（F）

F 为帧标志，编码为 01111110，所有的帧都应以 F 开始和结束。一个标志可作为一帧的结束标志，同时也可以作为下一帧的开始标志；F 还可以作为帧之间的填充字符，当 DTE 或 DCE 没有信息要发送时，可连续发送 F。正常情况下，为了防止在其他字段出现伪标志码，要进行"插 0"或"删 0"操作。

2）地址字段（A）

地址字段由 8 位组成。在 HDLC 的点到多点配置中，该字段表示发送响应消息的从站地址。在 LAPB 中，由于是点到点的链路，A 表示的总是响应站的地址，用于区分两个传输方向上的命令帧/响应帧，即它表示的是命令帧的接收者和响应帧的发送者的地址。

3）控制字段（C）

控制字段由 8 位组成，用于指示帧的类型。LAPB 控制字段的分类格式如表 4-2 所示。

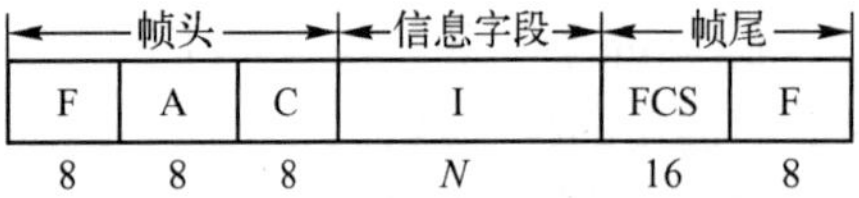

表 4-2　LAPB 控制字段的分类

控制字段（位）	8	7	6	5	4	3	2	1
信息帧（I 帧）	N(R)			P	N(S)			0
监控帧（S 帧）	N(R)			P/F	S	S	0	1
无编号帧（U 帧）	M	M	M	P/F	M	M	1	1

	帧头		信息字段	帧尾	
F	A	C	I	FCS	F
8	8	8	N	16	8

图 4-9　LABP 帧结构

① 信息帧 I（Information frame）：由帧头、信息字段 I 和帧尾组成。I 帧用于传输高层用户信息，即在分组层之间交换的分组，分组包含在 I 帧的信息字段中。I 帧 C 字段的第 1 位 b 为"0"，这是识别 I 帧的唯一标志，第 2～8 位用于提供 I 帧的控制信息，其中包括发送顺序号 N(S)，接收顺序号 N(R)，探寻位 P。其中 N(S)是所发送帧的编号，以供双方核对

有无遗漏及重复。N(R)是下一个期望接收帧的编号，发送 N(R)的站用它表示已正确接收编号为 N(R)以前的帧，即编号到 N(R)−1 的全部帧已被正确接收。I帧可以是命令帧，也可以是响应帧。

② 监控帧 S（Supervisory frame）：没有信息字段，其作用是保护信息帧的正确传送。监控帧的标志是 C 字段的第 2、1 位为"01"。SS 用于区分监控帧的类型，监控帧有三种：接收准备好（RR），接收未准备好（RNR）和拒绝帧（REJ）。RR 用于在没有 I 帧发送时向对端发送肯定证实，REJ 用于重发请求，RNR 用于流量控制，通知对端暂停发送 I 帧。监控帧带有 N(R)，但没有 N(S)。第 5 位为探寻/最终位 P/F。S 帧既可以是命令帧，也可以是响应帧。

③ 无编号帧 U（Unnumbered frame）：用于控制链路的建立和断开。识别无编号帧的标志是 C 字段的第 2、1 位为"11"。第 5 位为 P/F 位。M 用于区分不同的无编号帧，包括：置异步平衡方式（SABM，Set Asynchronous Balanced Mode）、断链（DISC）、已断链（DM）、无编号确认（UA）、帧拒绝（FRMR）等。其中，SABM、DISC 分别用于建立链路和断开链路，均为命令帧；后三种为响应帧，其中 UA 和 DM 分别为命令帧的肯定和否定响应，帧拒绝（FRMR，Frame Reject）表示接收到语法正确但语义不正确的帧，它将引起链路的复原。

所有帧都含有探寻/最终比特（P/F）。在命令帧中，P/F 位解释为探寻（P），如 P＝1，就是向对方请求响应帧；在响应帧中，P/F 位解释为终了（F），如 F＝1，表示本帧是对命令帧的最终响应。

4）信息字段（I）

信息字段是为传输用户信息而设置的，它用来装载分组层的数据分组，其长度可变。在 X.25 中，用户数据以分组为单位传输，由于终端类型不一，对数据分组所包含的 8b 个数要求不同，因此，分组网通常提供 32、64、128、256、512、1024、2048 个 8b 的分组长度供选择，其中 128B 为标准值，它适合于分组型终端使用。

5）帧校验序列（FCS，Frame Check Sequence）

每个帧的尾部都包含一个 16b 的帧校验序列（FCS），用来检测帧在传送过程中是否出错。FCS 采用循环冗余码，可以用移位寄存器实现。

（3）链路层操作

如图 4-10 所示，数据链路的操作分为三个阶段：链路建立、信息传输和链路断开。

1）链路建立

原则上 DTE 或 DCE 都可以启动数据链路的建立，但通常由 DTE 启动。在数据链路开始建立之前，DCE 或 DTE 都应当启动链路断开过程，以确保双方处于同一状态。DCE 还能主动发起 DM 响应

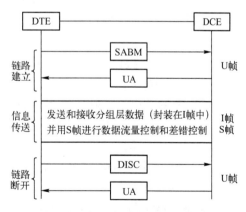

图 4-10　数据链路操作的三个阶段

帧，要求 DTE 启动链路建立过程。以 DTE 发起过程为例，DTE 通过向 DCE 发送置异步平衡方式（SABM）命令启动数据链路建立过程，DCE 接收到命令后，如果认为它能够进入信息传送阶段，将向 DTE 回送一个 UA 响应帧，数据链路建立成功；如果 DCE 认为不能进入信息传送阶段，它将向 DTE 回送一个 DM 响应帧，数据链路建立不成功。

2）信息传输

当链路建立之后，进入信息传输阶段，在 DTE 和 DCE 之间交换 I 帧和 S 帧。双方都可以通过 I 帧发送用户数据，帧的序号从 0 开始。I 帧的 N(S) 和 N(R) 字段用于流量控制和差错控制。LAPB 在发送 I 帧时，会按顺序对它们编号，并将序号放在 N(S) 中，这些编号以 8 还是 128 为模，取决于使用的是 3b 序号还是 7b 序号。N(R) 是对接收到的 I 帧的确认。有了 N(R)，收端 LAPB 就能够指出自己希望接收的下一个 I 帧的序号。

S 帧同样也用于流量控制和差错控制。其中，接收就绪（RR）帧通过指出希望接收的下一个帧来确认接收到的最后一个 I 帧。在接收端无 I 帧发送时就需要使用 RR 帧。接收未准备就绪（RNR）帧和 RR 帧一样，都可用于对 I 帧的确认，但它同时还要求对等实体暂停 I 帧的传输。当发出 RNR 的实体再次准备就绪之后，会发送一个 RR。REJ 的作用是指出最后一个接收到的 I 帧已经被拒绝，并要求重发以 N(R) 序号为首的所有后续 I 帧。

3）链路断开

任何一方均可启动拆链操作，这可能是由于 LAPB 本身因某种错误而引起的中断，也可能是由于高层用户的请求。以 DTE 发起为例，DTE 要求断开链路，它向 DCE 发送 DISC 命令帧，若 DCE 原来处于信息传输阶段，则用 UA 帧响应，即完成断链过程；若 DCE 原来已经处于断开阶段，则用 DM 响应。基于和建链同样的考虑，要求 DISC 命令帧置 P＝1，其对应的响应帧 UA 或 DM 置 F＝1。拆链后要通知第三层用户，说明该连接已经断开。

4）链路恢复

链路恢复指的是在信息传送阶段收到协议出错帧或者 FRMR 帧，即遇到无法通过重发予以校正的错帧时，自动启动链路重建过程，使链路恢复初始状态，两端发送的 I 帧和 S 帧的 N(S) 和 N(R) 值恢复为零。

3. 分组层

第三层为分组层，X.25 的分组层对应于 OSI 的网络层，二者叫法不同，但其功能是一致的。分组层利用链路层提供的服务在 DTE-DCE 接口上交换分组。它是将一条数据链路按动态时分复用的方法划分为许多个逻辑信道，允许多个终端同时使用高速的数据信道，以充分利用数据链路的传输能力和交换机资源，实现通信能力和资源的按需分配。

分组层的功能如下：

① 在 X.25 接口为每个用户呼叫提供一个逻辑信道，并通过逻辑信道号（LCN）来区分从属于不同呼叫的分组；

② 为每个用户的呼叫连接提供有效的分组传输，包括编号、确认和流量控制；

③ 支持交换虚电路（SVC）和永久虚电路（PVC），提供建立和清除交换虚电路的方法；

④ 监测和恢复分组层的差错。

（1）分组格式

X.25 分组层定义了分组的类型和功能。分组格式如图 4-11 所示，它由分组头和分组数据两部分组成。各部分定义如下：

图 4-11　分组格式

1）通用格式标识符（GFI）

GFI 为通用功能标识，包含 4b（Q、D、SS）。其中，Q 用于区分分组包含的是用户数据还是控制信息（Q＝0 用户数据，Q＝1 控制信息）。D 用于区分数据分组的确认方式，D＝0 表示本地确认（在 DTE-DCE 接口上确认），D＝1 表示端到端（DTE-DTE）确认。SS＝01 表示分组按模 8 编号，SS＝10 表示按模 128 编号。

2）逻辑信道群号（LCGN）和逻辑信道号（LCN）

LCGN 和 LCN 共 12b，用于区分 DTE-DCE 接口上不同的逻辑信道。X.25 规定一条数据链路上最多可分配 16 个逻辑信道群，各群用 LCGN 区分；每群最多可有 256 条逻辑信道，用 LCN 区分；一共可有 4096 个逻辑信道。除了第 0 号逻辑信道有专门的用途（为所有虚电路的诊断分组保留），其余 4095 条逻辑信道可分配给虚电路使用。

3）分组类型识别符

它由 8b 组成，用于区分不同功能的分组。X.25 分组层共定义了四大类 30 种分组。X.25 分组类型如表 4-3 所示。

表 4-3　X.25 分组类型

类　　型		DTE-DCE	DCE-DTE	功　　能
呼叫建立分组		呼叫请求 呼叫接受	入呼叫 呼叫连接	建立 SVC
数据 传送 分组	数据分组	DTE 数据	DCE 数据	传送用户数据
	流量控制 分组	DTE RR DTE RNR DTE REJ	DCE RR DCE RNR	流量控制
	中断分组	DTE 中断 DTE 中断证实	DCE 中断 DCE 中断证实	加速传送 重要数据
	登记分组	登记请求	登记证实	申请或停止 可选业务
恢复 分组	复位分组	复位请求 DTE 复位证实	复位指示 DCE 复位证实	复位一个 VC
	重启动 分组	重启动请求 DTE 重启动证实	重启动指示 DCE 重启动证实	重启动所有 VC
	诊断分组		诊断	诊断
呼叫清除分组		清除请求 DTE 清除证实	清除指示 DCE 清除证实	释放 SVC

（2）分组层操作过程

分组层定义了 DTE 和 DCE 之间传输分组的通信过程。分组层的操作分为三个阶段：呼叫建立、数据传输和呼叫清除。

如前所述，X.25 支持两类虚电路：交换虚电路（SVC）和永久虚电路（PVC）。SVC 需要在每次通信前建立，而 PVC 由运营商的网管设置，不需要每次建立。因此，对于 SVC，分组层的操作包括三个阶段；而对于 PVC，只有数据传输阶段的操作。实际运营的 X.25 网络一般使用 PVC 方式。

4.3.2　帧中继技术

1. 帧中继及其技术特点

随着数字通信、光纤通信及计算机技术的发展，计算机终端的智能化和处理能力不断提高，使得端系统完全有能力完成原来由分组网节点所完成的部分功能。此外，高性能光纤传输系统的大量使用，使得传输质量有了很大提高，从而可以把差错纠正放到端系统去完成，以提高节点的转发效率。因此，人们提出了新的快速分组交换技术——帧中继。

帧中继的设计思想非常简单，将 X.25 协议规定的逐段差错控制等推到网络边缘的终端去做，网络只进行差错检查，从而简化节点间的处理过程，以获得节点的高速转发。

帧中继具有如下技术特点：

（1）数据传输协议大为简化

与 X.25 相比较，帧中继只包含 OSI 模型的下二层，而且第二层也只保留其核心功能，称为数据链路核心协议。其传送的数据单元称为帧，帧的寻址和选路由第二层通过数据链路连接标识（DLCI）和节点的转发表完成。

如图 4-12 所示，X.25 交换沿着分组传输路径，每段都有严格的差错控制，网络协议处理负担很重。帧中继则十分简单，各节点无须差错处理。当然，帧中继协议的简化是以光纤传输的高可靠性和终端设备的智能化为前提条件的。

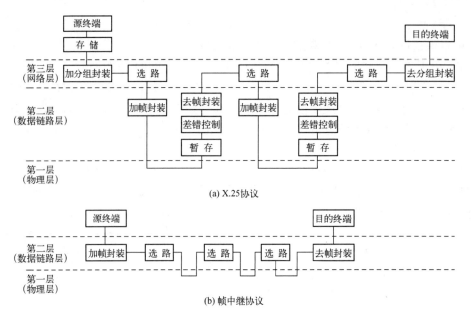

(a) X.25协议

(b) 帧中继协议

图 4-12　X.25 与帧中继协议功能比较

（2）用户平面和控制平面的分离

如图 4-13 所示，帧中继用户网络接口协议结构包括用户平面和控制平面。

控制平面用于建立和释放逻辑连接，传送并处理呼叫控制信令。控制平面第三层采用 Q.931/Q.933 协议，第二层采用 Q.921 协议（LAPD）以确保控制信息的可靠传输。但控制平面协议仅用于用户和网络接口之间，且使用独立的逻辑通道。

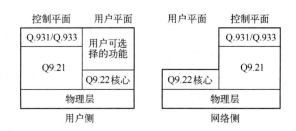

图 4-13　帧中继用户网络接口协议结构

用户平面用于传送用户数据和管理信息。用户平面采用 Q.922 协议，即帧方式链路接入规程 LAPF（LAP for Frame-mode），且只使用了 Q.922 的核心部分（DL-core），负责在端到端用户之间提供帧传输服务（没有差错控制和流量控制功能）。

2. 协议结构与帧格式

OSI 参考模型、电路交换、X.25 的比较如图 4-14 所示。采用 TDM 技术的电路交换仅完成物理层功能，而 X.25 完成下三层的所有功能，帧中继仅完成下二层核心功能。

（1）帧结构

Q.922 核心功能所规定的帧结构如图 4-15 所示。帧格式中各字段的内容及作用如下：

① 标志字段（F）：01111110，用于标识一帧的开始和结束。

② 地址字段（A）：用于标识帧中继连接，实现帧的复用。A 的长度默认为 2B，可以扩展到 3～4B。其格式如图 4-16 所示。在地址字段里通常包含地址字段扩展比特（EA）、命令/响应指示比特（C/R）、帧丢弃指示比特（DE）、前向显式拥塞通知（FECN, Forward Explicit Congestion Notification）比特、后向显式拥塞通知（BECN, Backward Explicit Congestion Notification）比特、数据链路连接标识（DLCI, Data Link Connection Identifier）。

③ 信息字段（I）：包含用户数据，可以是任意的比特序列，但其长度必须是整数字节。

④ 帧校验序列（FCS）字段：是一个 16b 的序列，用以检测数据传输过程中的差错。

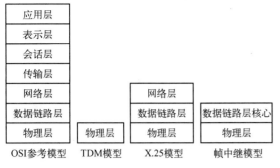

图 4-15 帧中继的帧结构

图 4-14 帧中继与其他协议参考模型的比较

标志	地址	信息帧	校验序列	标志
F	A	I	FCS	F

图 4-15 帧中继的帧结构

高位 DLCI		C/R	EA(0)
低位 DLCI	FECN	BECN	DE	EA(1)

图 4-16 帧中继地址格式

与 HDLC 帧的区别有两点：一是帧不带序号，其原因是帧中继不要求接收证实，也就没有链路层的纠错和流量控制功能；二是没有监控帧（S），因为帧中继的控制信令使用专用通道（DLCI＝0）传送。

（2）相关协议

1）Q.922 链路核心协议（DL-core）

DL-core 用以支持帧中继的数据传送，其功能十分简单。主要包括：

① 帧定界、定位和透明传送；

② 利用 DLCI 进行帧复用和解复用；

③ 检验帧不超长、不过短，且为 8b 的整数倍；

④ 利用 FCS 检错，如发现有错，则丢弃；

⑤ 利用 FECN 和 BECN 通知被叫用户和主叫用户网络发生拥塞；

⑥ 利用 DE 位实现帧优先级控制。

2）呼叫控制协议

呼叫控制协议的功能是建立和释放 SVC。SVC 呼叫控制协议属高层信令协议。协议消息在 DLCI＝0 的专用信令链路上传送，协议结构如图 4-17 所示。其中数据链路层协议为 LAPF，即除了 DL-core 外还包括 DL-control（数据链路控制协议）。在帧中继网络边缘的端系统才配置 DL-control 实体，用来建立和释放用户平面上的数据链路层连接。

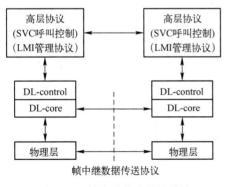

图 4-17 帧中继信令协议结构

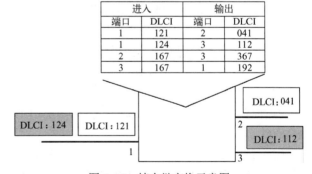

图 4-18 帧中继交换示意图

3. 帧中继交换

帧中继源于分组交换技术，它取消了数据报方式，向用户提供面向连接服务。帧中继连接采用 DLCI 来标识，这类似于 X.25 的 LCN，由 DLCI 级联便可构成端到端虚连接（X.25 中称为虚电路），虚连接可分为交换虚连接 SVC 和永久虚连接 PVC。但目前帧中继只提供永久虚连接服务。

在帧中继网络中，每个交换机都保存有一张帧转发表，该表将进入端口号和 DLCI 的组合与输出端口号和 DLCI 的组合进行匹配。如图 4-18 所示，两个帧到达交换机的端口 1，第一个的 DLCI＝121，另一个的 DLCI＝124。第一个在交换机端口 2 输出，新的 DLCI＝041（见表中第一行），第二个在交换机端口 3 输出，新的 DLCI＝112（见表中第二行）。

如果数据帧在传输过程中需要经由多个节点交换机，那么，在每个交换机均要完成上述类似的帧交换操作。

4. 带宽管理和拥塞控制

由于帧中继网络没有流量控制措施，当输入业务流量超过网络负荷时，网络中的某些节点可能会发生拥塞，造成大量用户信息得不到及时处理而被丢弃，网络吞吐量下降，用户信息传送时延增加。因此，对帧中继网络进行带宽和拥塞管理是十分必要的。

（1）带宽管理

带宽管理是指网络对所有入网用户的数据流量进行监控，以保证带宽资源在用户间的合理分配。每一个用户接入帧中继网络时使用下列 4 个参数进行约定：

承诺的时间间隔 T_c（Committed Time Interval）：为网络监视一条连接上用户数据量所采用的时间间隔。一般地，T_c 和业务的突发率成正比，选择范围为几百毫秒到 10s。

承诺的信息速率 CIR（Committed Information Rate）：正常情况下网络对用户承诺的数据传送速率，它是 T_c 时间段内的平均值。

承诺的突发信息量 B_c（Committed Burst Size）：正常情况下，在 T_c 时间段内网络允许用户传送的最大数据量。

超量突发信息量 B_e（Excess Burst Size）：正常情况下，在 T_c 时间段内网络能够给用户传送的超过 B_c 的最大数据量。

每个帧中继用户在使用服务前，应与网络协商一条连接上的 CIR、B_c 和 B_e 参数，网络在 T_c 时间段内对每条虚连接上的数据量进行监测，根据监测结果进行带宽管理，如图 4-19 所示。

其管理控制过程如下：

① 若网络在时间 T_c 内监测到某条连接的信息量≤B_c，说明用户速率小于 CIR，网络应继续转发这些帧，在正常情况下应确保送达目的地。

② 若 B_c≤监测到某条连接的信息量≤B_c+B_e，

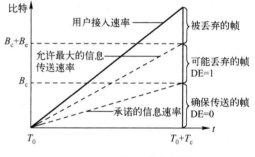

图 4-19　帧中继带宽管理

则说明用户速率已超过 CIR，但仍在约定的范围内，网络将从属于 B_e 部分的帧的 DE 置为 1 后进行转发。若网络无严重拥塞，则将尽力把这些帧传送到目的地。一旦网络出现拥塞，将首先丢弃 DE 置为 1 的帧。

③ 监测到某条连接的信息量≥B_c+B_e，说明用户已严重违约，则网络丢弃超过 B_c+B_e 部分的所有帧。

（2）拥塞控制

高吞吐量和低时延是帧中继的主要目标。帧中继没有网络层，即使在数据链路层，帧中继也没有流量控制。另外，帧中继允许用户传输突发性数据。也就是说，帧中继具有潜在的通信拥塞，因此要求进行拥塞控制。帧中继的拥塞控制采用拥塞回避和丢弃两种办法。

1）拥塞回避

在轻微拥塞的情况下，帧中继可以利用拥塞指示比特 FECN、BECN 来显式地告知收、发双方，以使其调整发送速率。

后向显式拥塞通知（BECN）比特警告发送方网络出现拥塞。发送方在收到拥塞信息后，原则上应降低数据传送速率，以减少因拥塞造成的帧丢失。

前向显式拥塞通知（FECN）比特警告接收方网络出现拥塞。可能会出现接收方对减轻拥塞无所作为的情况。但是，帧中继假定发送方与接收方彼此正在通信，并且在高层使用某种流量控制。例如，如果在高层存在一个确认机制，接收方就可以延时确认，迫使发送方降低速率，以达到缓解拥塞的目的。

2）丢弃 DE=1 的帧

如果用户不响应拥塞警告，帧中继除继续采用 FECN、BECN 通知用户外，网络就会丢弃 DE = 1 的帧来对自身进行保护。这样做增加了网络的反应时间，降低了吞吐量，但可以防止网络性能的进一步恶化，使网络从拥塞中恢复过来。

4.4 ATM 交换技术

1986 年 ITU-T 提出了宽带综合业务数字网络（B-ISDN）的概念，B-ISDN 的目标是以一个综合、通用的网络来承载全部现有和将来可能出现的业务。为此需要开发新的技术，以适应 B-ISDN 业务范围大、通信过程中比特率可变的要求。人们在研究、分析了电路交换和分组交换技术之后，认为快速分组交换是唯一可行的技术。1988 年，ITU-T 正式将其命名为异步转移模式（ATM），并推荐其作为未来宽带网络的信息传送模式。ATM 具有以下特点：

（1）ATM 是一种统计复用技术，可实现网络资源的按需分配。

（2）ATM 利用硬件实现固定长度分组（信元）的快速交换，时延小、实时性好，能够满足多媒体业务的传输要求。

（3）ATM 支持多业务的传输，并提供服务质量保证。

（4）ATM 是一种面向连接的技术，在传输用户数据之前必须建立端到端的虚连接。

20 世纪末 ATM 技术成功运用于广域网，电信运营商多采用 ATM 作为承载多业务的宽带接入和传输平台。随着以 IP 为代表的无连接型分组技术的广泛应用，ATM 逐步淡出骨干网络领域，但 ATM 的思想仍然具有生命力，对后续网络技术的发展具有重要影响。

4.4.1 ATM 技术基础

ATM 是一种快速分组传送模式，它综合了电路交换和分组交换的优势。在 ATM 网络中，话音、数据、图像和视频等信息被分解成长度固定的信元（Cell），来自不同用户的信元以异步时分复用的方式汇集在一起，在网络节点缓冲器内排队，然后按先进先出或其他仲裁原则逐个传送到线路上，形成首尾相接的信元流。网络节点根据每个信元所带的虚通路标识符/虚信道标识符（VPI/VCI），选择输出端口，转发信元。由于信元长度固定，节点队列管理简单，转发部件可采用硬件实现，因此信元的转发速度快，时延小。

在传输线路上，由于属于同一通信过程的各信元不需要严格按照一定的规律出现，因此称这种传送模式是异步的。这些信元并不像同步时分复用那样对应某个固定的时间位置，也不需呈现周期性特征。即不同通信过程的信元与它们在时间轴上的位置之间没有任何关系，信元只是按信头的标记来区分，因此，各信元采用统计复用。这样的传送复用方式使得任何业务都能按实际需要来占用资源，因此网络资源得到最大限度的利用。此外，ATM 传送模式适用于任何业务，不论其特征如何，网络都可按同样的模式进行处理，真正实现了业务的综合传送。

1. ATM 信元格式

信元是 ATM 特有的分组形式，话音、数据和视频等各种不同类型的数字信息均可被分割成长度一定的信元。ATM 信元长度为 53B，分为两个部分：5B 的信头包含表征信元去向的逻辑地址、优先级等控制信息；48B 的信息段用于装载来自不同用户、不同业务的信息。

信元通过 ATM 网络时经过两种类型接口：一种是用户终端接入网络的接口，即用户网络接口（UNI，User-Network Interface）；另一种是网络内交换机之间的接口，即网络节点接口（NNI，Network Node Interface）。

图 4-20 所示为 ITU-T 建议 I.361 定义的不同接口上的信元格式。信元中各字段的含义和作用如下：

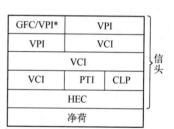

*表示该字段在 UNI 上为 GFC，
在 NNI 上为 VPI

图 4-20　ATM 信元格式

- 一般流量控制（GFC）：仅用于 UNI，其功能是控制用户输入网络的流量，以避免网络拥塞。
- 虚通路标识符（VPI）和虚信道标识符（VCI）：虚通路（VP）和虚信道（VC）是虚电路的两种形式；VPI 和 VCI 是它们的编号，也就是一种标记或标签，主要用于路由选择和资源管理等。
- 净荷类型指示（PTI）：包括用户信息和业务适配信息，也可用于区分信元净荷是用户数据或管理信息。
- 信元丢失优先级（CLP）：在网络拥塞时，决定丢弃信元的先后次序。
- 信头差错控制（HEC）：用于针对信元头的差错检测，并起信元定界作用。
- 净荷（Payload）：用于装载用户信息或数据。

2．虚信道和虚通路

ATM 采用面向连接方式，为了提供端到端的信息传送能力，ATM 在 UNI 接口之间建立虚连接，并在整个呼叫期间保持虚连接。为了适应不同应用和管理的需要，ATM 在两个等级上建立虚连接，即虚信道（VC，Virtual Channel）级和虚通路（VP，Virtual Path）级。

（1）VC 和 VCC

VC 是指 ATM 信元的单向传送能力，即指在两个或多个端点之间的一个传送 ATM 信元的逻辑信道。与其相关的有虚信道链路（VCL，VC Link）和虚信道连接（VCC，VC Connection）。VCL 表示相邻节点间传递 ATM 信元的单向能力，用虚信道标识符（VCI，VC Identifier）标识。ATM 局间传输线上具有相同 VCI 的信元在同一 VC 上传送。

VCL 级联构成 VCC，一条 VCC 是在两个 VCC 端点之间的延伸。在点到多点的情况下，一条 VCC 有两个以上的端点。在虚信道级上，VCC 可以提供用户到用户、用户到网络或网络到网络的信息传送。在同一个 VCC 上，信元的次序始终保持不变。节点交换机完成 VC 路由选择功能，并将输入 VCL 的 VCI 值翻译成输出 VCL 的 VCI 值。

（2）VP 和 VPC

对于规模较大的 ATM 网络，由于要支持多个用户的多种通信，网中必定会出现大量速率不同的、特征各异的虚信道，在高速骨干网络环境下对这些虚信道进行管理，难度是很大的。为此，ATM 采用分级的方法，将同类多个 VC 进行归并组成 VP。

与 VC 相似，ATM 定义了虚通路链路（VPL，VP Link）和虚通路连接（VPC，VP Connection）。VPL 是一束具有相同端点的 VC 链路，多段 VPL 级联构成 VPC，VPL 用虚通路标识符（VPI，VP Identifier）标识。一条 VPC 在两个 VPC 端点之间延伸，在点到多点的情况下，一条 VPC 有两个以上的端点。VPC 端点是 VCI 产生、变换或终结的地方。VPC 中的每条 VC 链路都能保证其上面的信元不改变次序。节点交换机完成 VP 路由选择功能，即将输入 VPL 的 VPI 值翻译成输出 VPL 的 VPI 值。

（3）VCC 和 VPC 之间的关系

传输线路（信道）、VP 和 VC 之间的关系如图 4-21 所示。在一个物理通道中可以包含一定数量的 VP，而在一条 VP 中又可以包含一定数量的 VC。

图 4-21　传输线路、VP 和 VC 之间的关系

在一个给定接口上，两个分别属于不同 VP 的 VC 可以具有相同的 VCI 值。因此在一个接口上必须用 VPI 和 VCI 两个值才能唯一地标识一个 VC。

如图 4-22 所示，VCC 由多段 VCL 组成，每段 VCL 由 VCI 标识，VCI 只具有局部意义。每条 VCL 和其他与其同路的 VCL 一起组成了一个 VPC，VPC 可以由多段 VPL 连接而成。每当 VP 被交换时，VPI 就改变，但 VPC 中的 VCI 值保持不改。因此可以得出这样的结论：**VCI 值改变时，相应的 VPI 一定要改变；而 VPI 改变时，其中的 VCI 不一定改变**。换句话说，VP 可以单独实现交换，而 VC 的交换必然和 VP 交换一起进行。

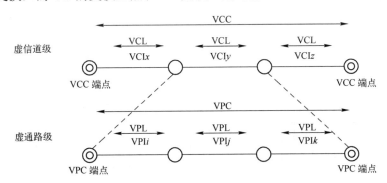

图 4-22　VCC 和 VPC 之间的关系

ATM 虚连接有两种：一是永久虚连接（PVC），一般通过网管设置和修改；二是交换虚连接（SVC），通过信令建立，但每次呼叫建立的 SVC 可能都不一样。

3. VC 与 VP 交换

（1）VC 交换

VPI 和 VCI 作为逻辑链路标识，只具有局部意义。也就是说，每个 VPI/VCI 的作用范围只局限在链路级。交换节点在读取信元的 VPI/VCI 的值后，根据本地转发表，查找对应的输出 VPI/VCI 进行转发并改变原来 VPI/VCI 的值。因此，信元流过 VPC/VCC 时可能要经过多次中继。VC 交换示例如图 4-23 所示。

图中交换机 1 的输出端口 3 和交换机 2 的输入端口 2 之间有一条传输线路，交换机 2 的输出端口 4 连接交换机 3 的输入端口 1。一个发端用户使用 VPI1/VCI6 接入交换机 1；交换机 1 将输入标识 VPI1/VCI6 转换为输出标识 VPI2/VCI15；交换机 2 再将输入标识 VPI2/VCI15 转换为输出标识 VPI16/VCI8。这里 VPI 和 VCI 组合构成了网络的每段链路。最后，交换机 3 将 VPI16/VCI8 转换成目的地的标识 VPI1/VCI6。这种根据 VPI/VCI 组合来翻译信元标识的交换称为 VC 交换。

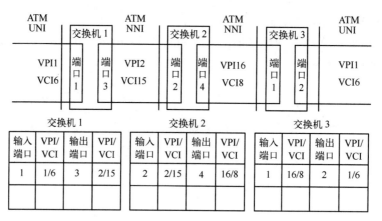

交换机1				交换机2				交换机3			
输入端口	VPI/VCI	输出端口	VPI/VCI	输入端口	VPI/VCI	输出端口	VPI/VCI	输入端口	VPI/VCI	输出端口	VPI/VCI
1	1/6	3	2/15	2	2/15	4	16/8	1	16/8	2	1/6

图 4-23　VC 交换过程

（2）VP 交换

为简化网络对连接的管理，ATM 交换机把具有相同属性的若干个 VC 作为一个处理对象看待，只根据 VPI 字段选路和转发。这种基于粗颗粒度的交换方式就是 VP 交换。

VP 交换意味着只根据 VPI 字段来进行交换。它是将一条 VP 上所有的 VC 链路全部转送到另一条 VP 上去，而这些 VC 链路的 VCI 值都不改变。VP 交换示例如图 4-24 所示。**VP 交换的实现比较简单，可以看成传输信道中的某个等级数字复用线的交叉连接。在骨干网边缘，交换机仍然可以进行 VC 交换。**

ATM 网络中 VP 和 VC 上的通信可以是对称双向、不对称双向或单向的。ITU-T 建议要求为一个通信的两个传输方向分配同一个 VCI 值。对 VPI 值也按同样方法分配。这种分配方法容易实现和管理，且有利于识别同一通信过程涉及的两个传输方向。

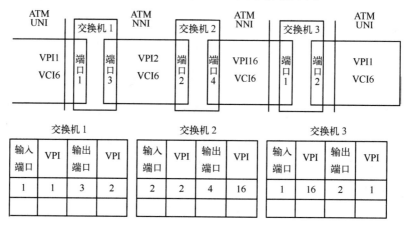

交换机1				交换机2				交换机3			
输入端口	VPI	输出端口	VPI	输入端口	VPI	输出端口	VPI	输入端口	VPI	输出端口	VPI
1	1	3	2	2	2	4	16	1	16	2	1

图 4-24　VP 交换过程

4．一般通信过程

ATM 网络基于面向连接方式提供端到端的通信服务。用户在通信前，首先要通过建立连接。连接建立后，网络按确定的路径顺序转移所服务的信元。其通信过程如下。

（1）呼叫建立

如图 4-25 所示，为建立端到端连接，源端点 A 向 ATM 网络发送连接请求，要求与宿端点 B 通信。请求消息通常包括呼叫目的地址、通信所需的带宽、服务质量（QoS）等参数。用于建立、修改和清除连接的控制消息，称为信令消息。UNI

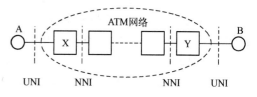

图 4-25　ATM 网络端点间的连接

和 NNI 上通过的信令消息分别遵从 UNI 信令和 NNI 信令规范。

信令同样被装入到 ATM 信元中进行传送，不过其信头 VCI 被置为专用标识值。与源端点 A 相连接的 ATM 交换机（X）将执行连接/呼叫接纳控制（CAC，Connection/Call Admission Control）功能，并与其他相关交换机一起，根据网络资源状况确定是否接受新的连接。

如果 ATM 网络接纳新的连接，由与 B 相连接的 ATM 交换机（Y）向 B 发送连接建立消息。若 B 同意建立连接，则 B 应答 Y，并经 ATM 网络回送 X，然后通知 A，以完成连接的建立。连接建立后，A、B 间就可以传输业务信元了，这时每个信元中只包含 VPI/VCI 标记，而无须再包含完整的目的地址信息。

当然，承载信令消息的（虚）连接必须预先建立，即在端点与交换机进行物理连接时就需协商信令通道（具有特定编号的虚信道）。

（2）信元选路

在 ATM 网络中，属于某一连接的信元流一般沿同一物理路径传送，并具有按序送达功能。ATM 交换机在交换过程中，也要确保每个连接中的信元传送顺序。另外，一个连接中两个传输方向的数据流，通常也沿同一物理路径传送。

选路过程是在 ATM 网络确定是否支持连接请求的同时完成的。交换机在收到连接请求时，如果有足够的资源允许建立连接，则以选路信息和网络资源信息为基础来确定输出链路。下一节点交换机重复同样的操作过程，直到宿点为止。呼叫或网管功能用于建立端到端的虚连接，同时虚连接经过的网络节点便建立起转发表，业务信元的传送是在各节点通过 VCI/VPI 的匹配进行选路和转发的。

4.4.2 ATM 协议模型

ITU-T 建议 I.321 为 B-ISDN 和 ATM 定义的协议参考模型如图 4-26 所示。协议模型包括三个平面。用户平面采用分层结构，支持用户信息的传送。控制平面提供呼叫和连接控制功能，用于信令消息的传送，控制平面也采用分层结构。管理平面提供两种功能：①面管理。不分层，实现与整个系统有关的管理功能，并完成所有平面之间的协调工作。②层管理。采用分层结构，实现网络资源和协议参数的管理，处理操作、管理和维护（OAM）业务流。

物理层完成信息（比特/信元）的传输功能；ATM 层完成交换、路由和信元复用/解复用功能；ATM 适配层（AAL）将不同类型的业务信息适配成 ATM 信元，完成适配功能。

图 4-27 示出了层次的进一步划分和相应的功能。

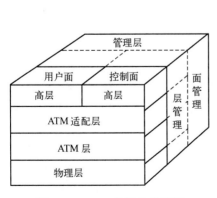

AAL层	CS	汇聚
	SAR	分段和重装
ATM层		一般流量控制
		信元VPI/VCI翻译
		信头的产生和提取
		信元复用与分路
物理层	TC	信元速率解耦
		信头差错控制(HEC)
		信元定界
		传输帧的适配
		传输帧产生/恢复
	RM	比特定时
		物理媒体

图 4-26 ATM 协议参考模型   图 4-27 ATM 参考模型子层及其功能

ATM 除了传送用户数据的信元外，ITU-T 还定义了其他信元类型：

① 分配信元（Assigned Cell）：是通过 ATM 层向上层提供服务的信元，表示该信元承载通信过程的有用信息，信息内容可以是用户数据、信令和管理信息。

② 未分配信元（Unassigned Cell）：不是分配的 ATM 信元，表示该信元不承载有用信息，所占据的信道带宽未被使用。

③ 空闲信元（Idel Cell）：在发端由物理层插入，用以适配不同传输系统提供的有效传输速率与物理层向 ATM 层提供信元速率之间的差别；在收端由物理层去除空闲信元。

④ 有效信元（Valid cell）：信头经过信头差错控制（HEC）检验正确的信元。HEC 操作在物理层执行，判断信元是否有效也在物理层进行。

⑤ 无效信元（Invalid cell）：信头出现差错而无法通过 HEC 检验的信元，这些信元由物理层直接丢弃，不上交 ATM 层。

发端 ATM 层向物理层下传信息时，只有分配信元和未分配信元向下传送。物理层为了适配传输系统特性将加入空闲信元。此外，物理层为了管理需要，还将插入 OAM 信元，然后将这些信元适配成适合物理线路的比特流进行传送。收端物理层向 ATM 层提交信元时，只把分配信元和未分配信元上交，其他的诸如无效信元和空闲信元，以及物理层的管理控制信元等，由于不含有 ATM 层及其高层所需的信息，因此直接由物理层进行处理。

1. 物理层

物理层利用通信线路的比特流传送功能实现 ATM 的信元传送，并确保传送连续的 ATM 信元时不错序。物理层由两个子层组成，分别是物理媒体子层（PMD，Physical Media）和传输汇聚子层（TC，Transmmission Convergence）。PMD 支持与物理媒体有关的比特功能。TC 完成 ATM 信元流与物理媒体传输比特流的转换功能。

（1）PMD 子层

PMD 子层类似于 OSI 参考模型的物理层。它在发送方向的基本功能是，在链路中"透明传输比特流"；在接收方向检测和恢复比特流。PMD 子层提供比特流传输、定时和媒体物理接入。物理层向上与 ATM 层交互的业务数据单元（SDU）是 53B 的信元，向下必须适配不同的传输系统。

（2）TC 子层

TC 子层中传输帧适配、传输帧的产生/恢复和具体的传输媒体及相应的传输格式有关。ITU-T 定义了三种传输帧适配规范：基于 SDH（同步数字系列）、基于 PDH（准同步数字系列）和基于信元的规范。此外 ATM 论坛还定义了其他如光纤分布式数字接口（FDDI，Fiber Distributed Digital Interface）的规范等。

下面给出与传输系统媒体特性无关的操作功能。

① 信头差错控制（HEC）

ATM 信头的一个差错控制字节由物理层的 TC 子层产生和处理。HEC 覆盖整个信头，选用 8b 校验码能够纠正单比特错误或检测多比特错误。发送端生成 HEC 值的方法是：将信头前 4 个字节（不包括 HEC 字节）形成的多项式乘 8，然后除以生成多项式：x^8+x^2+x+1，得到的余数称为校正子，可以完成"纠 1 检多"的功能。接收端有两种工作方式，即单比特纠错和多比特检错。

正常情况下，接收端的默认工作模式是按单比特纠错方式工作的。如果信头不出差错，则一直处于该工作状态；一旦发生比特错误则转入多比特检错方式。此时如发现单比特差错，则将错误纠正；如发现多比特差错，则将信头出错信元丢弃。ATM 信元的检错和纠错是基于光纤传输系统的特点设计的，因为光纤通信绝大多数差错为单比特错误。

② 信元定界（Cell Delimitation）

从连续比特流中分离出信元称为信元定界。建议的定界方法是基于信头的前 4 个字节和 HEC 的关系来设计的，即在比特流中连续 5 个字节满足 HEC 的产生算法，就认为是某个信元的开始。考虑到信元的其他部分也可能满足 HEC 算法，所以一般需要连续多个信元中的前 5 个字节满足 HEC 算法，才认为分离出了真正的信元。

③ 信元速率解耦

物理层传输的信元包括未分配信元、分配信元和物理层的 OAM 信元。前两种是 ATM 层和物理层共有的，表示已经使用和尚未使用的信道容量，后者用于物理层的管理和控制。这三种信元组成的信元流速率可能小于物理媒体所允许的传输容量。这样，在发送端当信元递交给物理层以适配相应传输系统时，系统必须插入空闲信元。在接收端则执行相反的操作，去除空闲信元。将空闲信元插入和去除的过程称为"信元速率解耦"。

④ 扰码（Scrambling）

为了增强 HEC 信元定界的安全性和牢靠性，将信元信息字段假冒信头的概率降至最小，需要通过扰码使信元负载字段中的数据随机化。ITU-T 对 ATM 信元扰码建议了两种方法：对基于 SDH 的物理层，采用多项式 $(x^{43}+1)$ 的自同步扰码（SSS，Self Synchronous Scrambling）；对直接基于信元传送的物理层，采用分散样值扰码（DSS，Discrete Sampling Scrambling）。

2. ATM 层

ATM 层和用于传送 ATM 信元的物理媒体完全无关，它利用物理层提供的信元（53B）传送功能，向上提供 ATM 业务数据单元（48B）的传送能力。ATM 业务数据单元是任意 48B 的数据块，它在 ATM 层中被封装到信元的负载区。从原理上说，ATM 层本身处理的协议控制信息是 5B 长的信头；但实际上为了提高协议处理速度和降低协议开销，在物理层和 AAL 层都使用了信元头部的某些域。ATM 层与上、下层之间的关系如图 4-28 所示。

在发送方向，ATM 层从上一层接收信元负载信息，并产生一个相应的 ATM 信头，但是这里的信头还不包括信头差错控制（HEC）。在接收方向，ATM 层从下一层接收信元，完成信头提取与处理后将信元负荷内容提交给上一层。

ATM 层的主要功能包括：

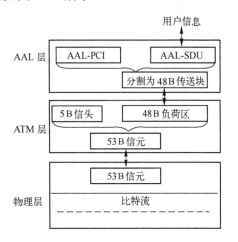

图 4-28 ATM 协议各层之间的映射关系

- 将不同连接的信元复用在一条物理信道上，并向物理层输送信元流，及其逆过程；
- 信元标识（VPI/VCI）的翻译，以实现 ATM 交换或交叉连接功能；
- 通过 CLP 来区分不同 QoS 的信元；
- 发生拥塞时在用户信元头中增加拥塞指示；
- 将 AAL 递交的 SDU 增加信元头，并在逆向提取信元头；
- 在 UNI 上实施一般流量控制。

3. ATM 适配层

ATM 层提供的只是一般意义的信元传送能力，为了使 ATM 能够承载不同业务，并具有端到端的差错控制功能，在 ATM 系统中增加了业务适配层（AAL 层）。AAL 层分成两个子层：

分段重装子层（SAR，Segment And Reassemble）和汇聚子层（CS，Convergence Sub-layer）。

分段重装子层（SAR）实现 CS 协议数据单元与信元负载格式之间的适配。CS 的基本功能是进行端到端的差错控制和时钟恢复（如实时业务的同步），它和具体的应用有关。对某些 AAL 类型，CS 又分为两个子层：公共部分汇聚子层（CPCS，Common Part Convergence Sub-layer）和业务特定汇聚子层（SSCS，Service Specific Convergence Sub-layer）。如果 ATM 层提供的信元传输能够满足用户业务的需求，可以直接利用 ATM 层的传送能力。

ITU-T 把所有业务划分成 4 种类型进行适配，每类业务对 AAL 有一定的特殊要求。业务类型的划分基于下列三个基本参数。

① 信源和信宿之间的定时关系：信息传送是否要求实时性或时间透明性。

② 比特率：信息传送的速率是否恒定。一些业务具有固定速率，称为固定比特率（CBR，Constant Bit Rate）业务；另一些业务称为可变比特率（VBR，Variable Bit Rate）业务。

③ 连接方式：通信是否采用面向连接方式。对于实时业务和数据量比较大的通信业务，一般采用面向连接方式，这样可以减少选路开销。但是对于小数据量业务的传送，可以直接采用数据报方式进行通信。即使用无连接方式传送信息。

图 4-29 所示为 ITU-T 建议 I.363 给出的四种类型的业务。

业务类型	A类	B类	C类	D类
定时关系	实时		非实时	
比特率	恒定	变比特率		
连接特性	面向连接			无连接
应用举例	64kbps话音	变比特话音/视频	面向连接数据	无连接数据

图 4-29　AAL 支持的业务类型

- A 类：信源和信宿之间存在定时关系，具有恒定的比特率，业务是面向连接的，类似于电路交换网提供的业务，因此称为"电路仿真（CS，Circuit Simulation）"业务。
- B 类：信源和信宿之间存在定时关系，业务也是面向连接的，但传输速率是可变的。

A、B 类的不同点是业务是否具有恒定比特率。显然 B 类具有更大的自由度，适合恒定质量的压缩信息，如音频、视频传送。但对资源管理、流量监测和控制提出了更高的要求。

- C 类：信源和信宿之间不存在定时关系，传输速率是可变的，但具有面向连接特征。此类业务适合于面向连接的数据和信令传输，和传统的 X.25 支持的业务是一致的。
- D 类：信源和信宿之间不存在定时关系，传输速率可变且具有无连接特征，适合传送无连接的数据，例如 IP 数据包在 ATM 上的传送。

上述业务类型可分为实时传送业务和数据传送业务。实时业务一般采用面向连接方式，但有速率是否恒定之分，因此 ITU-T 制定了 AAL1 和 AAL2 两种协议，分别针对实时业务的 A 和 B 两种类型。对于数据业务，计算机数据或信令信息的速率一般是可变的，区别在于是否采用面向连接方式。ITU-T 制定的 AAL3/4 协议和 ATM 论坛提出的 AAL5 协议都能支持 C 和 D 两类业务传送。在实际运用时，AAL1、AAL2 和 AAL5 应用较多。

4.4.3　ATM 交换机的基本组成

如图 4-30 所示，ATM 交换机的基本组成包括四个部分：输入处理、输出处理、ATM 交换结构和 ATM 管理控制单元。其中 ATM 交换结构完成交换的实际操作（将来自入线的输入信元交换到出线上去）。ATM 管理控制单元控制 ATM 交换结构的具体动作（VPI/VCI 翻译、路由选

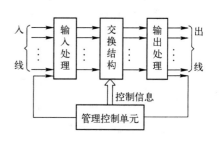

图 4-30　ATM 交换机基本组成

择）。输入处理对各入线上的 ATM 信元进行处理，使它们成为适合 ATM 交换结构内部处理的形式。输出处理则是对 ATM 交换单元送出的 ATM 信元进行处理，使它们适合在线路上传输。ATM 交换实际上就是相应的 VP/VC 交换，即进行 VPI/VCI 翻译和将来自特定 VPC/VCC 的信元根据要求输出到另一特定的 VPC/VCC 上。

1．输入处理

在传输线路上，消息以比特流形式传送，而 ATM 交换必须以信元为单位。即将 53B 作为一个整体同时进行交换。同时入线速率远低于交换机内部的速率，如何在规定的时间内将各条入线上的信元送入交换单元，是需要解决的首要问题。另外，传输线路上的消息格式以光形式为主，而目前的 ATM 交换机则以电信号为主，因此光电转换是必不可少的。其中最为基本的操作是比特流和信元流的转换，实际上就是物理层和 ATM 层之间的信息转换。输入处理完成的功能如下。

① 信元定界：将基于不同传输系统的比特流（如 SDH、PDH 等）分解成以 53B 为单位的信元。信元定界的基本原理是通过 HEC 和信头中前 4 个字节的关联确定的。

② 信元有效性检验：将信元中的空闲信元（物理层）、传输中信头出错的信元等丢弃，然后将有效信元送入系统的交换/控制单元。

③ 信元类型分离：根据 VCI 标志分离 VP 级 OAM 信元，根据 PTI 标志分离 VC 级 OAM 信元并提交管理控制单元，其他用户消息送入交换结构。

2．输出处理

输出处理完成与输入处理相反的操作，即把 ATM 信元变成适合于特定传输媒体的比特流形式。具体功能如下。

① 复用：将交换单元输出的信元流、控制单元产生的 OAM 信元流，以及相应的信令信元流复合，形成送往出线的信元流。

② 速率适配：将来自 ATM 交换机的信元适配成适合线路传输的速率。例如当收到的信元流速率过低时，填充空闲信元；当速率过高时，使用存储区予以缓存。

③ 成帧：将信元比特流适配成特定的传输系统要求的格式，如 SDH 帧结构格式。

3．管理控制单元

管理控制单元负责建立和拆除 VCC 和 VPC，并对 ATM 交换结构进行控制。同时处理和生成 OAM 消息。主要功能如下。

① 连接控制：VCC 和 VPC 的建立和拆除操作。例如在接收到一个建立 VCC 的信令后，如果经过控制单元分析处理允许建立，控制单元就向交换单元发出指令，指示交换结构凡是 VCI 等于该值的 ATM 信元均被输出到特定的出线上去。拆除操作执行相反的处理过程。

② 呼叫控制：在 UNI 和 NNI 接口上，接收和发送相应的信令信元以使用户/网络之间的协商得以顺利进行。

③ OAM 信元处理和发送：根据接收到的 OAM 信元，进行操作维护处理，如性能统计或故障处理。同时控制单元能够根据本节点接收到的传输性能参数或故障情况发送相应的 OAM 信元。

4．交换结构

交换结构是实际执行交换动作的重要部件，完成的功能包括信元选路、VPI/VCI 翻译、信元缓冲与调度等。其网络结构、缓冲机制、选路策略和阻塞特性等直接关系到交换机的效率和性能。ATM 交换机采用的交换结构与 2.1 节介绍的内容相似，不赘述。

4.4.4 ATM 信令

ATM 信令的主要功能是控制网络的呼叫和接续，在用户与节点和节点与节点之间，动态建立、保持/修改和释放各种通信连接，为连接协商和分配网络资源；支持点到点及点到多点通信；支持对称和非对称通信。用户和网络之间的信令为 ATM 接入信令；节点之间的信令为局间信令。ATM 网络信令协议结构如图 4-31 所示。

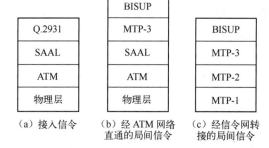

图 4-31　ATM 网络信令协议结构

1．ATM 接入信令

ATM 接入信令即 UNI 接口信令，在用户和 ATM 网络界面动态建立、保持和释放各种连接。如在建立连接时，用户向网络提供通信参数（被叫地址、带宽和时延、时延抖动容限和差错率要求等），网络根据这些通信参数判断是否接纳，如果可以则建立相应的连接。UNI 信令规定了传送各种通信参数和通知相应结果的过程和消息格式。

2．ATM 局间信令

ATM 局间信令采用网络节点接口（NNI）信令，由 ITU-T Q.2761、Q.2762、Q.2763、Q.2764 定义，它采用了类似于 NO.7 信令的体系结构，但有重大改变。ITU-T 称 B-ISDN 网络信令功能模块为 BISUP，对于 BISUP 的传送机制仍称为消息传送部分（MTP），但由于采用 ATM 信元来传送信令，所以与 NO.7 信令的 MTP 也有很大的区别。

有两种方式支持 BISUP：一种是基于 NO.7 信令网的 NNI 信令结构，另一种是基于 ATM 网络的 NNI 信令结构。NNI 接口的高层协议从 ISUP 发展而来。由于 MTP 完成 OSI 的下三层功能，而 SAAL 层实际完成的是链路层功能，所以在利用 ATM 网络传送高层协议信令时必须在 SAAL 层之上叠加 MTP-3（网络层的消息传送部分）。

4.5　局域网交换技术

局域网交换是在网桥基础上发展起来的网络技术，与传统网桥相比，它能提供更多的端口，端口之间通过交换矩阵或存储转发部件实现互连。局域网交换技术的引入，既可提高网络性能和数据传输的可靠性，又可增强网络的扩展性。

4.5.1　局域网体系结构

局域网标准是由 IEEE802 委员会制定的。所制定的标准都以 802 开头，其主要标准有：IEEE 802.3，CSMA/CD 访问方法及物理层规定；IEEE 802.4，令牌总线访问方法及物理层规定；IEEE 802.5，令牌环访问方法及物理层规定；IEEE 802.6，城域网（MAN）访问方法及物理层规定；IEEE 802.11，无线局域网。

如图 4-32 所示，在局域网体系结构中，数据链路层分为两个子层：媒体访问控制子层（MAC，Media Access Control）和逻辑链路控制子层（LLC，Logical Link Control）。

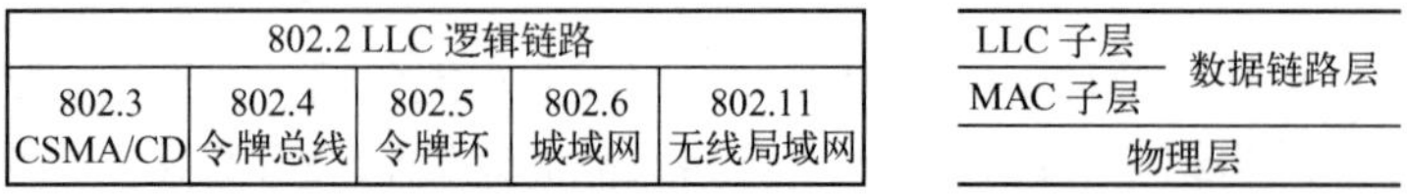

802.2 LLC 逻辑链路				
802.3 CSMA/CD	802.4 令牌总线	802.5 令牌环	802.6 城域网	802.11 无线局域网

	数据链路层
LLC 子层	
MAC 子层	
物理层	

图 4-32　IEEE 802 标准的局域网体系结构

（1）MAC 子层

MAC 子层的功能是实现共享信道的动态分配。它的任务是控制和管理信道的使用，实现一对多通信（即多址访问）：用一个共享信道将多个用户连接起来，实现他们之间的相互通信，既保证多个用户能从共享信道把信息发送出去，又使各用户能从这些信号中识别出发给自己的信号并接收信息。MAC 子层可提供广播、组播、点对点通信服务，采用无连接服务，其信息传送单位是 MAC 帧。

（2）LLC 子层

LLC 子层具有差错控制和流量控制功能，可实现数据帧在两个站点之间的可靠传送。LLC 与传输媒体无关，向上层提供统一的服务接口。LLC 提供 4 种类型服务：无确认的无连接服务；面向连接服务；带确认的无连接服务，用于令牌总线；高速传送服务，用于城域网。

LLC 可利用服务访问点（SAP）标识符为上层提供复用功能。IP、IPX 等网络层协议可以基于局域网实现互连。

4.5.2　二层交换与三层交换

1．二层交换

（1）传统网桥

早期以太网中，站点之间通过竞争共享信道的方式进行通信。共享式以太网连接的站点增加时，总线上的信号碰撞（冲突）概率也随之增大，传输效率和网络性能急剧下降。为此，可以使用网桥将一个较大的局域网（LAN，Local Area Network）分割为多个网段。网桥还可将两个以上的 LAN 互连为一个逻辑 LAN。无论哪种情况，LAN 上的所有用户都可互相访问。两个网桥可通过传输线路互连。如图 4-33 所示，网桥的工作原理是：通过监听网络上传输的所有帧，建立各网段站点与端口的地址表。当从一个网段收到一个目的地址不是本网段的 MAC 帧时，网桥要向别的网段转发。如果该帧是发往同一网段上某一站的，网桥则不转发，而将其滤除。当两个网段使用的 MAC 协议不同时，网桥还可进行协议转换。

传统网桥对帧的协议转换、数据转发是用软件实现的。由于网桥起到了隔离网段减少冲突的作用，在一定条件下具有增加网络带宽的作用。网桥的缺点是端口少，用软件实现交换使得转发速率较慢；其次，由于网桥不能滤除广播帧，因而存在广播风暴。

（2）交换式集线器

集线器一般具有多个端口，通过双绞线和计算机相连。集线器之间可级联，级联线路可用双绞线或光纤。集线器分为两种：共享式集线器和交换式集线器。

共享式集线器内部通过共享总线把各端口连在一起，在同一时刻只有一个端口能发送数据。共享式集线器使用的协议通常为 IEEE 802.3 载波监听多路访问/冲突检测（CSMA/CD，Carrier Sense Multiple Access with Collision Detection），也就是以太网协议。

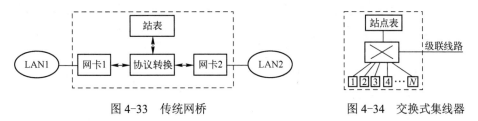

图 4-33　传统网桥　　　　　　　图 4-34　交换式集线器

交换式集线器采用硬件实现网内用户数据的交换，因此，也称局域网交换机，如图 4-34 所示。交换式集线器使用带有交换芯片的高速背板来连接各个端口。交换芯片是一个 $N×N$ 的交叉开关矩阵，N 为端口数，通过识别 MAC 帧的目的地址来实现 MAC 帧的转发。由于 MAC 帧的处理在第二层，因此也称为二层交换机。二层交换机工作过程如下：

- 当交换机从某个端口收到一个数据帧时，先读取帧头中的源 MAC 地址，从而确定源 MAC 地址所对应的站点连接在哪个端口，并记住 MAC 地址与端口的对应关系。
- 然后，读取帧头中的目的 MAC 地址，并对交换机内部的转发表（MAC 地址-端口号）进行检索，如表中存在对应的表项，则将数据帧直接复制到相应的端口上。
- 如表中不存在相应的表项，则将数据帧广播到其他所有端口。当目的站点应答时，交换机就"学习"到目的站点 MAC 地址与端口的对应关系，从而在转发表中建立一个新的 MAC 地址-端口号表项。下次转发同一地址数据时，就不再对所有端口广播了。
- 上述过程不断循环，交换机就可学习到所有站点的 MAC 地址-端口号信息，从而建立和维护自己的转发表。
- 如果交换机收到一个数据帧，经查询得知源和目的站点位于同一端口，则直接丢弃而不做转发。

二层交换机各端口之间可同时进行通信，因此没有必要使用 CSMA/CD 协议。但为了与早期的局域网兼容，仍支持原有的帧格式。交换式集线器具有很多优点，如支持的端口多，转发速率快，支持 VLAN，可限制广播风暴，具有更高的安全性。

目前，广泛使用的以太网交换机有 100Mbps、1000Mbps、10Gbps 及以上，也就是百兆、千兆、万兆位及更高速率的以太网交换机，它们的帧格式与 IEEE 802.3 以太网是兼容的。

（3）虚拟局域网

传统局域网中，连接在网桥/交换机同一端口上的计算机组成一个物理网段，不同网段之间通过网桥/交换机进行互连。网桥/交换机具有学习能力，可以自主建立站点-端口映像表以记录各站点 MAC 地址和所属网段/端口的对应关系。当网桥/交换机收到一个数据帧时，能根据其目的 MAC 地址查询映像表以便向目的网段/端口转发；如果站点表中没有该 MAC 地址的对应表项，则向所有网段/端口转发，这种方法称为洪泛法（Flooding）。洪泛法降低了网络带宽的利用率，容易造成广播风暴和网络拥塞。另一方面，任何一个站点只要知道其他站点的 MAC 地址，就可进行通信，网络的安全性也较差。

为了克服传统网桥/交换机的局限性，通常把分布在网上的站点进行逻辑分组（而不是根据它们的物理位置），同一组内各站点好像接在一个局域网上（属于一个广播域）；组间通信则有一定的安全控制，这样一个站点即使知道另一个站点的 MAC 地址，也不能通信。将划分后的每个工作组称为虚拟局域网（VLAN）。VLAN 划分一般采用下列方法：

① 根据交换机端口划分，不同交换机之间的端口也可以划分在同一个 VLAN 组内。

② 根据 MAC 地址划分，即通过人工配置将 MAC 地址不同的站点定义为一个 VLAN 组。

③ 根据网络层的 IP 地址进行划分。

按照 IEEE 802.1Q 标准的规定，每个 VLAN 采用标记进行标识。当交换机收到某个站点发出的一个 MAC 帧后，会在该 MAC 帧头加上 VLAN 标记，并根据 VLAN 标记判断该站点和目的站点是否属于同一 VLAN。如果它们属于同一 VLAN，则按照 VLAN 拓扑关系向目的端口转发。如果它们不属于同一 VLAN，则它们不能直接进行通信，而要根据 VLAN 之间互连的方法来进行处理。

VLAN 划分示例如图 4-35 所示，图中 H、PC 表示服务器和微机，H_1 和 PC_2 组成虚拟局域网 VLAN1，H_2 和

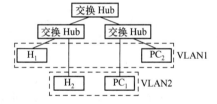

图 4-35　虚拟局域网划分示例

PC$_1$ 组成虚拟局域网 VLAN2。

由于不同 VLAN 之间不能通过第二层的 MAC 地址直接通信，它们的互连就要使用外部互连设备，如路由器。由于传统路由器使用软件对 IP 包进行存储、处理，转发速率比二层交换机要低，容易成为 VLAN 之间的通信瓶颈。为了解决这个问题，三层交换机应运而生。

2．三层交换

传统的分组交换都是在第三层进行交换的，由于是通过软件进行分组的存储转发的，效率一般较低。本节讨论的三层交换设备则不同，它相当于一个带有第三层路由模块的二层交换机，并实现了二者的有机结合，而不是简单地把路由器的硬件和软件叠加到二层交换机上。不同厂家有不同的三层交换解决方案。三层交换可以分成两个基本类型：逐包式交换和流式交换。前者主要用于局域网，后者主要用于广域网。本节只讨论前者，后者在 4.6 节讨论。

逐包式三层交换的基本思路是在普通二层交换机中嵌入一个路由模块，以实现依据三层信息进行分组的快速转发。因此，三层交换机除了拥有用于二层交换的站点地址表（MAC-端口表），还需建立专门用于三层交换的硬件转发表。具体实现方式，一般是采用专用 ASIC 交换引擎芯片，按照 IP 地址与 VLAN 标记和端口之间的对应关系，完成 IP 分组在三层交换机端口之间的直接转发，从而克服 VLAN 之间通过路由器互连速率较慢的问题。

不同厂商三层交换机的交换过程不尽相同。这里，假设主机 A、B 直接连接在三层交换机的两个不同网段上，并以 A 向 B 发送数据为例说明三层交换的工作过程：

（1）主机 A 在发起通信时，首先将目的主机 B 的 IP 地址与自己的 IP 地址进行比较，发现 B 与自己不在同一网段（如在同一网段，则采用二层交换方式），因此，需要通过网关进行通信。如果也不知道网关 MAC 地址，则主机 A 广播 ARP 请求以获取网关 IP 地址对应的 MAC 地址。

（2）网关在收到 ARP 报文后发现与自身 IP 地址一致，随即进行响应，在应答报文中包含了网关的 MAC 地址。

（3）主机 A 得到网关 ARP 应答后，再用主机 A 的 MAC 地址作为"源 MAC 地址"，网关 MAC 地址作为"目的 MAC 地址"对发送给主机 B 的数据包进行封装，并将数据帧发送给网关。这里，报文仍以 A 的 IP 地址作为"源 IP 地址"，以 B 的 IP 地址作为"目的 IP 地址"。

（4）网关在收到主机 A 发送的报文后，查看得知源和目的主机地址不在同一网段，于是将数据报文交给三层交换引擎（ASIC 芯片），并查找三层硬件转发表。

（5）如果在三层硬件转发表中找不到目的主机 B 的对应表项，则通过中断请求 CPU 查看软件路由表，如果软件路由表中有目的主机 B 所在网段的路由表项，则还需获取 B 的 MAC 地址，因为数据包在链路层需要经过 MAC 帧封装。于是 CPU 向 B 所在网段发送 ARP 请求报文，以获得目的主机 B 的 MAC 地址。

（6）交换机获得 B 的 MAC 地址后，将从主机 A 接收的报文以网关 MAC 地址作为"源 MAC 地址"，主机 B 的 MAC 地址作为"目的 MAC 地址"，进行重新封装，并转发到主机 B 所在端口。同时，三层交换引擎根据 CPU 软件路由表生成到目的主机 B 的硬件转发表项。

此后，三层交换机凡是需要传送至目的主机 B 的数据就不用再去访问 CPU 中的软件路由表了，而是直接利用三层硬件转发表进行数据转发。

从上述流程可以看出，三层交换机正是利用"一次路由、多次交换"的原理实现了转发性能与三层交换的完美统一。"一次路由"是指第一个数据包通过 CPU 进行软件转发，并建立三层硬件转发表项；"多次交换"是指去往同一目的地的后续数据包通过 ASIC 交换芯片实现硬件转发。

第三层交换机之所以称为三层交换机就是因为它可以看懂三层信息，如 IP 地址、地址解析协议（ARP）等。所以应用第三层交换技术既可实现网络的路由功能，又可以实现最优的网络性能。逐包式三层交换主要用于基于 MAC 帧的网络环境中，比如互连虚拟局域网。

4.6　路由器与 IP 交换技术

路由器出现于 20 世纪 80 年代末，它是一种用于互连不同类型网络（即异构网络）的通用组网设备，其功能远比网桥和交换机复杂。路由器具有路由选择和分组转发功能，不但可为跨越不同子网的分组选择最佳路径，而且可以实现异构网络的互连。通过路由器将分布在各地的计算机局域网互连起来便可构成广域网，实现更大范围的资源共享和信息传送。目前，最大的计算机广域网就是互联网。

互联网的网络结构示意图如图 4-36 所示，图中两端的局域网经过路由器接入广域网。信息在网络中按存储-转发方式进行传递，这和信件邮递有些相似。用户信息被放在一个个分组中，每个分组都有一个"信封"，上面有收信人、发信人地址等信息，这些"信"被送到网络交换设备——在互联网网络中称为路由器（相当于"邮局"），路由器根据收件人地址向下一个路由器转发，直到交给最终用户。由于每一个国家的邮局都有自己的语言、信封格式和邮政编码体系，因此跨国信件的信封通常要用世界通用的英语书写，并要符合对方的信封格式。同样，不同的网络可能使用不同的信息格式，它们之间互连时就要转换为通用的分组格式。IP 就是网络互联协议的工业标准。

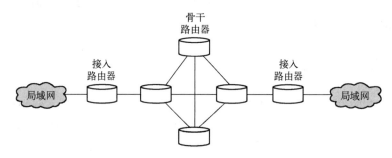

图 4-36　互联网网络结构示意图

4.6.1　路由器的工作原理

路由器在网络层（IP 层）提供分组转发服务。路由器操作的 IP 分组头包含第三层协议信息，而工作在第二层的网桥/交换机无法解读这些信息，所以，路由器提供的服务更为完善。

路由器与网桥/交换机的另一个重要差别是，路由器了解整个网络的拓扑结构和工作状态，因而可使用最有效的路径转发分组。路由器可根据传输费用、传输时延、网络拥塞或信源和终点间的距离来选择最佳路径。

路由器可以划分为控制部分和数据转发部分，其功能结构如图 4-37 所示。在控制部分，路由协议可以有不同的类型，路由器通过路由协议交换网络的拓扑信息，依照拓扑结构动态生成路由表。在数据转发部分，转发引擎从输入线路接收 IP 分组后，分析与修改分组头，使用转发表查找下一跳，并将数据交换到输出线路上，向相应方向转发。转发表是根据路

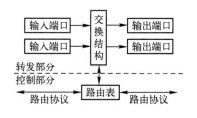

图 4-37　路由器的功能结构

由表生成的，其表项和路由表项有直接对应关系，但转发表的格式和路由表格式不同，它更适合实现快速查找。转发的主要流程包括线路输入、分组头分析、数据存储、分组头修改和线路输出。

输入端口是物理链路的连接端点，其设计遵守物理链路设计标准，完成的功能主要包括：

① 数据链路层帧的封装和解封装。

② 在一些路由器的设计中，转发表被下发到各个输入端口，输入端口根据转发表可以直接进行查表并将数据送往输出端口，从而减轻中央路由处理器的负担。

③ 为了提供 QoS 支持，输入端口可以根据预先指定的策略对接收的报文进行分类。

输出端口主要完成数据的排队、缓冲管理及调度输出。另外输出端口也要执行数据的封装和支持链路层、物理层协议。

路由表中存储有关可能的目的网络及怎样到达目的网络的信息，如图 4-38 所示。由于 IP 编址方式和分配方法的特点，使得路由表只包含网络前缀的信息而不需要整个 IP 地址。路由表中包含许多（N，H）对偶（Pair）表项，其中 N 表示目的网络的 IP 地址前缀，H 表示向网络 N 方向前进的下一步（即所谓的"下一跳"）路由器的 IP 地址。H 称为下一跳，用路由表存储下一跳的做法称为"下一跳选路"。因此，路由器并不知道到达目的网络的完整路径。这种方式使得选路效率较高，同时也可减小路由表。为了进一步减小路由表，可使用默认路由方式，对各种未说明路由的目的地使用默认路由。比如一个企业网络，只有一个到互联网的连接，其路由器出口路由表就只有一个表项，这就是到所有外部网络的默认路由。如果一个路由器是互联网骨干路由器，有多条链路连接，那么其路由表就可能有几十万个表项，这对路由器性能提出了很高的要求。

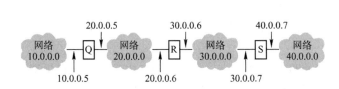

图 4-38　路由表举例

如果两台路由连接到同一物理子网（例如同一个以太网、ATM 网），就能进行直接交付，不用通过别的路由器转发。这时需要通过地址解析协议（ARP）把 IP 地址转换成底层物理地址，在以太网中是向 MAC 地址转换，在 ATM 网中是向 ATM 地址转换。

传统路由器执行的是最长网络前缀匹配，表项检索时间较长，因此转发表查找成为影响路由器速度的主要因素。如果根据转发引擎的实现机理来区分，路由器可以分为软件转发和硬件转发两种类型。软件转发路由器使用 CPU 运行软件实现数据转发，硬件转发路由器使用网络处理器等硬件技术实现数据转发。

普通企业使用的路由器一般是软件转发路由器，与局域网交换机相比，路由器转发相对较慢。如果两个 VLAN 通过路由器互连，则路由器可能成为通信瓶颈。为此，要使用交换式路由器，也就是第三层交换机。

4.6.2　路由选择协议

路由选择协议（也称为路由协议）是路由器用来完成路由表建立和路由信息更新的通信协议。按应用范围的不同，可以将路由协议分为两类：在一个自治系统（AS，Autonomous

System）内部使用的路由协议称为**内部网关协议**（IGP，Interior Gateway Protocol），不同自治系统之间使用的路由协议称为**外部网关协议**（EGP，Exterior Gateway Protocol），这里网关就是路由器。那么什么是自治系统呢？**自治系统就是处于一个管理机构控制之下的路由器和网络群组**。在一个自治系统中的所有路由器必须运行相同的路由协议。

目前，常用的内部网关路由协议包括：RIP、IGRP、EIGRP、IS-IS 和 OSPF。其中前 3 种路由协议采用的是距离向量算法，IS-IS 和 OSPF 采用的是链路状态算法。基于距离向量算法的路由协议易于配置和管理，在小型网络中应用较为广泛。但在面对大型网络时，不但其固有的环路问题变得更难解决，所占用的带宽也迅速增长。因此，大型网络常采用基于链路状态算法的 IS-IS 和 OSPF 协议。

外部网关协议最初采用的是 EGP。EGP 是为一个简单的树形拓扑结构设计的。随着越来越多的用户和网络加入互联网，EGP 的局限性越发明显。为此，IETF 边界网关协议工作组又制定了标准的边界网关协议——BGP。

限于篇幅，下面主要介绍几种常用的路由协议。

1. 路由信息协议

路由信息协议（RIP，Routing Information Protocol）是以跳数作为衡量指标的距离向量协议。RIP 是一种内部网关协议（IGP，Interior Gateway Protocol），即在自治系统内部执行路由功能，在各种边缘网络、企业网络中应用广泛。与此相应的外部网关路由协议（EGP，Exterior Gateway Protocol），如边缘网关协议（BGP，Border Gateway Protocol），则在不同的自治系统间进行路由。RIP 最新的增强版是 RIP2 规范，它允许在 RIP 分组中包含更多的信息并提供了简单的认证机制。

RIP 在两个文档中正式定义：RFC 1058（1988）描述了 RIP 的第一版实现；RFC 1723（1994）是它的更新，允许 RIP 分组携带更多的信息和安全特性。

（1）路由更新原理

RIP 是一种分布式基于距离向量的路由选择协议，它要求网络中的每一个路由器都要维护从它自己到其他每一个目的网络的距离记录。RIP 以规则的时间周期（通常为 30 秒）及在网络拓扑改变时向相邻路由器发送路由更新信息。当路由器收到包含某表项的路由更新信息时，就更新其路由表：该路径的 metric（度量）值加 1，发送者记为下一跳。RIP 路由器只维护到目的网络的最佳路径（具有最小 metric 值的路径）。更新了自己的路由表后，路由器立刻发送路由更新信息并把变化通知给相邻路由器，这种更新是与周期性发送的更新信息无关的。

（2）RIP 路由更新算法

RIP 使用跳数来衡量源网络到目的网络的距离。从源网络到目的网络的路径中每一跳被赋以一个跳数值，此值通常为 1。路由器收到路由更新信息时，就把到达相应目的网络的 metric（跳数）值加 1，并以发信路由器为下一跳，然后与本地路由表进行比较。

RIP 通过对从源网络到目的网络的最大跳数加以限制来防止路由环路，最大值为 15。如果路由器收到了含有新的或改变表项的路由更新信息，且把 metric 值加 1 后成为无穷大（即 16 表示不可达），就认为该目的网络不可到达。由于 RIP 网络跳数不能超过 16，这就限制了网络规模，故通常 RIP 只适用于小型网络。

路由表更新算法如下：

收到一个相邻路由器（定义为 X）的一个 RIP 报文，本地路由器执行下列操作：

（1）先修改此 RIP 报文中的所有项目：把"下一跳"字段中的地址都改为 X，并把所有的"距离"字段值加 1。

（2）对修改后的 RIP 报文中的每一个项目，重复以下步骤：

若项目中的目的网络不在路由表中，则把该项目加到路由表中。

否则，若下一跳存在相同的项目，则用收到的项目替换原路由表中的项目。

否则，若收到项目中的距离小于路由表中的距离，则进行更新。

否则，什么也不做。

（3）若 3 分钟还没收到相邻路由器的更新路由表，则将此相邻路由器记为不可达，即将距离置为 16。

（4）返回

（3）RIP 的特性

在正常情况下，通过重复若干次上述更新操作，所有路由器最终都会知道到达本系统任何一个网络的最短距离和下一跳地址。不过，早期的 RIP 协议在网络出现故障时，存在故障消息传播慢的缺点。即当某一链路（或网络）出现故障时，要经过较长时间（往往要几分钟）才能使非直连的路由器知道这一情况。这就是所谓的"好消息传播得快，坏消息传播得慢"。当某个路由器同时收到距离为 16 和距离小于 16 的路由消息时，总是将路由表项更新为距离较小者。因此，在此期间可能造成路由环路。RIP 第一版（RFC 1058）通过水平分割等措施，已基本解决"坏消息传播得慢"的问题。RIP 第二版（RFC 1723）则使这一问题得到进一步改善。

RIP 简单、易实现，在小型网络中得到普遍应用。但由于路由器之间交换的路由信息是完整的路由表，因而随着规模的扩大，开销增加很快，从而限制了 RIP 网络的规模和扩展性。

（4）RIP 定时器

RIP 使用了一些定时器以控制其性能，包括路由更新计时器、路由超时定时器和路由清空定时器。路由更新定时器记录周期性更新的时间间隔，通常为 30 秒。每当该定时器重置时增加数值较小的随机秒数以防止冲突。每个路由表项都有相关的路由超时定时器，当路由超时定时器到期时，该路径就标记为失效，但仍保存在路由表中，直到路由清空定时器到期才被清掉。

2．开放最短路径优先协议

开放最短路径优先（OSPF，Open Shortest Path First）是由 IETF 为 IP 网开发的另一和路由协议，和 RIP 一样，它也是一种内部网关协议。OSPF 创建的动机是为了解决 RIP 的缺点，即 RIP 不能服务于大型网络。

OSPF 有两个主要的特性。首先该协议是开放的，即其规范是公开的，公布的 OSPF 规范是 RFC1247。另一个基本的特性是 OSPF 基于最短路径算法，该算法也称为 Dijkstra 算法，即以创建该算法的人来命名。

（1）基于链路状态的路由协议

OSPF 是基于链路状态的路由协议，由于各路由器之间频繁地交换链路状态信息，因此所有的路由器最终都能建立一个链路状态数据库（拓扑结构图）。路由器之间交换的链路状态包含连接的路径、该路径的 metric（度量）及其他的参数信息。在 OSPF 中，metric 是一个无量纲的数，可以是距离、时延、带宽等，也可以是这些参数的综合。OSPF 路由器收集链路状态信息，并使用最短路径算法计算到各节点的最短路径。

作为链路状态路由协议，OSPF 与 RIP 等距离向量路由协议仅考虑跳数，而不考虑路径繁忙状态是不同的。RIP 路由器的工作模式是在路由更新信息中把路由表全部或部分发送给其相邻的路由器。而基于链路状态的路由协议则是把路由表变化的部分发送给其相邻的路由器，从而减少了路由更新流量。

（2）路由层次

与 RIP 不同，OSPF 的工作是有层次的。一个 OSPF 网络可以分为多个区域（Area），即一组连续的网络和相连的主机。划分区域的好处是为了限制链路状态信息的洪泛范围，从而减少网络通信量。在一个区域内部的路由器只知道本区域的网络拓扑，而不知道其他区域的拓扑情况。连接多个区域的路由器称为边缘路由器，边缘路由器要为每个区域保存其链路状态数据库。链路状态数据库实际上是网络拓扑结构图，包含从同一区域所有路由器收到的链路状态的集合。因为同一区域内的路由器共享相同的拓扑结构，所以它们具有相同的链路状态数据库。

区域的划分产生了两种不同类型的 OSPF 路由，区别在于源和目的地是否在相同的区域，分别为区域内路由和域间的主干路由。

OSPF 主干路由负责在区域之间分发路由信息，包含所有的区域边缘路由器、连接这些区域的网络及其相连的路由器。

主干本身也是一个 OSPF 区域，所以所有的主干路由器与其他区域路由器一样，使用相同的过程和算法来维护主干区域内的路由信息，主干拓扑对所有域间的边缘路由器都是可见的。

（3）其他特性

OSPF 的附加特性包括多路径路由和基于 IP 服务类型（ToS）请求的路由。基于 ToS 的路由支持具有特定服务类型的上层协议。例如，应用程序可能指定某些数据为紧急的，如果 OSPF 有高优先级的路由，就可用于传输紧急数据。

OSPF 具有负载均衡功能。如果到达某个目的地的多条路径的 metric 相同，则能实现负载均衡。OSPF 路由信息交互基于一定的认证机制，安全性较好。由于一个路由器的链路状态只涉及相邻路由器，因而与整个网络的规模并无直接关系。因此当网络规模较大时，OSPF 的适应性要比 RIP 好得多。而且，当网络拓扑变化时，OSPF 的收敛速度也比 RIP 快得多，其响应网络变化的时间小于 100ms。同时，OSPF 也没有"坏消息传播得慢"的问题。

3. BGP 协议

BGP 是一种在不同自治系统路由器之间进行路由信息交换的外部网关协议。目前使用的版本是 1993 年开发的 BGP 版本 4，主要改进在于支持无类别域间路由（CIDR），并使用路由聚合来减小路由表的尺寸。

BGP 系统与其他 BGP 系统之间交换网络可达信息，这些信息包括要到达某个网络所必须经过的一系列自治系统。根据这些信息构造一幅自治系统连接图。然后，根据连接图删除选路环，制定选路策略。

一个自治系统中的 IP 数据报可以分成本地流量和通过流量。在自治系统中，本地流量是起始或终止于该自治系统的流量。也就是说，其信源 IP 地址或信宿 IP 地址所指定的主机均位于该自治系统中。其他流量则为通过流量。在互联网上使用 BGP 的一个目的就是减少通过流量。

BGP 使用 TCP 作为其传输层协议。两个 BGP 路由器首先建立 TCP 连接，交换自治系统号、BGP 版本、路由器 ID 等信息，这些信息被接受并确认后，邻居关系就建立起来了。BGP 信息是一组通过 BGP AS 号来描述的完整路径，两台路由器建立起邻居关系之后，通过交换此信息来表明路由的可达性。由于 BGP 使用的 TCP 连接是可靠的，因此不需要定时更新，在 BGP 刚刚运行时，BGP 邻站之间交换整个路由表，但以后只需更新有变化的部分。

4.6.3 IP 交换技术

与局域网中的三层交换不同，广域网中的 IP 交换本质上是基于流的三层交换，其基本思路是尽可能避免对 IP 分组的逐个处理，以提高节点的转发效率。**流是指具有相同标识（如源 IP 地、源端口号和目的 IP 地址、目的端口号）或服务要求的一组彼此相关的一些列分组的集合**。流式三层交换根据实现机制不同而有多种方式，如 Ipsilon 公司的 IP 交换，3Com 公司的快速 IP 交换，以及由 Cisco 提交给并由 IETF 标准化的多协议标记交换（MPLS，Multiple Protocol Label Switch）。

IP 交换技术由 Ipsilon 公司于 1996 年最先提出。Ipsilon 公司的 IP 交换机可看做是 IP 路由器和 ATM 交换机的组合，其中 ATM 交换机去除了复杂的 ATM 信令，并受 IP 路由器控制。在结构上，IP 交换机由 ATM 交换机硬件和一个 IP 交换控制器组成。IP 交换控制器由流分类器、IP 路由软件和控制软件组成，用于控制 ATM 交换机工作。其中，流分类器要对数据流进行甄别，以确定是否建立 ATM 直通连接。对于持续时间较长、业务量大的数据流，建立 ATM 直通连接，从而实现"一次路由，然后交换"；对于持续时间短的、业务量小的数据流，仍采用传统的 IP 转发方式。

3Com 公司的快速 IP 交换属于端系统驱动的流式交换技术，其工作原理基于 NHRP（下一跳解析协议）。源端主机发送一个快速 IP 连接请求，该请求就像数据分组一样通过路由器转发穿过网络，如果目的端主机也运行快速 IP，则它发送一个包含其 MAC 地址的 NHRP 应答报文给源端主机。如果源端主机和目的端主机存在二层交换通路，当 NHRP 应答报文到达源端主机时，将在经过的中间节点中建立起二层连接标识（如 MAC 地址）和端口的映射表。随后源端主机可根据二层地址直接通过二层通路交换数据报文，不再采用路由转发。如果两端主机之间没有交换路径而无 NHRP 应答返回，则报文仍按路由方式转发。

IP 交换和快速 IP 技术的缺点是只支持 IP 协议，同时它的效率依赖于具体的用户业务环境，对于大多数持续时间长、业务量大的用户数据，能获得较高的效率；但对于持续时间短、业务量小、呈突发分布的数据流，IP 交换的效率就将大打折扣。

目前，实用的 IP 交换技术是多协议标记交换（MPLS）。

4.7 多协议标记交换技术

4.7.1 MPLS 基本概念

标记是一个短小、定长，并具有局部意义的连接标识。ATM、帧中继、X.25 等网络本身具有标记功能，如 ATM 的 VPI/VCI，帧中继的 DLCI，X.25 的逻辑信道号。这些标记都是虚电路建立时由网络分配的一种连接标识，不需包含网络地址，字节长度较短。ATM、帧中继交换机是通过硬件在第二层根据标记实现信元或帧的快速转发（即标记交换）的，X.25 分组交换机是由软件在第三层根据标记实现分组转发的。如果能够把 IP 分组也打上标记，用标记识别连接，根据标记用硬件实现分组快速转发，则可以大大提高 IP 分组的转发速率。按照这种思路，一些厂家推出了标记交换产品，如 Ascend 公司（已被 Lucent 收购）的 IP 导航器和 Cisco 公司的标签交换等。

IETF 基于 Cisco 公司的标签交换技术，在 1997 年正式推出了多协议标记交换（MPLS），其关键概念是：

（1）将路由控制和分组转发分离，用标记来识别业务流，并把标记封装后的分组转发到已升级改良过的交换机或路由器，由它们在第二层进行标记交换，转发分组；

（2）IP 分组标记的产生和分配所需的网络拓扑和路由信息则是通过原有 IP 路由协议获得

的，不用进行二层地址和三层地址之间的转换就可以实现 IP 地址和标记之间的映射。而且通过转发等价类 FEC（Forwarding Equivalence Class）这种标记映射的汇聚性特性，可以实现标记及连接的复用，提高网络的可扩展性。

4.7.2　MPLS 工作原理

1. 基本原理

MPLS 的基本原理是在网络边缘对 IP 分组进行分类并打上标记，在网络核心按照标记进行分组的快速转发。如图 4-39 所示，MPLS 网络由标记边缘路由器（LER，Label Edge Router）和标记交换路由器（LSR，Label Switch Router）组成。在 LSR 内，MPLS 控制模块以 IP 功能为中心，转发模块基于标记交换算法，并通过标记分配协议（LDP，Label Distribution Protocol）在节点间完成标记信息以及相关信令的发送。LDP 信令以及标记绑定信息只在 MPLS 相邻节点间传递。LSR 之间或 LSR 与 LER 之间仍然需要运行标准的路由协议，并由此来获得网络的拓扑信息。通过这些信息 LSR 可以明确选取报文的下一跳并可最终建立特定的标记交换路径（LSP，Label Switch Path）。由于每个标记交换机对标记是独立编号的，各交换机给某个 LSP 所分配的标记是不一样的，在一个 LSP 建立的过程中需要把这些标记串联在一起（这称为标记绑定）。LSP 属于单向传输路径，因而全双工业务需要两条 LSP，每条 LSP 负责一个方向上的业务。

当 IP 业务流需要穿越 MPLS 网络时，入口 LER 通过分析 IP 包头，包括 IP 地址信息、区分服务字段（TOS 字段）等，为每个业务流分配一个具有特定结构的定长标记并封装在 IP 包头之前。在 MPLS 网内，持有不同标记的业务流沿着各自的标记交换路径 LSP 到达出口 LER。在出口 LER 处，去除 IP 包头的标记封装，恢复原来的 IP 包并进入出口网络，由出口网络进行后续转发。

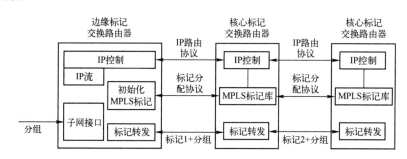

图 4-39　MPLS 网络结构示意图

如图 4-40 所示，标记交换不受任何特定网络层协议限制，其转发机理既可以用于 IP 数据包的标记交换，也可以用于 IPX 数据包的标记交换。因此，就网络层协议而言，标记交换是一种支持多协议的解决方案。其次，在任何链路层上（比如局域网、ATM、帧中继等的链路层）都可以定义相应的标记，按同样的算法进行标记替换。因此就链路层协议而言，MPLS 也是一种支持多协议的解决方案。

由于标记交换技术可以基于多种链路层协议，根据具体应用不同，标记的封装也有差异。当标记交换基于 ATM 或帧中继时，采用 ATM 或帧中继的 VPI/VCI 或 DLCI 字段进行封装。当基于其他链路层技术时，必须采用定义的 shim（薄片）标记格式进行封装。

图 4-41 所示为 shim 标记的结构，也称为薄片型标记。32 比特的 MPLS 头包括以下字段：标记字段（20bit），用于承载 MPLS 标记值；COS 字段（3bit），用于分组的排队和丢弃处理，在分组传输经过网络时使用；S（堆栈底标志）字段（1bit），支持标记栈功能，如用于指

示层次化路由结构；TTL 字段（8bit），提供传统的 IP TTL 功能。

图 4-40　标记交换的多协议支持结构

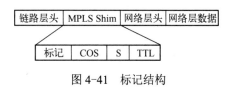

图 4-41　标记结构

2. 等价转发类

等价转发类（FEC）是**具有相同业务特征和转发处理要求的分组的集合**。FEC 既体现了业务对网络服务的要求，也体现了网络对流的处理方式。在 LER 中，FEC 可以是根据源地址、目的地址、源端口、目的端口、协议类型、VPN 等元素的任意组合，进入 MPLS 网络的 IP 分组与特定 FEC 之间存在一个映射过程，并通过标记进行标识。

根据 MPLS 协议规定，IP 分组仅在 MPLS 网络边缘节点 LER 进行 FEC 的匹配，同时采用固定长度的标记表示该 FEC，并将此标记封装在 IP 报头的前面，即意味着 IP 报头信息不再用于网络中后续标记交换路由器的路由查找操作。由于在每个标记交换路由器 LSR 中建立了类似于路由转发表的标记转发表，因此，数据报转发是通过查找固定长度的标记实现的，其速率远高于传统路由表查找所采用的最长前缀匹配法。处于 LSP 路径中的 LSR 收到一个 IP 分组后，利用分组携带的标记在标记转发表中进行检索，确定下一跳 LSR，并在出端口用新的标记替换原有标记。这样携带新标记的报文便沿着 LSP 向目的地转发（见图 4-39）。

FEC 的一个重要特征是它的转发粒度。如在一种情况下，一个 FEC 可以包括网络层目的地址与一特定地址前缀相匹配的所有分组，即通向相应 MPLS 出口的所有分组。这种类型的 FEC 提供粗转发粒度。在另外一种情况下，一个 FEC 只包括那些属于在一对主机之间运行的一类特定应用的分组，也就是说，一个 FEC 只包括那些网络层源地址和目的地地址都相同且传输层端口也相同的分组（源地址和目的地址被用于识别主机，而传输层端口则被用于识别计算机内的一个特定的应用）。这种类型的 FEC 提供非常精细的转发粒度。粗转发粒度对于整个系统的可扩展性是非常重要的。另一方面，只支持粗粒度又会使整个网络的灵活性降低，因为它不能区别不同类型的流。因此，建立既可以扩展而又功能丰富的路由系统将需要支持广泛的转发粒度，同时也需要系统具有灵活地组合不同转发粒度的能力。

3. 标记分发机制

在 MPLS 网络中，标记交换机 LSR 在分配好标记后，需要将该标记信息通知相邻 LSR。标记分配与通知的方法有两种，按照与数据流传送方向的关系，分别称为下游分配方式和上游分配方式。

（1）下游标记分配方式

首先由 LSP 路径上的最末端节点针对业务流的 FEC 分配一个标记，然后把标记传给它上游的相邻节点；该相邻节点也为业务流分配一个标记，把其标记与末端节点的标记进行绑定（建立映射关系），再把其标记向上游节点传送；依此类推，直到 LSP 路径起始节点。

下游标记分发又可以分为下游标记请求分发和下游标记主动分发。下游标记请求分发是指下游 LSR 在接收到上游 LSR 发出的标记-FEC 绑定请求后，检查本地的标记-FEC 映射表，如果已经有相应绑定，就把该标记绑定信息发给上游 LSR；否则在本地分配一个标记与该 FEC 绑定，再发回给上游 LSR。

下游标记主动分发是指在上游 LSR 未提出标记绑定请求的情况下，下游 LSR 把本地标记绑定信息分发给上游 LSR。

（2）上游标记分配方式

该方式与下游标记分配方式过程相反，这里不再赘述。

在下游分配方式中，各 LSR 实际上是自己分配的标记，只不过标记之间的绑定关系是由下游传向上游。而在上游分配方式中，一个 LSR 使用的标记是由其上游 LSR 分配的，需要解决标记的重复问题，不如下游分配方式简单、自然。上游分配策略适用于多播业务，因为它允许所有输出端口使用相同的标记。

MPLS 可以使用拓扑驱动模型，根据路由表反映的拓扑结构或者根据请求信令，进行标记的分配、绑定和转发，建立 LSP；也可以使用流驱动模型，在分组流到达时，自动识别流的特性，实时进行标记的分配、绑定和转发，建立 LSP。

拓扑驱动的优点在于 LSP 的提前建立和长期保持（相当于 ATM 中的半永久虚电路，只有当网络拓扑发生变化或者网管人员重新配置时才会改变），并且一个 LSP 可以方便地被同一个等价转发类中的多个流复用；缺点是 LSP 复用性能依赖于等价转发类的粒度，在粒度较粗时不能提供区别服务的 QoS 保证。

信令请求驱动方式和 ATM 中交换虚电路的建立方式类似，优点在于可以为每个流预约合适的网络带宽，能保证每个流的服务质量；缺点是对于短流，效率不高。

在流驱动模型中，属于同一个等价转发类的流开始的若干个分组仍然在 IP 层进行路由转发，同时进行 LSP 路径的建立，后续分组沿 LSP 进行快速交换。流驱动模型是拓扑驱动和请求驱动特点的折中，它既能较好地保证单个重要流的 QoS，对短流也有较高的效率。

（3）标记分配协议

在 MPLS 网络中，标记分配功能是通过标记分配协议（LDP）实现的。LDP 描述了 MPLS 域中路径的建立、维护，以及设备操作等一系列内容。

LDP 的主要功能包括：规定 MPLS 的信令与控制方式，发布〈标记，FEC〉映射，传递路由信息，建立与维护标记交换路径等。按照事件顺序，LDP 的操作主要由发现、会话路径的建立与维护、标记交换路径（LSP）的建立与维护、会话的撤销等四个阶段构成。

LDP 发现阶段：是一种用于探知潜在 LDP 对等体的机制，它使得不必手工配置 LSR 的标记交换对等体。LDP 发现有两种不同的机制：基本发现机制用于探知链路级直接相连的 LSR，扩展发现机制用于支持链路级上不直接相连的 LSR 间的会话。

LDP 会话路径建立与维护阶段：LSR 使用发现消息，得知网络中潜在的对等体之后，就开始与该潜在对等体建立 LDP 会话。

标记交换路径的建立与维护阶段：在建立了 LDP 会话之后，LSR 就可以进行标记绑定消息的分发了。所有 LSR 由此过程可以建立标记信息库，多个路由器的标记信息库的建立过程也是标记交换路径（LSP）的建立过程。

会话的撤销阶段：LSR 针对每个 LDP 会话连接维护一个会话保持定时器，如果会话保持定时器超时就结束 LDP 会话，也可以通过发送关闭消息来终止 LDP 会话。

4．环路控制

LSP 的建立基于路由信息，而大多数路由协议都是基于分布式计算的，它们假设在计算路由期间，网络状态不会改变且广播路由信息都不会丢失。但实际网络是很复杂的，种种不可预测的因素，使得按路由算法得到的路由可能存在临时的环路。这样，LSP 也有可能形成环路。为此需要通过路由环减轻、检测和避免等方法来进行环路控制。

路由环减轻就是利用 TTL 字段等手段将路由环所造成的影响降到最小。每通过一次转发，TTL 都减小 1。当出现路由环时，TTL 会变为 0，此时分组被丢弃，从而减轻进入路由环的分组对整个网络的影响。但是 ATM 和帧中继均不支持 TTL。其他的方法还有动态路由和公平排队等。因为循环数据通常会阻塞通路，从而降低路由控制信息传递的速度，也就同时降低了该条路由的收敛速度，所以动态调整后的路由就会收敛在没有循环的路由上。而公平排队则是将属于不同流的数据分别排队、转发，在某些流出现循环后，不会影响其他业务流的传递。

对于路由环检测方式，一条路径建立时可能出现路由环，但 MPLS 系统将会检测到路由环并进行删除或弃用。可以通过在 MPLS 消息中加入路径矢量域来检测路由环。路径矢量域中包含了某个流路径上游的每个节点的标识符。当某个节点收到含有这个矢量域的消息时，就检查自己的标识符是否已经在路径矢量域中：如果已经有自己的标识符，则表明产生了回路，删除该路径；如果没有，则将自己的标识符加到路径矢量域中并前传 MPLS 消息。

检测路由环的另一种方法是在路径发生改变时，沿着新的路径向目的地发送路由环检测控制包。因为要做路由环检查，所以沿途各节点不能以通常的第二层交换方式传递这个控制包。在传递过程中，如果出现 TTL 为 0 或发送者收到这个包，则判定为路径循环，该路径将被丢弃。

对于路由环避免方式，下列方法可以杜绝路由环的生成。一种方法是在从下游向上游分发标记的控制消息中包含所经历的路径信息表，每个上游节点在收到这个消息时都要做路由环检查（检查路径信息表中是否包含本节点），检查到路由环则将该控制消息删除，循环路径便不会形成。防止路由环的另一种方法是使用显式路由，即在建立路径的发起端就指定路径所经历的每个节点，只要这个发起端足够智能，就不会出现循环路径。但是显式路由要求节点了解全网路由信息（而不只是下一跳信息），只有像 OSPF 这样的协议才能够支持这种路由方式。

4.7.3　MPLS 的应用

MPLS 集成了路由灵活性与交换高效性的综合优势，是目前主流的宽带 IP 交换技术。MPLS 所具有的面向连接、高速交换、支持 QoS 等特点，使它在宽带 IP 网络的组网中获得了广泛的应用。下面主要介绍 MPLS 在虚拟专用网、流量工程和 GMPLS 中的应用。

1. MPLS 虚拟专用网

虚拟网技术主要用于大型企业和行业用户在国内外的分支机构（如银行、保险、运输、大型制造和连锁企业等）实现企业的广域连网。虚拟网的目标是为地理位置分布在不同地区的大型企业及其合作伙伴、客户建立一个安全可靠、高性能的通信环境。虚拟网技术可以分为虚拟局域网（VLAN）和虚拟专用网（VPN）两大类。对于 VLAN，我们已经在 4.5 节做了介绍。VPN 是在公共通信网络中应用的虚拟网技术，它从公共通信网络中划分出一个可控的通信环境，只有授权的用户才能访问一个指定的 VPN 内的资源，VPN 内部用户之间的通信简便、高效。

MPLS 的特色应用之一就是对 VPN 的支持。MPLS 通过使用 ATM 或者帧中继 PVC 或者其他形式的隧道来建立 VPN，以便将用户的路由器互联起来。MPLS VPN 可为用户提供服务质量和安全保证，同时大大节省成本。特别是通过 MPLS VPN 可以为企业用户提供包括话音、数据甚至视频业务在内的多媒体统一通信平台。VPN 可使企业利用运营商的设施和服务，同时又具有网络的控制权。这样可以节省设备投资、管理和维护费用，而得到的网络服务水准却更高。

2. 流量工程

流量工程是根据业务需要分配网络资源的控制过程，可将通信流量分配到特殊路径和专用资源上以实现负载均衡，使得网络资源得到充分利用，提高网络性能和用户服务质量。

MPLS 流量工程具有如下特点：

（1）MPLS 流量工程提供完整的流量管理方法，允许网络管理者指定确定的物理路由。

（2）利用 MPLS 可以进行网络分析，根据网络拥塞状况计算最优路由，对链路状态的统计可以作为网络规划和分析的依据，标识网络瓶颈和干线的利用情况，并为将来的网络扩展做准备。

（3）利用资源预留协议（RSVP）以及约束路由 CR-LDP 计算得出的强制路由可以满足特殊业务的需求。

（4）MPLS 流量工程能够及时适应网络变化，提供有效的保护和恢复机制。

3．GMPLS

MPLS 体系中有关控制平面的技术主要针对 IP 骨干网中的数据包交换的，其适用范围包括以太网、ATM 及帧中继等。对于其他传输方式，如基于光波长交换的光纤传输模式还缺乏支持，这在一定程度上限制了 MPLS 的应用范围。因此，将 MPLS 技术体系进一步推广，以实现包融多种传输媒介的单一控制平面，将大大简化网络的运营管理，并可提供端到端自动化连接的建立、资源分配与服务质量保证。这对网络运营商降低运营成本，通过提供多样化的新业务来开发新的利润来源，是极为必要和有利的。通用 MPLS（GMPLS，Generalised MPLS）技术就是在这一思路的指导下提出的。

GMPLS 对 MPLS 中的路由和信令协议做了适当修改增补，具备为网络各层提供一个基于 IP 的公共控制平面的能力。在 GMPLS 中，时隙、虚通道、波长等均可作为标记。在 GMPLS 的路由协议中，新增了以下关于链路的属性：类型（用于区分链路是支持光交换、波长交换、TDM 交换还是包交换），链路终结数据的能力，链路上带宽分配的粒度，链路的保护能力等。在 GMPLS 的信令协议中，新增了建立双向 LSP、发布失败通知。通用标记请求则新增了链路类型要求、链路保护能力和可选建议标记组。为满足传送网的控制需求，GMPLS 增加了控制通道用于节点间交换控制平面信息，链路管理协议用于校验承载通道的有效性，自动提供业务和故障隔离，多链路绑定和嵌套 LSP 等新特性。GMPLS 的优势在于能提供跨网络层次的流量工程，业务恢复和保护的集成以及快速业务部署。GMPLS 能为所有的传输模式提供一个统一而简单的解决方案，并能简化多个传输层面的集成工作，故将成为未来传送网控制层面的重要组成部分。IETF 制定的 GMPLS 已在自动交换光网络（ASON，Automatic Switched Optical Network）的控制平面协议和实际组网中得到应用。

本 章 小 结

数据通信具有突发性强，对差错敏感，对时延不敏感等业务特征。为了提高网络资源利用率，数据通信引入了分组交换。

分组交换具有虚电路和数据报两种工作方式。虚电路是指在两个用户通信之前通过网络建立逻辑上的连接，呼叫时，各交换机建立各段连接标识（如 LCN、DLCI）之间的映射关系。在数据传输阶段，分组中不再包含主、被叫地址，而是用虚电路标识（如 LCN、DLCI）标记分组所属的虚电路，网络中各节点根据虚电路标识将分组只能发到下一段路径，直到将分组数据传送到目的终端。因此，同一报文的不同分组将沿着同一路径按序到达终点。数据传输结束后主叫或被叫要释放连接。对于数据报方式，网络节点独立传送每一个数据分组，各分组都包含目的地址和相关控制信息，每个节点都要为每个分组独立地选路，因此，一份报文包含的各个分组可能沿着不同路径到达目的地。IP 网络是采用数据报方式的典型代表。

分组交换的经典协议是著名的 X.25 协议，它支持虚电路方式的数据传送，其特点是具有完备的差错控制功能，能利用任何形式的传输媒体可靠地传送数据。帧中继是 20 世纪后期推出的快速分组交换技术，其特点是简化了分组处理协议，从而有效地提高数据传送速率。帧中继的典型应用是 LAN 互连。ATM 是 ITU-T 确定用于宽带综合业务数字网（B-ISDN）的复用、传输和交换模式。ATM 是在电路交换和分组交换的基础上发展起来的，它同时具备电路交换的简单性和分组交换的灵活性，使交换节点具备很高的工作速率，能够适应各种业务的传送要求。

局域网标准是由 IEEE802 委员会制定的，其中以太网（IEEE 802.3）是广泛使用的局域网技术。为了解决共享介质带来的访问冲突问题，满足局域网发展对容量和性能的要求，出现了交换式局域网。在交换式局域网中，各站点间通过 MAC 地址和端口号的对应关系实现数据交换，解决了介质共享的突出问题，但仍存在广播风暴。为了缓解交换式局域网存在的广播风暴问题，提出了 VLAN 技术，而且 VLAN 还能提高局域网的安全性。VLAN 之间的高速互连需求进一步催生了三层交换机的发展。尽管路由器也能完成 VLAN 之间的互连，但实现代价较高，而且存在转发"瓶颈"。三层交换将第三层路由和第二层交换有机结合起来，在第二层采用硬件实现分组快速转发，提高了交换机的性能。

路由器在 IP 网络层提供分组转发服务，与网桥/交换机的重要差别是，路由器了解整个网络的拓扑结构和工作状态，因而可使用最佳路径转发分组。路由器可根据传输费用、传输时延、网络拥塞或信源和信宿间的距离来选择最佳路径。路由选择是指在网络中选择从源节点至目的节点的信息传输路径。由于设计思想不同，有多种路由选择协议。RIP 和 OSPF 是常用的自治域内部路由协议。RIP 是基于距离或跳数的路由协议。OSPF 是基于链路状态的路由协议，对路径的度量可以是距离、时延、带宽等，也可以是这些参数的综合。BGP 是一种在不同自治系统路由器之间进行路由信息交换的外部网关协议。

MPLS 是目前主流的二/三层交换技术，它将第三层的 IP 路由协议同第二层的标记交换结合起来，基于拓扑驱动或流驱动建立标记路径，实现了网络控制的灵活性和分组转发的高效性；同时引入等价转发类 FEC，实现了不同粒度的流管理，在保障分组流 QoS 的同时，又具有很好的可扩展性。MPLS 所具有的面向连接、高速交换、支持 QoS 等特点，使它在宽带 IP 网络的组网中获得了广泛的应用。

习题与思考题

4.1　统计时分复用和同步时分复用的区别是什么？哪个更适合于数据通信？为什么？

4.2　什么是逻辑信道？什么是虚电路？二者有何区别和联系？试从多个方面比较虚电路和数据报这两种数据传送方式的优缺点。

4.3　比较电路交换中的电路和分组交换中的虚电路的不同点。如何理解"虚"的概念？

4.4　假设有 3 个用户终端采用统计时分复用的方式共享一条物理线路，线路的速率为 10Mb/s，求每个用户可能的最大传送速率。

4.5　X.25 在链路层和分组层都设有流量控制，两者有何区别？仅在链路层设置流量控制行不行？

4.6　帧中继是如何处理流量控制的？

4.7　HDLC 帧分为哪几种类型？各自的作用是什么？

4.8　帧中继在哪些方面对 X.25 协议进行了简化？

4.9　什么是 ATM？ATM 具有哪些技术特征？B-ISDN 与 ATM 有何关系？

4.10 ATM 信元结构是怎样的？信元首部包含哪些字段？各有何作用？

4.11 说明 ATM 的物理层、ATM 层和 AAL 层的作用。ATM 适配层是位于 ATM 交换机中还是位于 ATM 端系统中？支持哪些业务？

4.12 以太网中，多个站点间是如何实现信道共享的？

4.13 局域网间互连有哪些方法？

4.14 路由器是如何识别一个 IP 地址属于哪个网络的？如果路由表中有对应该网络的多个表项，该如何转发此 IP 分组？如果路由表中没有对应该网络的表项，又该如何转发此 IP 分组？

4.15 RIP、OSPF 和 BGP 各有什么特点？

4.16 路由器根据网络前缀对 IP 分组的转发，与 ATM 交换机根据 VPI/VCI 对信元的转发有何异同？

4.17 在第二层局域网交换机中，数据帧是如何转发的？

4.18 在第二层交换机和逐包式第三层交换机中，分组的转发过程有何异同？

4.19 MPLS 中引入了 FEC，其含义是什么？FEC 的引入为 MPLS 带来哪些好处？

4.20 在 MPLS 网络中，各标记交换路由器能否使用统一的标记？为什么？

4.21 在 MPLS 网络中，按照上游标记分配方式，为什么可能出现标记重复？

4.22 MPLS 和 ATM、帧中继都是标记交换，MPLS 采取了什么关键技术使其更具优势？

4.23 标记交换路由器根据标记转发表对 IP 分组进行转发，与普通路由器根据路由表对 IP 分组的转发有什么不同？

第5章　宽带 IP 网络与新型网络技术

随着网络技术的发展，下一代综合通信网将是一个基于 IP 的宽带网络。因此，本章从网络和业务综合的角度介绍宽带 IP 网络的发展和演进，具体内容包括 IP 网络的 QoS 问题及其解决方案、综合服务模型、区分服务模型、宽带 IP 承载网以及新型网络技术。

5.1　宽带 IP 网络的服务质量要求

在 21 世纪的最初几年，通信业最大和最深刻的变化是从话音业务向数据业务的战略性转变。随着 IP 电话的出现和发展，传统话音业务逐步实现 IP 化。与此同时，移动通信也在向全 IP 发展，自第三代移动通信 R4 版本引入软交换开始，移动通信网即开始向全 IP 通信网演化。

与 ISDN、ATM 的演进历史一样，向全 IP 通信网的演进也不是一帆风顺的。由于 IP 是无连接的，IP 分组在各路由器上的排队、转发会引入时延和抖动，每个路由器的独立选路、排队调度使得 IP 网络在保证业务的服务质量方面面临前所未有的挑战和困难。

5.1.1　服务质量的基本概念

IP 网的服务质量（QoS，Quality of Service）是指 IP 数据流通过网络时的性能，是对网络投递分组能力的一种评估。通常所说的 QoS，有一套度量指标：

① 业务可用性：用户到 IP 业务之间连接的可靠性。

② 时延（Latency）：指两个参照点之间发送和接收数据包的时间间隔。

③ 时延抖动（Jitter）：指在同一传送路径上一组数据包之间的时延差异。

④ 吞吐量（带宽）：网络中传送数据包的速率，可用平均速率或峰值速率表示。

⑤ 丢包率：在网络中传送数据包时丢弃数据包所占的比例。数据包丢失一般是由网络拥塞引起的。

由于每种应用对网络的要求各有不同，这就使得增加带宽并不能完全解决网络的拥塞问题。QoS 所追求的传输质量在于：数据包不仅要到达其欲传输的目的地，而且要保证数据包的顺序性、完整性和实时性。通过 QoS，网络可以按照业务的类型和级别加以区分，并能够依次对各类业务进行处理。

上面所讲的 QoS 侧重于网络性能、可用性和可靠性。从广义上来讲，网络的服务质量还包括安全性指标，这也与网络使用者的服务质量有关。本章主要讨论 QoS 的性能保证技术。

5.1.2　QoS 保证技术

QoS 保证旨在针对各种不同的应用需求，提供不同的服务质量。例如在任意时刻，保证为某个用户应用提供 2Mbps 的带宽，同时保证 95%的分组时延不超过 100ms，分组丢失率不超过 10^{-5}。这与提供"尽力而为"的 IP 网络相比，就使得用户的 QoS 可以得到保证。

为了实现网络 QoS 保证，采用的技术主要有分组分类、队列调度、流量监管、流量整形和拥塞控制等。

1．分组分类（Packet Classifier）

分组分类就是根据网络中传输分组的相关信息，将分组按照一定规则进行分类。分组分类功能与实现特定的 QoS 需求有关，其目的是为了分组的调度和业务的管理，根据预置的分类规则，对进入路由器的每一个分组进行分类。

常见的分组分类有两种，行为聚合类和多域类。行为聚合类是指利用 IP 分组首部中的区分服务编码点（DSCP）来对分组进行分类，具有较好的扩展型，适用于核心网。多域类是指基于 IP 报文中的一个或多个域（或字段），例如包含 IP 源地址、IP 目的地址、上层协议类型、源端口号、目的端口号五元组信息。

同一类分组形成一个分组队列，通常将具有相同 QoS 需求的一类分组称为一个流（flow）。分组经过分类以后被放入不同的队列等待进一步的处理。分组分类方法不仅用于网络 QoS 保证，在网络安全领域也广泛使用，如防火墙的速率控制和分组过滤应用。

2．队列调度（Queue Scheduler）

队列调度是一种输出控制机制，它主要基于一定的调度算法来对分类后的分组队列进行发送服务。

为了适配不同的网络速率及缓冲通信的突发量，网络节点一般都设有队列，如图 5-1 所示。下面简要介绍几种常见的队列调度算法。

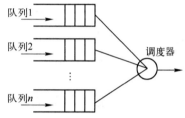

图 5-1　分组队列调度示意图

（1）先进先出（FIFO）队列

所有分组都进入同一个队列，先到达的分组先接受服务。FIFO 算法提供一种基本的存储转发功能，先到的分组先发送，当线路忙时，来不及发送的分组就在队列中继续等待；一旦线路空闲，仍然采用上述策略。这是一般网络节点默认的排队机制，也是目前 Internet 使用最广泛的一种方式。

FIFO 队列无法区分不同的业务或者用户，大家都在一个队列里排队，必须按照先后次序而不是优先级与重要性进行发送，不能在各个流之间实现优先级控制，也无法实现公平性控制（一个流的突发到达可能会阻塞其他分组流）。

（2）严格的优先级排队

优先级排队是一种传统而简单的基本排队方案，它按照绝对的优先级将队列划分为由高到低的 4 个队列（High、Medium、Normal、Low），优先级最高的队列将得到绝对的优先发送权，这样就保证了最重要业务得到最优先的服务。

但是，它没有提供带宽分配控制方式，只给高优先级的业务以绝对的优先权，在高优先级的分组没有发送完成之前，低优先级的业务不会被处理。也就是说，它永远只传输一个级别（最高优先权的）的业务。一旦网络阻塞严重，高优先级的业务也无法全部发送，这时低优先级业务可能永远也得不到带宽，因此，这是不公平的。

（3）公平排队或循环方式

该算法轮流为多个队列服务，因此有助于使不同队列公平地使用带宽资源。为了体现优先级，可以给每个队列分配权限，权限确定哪些队列优先发送。常见的调度算法有加权公平排队（WFQ，Weighted Fair Queuing）、最坏情况公平加权公平排队（WF^{2}Q，Worst case Fair Weighted Fair Queuing）、加权轮转排队（WRR，Weighted Round Robin）、赤字轮转排队（DRR，Deficit Round Robin）等。

WFQ、WF^{2}Q 等具有较好的时延性能，在单位时间内每个队列所能发送的字节量与其权重

（优先级）成正比。但由于这类算法在具体实现时，需要比较各个分组流的时标（时间标记），当流的数目较大时（成千上万），算法的时间复杂度较高，需要节点具备很强的运算能力，因此，这类算法在高速网络中实现时成本较高。

WRR 等基于轮转（RR）的调度算法，循环地对每个队列进行轮流服务，不需要进行时标比较，实现简单；但难以确保重要流的时延特性，即不能保证时延与流数无关，这在一定程度上限制了该类算法的应用范围。

（4）基于类别的排队（CBQ，Class Based Queuing）

业务被分成不同类别，每种类别又可细分成若干子类（Sub-class），这种分类形成一种树状结构。若一个子类需要使用的链路带宽超过它应得的份额，那么它将首先向姊妹子类（Sister sub-class）借用空闲带宽，依此类推。如果有多个姊妹子类同时借用带宽，则可以使用WRR 等算法分配空闲带宽。在等级化网络中这一树状结构可以用来区分各种业务类型。

目前，队列调度算法比较成熟，WFQ、DRR、严格优先级排队、CBQ 等分别在各种网络设备中获得了广泛应用。

3. 流量监管（Traffic Policing）

流量监管是指对进入路由器的特定流量的合规性进行监管，如果符合流量规定，则直接持续发送分组；如果超出 QoS 流量规定，则对分组进行丢弃或者重新标记，以保证网络资源不受损害。流量监管中对流量规定的描述通常包括流量类型、平均速率和瞬时速率等参数。流量监管通常位于网络入口处，由度量器、标记器和监管动作器三部分组成。

度量器一般通过令牌桶机制对网络流量进行测量，并向标记器输出测量结果。

标记器根据度量器的测量结果对报文进行染色，如绿、黄、红三种颜色。

监管动作器根据标记器对报文的染色结果，对报文进行相应的处理，处理动作包括允许继续转发、重新标记和丢弃三种。默认情况下，绿色报文继续转发，黄色报文重新标记后转发，红色报文丢弃。对于速率超过标准的流量，设备可以选择降低其报文优先级再进行转发或者直接丢弃。

其中度量器测量方法有两种：一种是以测量平均数据率的方法进行监管，常见的算法是时间滑动窗口三色标记器（TSW3CM，Time Sliding Window Three Color Marker），另外一种是基于令牌桶的测量算法，令牌桶可以看成一个存放一定数量令牌的容器。系统按设定的速率向桶中放置令牌，当桶中令牌满时，多出的令牌溢出，桶中令牌不再增加。在使用令牌桶对流量进行调节时，是以令牌桶中的令牌数量是否满足报文转发为依据的。如果桶中存在足够多的令牌可用于转发报文，说明流量遵守或符合约定值，否则流量超标或不符合约定值。常见的令牌桶测量算法有单速三色标记器（SRTCM，Single Rate Three Color Marker）和双速三色标记器（TRTCM，Two Rate Three Color Marker）算法，根据测量结果为报文标记不同颜色，即绿色、黄色和红色。下面以单速三色标记为例说明其工作过程，如图 5-2 所示。

单速三色标记器设置两个令牌桶，分别称为 C 桶和 E 桶，用 T_c 和 T_e 表示桶中的令牌数量。对信息流进行测量时，根据下列 3 种流量参数对报文进行标记：

CIR：承诺信息速率，表示每秒 IP 包的字节数，字节数包括 IP 包头，即 C 桶允许传输或转发报文的平均速率；

CBS：承诺突发尺寸，表示 C 桶的容量，即 C 桶瞬间能够通过的承诺突发流量；

EBS（Excess Burst Size）：超额突发尺寸，表示 E 桶的容量，即 E 桶瞬间能够通过的超额突发流量。

CBS 和 EBS 都以字节为单位。系统按照 CIR 速率向桶中投放令牌：若 T_c<CBS，则 T_c 增加；若 T_c=CBS，T_e<EBS，则 T_e 增加；若 T_c=CBS，T_e=EBS，则 T_c 和 T_e 保持不变。

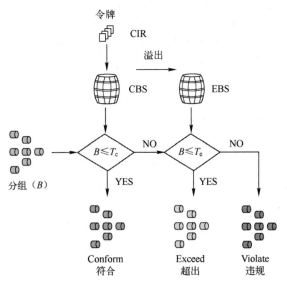

图 5-2　单速三色标记算法

对于输入或到达的报文，用 B 表示其字节数大小：若 $B \leq T_c$，报文被标记为绿色，且 T_c 减少 B；若 $T_c < B \leq T_e$，报文被标记为黄色，且 T_e 减少 B；若 $B > T_e$，报文被标记为红色。

4．流量整形（Traffic Shaping）

流量整形是指为了适配下游输出链路的流量规格而缓冲延缓分组输出的一种技术，以免造成不必要的分组丢失或者拥塞。流量整形是一种主动调整流量输出速率的措施，流量整形一般位于网络出口，通常通过缓冲区和令牌来实现。

当下游设备的接口速率小于上游设备的接口速率或发生突发流量时，在下游设备接口处可能出现拥塞，此时可在上游设备出口处进行流量整形，对上游不规整的流量进行削峰填谷，从而输出比较平滑的流量，以解决下游设备的拥塞问题。

流量整形通常使用缓冲区和令牌桶来完成，当报文发送速度过快时，首先在缓冲区进行缓存，在令牌桶的控制下，再均匀地发送这些被缓冲的报文。流量整形原理示意图如图 5-3 所示。

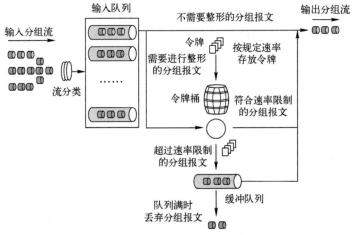

图 5-3　流量整形原理示意图

当报文到达时，首先对其进行分类，使报文进入不同的队列。若报文进入的队列没有配置队列整形功能，则直接发送该队列的报文；否则，按用户设定的队列整形速率向令牌桶中放令牌。若令牌桶中有足够的令牌可以用来发送报文，则直接将报文发送到输出接口，同时，减少相应的令牌数。如果令牌桶中没有足够的令牌，则将报文放入缓冲队列；如果缓冲队列已满，则丢弃报文。缓冲队列中有报文时，系统按一定周期从缓冲队列中取出报文进行发送，每次发送都会与令牌桶中的令牌数做比较，直到令牌桶中的令牌数减少到缓存队列中的报文不能再发送或缓存队列中的报文全部发送完毕为止。这样就可使报文以比较均匀的速率向外发送。

流量整形与流量监管的区别在于，流量整形对超出流量规格的分组进行缓存，而不是丢弃，因此流量整形可能带来分组时延。而流量监管几乎不引入额外的时延。

5. 拥塞控制（Congestion Control）

当输入流量大于输出时，路由器内部资源（包括缓冲、链路带宽和处理器处理能力）可能因为短缺而导致网络出现拥塞，这时候仅仅增加网络资源并不能从根本上避免拥塞的产生。

传统的控制方法是采用尾部丢弃（Drop Tail），即当队列长度达到某一最大值后，将后面新到的分组全部丢弃，这种不区分用户业务分组的丢弃方法，很容易造成 TCP 的全局同步现象，即造成多个 TCP 连接同时进入拥塞避免或慢启动状态，降低了链路的利用率。

常用的拥塞控制方法有随机早期检测（RED，Random Early Detection）和加权随机早期检测（WRED，Weighted RED），均属于主动队列管理算法（AQM，Active Queue Manage），其基本思想是在拥塞发生之前主动丢弃分组，以避免拥塞进一步恶化。

RED 方法的原理是：为每个队列设定一个最小门限和最大门限。当队列长度小于最小门限时，不丢弃分组；当队列长度位于最小门限和最大门限之间时，随机丢弃到达的分组；当队列长度大于最大门限时，则丢弃所有到达的分组。

WRED 是对 RED 的改进，对所有分组区分高优先级和低优先级，使得高优先级的分组被丢弃的概率相对较小，从而更好地保证用户 QoS。

RED 和 WRED 通过早期随机丢弃分组方法，可以有效避免 TCP 的全局同步现象，从而提高链路的利用率。

5.1.3　QoS 解决方案

为解决 IP 网的 QoS 问题，IETF 建议了多种服务模型和实现方案，如综合服务模型（IntServ，Integrated Services）、区分服务模型（DiffServ，Differentiated Services）和第 4 章介绍的多协议标签交换 MPLS 等。

IntServ 和 DiffServ 是两种提供 IP 网络 QoS 的模型。IntServ 模型采用资源预留协议（RSVP，Resource ReSerVation Protocol），RSVP 本质上是一个信令协议，它借鉴了 ATM 的一些思想，在传输具有可靠性和时延限制的数据之前，将按其规范对网络资源进行预留，即事先建立一条能提供相应资源的虚路径。IntServ 模型对属于特定数据流的分组进行归类，并用接纳控制机制来判决是否接纳该分组；如果同意接纳该分组，就执行某种与链路层有关的分组调度机制来决定何时对这个分组进行转发，这样，该分组就获得了一种 QoS 特性。但该模型的资源预留必须全程有效，因此沿途的所有路由器都必须支持有关的所有功能，开销较大且不利于从现有网络平滑过渡。为此，业界又提出了 DiffServ 模型，利用 IP 分组中的 DS 域（长为 8b）来标识该分组的优先级。该模型的分类、标记、监管和整形功能只需在边界设备上实现，可大大减轻其他设备的负担，非边界路由器只需根据分组上已经标明的 DS 值，对其进行简单的分类、调度和转发。

多协议标标签交换（MPLS）也是 IETF 提出的，它是一种面向连接的转发策略，分组在进入 MPLS 作用域时被赋予一个标记，该标记对应一个预先建立的路径，随后分组的分类、转发和服务都将基于标记来进行操作。标记及路径是可以复用的，从而提高了系统的可扩展性。MPLS 的主要特点是实现了路由控制和分组转发的分离，根据第三层 IP 路由协议获取的网络拓扑和路由信息来产生标记，建立标记交换路径，在第二层根据标记转发 IP 分组，实现了 ATM、帧中继、PPP 和以太网上的 IP 快速交换，同时还避免了二、三层之间的地址解析问题。

5.2 综合服务模型

综合服务模型是一种端到端的基于流的 QoS 解决方案。在发送流量前，端系统需要通过 RSVP 信令向网络申请特定服务质量，包括带宽、时延等。在确认网络已经为其流量预留了资源后，端系统才开始发送报文。

5.2.1 综合服务基本概念

综合服务模型的基本思想是资源预留，端系统拥有与分组流相关的状态信息，知道如何为分组流预留资源，对分组进行接纳控制，网络也知道如何对分组进行调度。"流（Flow）"是多媒体通信中常用的一个名词，一般是指具有相同的源 IP 地址、源端口号、目的 IP 地址、目的端口号和协议标识的一系列彼此相关的分组。这些分组源于某一用户的特定行为，具有相同的 QoS 要求，且可能有多个接收者。IntServ 框架使 IP 网能够提供具有 QoS 的传输，可以用于对 QoS 要求较为严格的实时业务（声音/视频）。

综合服务使用一种类似于 ATM 的 SVC 机制，在发送方和接收方之间采用 RSVP 协议作为流的控制信令。RSVP 信息跨越整个网络，从接收方到发送方之间沿途的每个路由器都要为每一个要求 QoS 的数据流预留资源。因此，路径沿途的各路由器必须为 RSVP 数据流维护状态。

RSVP 协议位于 TCP/IP 协议栈的 IP 层之上，属于一种信令控制协议，与路由协议、ICMP 和 IGMP 等网络控制协议相当，在 IP 报文首部中，为 RSVP 标识的协议识别号为 46。而用户业务信息则一般通过 UDP 和 TCP 协议传输，与 RSVP 不在同一个平面。

5.2.2 综合服务模型的工作原理

RSVP 是互联网上的信令协议，是一种由接收方控制的带内信令。通过 RSVP，用户可以给每个业务流（或连接）申请资源预留，预留的资源包括缓冲区及带宽。这种预留需要在路径上的每一跳都进行，这样才能提供端到端的 QoS 保证。RSVP 提供单向资源预留，适用于点到点及点到多点通信。发送方通过发送 PATH 报文给接收方，使得中间路由器和接收方都知道流的特性，同时收集路径的最小可用带宽和最小传输时延。接收方按照应用的时延要求计算沿途允许的排队时延（排队时延 = 应用允许的端到端时延 – 最小传输时延）。然后选择满足应用需要的带宽，并回复一个 RESV 报文进行响应。中间的每个路由器对 RESV 报文的请求都可以拒绝或接受。当请求被某个路由器拒绝时，路由器就发送一个差错报文给接收方，从而中止信令过程。当请求被接受时，链路带宽和缓存空间被分配给发送方和接收方之间的分组流。RSVP 工作过程如图 5-4 所示。

通过 RSVP，用户可以给每个业务流（或者连接）申请预留资源，要预留的资源可能包括缓冲区及带宽的大小。RSVP 处理的是一个方向的资源预留，如果要应用到双向通信中，则 RSVP 必须在两个方向上分别进行资源预留。同时，资源预留需要在路径上的每一跳都要进行，RSVP 预留资源采用的是软状态，需要定时刷新。发送方和接收方需要周期性地发送 PATH 报文和 RESV 报文，以保证传输路径上的所有路由器维持其预留状态。如果超时未收到某条流的 RSVP 报文，则路由器自动释放该流所预留的资源。

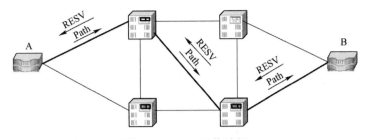

图 5-4　RSVP 工作过程

　　因此，路由器在进行资源预留时，必须对用户的资源预留申请进行接纳控制。接纳控制过程基于用户和网络之间达成的服务协议，对用户的访问进行一定的监视和控制，以保证双方的共同利益，一方面保证业务的服务质量得到保障，另一方面通过接纳控制以限制网络的负载。

　　当网络中的每个路由器收到 RSVP 预留请求时，首先向接纳控制模块发出请求，以便确定本节点是否有足够的资源支持所请求的带宽；同时向策略控制模块发出请求，以便决定该用户是否允许进行资源预留，以防止无权或过度占用资源。当两个控制模块均通过后，分组分类器根据请求对传输的数据包进行分类。分组调度器设置在输出端口，根据分组类别调度各分组按照一定的优先级别进行传送，以保证各类分组获得其分配的带宽。

　　当用户连接请求被接纳后，用户在通信过程中的流量要受到监管，以使用户流量实际占用带宽不超过 RSVP 预留的带宽。当用户流量超过预留额度时，超过的流量将被丢弃。

5.2.3　综合服务模型的特点

　　（1）综合服务模型的优点

　　① 能够提供绝对保证的 QoS。因为 RSVP 运行在从源端到目的端的每个路由器上，因此可以监视每个流，以防止其消耗多于其请求预留的资源。

　　② RSVP 在源和目的地间可以使用现有的路由协议决定流的传输路径。RSVP 基于 IP 承载，通过周期性重传 PATH 和 RESV 消息，协议能够对网络拓扑的变化做出反应。

　　③ 综合服务模型同时支持单播和多播服务。RSVP 协议能够让 PATH 消息识别多播流的所有端点，并发送 PATH 消息给它们。它同样可以把来自每个接收端的 RESV 消息合并到一个网络请求点上，让一个多播流在分开的连接上发送同样的流。

　　（2）综合服务模型的缺点

　　① 可扩展性差。这是 IntServ 模型的致命缺陷。"软状态"数量与流的数量成正比，这对路由器的处理能力要求较高，路由器所能支持的流数受到限制，因此不适合于主干网。

　　② 对路由器的要求较高。由于需要进行端到端的资源预留，必须要求从发送者到接收者之间的所有路由器都支持 RSVP。IntServ 要求端到端的信令，这在一个实际运行的运营商网络中几乎无法实现。IP 网络的最大特点是无连接的，即各分组是独立选路、转发的，路由器原本无须识别分组之间的关系；而 IntServ 结构却要求路由器保存流的状态，因而路由器改造、升级的工作量很大。另外，为保证业务需要网络节点全部支持综合服务模型，如果中间有不支持的节点/网络存在，虽然信令可以透明通过，但对于应用来说，无法实现真正意义上的全程资源预留，因此，所希望的 QoS 保证将大打折扣。

　　③ 不适合短流。为短流预留资源的信令开销很可能大于处理流中所有分组的开销。但互

联网流量大多数是由短流构成的。在短流需要一定程度的 QoS 保证时，综合服务模型就显得有些得不偿失了。

因此，综合服务模型一般主要用于企业网和小型 ISP 网络，不太适合大型网络。

5.3 区分服务模型

由于综合服务模型必须利用全程信令，在原本无连接的 IP 网上勉为其难地提供面向连接服务，很难在大规模网络中实施。因此人们提出了一种新的服务模型，即区分服务（DiffServ）模型。区分服务模型的设计思路是对网络层和运输层只做相对较小的改动，在网络的边缘对分组进行分类和管制。核心路由器相对简单，只需根据预先定义好的策略对各类分组进行转发。

5.3.1 区分服务基本概念

区分服务的基本思想是根据预先确定的规则对用户业务数据流进行分类，并将多种应用的数据流综合为有限的几种业务等级，而不再处理单个的用户数据流。它采用了业务分类思想，本质上是一种相对优先级策略。

区分服务的目标在于简单高效，抛弃了分组流沿路径节点上的资源预留，以满足实际应用对可扩展性的要求，其实现途径包括：

（1）简化内部节点的服务机制。在内部节点只进行简单的调度转发，业务流的状态信息保存和监控机制均在边界节点执行，内部节点是无状态的。

（2）简化内部节点的服务对象。服务对象不再是单个的用户业务流，而是采用了流聚集方法，将单个用户业务流通过分类、整形聚合为颗粒度较粗的流聚集进行处理，单流信息只在网络边界进行保存和处理。

（3）层次化结构。区分服务分为 DS 域（DS domain）和 DS 区（DS region）两级，一个 DS 区可以包含多个 DS 域。在用户业务进入 DS 区时，ISP 与用户签订用户服务等级协定（SLA，Service Level Agreement），以便更好地提供所需服务。SLA 规范了 ISP 对用户端网络所支持的业务类别以及每种类别的业务流数量。而在跨 DS 域之间提供区分服务时，跨 DS 域之间应该遵守业务流调节协定（TCA，Traffic Condition Agreement），TCA 规范了 ISP 之间的数据流应该满足的一些约定。

5.3.2 区分服务的体系结构

区分服务体系由用户网络和区分服务区构成。区分服务区又由连续的 DS 域构成，DS 域指的是某一个提供区分服务的服务提供商所管辖的范围，由一些相连的 DiffServ 节点构成，遵循统一的服务策略。区分服务模型的体系结构示意图如图 5-5 所示。

DS 域的主要成员由边界路由器和核心路由器构成。如图 5-6 所示，边界路由器负责完成流分类、流标记、流量监管和流量整形等功能，并通过区分服务码点 DSCP 来携带 IP 分组对服务的需求信息。边界路由器依据首部字段内容（如源 IP、目的 IP、源端口、目的端口和协议字段等）对输入分组进行分类，并对这些分组进行标记，记录在分组首部的 DS 字段中；同时，边界路由器还要对进入区分服务域的用户业务流进行测量，以便判断是否超出用户 SLA 定义的范围，如果是，则可控制标记器重新标记，同时对用户业务进行整形或者丢弃处理。

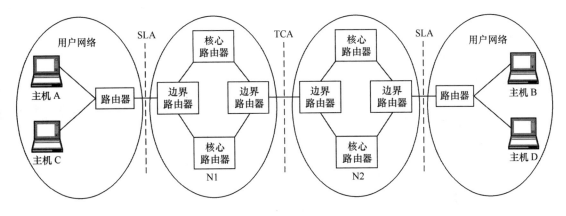

图 5-5　区分服务模型体系结构示意图

核心路由器负责根据 DSCP 值按照不同的优先级对 IP 分组进行转发，即每跳行为（PHB，Per Hop Behavior），PHB 通常通过提供不同优先级队列调度来实现，如图 5-7所示。

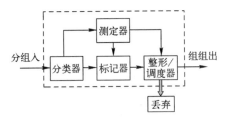

图 5-6　边界路由器功能组成示意图

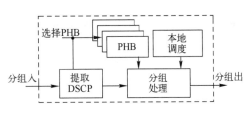

图 5-7　核心路由器功能组成示意图

区分服务模型采用集中控制策略，引入资源控制器（BB，Bandwidth Broker）对用户业务进行资源接入控制和管理。

5.3.3　区分服务码点与每跳行为

区分服务利用 IPv4 分组头中的服务类型（ToS，Type of Service）字段和 IPv6 分组头中的 Traffic Class 字段的前 6 比特作为标记，如图 5-8 所示。其中 ToS 的末两位 CU 未在区分服务中定义，用于其他用途，如进行拥塞控制。

IETF 的 DiffServ 工作组已标准化的 PHB 有以下四种：

（1）快速转发（EF，Expedited Forwarding）：分配单独的 DS 码点。EF 可以把时延和抖动减到最小，因而能提供服务质量等级最高的业务。

```
 0              5  6    7
┌──────────────┬───────┐
│    DSCP      │  CU   │
└──────────────┴───────┘
```

IPv4 ToS 字节或者 IPv6 流类型字节
DSCP：区分服务标记
CU：保留给 ECN

图 5-8　IP 分组头中的区分服务标记

（2）保证转发（AF，Assured Forwarding）：有 4 个等级，每个等级又分为 3 个阶梯（总共有 12 个码点）。超过预定带宽的业务不会按原定的服务质量传送。这意味着它可能被降级，但业务流不会完全阻塞。它支持的服务类型为确保业务。

（3）尽力而为（BE，Best Effort）：这是默认的转发类型，提供尽力而为业务。

（4）类选择型（CS，Class Selector）：这是后向兼容 IP 优先级队列的一种类型，历史上，IPv4 分组头 ToS 字节的前 3 位曾作为优先级队列调度的选择标识位，并被广泛使用，选择标志位的值越大，调度优先级更高。

区分服务的精髓是仅控制路径中 PHB，同一级别的业务具有相同的 PHB。因此，大量的业务流在网络的边缘被汇聚成少量的不同业务级别的聚合流，对聚合流进行相同的 PHB 操作，从而简化核心节点的处理。DSCP 与 PHB 之间的映射关系如表 5-1 所示。

表 5-1　DSCP 与 PHB 对应关系

DSCP 值（二进制数）	说明
10110	快速转发，绝对 QoS
001XXX	QoS 介于 EF 与 BE 之间，每种 AF 又可划分为 3 种优先级，共 12 种
010XXX	
011XXX	
100	
000000	尽力而为（默认型）
XXX000	DSCP 值较大流优先于 DSCP 值较小流

5.3.4　区分服务的特点

（1）区分服务的优点

① 扩展性较好。区分服务只规定了有限数量的业务级别，状态信息的数量正比于业务级别，而不是业务流的数量。因此，与综合服务模型相比，网络的扩展性较强。

② 便于实现和部署。由于只在网络的边界上才需要复杂的分类、标记、管制和整形操作，核心路由器只需要实现聚合流的分类转发，实现比较简单，因此便于部署。

（2）区分服务的缺点

区分服务为 IP 网提高 QoS 奠定了基础，但还无法提供端到端的 QoS 服务，因为这需要大量网络单元的协同动作。鉴于这些网络单元高度分散的特点和对它们进行集中管理的需要，必须有一个带宽管理器来对全局资源进行动态管理。

5.4　宽带 IP 承载网

5.4.1　基本概念

信息传送是通信网的基本功能。早期，传送功能的实现主要基于点到点的传输技术，随着信息社会对通信的需求迅速发展，为实现对传输资源的高效利用，提高信息传送的灵活性和安全性，传送技术逐步向网络化、智能化和分组化方向发展。传送网是通信网的基础，它为整个通信网所承载的业务提供传输通道，是固定电话网、移动电话网、计算机网络等各种业务网络所共享的，支持多种业务传输的统一平台。

随着通信网络业务和数据宽带业务的迅猛发展，全 IP 已成为运营商确定的网络和业务转型方向，目前以绝对优势占领了通信领域，不论是传统的固定网通信还是发展迅速的移动网通信，以话音、数据和视频为代表的各种业务都将基于 IP 协议进行传送，因此 IP 网成为现代传送网的核心承载网络。**IP 承载网是以 IP 技术为基础，实现电信级综合业务传送的分组网络。**建设统一的 IP 承载网是技术发展的趋势，也是运营商业务和网络转型的必然选择。IP 承载网与互联网等传统 IP 网有较大的区别。传统 IP 网在 QoS、安全性、可靠性、运营管理等方面存在不足，无法达到电信级的承载要求。而 IP 承载网虽然其技术基础仍然是 IP，但已经从企业级演进成电信级。IP 承载网必须具有电信网的特征：QoS 保证、多业务支持、可扩展性、可管理性和健壮性。

不论是运营商承载网还是企业承载网，为了提高网络的可靠性和安全性，保证流量均衡，目前一般采用分层的网络架构，通常将网络划分为核心、汇聚和接入 3 层结构，如图 5-9 所示，如果网络规模不大，核心层和汇聚层功能也可合二为一，称为核心汇聚层。核心层一般使用高性能转发设备，负责业务交换处理和疏导，同时上连至其他业务核心网；汇聚层负责边缘各接入层的业务汇聚和本接入层区域内业务转发，同时还提供流量控制策略设置进行网络优化；接入层负责各种边缘终端节点的综合接入，把业务汇集到汇聚层，通常接入的节点包括各种计算机、通信终端设备、基站、模块局等。

目前大型运营商的 IP 承载网一般可分为国家骨干网、省骨干网和城域网，分别对应图 5-9 中的因特网、核心层和汇聚层网络。通常城域网的范畴指省骨干网以下，用户接入侧以上的部分。随着大城域网概念的提出，目前骨干网—省网—城域网的三级结构逐步向骨干网—城域网两级结构过渡。例如中国电信于 2004 年启动了 CN2（China Net Next Carrying Network，中国电信下一代承载网）计划，CN2 是一个多业务的承载网络，该网络于 2006 年 8 月通过验收并投入运行，它能够支持数据、话音、视频多种业务融合的应用，当时中国电信三分之一的长途话音业务是通过 CN2 承载的。CN2 网络具有可靠性高、时延低和扩展性好等特点，具有保证多业务承载安全和服务质量保证的能力。

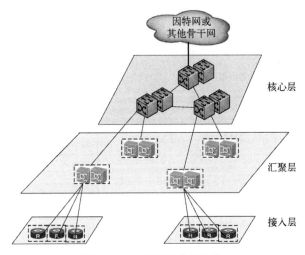

图 5-9　IP 承载网分层结构

建设具有综合业务传送能力、电信级的 IP 承载网通常需要从两方面入手：一方面是改进 IP 层之下的传送层（比如光纤传送网），使其适合分组传送。底层光纤传送网的最大优点是可以提供小于 50ms 的保护，同时提供大容量、带宽保证、强大的网络管理和多业务支持，但是其在灵活性和满足突发业务对带宽需求方面明显不足。因此，必须改进传送网使其适应突发分组业务传送。另一方面是改造 IP 层，增加电信级特征，提供类似于 ATM 的流量工程能力（如采用 MPLS 技术），增加操作、维护、管理和快速保护倒换等功能。

5.4.2　传统电路型承载网

传统的传输系统采用时分复用实现多路信号的同时传输，主要面向电路型业务设计，因此对于 IP 业务承载而言，存在一定的资源浪费。从技术体制来说，传统的电路型承载方式有准同步数字体系和同步数字体系，即 PDH（Plesiochronous Digital Hierarchy）和 SDH（Synchronous Digital Hierarchy）。随着光纤通信技术的发展，出现了波分复用（WDM，Wavelength Division Multiplexing）技术和系统。WDM 和 SDH 具有相似之处，都可建立在光纤这一物理介质之上。但两者也有本质的区别，WDM 是更趋近于物理介质（光纤）的系统，它在光域上进行复用，并逐步从点到点传输系统向具有组网功能的光传送网（OTN，Optical Transportation Network）发展。OTN 不但具有波分复用、波长交叉（乃至光电混合交叉）功能，而且具有类似于 SDH 的网管和自愈保护功能。相对于 WDM/OTN 来说，SDH 与 ATM、IP 一样，都只是 WDM/OTN 所承载的业务。也就是说，SDH 和 WDM/OTN 之间是客户层与服务层的关系。

如表 5-2 所示，如果直接在传送技术上封装 IP 分组，省略 ATM、帧中继等中间层，这就是 IP Over SDH、IP Over WDM 或 IP Over DWDM 技术。这类组网方案具有效率高、组网简单等特点，对于仅承载 IP 数据业务的网络来说尤为适合。

表 5-2　各种体制的 IP 分组封装开销

体制方案	开销
IP over ATM/SDH	22%
IP over ATM	19%
IP over SDH	6%
IP over DWDM	3%

1. IP over SDH

SDH 是 ITU-T 在美国同步光网络（SONET）体制的基础上提出的，于 1988 年命名为 SDH，为一种全新的传输体制。SDH 和 SONET 只是在速率等级上有所不同，而技术原理是相似的，因此以下只简要介绍 SDH。

SDH 在全世界统一了网络节点接口（NNI，Network Node Interface），基本网元有终端复用器（TM，Terminal Multiplexer）、分插复用器（ADM，Add/Drop Multiplexer）、同步数字交叉连接设备（SDXC，Synchronous Digital Cross-Connect）和再生中继器（REG）等，它们的功能各异，但都有标准的光接口，便于实现互连互通。

SDH 每秒传送 8K 个 SDH 帧（STM-N），STM-N 帧是以 STM-1 为基础的帧结构。STM-1 是 SDH 的基本传输模块，其速率为 155520kbps，往上以四倍的关系增加，如表 5-3 所示。尽管 SDH 提供同步帧结构，但它并不强制用户净荷位于 SDH 帧中的特定位置，相反，它允许用户净荷在帧内浮动，使用帧头中的指针定位用户净荷的开始位置。在用户看来，SDH 是提供字节同步的物理层介质（而 PDH 是提供比特同步的物理层介质）。

表 5-3　SDH 的速率体系

复用等级	速率（Mb/s）	通称
STM-1	155.520	155M 系统
STM-4	622.080	622M 系统
STM-16	2488.320	2.5G 系统
STM-64	9953.280	10G 系统
STM-256	39813.120	40G 系统

"IP over SDH/SONET"（简写成 IP/SDH），又称"Pocket Over SDH / SONET（POS）"或 "PPP Over SDH/SONET"，将 IP 包通过点对点协议（PPP）映射到 SDH/SONET 帧结构中。IP/SDH 的最大优点是封装开销低。广泛使用 PPP 协议对 IP 数据包进行封装，即 IP/PPP/SDH，PPP 协议提供多协议封装、差错控制和链路控制等功能，而 PPP 又采用 HDLC 的帧格式，用 HDLC 帧格式负责同步传输链路上封装的 IP 数据帧的定界。IP/SDH 技术将 IP 分组通过 PPP 协议直接映射到 SDH 帧，省掉了中间的 ATM 层，从而保留了 IP 的无连接特征，简化了网络体系结构，提高了传输效率，降低了成本，易于兼容不同技术体制和实现网间互连。但 IP/SDH 是将路由器以点到点的方式连接起来的，以便提高点到点之间的传输速率。它并不能从总体上提高 IP 网的性能。因此，IP/SDH 主要用在干线上疏导高速率数据业务。

IP/SDH 的主要优点是网络体系结构简单，传输效率高，技术较为成熟。其缺点是拥塞控制能力差，只有业务分类和优先级能力，还不能保证服务质量，不适用于构建多业务平台。为了适应数据业务接入的需求，在原有 SDH 技术上增加了相关的数据接入、处理功能而形成了 MSTP（多业务传送平台）技术。MSTP 的技术优势在于其可靠的承载能力、灵活的分插复用技术、强大的保护恢复功能和运营级的维护管理能力。然而，MSTP 的分组处理 IP 化程度不够彻底，其 IP 化主要体现在用户接口，内核却仍然是电路交换。这就使得 MSTP 在承载 IP 业务时效率较低，并且无法适应以大量数据业务为主的全业务需要。随着 TDM 业务的相对萎缩及全 IP 环境的逐渐成熟，承载网需要由现有以 TDM 电路交换为内核向以 IP 交换为内核演进。

2. IP over DWDM

IP/DWDM（IP over DWDM/Optical）取消了中间的 ATM 和 SDH 层，IP 直接在光路上传送。这是一种最简单直接的体系结构，其成本最低，传输效率最高。IP/DWDM 额外开销最低，传输效率最高，通过流量工程设计，可以与 IP 业务的不对称特性相匹配。由于省掉了昂贵的 ATM 交换和大量 SDH 复用设备，其成本可望比传统网络结构降低 1 至 2 个数量级。总的来说，IP/DWDM 技术适用于大型 IP 骨干网的核心汇接、大容量 IP 业务和城域网。

IP/DWDM 的组成器件包括：光纤、激光器、掺铒光纤放大器（EDFA）、光耦合器、电再生中继器、光转发器、光分插复用器、光交叉连接器与光交换机。IP/DWDM 的基本工作原理是光纤直接连着光耦合器，光耦合器把各波长分开或组合，其输入和输出端都是简单的光纤连接器。在发送端，将不同波长的光信号组合（复用）送入一根光纤中传输；在接收端，又将组合光信号分开（解复用）并送入不同终端。因此 IP/DWDM 是一个真正的链路层数据网，可以通过指定波长做旁路或直通连接，网络的流量工程可以只在 IP 层完成。由于使用了指定的波长，在结构上更灵活，并具有向光交换和全光选路结构转移的可能。

（1）IP/DWDM 的协议规范

IP/DWDM 的协议模型如图 5-10 所示。IP 层协议包括 IPv4、IPv6 等；IP 适配层协议用于 IP 的多协议封装、分组定界、差错检测以及 QoS 控制等功能；光网络适配协议包括数字客户适配和带宽管理（比特率和数字格式透明）、连接性证实等功能；光复用子层功能包括带宽复用、线路故障分段和保护切换以及其他传送网维护等；光传输子层功能包括高速传输（色散补偿）、光放大器故障分段等。

图 5-10　IP/DWDM 协议模型

（2）IP/DWDM 的帧结构

在光纤上直接传送 IP 包需要选择一种帧封装格式，即选择一种成帧方法。目前可用的 IP/DWDM 帧结构主要有三种形式：SDH 帧格式和千兆位以太网帧格式，即 IP/SDH/DWDM、IP/GbE/DWDM 以及通用成帧规程（GFP），即 IP/GFP/DWDM。

在使用 SDH 再生设备和接口的 WDM 网络中，来自路由器的 IP 分组必须放在 SDH 帧内。此种格式载有信令和足够的 OAM 信息，以便于网络管理；在不同的层次上安排了误码监视，以实现网络服务高可靠性和高可用性；安排保护倒换字节，以增强自愈能力。但由于 SDH 在初始设计时主要针对话音业务，因此它对于目前以 IP 业务为主的突发数据的提取存在许多问题；其次 IP 分组不定长，将其映射进固定帧长的 SDH 帧中，在路由器接口上 SDH 帧的分段装拆（SAR）处理是非常耗时的，降低了吞吐量和性能。

目前，局域网主要采用以太网技术，以太网帧结构特别适合承载 IP 数据。因此，在 IP 网络边缘采用千兆位、万兆位以太网帧结构封装，路由器无须任何映射、分段组装和比特插入操作，即可利用路由交换功能实现低成本输出。但以太网帧结构中不含管理信息，因此采用这种封装格式，难以对 DWDM 系统的传输性能进行监测。

GFP 是 ITU-T 标准化的业务适配、映射技术，可以透明地将上层的各种业务数据封装为可以在光网络（SDH、WDM、OTN）中有效传输的信号。GFP 提供了一种通用的机制把高层客户数据适配到光传送网络中，客户数据流可以是 IP/PPP、Ethernet、Fiber Channel、ESCON/FICON 或者是其他数据流。IP/DWDM 采用 GFP 封装技术，比通过 SDH 帧格式进行映射效率更高，并具有通用性、简单性、灵活性等特点，易于实现多厂商环境下的互通。总的来说，IP over DWDM 适用于大型城域网和广域网的核心层和汇接层组网。

（3）IP/DWDM 的特点

DWDM 的出现给大容量承载带来了质的飞跃，其优点主要体现在：超大容量、超高速率、超长距离传输。但随着 DWDM 的大规模应用和业务需求的多元化发展，DWDM 也逐渐暴露出下列不足：一是 DWDM 业务调度不灵活，DWDM 的交叉颗粒度远高于 SDH 的交叉颗粒度，通常需要增加 SDH/MSTP 设备才能支持 GE、2.5G 颗粒业务并且成本也非常高。二是 DWDM 仅仅支持点到点组网，所谓的环网实际是由多个点到点系统组成的。三是 DWDM 系统的保护方式仅支持对光缆线路和单个波道进行保护，对波道以下的低速信号 DWDM 并不关心。四是 DWDM 的网络运维和管理不够灵活，相比于 SDH 的丰富开销，其监管能力较弱。

因此需要一种技术将 DWDM 和 SDH 结合起来，既利用 DWDM 的大容量优势，又保留 SDH 的组网灵活、管理功能强大等特点，这就是光传送网（OTN，Optical Transport Network）。

3. 光传送网 OTN

光传送网是由 ITU-T 定义的一种全新的光传送技术体制，以波分复用技术为基础在光层组织网络的传送网，是 DWDM 的下一代骨干传送网，可以解决传统 DWDM 网络调度能力差、组网保护弱等问题。OTN 跨越了传统的电域和光域，成为管理电域和光域的统一标准。OTN 处理的基本对象是波长级业务，将传送网推进到真正的多波长光网络阶段。电域方面 OTN 保留了许多传统 SDH 行之有效的内容，如多业务适配、分级复用、管理监视、故障定位、保护倒换等。同时，OTN 扩展了新的能力和领域，如提供对更大颗粒（2.5G、10G、40G 等）业务的透明传送，通过异步映射同时支持业务和定时的透明传送，对带外以太网的支持，对多层、多域网络连接监视的支持等。

OTN 第一次为波分复用系统提供了标准的物理接口，同时将光域自上而下依次划分为光通道层（OCH，Optical Channel Layer）、光复用段层（OMS，Optical Multiplexing Section Layer）和光传输段层（OTS，Optical Transmission Section Layer）三个子层，允许在波长层面管理网络并支持光层提供的 OAM 功能。OTN 承载的业务包括 IP、SDH、ATM 等，与 OTN 之间是客户与服务者的关系，OTN 的纵向相邻层之间，以及 OTN 与物理媒质（如光纤）之间也是客户与服务者的关系。各层除了实现自身对应层次的传送功能外，相邻层之间必然也需要一定的适配。光通道层网络负责为不同类型的客户信号（如 STM-N、IP、ATM、以太网等）提供在光通道路径上的传送服务，光复用段层网络负责为光通道提供在光复用段路径上的传送服务，光传输段层则负责为光复用段层提供在光传输段路径上的传送服务。所谓路径，就是服务层为客户层提供的从源端接入到宿端分出的连接。该连接位于服务层，所以与客户层需要额外的适配。按照规范，适配位于客户层和服务层之间、但不属于二者的功能实体。

为了管理跨层业务，OTN 提供了带内和带外两层控制管理开销。OTN 集传送和交换能力于一体，是承载宽带 IP 业务的理想平台。SDH 网络的特征是采用 TDM 技术对数字信号进行复用/解复用，OTN 的特征则是采用 WDM 技术对不同频率的光信号进行复用/解复用。骨干层通过引入 OTN 构建光电一体化大颗粒调度网络，可实现 IP 与光的融合。通过 OTN 的光电两级调度模式，网络灵活性将大大提高，使得骨干网 Full Mesh 成为可能，汇聚节点直接互连可减少穿越流量，降低网络设备投资。同时，网络转发效率、扩展性和可维护性将得到提升。此外，OTN 的光电两级保护与 IP 网三层路由保护相结合，增强了网络的可靠性，能够满足运营商未来业务统一承载、无缝调度的需要。

5.4.3 分组型承载网

面向电路型的承载网由于采用电路交换核心，不具备动态路由发现功能，而采用静态路由机制，不利于分组业务的调度和扩展，承载基于突发的 IP 业务时存在带宽独占、效率低、调度灵活度差等缺点。传统上一般采用以太网交换机和三层路由器作为 IP 分组业务的承载设备，而以太网交换机由于缺乏 OAM 故障检测机制，QoS 能力不足，网络管理手段严重缺乏，多业务承载和同步传送能力较弱。IP 路由器也存在类似问题。随着以太网、IPVPN、VoIP、IPTV 等新业务的发展，对运营网络提出了新的挑战。为了迎接这些挑战，主要运营商的网络和业务都开始向分组化演进。

为了解决传统 IP 业务的承载问题，人们提出了隧道技术，即将 IP 报文作为整体承载在某个隧道协议中进行传输，向用户提供虚拟专用网 VPN 服务。这其中包括将二层交换和三层路由结合起来的 MPLS 技术，其基本思想是边缘路由和核心交换，是目前实现 QoS 保障的主要技术之一。同时随着移动 4G 和 5G 的迅速发展，移动数据业务对带宽需求越来越大，推动了分组传送技术的发展，形成了一个新的位于 IP 业务层与底层光传输媒介之间的面向分组的承载层，既能满足分组业务突发性和统计复用传送的要求，又能兼顾支持其他类型业务和网络管理要求，具体包括基于 IP 的无线接入网（IPRAN，IP Radio Access Network）、分组传送网（PTN，Packet Transport Network），以及切片分组网（SPN，Slicing Packet Network）等技术。

1. 基于隧道的 VPN 技术

所谓 VPN 是指利用隧道协议在公共通信网络中建立专属网络，以实现私有网络间数据在公网上的传送。VPN 中的任意两个节点之间的连接没有传统专用网络那样端到端的物理链路，而是利用公用网络的资源动态建立的某种连接，对 VPN 用户而言是透明的，感觉好像使用一条专用线路通信一样。VPN 的用户一般包括政府机关、银行、军队、公安、跨国公司等大型组织和公司，它们不用花费大量成本去建立一个自己的专用网络，只需要租用公共通信网络基础设施，建立自己的专用广域网，保证本部门内部数据的安全传输。通常 VPN 的建立需要满足安全可靠、提供 QoS 保证、具有可扩展性和可管理性等要求。

VPN 的实现一般通过隧道协议完成，根据隧道协议的层次可分为第二层（链路层）隧道协议和第三层（网络层）隧道协议。其中第二层隧道协议的基本原理是先把网络协议报文封装在 PPP 协议中，再把整个 PPP 数据帧装入具体的隧道协议中，具体的第二层隧道协议有二层隧道协议（L2TP，Layer 2 Tunneling Protocol）、点到点隧道协议（PPTP，Point to Point Tunneling Protocol）、点对点伪线仿真（PWE3，Pseudo-Wire Emulation Edge to Edge）等。

网络层隧道协议是指把网络协议报文封装入具体的隧道协议中，然后再依靠网络层协议进行传输，具体的网络层隧道协议有通用路由封装（GRE，General Routing Encapsulation）协议、IPSec 协议、安全套接字（SSL，Secure Sockets Layer）协议和 BGP/MPLS 等。下面以 GRE 和 BGP/MPLS 为例介绍 VPN 的工作原理。

（1）基于 GRE 的 VPN

GRE 提供了将一种协议的报文封装在另一种协议报文中的机制，是一种三层隧道封装技术，使报文可以通过 GRE 隧道透明地传输，解决异构网络的传输问题。GRE 可以对不同网络层协议（如 IPX、ATM、IPv6、AppleTalk 等）的数据报文进行封装，使这些被封装的数据报文能够在另一个网络层协议（如 IPv4）中传输。

报文在 GRE 隧道中传输包括封装和解封装两个过程。如图 5-11 所示，IPv6 协议报文通过 GRE 协议封装后在 IP 网络中传输，封装后的数据报文在网络中传输的路径，称为 GRE 隧道。

封装过程如下：骨干网边缘路由器 A 从连接 IPv6 网络接口接收到 IPv6 协议报文后，首先交由 IPv6 协议处理。IPv6 协议根据报文头中的目的地址在路由表或转发表中查找出接口，确定如何转发此报文。如果发现出口是 GRE Tunnel 接口，则对报文进行 GRE 封装，即添加

GRE 头。根据骨干网传输协议为 IP，给报文加上 IP 头。IP 头的源地址就是隧道源地址，目的地址就是隧道目的地址。根据该 IP 头的目的地址（即隧道目的地址），在骨干网路由表中查找相应的出接口并发送报文。之后，封装后的报文将在该骨干网中传输。到达边缘路由器 B 后完成解封装过程。这就基于 IP 公共骨干网实现了专用 IPv6 协议的承载。

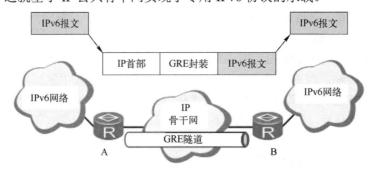

图 5-11　通过 GRE 隧道实现 IPv6 协议互通组网图

（2）基于 MPLS 的 VPN

基于 MPLS 的 VPN 是指利用 MPLS 技术实现 VPN 的方案，MPLS 通常被认为是一种 2.5 层技术，因此基于 MPLS 既可以实现二层 VPN 服务，也可以实现三层 VPN 服务。

基于 MPLS 的二层 VPN 是指在 MPLS 网络中透明传输用户的二层数据，MPLS 网络作为用户的二层交换网络，提供不同用户的二层 VPN 互联，包括 ATM、FR、VLAN、以太网、PPP 等，常用的二层 VPN 有点到点的虚拟租用线（VLL，Virtual Leased Line）和点到多点的虚拟专用局域网业务（VPLS，Virtual Private LAN Service），其中虚拟租用线是对传统租用线业务的仿真，使用 IP 网络模拟租用线，提供非对称、低成本的数字数据网业务。VLL 是建立在 MPLS 网络上的点对点二层隧道技术，解决了异种介质不能相互通信的问题，其中使用较多的就是点到点伪线仿真技术 PWE3。VPLS 是利用 MPLS 和以太网交换技术，提供广域网范围异地分布式局域网互联的虚拟局域网业务。

基于 MPLS 的三层 VPN 通常也称为 BGP/MPLS IP VPN，它通常使用 BGP 在服务提供商的 IP 骨干网上发布 VPN 路由，使用 MPLS 在服务提供商骨干网上转发 VPN 报文，组网灵活、可扩展性好，能方便地支持 MPLS QoS 和流量工程，是目前三层 VPN 的一种主流解决方案。基于 MPLS 的三层 VPN 基本模型如图 5-12 所示。

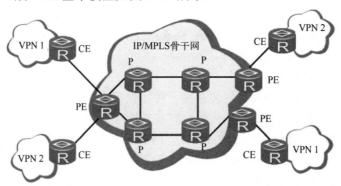

图 5-12　基于 MPLS 的 VPN 网络结构示意图

基于 MPLS 的 VPN 通常由三部分组成：用户网络边缘设备（CE，Customer Edge）、服务提供商的边缘设备（PE，Provider Edge）和服务提供商的骨干设备（P，Provider）。

CE 直接与服务提供商网络相连。可以是路由器或交换机，也可以是一台主机。通常情况下，CE"感知"不到 VPN 的存在，也不需要支持 MPLS。PE 与 CE 直接相连。在 MPLS 网络中，对 VPN 的所有处理都发生在 PE 上，对 PE 性能要求较高。服务提供商网络的骨干设备 P，不与 CE 直接相连。P 只需要具备基本 MPLS 转发能力，不维护 VPN 信息。PE 和 P 仅由服务提供商管理；CE 仅由用户管理，除非用户把管理权委托给服务提供商。一台 PE 可以接入多台 CE。一台 CE 也可以连接属于相同或不同服务提供商的多台 PE。与 MPLS 的网络结构类似，通常 PE 就是 MPLS 网络中的 LER，P 就是 MPLS 网络中的 LSR。

基于 MPLS 的 VPN 具有以下特点：PE 负责对 VPN 用户进行管理、建立各 PE 间 LSP 连接、同一 VPN 用户各分支间路由信息发布。PE 之间发布 VPN 用户路由信息通常由 BGP 协议实现。支持不同分支机构间 IP 地址复用和不同 VPN 间互通。

在 BGP/MPLS IP VPN 中，PE 通过 BGP 发布私网路由给骨干网其他相关的 PE 前，需要为私网路由分配 MPLS 标记（私网标记）。当数据包在骨干网传输时，携带私网标记。PE 一般采用基于 VPN 实例的 MPLS 标记分配方法，即为整个 VPN 实例分配一个标记，该 VPN 实例里的所有路由都共享一个标记，使用这种分配方法可以节约标记资源。这类 VPN 实例是指 VPN 路由转发表，即 PE 为直接相连的站点建立并维护的一个专门实体。

下面以三层 VPN 为例，简单说明 MPLS VPN 工作原理。VPN 报文转发采用两层标记方式：第一层（公网）标记在骨干网内部进行交换，指示从 PE 到对端 PE 的一条 LSP。VPN 报文利用这层标记，可以沿 LSP 到达对端 PE；第二层（私网）标记在从对端 PE 到达 CE 时使用，指示报文应被送往哪一个 CE。这样，对端 PE 根据内层标记可以找到转发报文的接口。

以图 5-13 为例说明 BGP/MPLS IP VPN 报文的转发过程，图中为 CE1 发送报文给 CE2 的过程。其中，I-L 表示内层标记，O-Lx 表示外层标记。

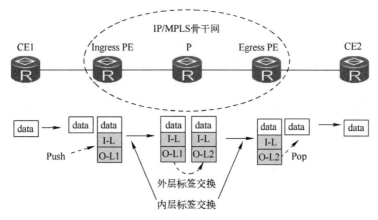

图 5-13　基于 MPLS 的 VPN 报文转发原理示意图

首先，CE1 发送一个 IP 报文。入口 Ingress PE 从绑定了 VPN 实例的接口上接收 VPN 数据包后进行如下操作：先根据绑定的 VPN 实例查找对应 VPN 的转发表。匹配目的 IPv4 地址前缀，查找对应的 VPN 隧道 ID，并将报文打上对应的标记（I-L）。将报文从隧道发送出去。此例的隧道是 LSP，则打上公网（外层）MPLS 标签头（O-L1）。接着，该报文携带两层 MPLS 标记穿越骨干网。骨干网的每台 P 设备都对该报文进行外层标记交换。出口 Egress PE 收到携带两层标记的报文，交给 MPLS 协议处理。MPLS 协议将去掉外层标记（此例最后的外层标记是 O-L2，但如果应用了倒数第二跳弹出，则此标记会在到达 Egress PE 之前的一跳弹出，Egress PE 只能收到带有内层标记的报文）。此时 Egress PE 就可以看见内层标记，发现该标记处于栈底，于是将内层标记剥离。Egress PE 将报文从对应出口发送给 CE2。此时报文是个纯 IP 报文。这样，报文就成功地从 CE1 传到 CE2 了。CE2 按照普通 IP 转发过程将其传送到目的地。

通过上述过程可以看到，在这种网络构造中，由服务提供商向用户提供 VPN 服务，用户感觉不到公共网络的存在，就好像拥有独立的网络资源一样。从 CE 到 PE 以及从 PE 到 CE 之间都是普通路由转发，采用标准的路由交换协议，CE 完全不知道 VPN 相关的任何信息。因此对用户而言，CE 路由器的要求可以大大降低，从而降低用户的使用成本。对于 P 路由器，也不需要知道有 VPN 的存在，仅仅负责骨干网内部的数据传输。但必须能够支持 MPLS 协议，并使能该协议。所有的 VPN 构建、连接和管理工作都是在 PE 上进行的，具有网络配置简单、可以直接利用现有路由协议而无需任何改动等特点，同时具有良好的可扩展性，可实现具有 QoS 和 TE 的 VPN，因此基于 MPLS 的三层 VPN 在实践中得到了广泛的应用。

2. 基于 IPRAN 的承载技术

IPRAN 和 PTN 本质上都是移动回传网发展的产物，所谓移动回传网，也称为无线接入网，在不同的移动通信系统中，特指不同设备之间的网络，对于 2G 系统，是指基站与基站控制器之间的网络，一般采用 E1 接口，利用 SDH/MSTP 实现承载要求；对于 3G 系统，特指基站 NodeB 与无线网络控制器 RNC 之间的网络，主要采用 MSTP 实现移动回传；对于 4G/LTE 系统，特指演进型基站 eNodeB 至核心网 EPC 之间以及基站之间的网络。由于 4G 系统已经全部实现了 IP 化，传统的 MSTP 已不能满足要求，因此业界提出了新的承载方案，包括以中国移动主导的 PTN 和以思科等为主提出的 IPRAN 方式，中国联通和中国电信采用 IPRAN 作为分组传送。到了 5G 时代，无线接入网发生了较大变化，对承载网也提出了更高要求，需要引入新技术实现 IP 业务承载，如网络切片、Flex-E、分段路由（SR，Segment Routing）等。

广义的 IPRAN 是指实现无线接入网的 IP 化承载技术的总称，有些教科书也将 PTN 作为 IPRAN 技术的一种。后来思科提出以 IP/MPLS 为核心的无线接入网 IP 承载技术，并直接命名为 IPRAN，因此狭义上的 IPRAN 就是特指基于 IP/MPLS 的 IPRAN 承载方式，具体设备形态就是一种具有多种业务接口（PDH、SDH、以太网等），并支持 IP/MPLS/VPN 的路由器。

（1）IPRAN 承载网结构

IPRAN 承载网通常采用分层结构，分为核心层、汇聚层和接入层。核心层负责业务交换处理、业务疏导、上连至其他业务骨干网；汇聚层负责边缘各接入层的业务汇聚和转发，是接入层各种接入方式的终结点，还包括如移动核心网、固定核心网在内的各种核心网网元设备等；接入层负责各种边缘节点的综合接入，把业务汇集到汇聚层，接入节点包括各种基站、模块局等。

其中核心层和汇聚层主要考虑网络结构和技术体制问题；接入层主要考虑业务拓展和运营需要，同时兼顾整体布局上的均衡。在此基础上，可根据网络规模、业务分布、可扩展性、安全可靠性、设备能力等因素合理规划物理组网结构。

（2）IPRAN 关键技术

① IP/MPLS 技术。IPRAN 的核心转发控制采用 IP/MPLS 技术，即在 IP 路由协议的基础上，提供面向连接基于标记的交换功能，具体原理如本节基于 MPLS 的 VPN 实现方法。

② 网络保护技术。作为承载电信级业务的 IP 承载网，需要具备类似 SDH 那样的电信级保护机制，IPRAN 提供多个层面的保护机制，包括网内保护和网间保护等，主要保护技术有双向转发检测（BFD，Bidirectional Forwarding Detection）、虚拟路由冗余协议（VRRP，Virtual

Router Redundancy Protocol）和快速重路由（FRR，Fast ReRoute）等【见二维码5-1】。

二维码5-1

③ 操作管理和维护技术。IPRAN 提供了业务层面端到端的 OAM 机制和接入链路的 OAM 机制，具体包括基于以太网的 OAM 和基于 MPLS 的 OAM。但相比传统 SDH/MSTP 来说，其 OAM 能力稍弱一些。

④ 同步技术。由于 IPRAN 需要承载移动回传业务，必须支持同步以满足基站的时钟同步和以太网的时间同步，主要的同步技术包括同步以太网 SyncE、IEEE 1588V2、NTP 协议等，其中 1588V2 是目前能够提供时钟同步和时间同步的地面同步技术。

（3）IPRAN 的特点

IPRAN 的主要优点：支持端到端 IP 化，网络调整更简单；处理故障效率高；网络资源利用率较高，网络扩展性好。

IPRAN 的缺点：与原有电信级 MSTP/SDH 存在互通问题，OAM 和自愈保护能力稍弱。

3. 基于 PTN 的承载技术

PTN 是指一种位于 IP 业务和底层光传输介质之间的传送网络架构和技术，以分组业务为核心并支持多业务提供，融合了数据通信和 SDH/MSTP 技术的优势，具有更低的使用成本和多业务承载特性，可以差异化地对不同业务进行分类传送。

从 2005 年开始，ITU-T 将基于 MPLS 的分组传送服务结构定义为 T-MPLS。经过多次会议讨论，ITU-T 和 IETF 决定成立联合工作组，将基于 MPLS 的 PTN 标准统一为 MPLS-TP（Transport Profile for MPLS)。MPLS-TP 不仅可以承载 IP 业务，还可以承载 ATM、以太网、低速 TDM 和 SDH 等业务，不仅可以运行于 PDH/SDH/OTN 物理层之上，也可以运行于以太网之上。MPLS-TP 与现有的 MPLS 保持兼容，但去掉了对第三层 IP 的处理，同时增加了端到端的 OAM 功能。

从技术和标准角度看，T-MPLS/MPLS-TP 技术架构清晰，关键技术实现较为完善，具有与现有传送网类似的网络结构和管理模式，适合大型电信运营网络。

（1）PTN 的分层结构

如图 5-14 所示，PTN 的网络架构采用了类似 SDH 的分层结构，从上至下可以分为三层：分组传送通道层（PTC，Packet Transport Channel）、分组传送通路层（PTP，Packet Transport Path）和传输媒介层。其中用户业务层主要为以太网、ATM、MPLS 和 TDM 等不同用户业务类型。

分组传送通道层为上层提供端到端的分组传送能力，将上层各类业务封装至虚通道（VC，Virtual Channel），并实现端到端的虚通道传输，同时提供端到端的 OAM 功能。该层在 T-MPLS 中又称为 T-MPLS 通道层（TMC，T-MPLS Channel），主要采用伪线（PW，Pseudo Wire）技术对各类传统业务提供统一承载，在节约传输成本的同时，可实现端到端 QoS 保障和 OAM 功能支持。

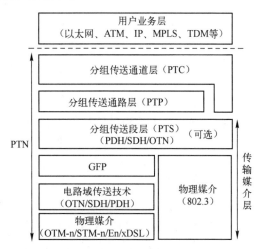

图 5-14 PTN 网络分层结构示意图

分组传送通路层是将多个业务汇聚到更大的传输隧道中，将 VC 封装并复用到虚通路（VP，Virtual Path），并实现虚通路的传输与交换。该层在 T-MPLS 中又称为 T-MPLS 通路层（TMP，T-MPLS Path），一般采用 LSP 提供一条隧道完成多路 VC 的复用/解复用和传输。

在 MPLS 中通常采用一组标记来标识一个端到端的 LSP，通道层和通路层分别采用两层嵌套的标记，以识别内层的伪线和外层的隧道，其中内层标记用于标识业务类型，外层标记用于标识业务转发路径。

传输媒介层又分为分组传送段层（PTS，Packet Transport Section）和物理层。PTS 主要保障通路层业务在两个节点间信息传输的完整性，PTN 支持多种段层，包括以太网、SDH、OTN、PDH 等，该层在 T-MPLS 中又称为 T-MPLS 段层（TMS，T-MPLS Section），特指两个相邻节点间。物理层则指具体支持段层网络的物理传输媒介。

（2）PTN 的功能平面

从功能上讲，PTN 主要分为三个平面：传送平面、控制平面和管理平面。其中传送平面主要采用面向连接的分组交换方式完成用户业务的适配及传送，同时也包括 OAM 报文的转发处理、业务 QoS 处理等功能。传送平面采用分层结构，如图 5-15 所示，其数据转发基于标记交换，通常采用双标记传输模式，首先用户业务信息在入口处建立相应的伪线仿真模型，加上 PW 标记形成分组传送通道，然后多个分组传送通道可以复用成分组传送通路，添加 LSP 标记，再通过 GFP 封装到 SDH 或 OTN 等，或直接封装到以太网物理层进行传送，通过分组交换网转发至出口处。PTN 网络中的中间节点通过 LSP 标记，完成用户业务的传送。传输分组封装参考模型如图 5-16 所示，用户业务通过一个净荷汇聚子层将一组净荷类型归于一个通用类，并加上控制字封装成特定的净荷格式，如 RTP 首部、编号、长度等信息，然后伪线仿真添加一个公共互通指示标记（CII，Common Interwork Indication），将两端客户联系起来，再添加一个传输通路标记 LSP，最后将双标记分组交给底层传送网络的数据链路层和物理层进行传输。在接收端，则按相反顺序进行处理。

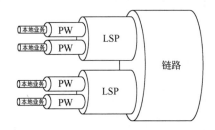

业务静荷
静荷封装
PW CLL
LSP
数据链路层
物理层

图 5-15　PTN 多业务承载层次化仿真模型　　图 5-16　PTN 分组封装参考模型

控制平面实现面向连接的路径建立与释放、路由管理和保护倒换等功能，如建立 LSP、建立伪线，网络发生故障时启动保护和恢复功能等。

管理平面主要完成网络管理和业务流管理，实现网络拓扑管理、故障管理、性能管理、配置管理、安全管理和计费管理等功能。在 SDH 网管的基础上，管理平面支持多种性能参数和告警信息的收集。

（3）PTN 组网应用

PTN 综合了 IP、MPLS 和光传输技术优势，通过多种技术融合实现网络的扁平化传输，可以广泛应用于城域传送网、宽带接入网和移动通信网的回传网，其承载业务类型包括 IP 业务和非 IP 业务，非 IP 业务包含各类以太网、TDM 以及 ATM 业务等。PTN 在组网架构上与传统的 SDH 类似，可组成环网、链型网和网状网。其中接入层主要实现对家庭用户、集团用户、基站的边缘接入，具备多业务接入能力。一般由小型 PTN 设备组成接入节点，多以环形结构为主，通常采用 GE 速率；汇聚层负责本区域内的业务汇聚和分流，具备大容量业务汇聚和传输能力，一般由中型 PTN 设备构成，采用 10GE 速率组环，并采用双节点挂环的结构来提高节点失效风险；骨干层负责核心节点的远程中继传输，每个核心节点通常配备双备份大型 PTN 设备，具备大容量多业务传输能力和调度能力，并提供较高可靠性和安全性，实现负荷分担。如图 5-17 所示为一个典型的 PTN 承载网组网结构示意图。

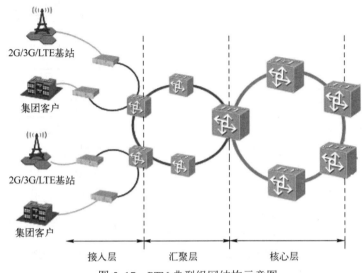

图 5-17　PTN 典型组网结构示意图

目前，PTN 主要用于 IP 承载网的汇聚和核心层，包括中国移动、西班牙沃达丰、德国电信、法国电信等全球众多运营商均组建了 PTN 网络。

（4）PTN 的特点

PTN 具有如下特点。

① 采用分组交换，与 IP/MPLS 的结合，可以无缝地承载核心 IP 业务，同时支持动态路由和标记交换路径建立，使得传送网业务调度更加灵活，在保障话音业务的同时，满足了数据业务的承载需求，提升了网络的承载效率，降低了运营成本。

② 采用基于伪线仿真技术的管道化承载理念，对用户业务进行配置、管理和运维，实现了承载与业务的分离，其面向连接的特性保证了业务质量，增强了业务的可靠性，满足了多业务承载需求。

③ 采用集中式的网络控制和管理，代替了传统 IP 网的动态协议控制，提高了 IP 业务的可视化运维能力。

④ 具备丰富的保护方式，支持分组环保护，可以实现以太网分组环基于 50ms 的业务保护切换，实现电信级的业务保护和恢复。

4. 基于 SPN 的承载技术

在移动通信的发展过程中，从 2G 的纯电路域，到 3G 引入分组域，直至 4G 电路域退出，网络逐渐实现全 IP 化，特别是 5G 时代，提出了万物互联的愿景，5G 对网络承载在带宽、时延、管控和同步等方面的性能都提出了新的要求。4G 时代提出的 PTN 已难以适应 5G 业务承载的需要，于是人们提出了切片分组网的概念。所谓切片网络就是将物理网络划分为多个虚拟的端到端网络，每一个虚拟网络内的设备是逻辑独立的，为差异化业务提供定制化服务。如根据用户不同的业务需求，包括时延、带宽、安全性和可靠性等对网络资源和功能进行按需划分。切片分组网采用以太网分片组网技术和面向传送的分段路由（SR-TP）技术，并融合光层DWDM 技术，实现基于以太网的多层技术融合。

（1）SPN 的网络架构

SPN 采用分层网络模型，以以太网为基础技术，支持对 IP、以太网、电路业务的综合承载。SPN 网络模型架构如图 5-18 所示，其转发平面可分为三层，即切片传送层（STL，Slicing Transport Layer）、切片通道层（SCL，Slicing Channel Layer）和切片分组层（SPL，Slicing Packet Layer）。

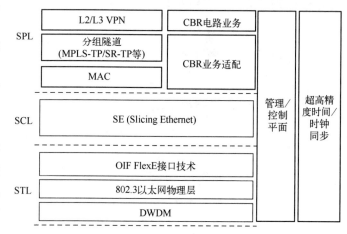

图 5-18　SPN 网络模型架构

① 切片传送层（STL）：切片传送层以 IEEE802.3 以太网为基础，引入光互联论坛 OIF 提出的灵活以太网（FlexE，Flexible Ethernet）技术，实现高效的高速传送能力，同时完全兼容标准以太网。FlexE 与 DWDM 融合，能够实现带宽的灵活扩展和分割，FlexE 支持通过多个接口绑定提供超过单接口速率的带宽，如 4 个 100GE 接口绑定能提供 1 个 400G 带宽的管道；还可以结合 DWDM 波道灵活增加按需平滑扩展业务带宽，实现接口信道化和子速率划分，满足网络切片物理隔离要求。

② 切片通道层（SCL）：实现业务切片的以太网通道组网处理。通过切片以太网（SE，Slicing Ethernet）技术，对以太网物理接口、FlexE 绑定组实现时隙化处理，提供端到端基于以太网的虚拟网络连接能力，为多业务承载提供基于物理层的低时延、硬隔离切片通道。

③ 切片分组层（SPL）：实现分组数据的路由处理，实现对 IP、以太网和 CBR 业务的寻址转发和承载管道封装，提供 L2VPN、L3VPN 等多种业务的分组交换和转发能力。SPL 层基于 IP、MPLS、802.1Q、物理端口等多种寻址机制进行业务映射，提供对业务的识别、分流和 QoS 保障处理。对分组业务，基于分段路由（SR，Segment Routing）技术增强的 SR-TP 隧道，提供面向连接的业务承载，基于 SR-BE 提供面向无连接的业务承载。通过改善转发机制实现分组低时延转发，首先识别具有低时延业务标识的报文，然后对标识为低时延业务的报文进行快速转发，不进行队列处理，如果在转发此报文时，输出接口上正在转发其他低优先级报文时，可对其进行抢占，从而实现快速转发。时间敏感网络（TSN，Time Sensitive Network）技术可作为 SPN 实现快速分组转发的机制之一。

④ 高精度时间/时钟同步功能模块：通过高精确的时间戳处理机制和时间传送技术，降低单节点时间和频率的误差，提供超高精度的时间同步能力。实现方法包括要求±30～100ns 的时间基准源、精度优于±1ns 的时间同步传送技术、高精度的同步专用接口，以及提供同步网自动规划、图形化同步查询、智能故障定位等功能的智能时钟技术。

⑤ 管理/控制功能模块：通过标准化的模型、接口，实现管控一体控制器对设备的管理及控制。SPN 除继承 PTN 运维和电信级保护优势外，还通过 SDN 的集中化控制面来增强业务的动态编排能力，实现对网元物理资源（如转发、计算、存储等资源）进行逻辑抽象和虚拟化，并按需组织形成虚拟网络，呈现"一个物理网络、多种组网架构"的网络形态。

（2）SPN 的特点

① 多层网络技术融合。SPN 的设备融合光电技术于一体，通过 SDN 架构能够实现多业务承载需求，分组层保证网络具有灵活连接能力，通道层实现轻量级 TDM 交叉，支持基于定长块 TDM 交换，提供分组网络硬切片，传送层实现光接口以太网化。

② 高效的软切片和硬切片。硬切片方式保证业务的隔离安全和低时延等需求，软切片方式支持业务的带宽复用，既提高了安全性，又具有弹性和可扩展能力。

③ SDN 集中管理与控制。SDN 有助于实现开放、灵活、高效的网络操作与维护，可实现网络状态实时监控，触发网络自行优化。

④ 电信级可靠性。SPN 支持网络层级的 OAM 和保护能力，实现了全方位网络可靠传输服务，提供敏捷的服务部署及操作能力，同时降低了操作维护成本。

5.4.4 承载网的发展趋势

随着数据业务的快速发展，特别是宽带、IPTV、视频业务和 5G 的发展对承载网提出了新的要求，一方面要求骨干承载网能够提供海量带宽以适应业务增长，另一方面要求大容量大颗粒的承载网具备高可靠性和灵活性，可以进行快速灵活的业务调度和完善便捷的网络操作维护管理。承载网从传统的只支持 TDM 业务的 SDH 发展演进到支持多业务承载的多业务传送平台 MSTP、再到分组传送网 PTN 和光传送网 OTN。电信级承载网的基本要求包括三个主要方面：满足 TDM、以太网、ATM、L3VPN 等各种业务需求并存；满足电信级业务对网络在业务性能、信息安全、同步和网络保护方面的要求；满足网络运行和维护的要求。未来的承载网发展趋势有两个方面，第一是发展超高速大容量的 WDM 光传输技术，包括超 100Gbps 传输技术，如各大电信设备商已经纷纷提出了各自的 400Gbps 甚至 1Tbps 路由线卡方案和产品。第二是发展满足分组业务为主的多业务统一承载和交叉调度需求的大容量分组化光交换网络技术，在干线网和城域网的承载网中，通常采用 OTN 和 PTN 设备背靠背组网，从便于网络运维、减少传输设备种类和降低综合运营成本的角度出发，需要将 OTN 和 PTN 的功能特性和设备形态进一步有机融合。分组增强型光传送网（POTN，Packet enhanced Optical Transport Network）就是一种深度融合分组传送和光传送技术的传送网技术，它基于统一的分组交换平台，同时支持二层交换和物理层交换。

5.5 新型网络技术

随着互联网应用的快速发展，现有网络体系因采用"一切基于 IP"的"瘦腰"结构而具有的无连接、尽力而为、边缘智能等特性带来的弊端日渐凸现。同时，随着互联网与人类社会生产生活的深度融合，用户对互联网的使用需求已经从最初的端到端模式逐渐转变为对海量内容获取，并开发出移动互联网、物联网、云计算等新的需求模式，传统的互联网难以满足这些新的需求。为此世界各国纷纷以新型网络体系创新为核心开展了新一代互联网的研究，以期解决扩展性、移动性、安全性、可管理性等方面的问题。早在 2005 年，美国、欧盟、日本等国就开始进行新型网络领域基础研究布局，并通过设立重大项目，从未来网络体系架构设计和未来网络试验测试平台构建两个角度出发，重新设计新型互联网结构并进行测试验证。典型的研究项目有美国的 GENI 和 FIND、欧盟的 FP7、日本的 AKARI、韩国的 FIRST。我国科研人员自 2007 年开始积极跟踪未来网络领域的技术发展，科技部"973"计划和国家自然科学基金委员会支持了"新一代互联网体系结构理论研究""可测可控可管的 IP 网基础研究"等一系列研究课题。2012 年起，科技部又启动了面向未来互联网架构和创新环境等研究项目计划，其中比较有影响的有可重构基础设施的灵活体系架构（FARI，Flexible Architecture of Reconfigurable Infrastructure）、真实源地址验证体系架构（SAVA，Source Address Validation Architecture）、服务定制网络（SCN，Service Customized Networking）等项目。

新型网络研究方向较多，下面主要介绍软件定义网络和网络功能虚拟化。

5.5.1 软件定义网络

2006 年美国斯坦福大学学生 Martin Casado 负责的一个关于网络安全与管理的项目 Ethane，该项目由美国 GENI 项目进行资助。其目标是试图通过一个集中式的控制器，让网络管理员可以方便地定义基于网络流的安全控制策略，并将这些安全策略应用到各种网络设备中，从而实现对整个网络的安全控制。2008 年，基于 Ethane 及其前续项目的启发，斯坦福大学 Nick McKeown 教授等人提出了 Openflow 技术，并基于 Openflow 网络的可编程特性，提出了软件定义网络（SDN）的概念，同时由 Martin Casado 和斯坦福大学 Nick McKeown、Scott Shenker 教授创立了开源网络虚拟化私人控股企业 Nicira，该公司于 2012 年 7 月被全球桌面和数据中心虚拟化巨头 Vmware 厂商收购，标志着 SDN 正式走向市场化。SDN 继承了控制与转发分离的思想，同时实现了网络的可编程特性，对于未来互联网架构的发展具有重要意义。

1．SDN 的网络结构

SDN 是一种将网络的控制平面与数据转发平面进行分离，实现控制可编程的新型网络架构。因此 SDN 并不是某一种具体的网络协议，准确地说，SDN 应该是一种网络框架、一种设计理念，它是一种新型的基于软件可编程思想的网络架构，它有一个集中式的控制平面和分布式的转发平面，两个平面相互分离，可以实现控制平面对数据平面的集中化控制，并提供开放的编程接口，为网络提供灵活的可编程能力。具备以上特点的网络架构都可被认为是一种广义的 SDN。

目前各大厂商对 SDN 的系统架构都有自己的理解、认识和各自独特的实现方式，这种多样性使得 SDN 的研究和发展充满活力。开放网络基金会（ONF，Open Networking Foundation）作为 SDN 最重要的标准化组织，自成立开始，就一直致力于 SDN 体系架构的标准化，2012 年 4 月，ONF 发布了 SDN 白皮书，白皮书中描述的 SDN 分层模型获得了业界广泛认同。下面主要介绍 ONF 的 SDN 网络结构。

ONF 组织定义的 SDN 自下而上（或由南向北）依次分为基础设施层、控制层、应用层以及右侧的控制管理平面，如图 5-19 所示。

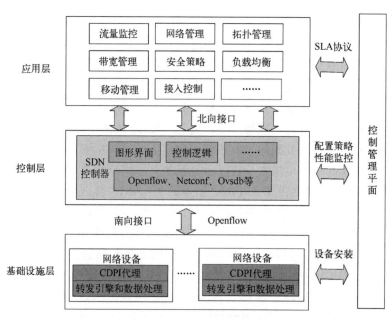

图 5-19　SDN 网络架构示意图

（1）基础设施层

基础设施层也称物理层或数据平面，主要由交换机、路由器等网络交换设备组成，可以是硬件交换机或虚拟交换机，也可以是可编程路由器。这些网络设备没有控制功能，只能单纯进行数据转发和处理，即按照控制层下发的策略完成基于流表的数据处理、转发和状态收集。基础设施层通过控制数据平面接口与控制层进行通信，一般采用通用的接口协议如 Openflow。SDN 要求网络硬件实现软硬件分离和控制转发分离，要求网元硬件去智能化和去定制化，向开放、标准、统一的通用货架商品硬件演进。实际上，为了兼容现有网络，大多数 SDN 解决方案都支持传统网络设备。常见的 SDN 交换机有 vSwitch、Pica8、POFSwitch、Indigo、ONetSwitch 等。

（2）控制层

控制层包含一个或多个控制器，负责修改和控制底层网络设备的转发行为，包括链路发现、拓扑管理、策略控制、表项下发等。同时控制器将底层网络资源抽象成可操作的信息模型提供给上层应用程序，并将应用程序的网络需求如查询网络状态、修改网络转发行为等转化成低层次的网络控制指令，下发到网络设备中。

（3）应用层

应用层处于 SDN 的网络架构的最上层，由用户编程实现各类业务开发和应用，是 SDN 的核心价值所在，通过应用层把网络的控制权开放给用户，实现丰富多彩的业务创新。用户无须关心底层网络的技术实现细节，通过简单的编程即实现创新应用的快速部署。具体包括网络拓扑管理、网络状态呈现、网络数据统计、配置管理、流量监控、安全策略等。

（4）控制管理平面

控制管理平面主要负责网络设备的安装、策略配置、性能监控以及与用户签订服务等级协定 SLA。

各层之间通过标准开放接口实现资源分配和网络服务，主要包括南向接口和北向接口。

南向接口是指基础设施层与控制层之间的接口，它是物理设备与控制器信号传输的通道，相关的设备状态、数据流表项和控制指令都需要经南向接口传达，实现对设备的管控。目前主要包括 Openflow、Netconf、Ovsdb、PCEP、I2RS、POF、P4 等，其中 Openflow 协议是目前最流行的事实上的国际标准，如 Floodlight、Onix、NOX 等开源控制器均基于 Openflow 标准。Openflow 作为一个开放协议，突破了传统网络设备厂商形成的接口壁垒。

北向接口是控制层与应用层之间的接口，它通过控制器向上层业务应用以 API 的方式提供开放编程接口，目的是使业务应用能够方便地调用底层网络资源和能力。与南向接口不同，北向接口还缺少业界公认的标准，各厂商的实现方案和思路各不相同，常用的北向接口协议包括表示性状态传递（REST，Representational State Transfer）API、Netconf 以及常见的命令行（CLI，Command Line Interface）接口等传统网络管理接口，思科公司为 SDN 部署提出了一个开放网络环境（ONE，Open Network Environment）平台，以在传统的网络设备基础上提供可编程能力，并提出了一个 OnePK API 编程接口，实现上层 API 和底层网络操作系统之间的适配与代理，可用于从传统网络向 SDN 过渡的解决方案。

从 ONF 的 SDN 网络架构可以看到，SDN 的集中式控制平面与分布式数据平面是相互分离的。SDN 控制器负责收集网络的实时状态，通过开放接口通知给上层应用，同时把上层应用程序翻译成底层的规则或设备硬件指令下发给底层网络设备。

通过 SDN，网络控制策略建立在整个网络视图之上，而不再是传统的分布式控制策略，控制平面演变成了一个单一的、逻辑集中的网络操作系统，这个操作系统可以实现对底层网络资源的抽象隔离，并在全局网络视图的基础上有效解决资源冲突与高效分配问题。

与传统网络相比，SDN 具有下列基本特征：

（1）控制与转发分离。数据转发平面由受控转发设备组成，转发方式以及业务逻辑由运行在分离出去的控制面上的控制应用所控制。

（2）网络资源虚拟化。通过中间层控制器实现了对基础网络设施的抽象，通过这种方式，控制应用只需要关注自身逻辑，而不需要关注底层更多的实现细节。

（3）网络可编程性。可编程性是 SDN 的核心，将控制和管理平面从交换机、路由器中移到设备外的软件中，并通过 SDN 协议来连接网络设备。这些设备外的软件平台就是控制器。应用开发人员只使用控制器提供的 API 来实现网络自动化、网络编排和网络操作。

2. Openflow 交换机

Openflow 是 ONF 标准化组织确定的控制器南向接口协议，是实现控制和转发分离的基础，因此 Openflow 在 SDN 的发展中有着非常重要的地位。Openflow 定义了交换机和控制器交换数据的方式和规范，目前还是一个不断发展演进的协议，自 2009 年发布 Openflow 1.0 后，又相继推出了多个版本，每次版本更新主要围绕转发面增强和数据面增强进行，即增加更多的匹配关键字和可执行的动作，同时增强控制方式的灵活性。

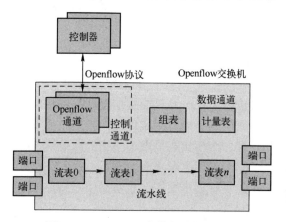

图 5-20 Openflow 交换机结构示意图

（1）Openflow 交换机结构

图 5-20 为 Openflow 交换机结构示意图。Openflow 交换机在逻辑上由一个或多个流表、一个组表、一个计量表以及一个或多个 Openflow 通道构成。

流表是交换机进行转发策略控制的核心数据结构，它可以由一个或多个流表项构成，每个流表就是一个转发规则，分组数据进入交换机后，通过查询流表进行匹配，进而确定分组的转发目的端口。交换机中的交换模块会通过查询流表表项来对进入交换机的数据分组采取合适的行为，每个流表项由头域、计数器和动作组成，如图 5-21 所示。

包头域	计数器	动作

入端口	源MAC 地址	目的 MAC 地址	以太网 类型	VLAN ID	VLAN 优先级	源IP 地址	目的IP 地址	IP协议	IP TOS 位	TCP/UDP 源端口	TCP/UDP 目的端口
Ingress Port	Ether Source	Ether Des	Ether Type	VLAN ID	VLAN Priority	IP Src	IP Dst	IP Proto	IP ToS bits	TCP/UDP Src Port	TCP/UDP Dst Port

图 5-21 Openflow 交换机流表结构示意图

其中头域是由入端口、源 MAC 地址、目的 MAC 地址、以太网类型、VLAN ID、VLAN 优先级、源 IP 地址、目的 IP 地址、IP 协议类型、IP TOS、TCP/UDP 源端口、TCP/UDP 目的端口等十二元组构成，涵盖 TCP/IP 网络协议中第二至第四层的分组数据信息，每一个元组中的数值可以是一个确定的值，或者是"ANY"，表示忽略该字段。

计数器用来对流表项的统计数据进行计数，可以针对每张流表、每条数据流、每个端口、每个队列等进行维护，主要统计包含活动表项、查找次数、发送分组数等信息。例如针对每张流表，统计当前活动的表项数、数据分组查询次数、数据分组匹配次数等；针对每条数据流，可以统计接收到的数据分组数目、字节数、数据流持续时间等；针对每个端口，除统计接收到的数据分组数目、发送数据分组数目、接收字节数、发送字节数等指标外，还可以对各种差错发生次数进行统计；针对每个队列，则可以统计发送的数据分组数目和字节数，还有发送时发生溢出的错误次数等。

动作用于指示交换机在收到匹配的分组数据包后如何对其进行处理，每个表项可以对应 0 个或者多个动作，如果没有转发动作，则默认丢弃。同一流表项中的多个动作的执行可以具有优先级，但是在分组数据的发送上并不保证其顺序。如果流表项中出现交换机不支持的参数值，交换机将向控制器发送相应的出错信息。流表动作包括转发（Forward）、丢弃（Drop）、排队（Enqueue）、修改域（Modify-Field）等。

数据分组进入交换机后，从第一个流表开始匹配，如果找到匹配的项，那么按照具体流表项指定动作去执行。如果在流表中未找到匹配项，则根据流表项的配置，将分组数据转发到 Openflow 交换机控制器、丢弃、或者继续到下一个的流表。当数据包已经处于最后一个流表时，其对应的所有动作将被执行，包括转发至某一端口、修改分组数据的某一字段（如 TTL）、丢弃分组等。

Openflow 交换机的端口可以分为物理端口、逻辑端口和保留端口。其中物理端口为交换机定义的端口，与 Openflow 交换机上的硬件接口一一对应。逻辑端口为交换机定义的端口，但并不直接对应一个交换机的硬件接口，是更高层次的抽象概念，可以是交换机中定义的其他一些端口（如链路聚合组、隧道、环回接口等）。逻辑端口可能支持报文封装并被映射到不同的物理端口上，但其处理动作必须是透明的，即 Openflow 在处理上并不刻意区分逻辑端口和物理端口的差异。保留端口用于特定的转发动作，如发送到控制器、洪泛，或使用非 Openflow 的方法转发，如采用传统交换机的处理方式。

（2）Openflow 协议

SDN 早期版本采用集中控制方式，但是一旦控制器出现故障或者其与交换机之间的连接中断，将会对整个网络造成影响。因此在 Openflow 1.2 版本后引入了多控制器的理念，即可以通过多个控制器的协同工作提高全网的可靠性。控制器通过 Openflow 管理交换机，Openflow 是描述控制器和交换机之间数据交互的接口标准，Openflow 支持 3 种消息类型，即：

控制器至交换机消息（Controller-to-Switch）：由控制器发起，用于管理或获取 Openflow 交换机的状态；

异步消息（Asynchronous）：由 Openflow 交换机发起，用于向控制器报告网络事件或交换机状态更新的事件消息；

对称消息（Symmetric）：由交换机或控制器发起的对称消息，用于建立连接、发送响应、测量时延、查询连接状态等。

与此同时，ONF 组织还推出了 Openflow 配置和管理协议 OF-Config，用于支持 Openflow 交换机的配置和管理功能，用户可通过该协议远程对 Openflow 交换机进行配置和管理。

3. SDN 控制器

控制器是 SDN 的核心，负责对底层网络设备的统一控制，同时向上层业务应用提供公共调用接口，因此，可以将控制器看成 SDN 的整个大脑，也是 SDN 领域关注的焦点。

SDN 控制器主要通过南向接口对网络进行控制，南向接口除支持 Openflow 外，还可支持 SNMP、OF-Config、XMPP 以及各种私有接口。控制器通过南向接口的上行通道对底层交换设备上报的信息进行统一监控和统计，从而实现链路的发现和拓扑管理。策略的制定和表项的下发则是控制器利用南向接口的下行通道完成的。

每个控制器都有面向用户应用程序的编程接口，即北向接口。通过北向接口，网络应用开发者可以通过软件编程来实现对网络资源的调用，同时应用程序可以通过北向接口对全网资源进行统一调度。控制器与计算机的操作系统功能类似，需要为网络开发人员提供一个灵活的开发平台，为用户提供一个方便操作使用的用户接口，因此大多数控制器的设计采取了类似于计算机操作系统的分层架构。通常控制器的功能可以分为两个层面，即基本功能层和网络基础服务层。其中基本功能层主要完成协议适配、事件处理、任务日志、资源数据库以及模块管理等功能，网络基础服务层主要为上层实现设备管理、状态监控、拓扑管理、策略管理等功能提供调用接口。

SDN 控制器是抢夺市场的制高点，目前业内并没有与控制器实现相关的标准规范，主要由厂家和开发者按照私有方式实现。NOX 是第一款 Openflow 开源控制器，目前已经作为 Openflow 控制平台实现的基础和模板。SDN 控制器主要分两类：一类是大型网络设备厂商提供的商业控制器，如华为的敏捷控制控制器（Agile Controller）、中兴通讯的中兴弹性网络智能控制器（ZENIC，ZTE Elastic Network Intelligent Controller）、思科的扩展网络控制器（XNC，eXtensible Network Controller）等；另一类是由大学或其他社区开发组织提供的开源方案，如 NOX、Floodlight、OpenDaylight、Beacon、Ryu、OpenContrail 等。

4. SDN 的应用

目前，SDN 仍处于发展的初期阶段，在协议和处理机制上仍然需要改进和完善，如概念和架构还没有一个统一明确的定义和设计，网络控制、网络管理以及业务编排之间的界限也未定义清晰。但随着 SDN 的迅猛发展，传统的网络设备商和服务提供商都在重新思考未来的发展战略，相继推出了各自的 SDN 解决方案。目前，网络引入 SDN 的典型应用场景有以下几种。

（1）数据中心网络。通过在现有物理网络上叠加逻辑网络，实现网络虚拟化，以满足云计算对网络灵活、动态、弹性配置等需求，并利用 SDN 通过全局网络信息消除数据传输冗余。一方面可以降低运维成本，同时又可提高网络资源利用率，支持业务创新，促进收入增长。

（2）广域网流量工程。传统互联网一般通过 MPLS 实现流量工程，但 MPLS 本身存在路径计算过程优化利用率低、扩展性和健壮性差等问题，利用 SDN 实现流量工程，具有集中控制、业务粒度可控、网络架构简单等优势。

（3）IPv4 向 IPv6 过渡。现有 IPv6 过渡机制种类繁多，适用场景有限。利用 SDN 掌握全局信息的能力来融合各种过渡机制，可提升过渡系统的灵活性，最终实现 IPv6 的平稳过渡。

随着 SDN 的快速发展，SDN 已应用到各个网络场景，从小型企业网和校园网到数据中心与广域网，从有线网到无线网。无论应用在任何场景，大多数应用都采用了 SDN 控制层与数据层分离的方式，以获取全局视图来管理自己的网络。

5.5.2　网络功能虚拟化

传统的网络一般采用专用硬件设备，随着网络技术的不断演进，网络给用户提供的业务不断丰富，各种专用网络设备（网元）的类型和数量也越来越多，运营商需要投入大量的设备成本、空间成本和能源成本。同时专用设备的集成度和复杂性越来越高，设备的升级扩容一般需要经历从规划到设计再到整合集成的过程，使得硬件的升级扩容速度跟不上用户需求。

网络功能虚拟化（NFV）的提出，可以解决运营商遇到的上述问题。NFV 的目的是通过商用服务器、存储和交换设备，来替代通信网中那些专用昂贵的网元设备。NFV 在云计算、平台化实现和 SDN 等相关领域的研究目前十分火热，必将对通信网的发展产生深远影响。

1．NFV 的概念

NFV 就是一种新的网元实现形态，通过网元设备软硬件功能的解耦，使得硬件平台通用化，软件运行环境虚拟化，网络功能部署动态化和自动化。所谓解耦就是指不再绑定专用的硬件设备，利用通用设备来承载各种网络功能。NFV 是实现网络资源高效利用、按需分配的重要手段，NFV 可以与 SDN 一起互为补充，有效降低网络部署周期和成本。

2．NFV 的体系架构

2012 年由 AT&T、德国电信、中国移动等 13 个国际主流网络运营商牵头，联合多家网络运营商和设备制造商在 ETSI 成立了网络功能虚拟化行业规范组，发布了 NFV 的白皮书，2013 年 ETSI 发布了首批 NFV 规范。ETSI 给出的 NFV 架构图如图 5-22 所示。

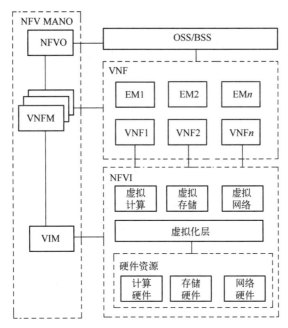

图 5-22　NFV 架构图

NFV 架构包括下列三个域。

（1）网络功能虚拟基础设施域（NFVI），也称为网络功能虚拟资源，提供支持执行虚拟网络功能所需的虚拟资源，主要由物理硬件资源和虚拟资源构成。其中，物理硬件资源包括通用物理硬件资源，如服务器、交换机、存储器等，通过虚拟化层的虚拟化技术，以各种虚拟机的形式向上提供虚拟化资源。

（2）虚拟网络功能域（VNF），对应电信网中的各种功能网元，是指能在网络功能虚拟资源之上运行的网络功能的软件实现。VNF 是与当前网络节点相对应的软件实体，一般由其依赖的硬件设备提供，VNF 所需资源需要分解为虚拟的计算、存储和网络等硬件资源，一个 VNF 可以部署在一个或多个虚拟机上。网元管理（EM，Element Management）与传统网元管理功能相同，实现 VNF 的管理功能，如配置、告警、性能分析等。

（3）网络管理和编排域（MANO，Management And Orchestration），主要对完成虚拟资源的编排与生命周期管理，同时还与外部现有业务支撑系统和运营支撑系统环境相互作用。

NFV MANO 主要包括 NFV 编排器（NFVO）、VNF 管理器（VNFM）和虚拟设施管理器（VIM，Virtualized Infrastructure Manager）三部分。其中：

NFVO 负责全网的网络服务、物理/虚拟资源和策略的编排和维护，以及其他虚拟化系统相关维护管理功能。实现网络服务生命周期的管理，与 VNFM 配合实现 VNF 生命周期管理和资源的全局视图功能。

VNFM 实现虚拟化网元 VNF 的生命周期管理，包括虚拟网络功能设备的管理及处理、实例的初始化、VNF 的扩展、VNF 实例的终止等，支持接收 NFVO 下发的策略，实现 VNF 的弹性伸缩。

VIM 主要负责基础设施层硬件资源、虚拟化资源的管理、监控和故障上报，向上层 VNFM 和 NFVO 提供虚拟化资源池。

此外，OSS/BSS 为运营商运营支撑系统和网络管理系统；BSS 为传统的业务支撑系统，包括计费、结算、账务、客服、营业等功能。

3．SDN 与 NFV 的关系

SDN 作为一种新型的网络架构，将设备紧耦合的网络架构解构成应用、控制、基础设施分离的三层架构，通过标准化的协议可实现控制层与数据转发层的分离，解耦后的架构提供网络应用接口，实现网络的集中管理和网络应用的可编程。SDN 理念试图打破现有紧耦合的组网模式，为网络灵活控制与统一管理提供思路。SDN 是对网络的抽象，NFV 则是对网络功能的抽象。NFV 不希望使用 SDN 的机制，而是使用数据中心中现有的技术来实现。但在实现过程中，使用 SDN 提出的控制面和数据面分离能够提高性能，简化兼容现有设备。另一方面，NFV 能为 SDN 提供软件运行环境。现在的大型数据中心需要自动化管理，这就很可能需要SDN 和 NFV。NFV 和 SDN 互不依赖，自成体系，但又相互补充，相互融合。

SDN 与 NFV 最基本的区别是：SDN 诞生于园区网，通过控制与转发分离，实现网络集中控制，流量灵活调度，SDN 更侧重于网络交换功能控制和虚拟化。SDN 在传统网络设备和 NFV 设备上都可部署。而 NFV 源于运营商需求，通过软硬件分离，实现网络功能虚拟化、业务按需部署，NFV 也可以在非 SDN 的环境中部署，NFV 更强调网元功能的虚拟化实现。

4．NFV 的优势及面临的挑战

NFV 的主要推动力来自网络运营商，采用 NFV 对运营商而言主要有三方面的优势。

（1）降低管理和维护复杂度。网络中采用通用统一平台，可以发挥集中优势，实现网元的集中部署和管理。同时通过虚拟化，实现新业务的自动化部署。

（2）提升网络资源利用率。网络功能虚拟化可以使不同网元同时共享硬件，同时硬件还与网元软件可以解耦，实现硬件资源的重复循环利用。

（3）缩短业务推出周期，降低运营成本。通过虚拟化可以将业务部署周期从传统的几个月缩减到几天，网络资源的调度分配可以从数周降低到数分钟，这样设备商和运营商可以将重点放在新业务开发和应用上。

但运营商和标准化组织在推动 NFV 发展时，也面临下列技术上的挑战：

（1）可靠性问题。传统的电信设备可靠性要求可达 99.99%，采用 NFV 后的通用设备可靠性很难达到电信运营商的要求。

（2）设备性能问题。采用设备虚拟化之后的设备计算能力、转发能力以及存储能力与传统设备相比，大概会存在30%左右的差距。

（3）兼容共存问题。NFV在部署过程中，必须考虑与原有网络设备的共存，这需要虚拟化设备能够支持的北向接口提供与原传统物理设备相同的接口功能。

本 章 小 结

本章首先对宽带IP网络的QoS要求进行了讨论，然后介绍了综合服务模型、区分服务模型。综合服务模型将ATM的资源预留思想引入到IP网络中，采用RSVP作为全程信令建立连接，为每个业务流预留缓冲区和带宽，能提供较严格的QoS保证，但系统可扩展性差。区分服务模型继承了综合服务模型将业务分类的思想，抛弃了用于资源预留的全程信令，提高了可扩展性，但难以提供端到端流的QoS保障能力。为此，IETF建议了两种互操作方式。一是将综合服务覆盖在区分服务网上，RSVP信令完全透明地穿越区分服务网。位于边缘的路由器处理RSVP信令，并将全网端到端的QoS映射到区分服务的QoS。二是区分服务网中的每个节点同时支持两种模型，网络通过策略决定哪些分组基于RSVP的资源预留进行传送，哪些分组基于PHB进行处理和转发。IP承载网是以IP技术为基础的传送网络，是各种业务网络所公用的，它必须具有电信级特征：QoS保证、多业务支持、可扩展性、可管理性、强壮性。SDH、WDM、DWDM是物理层传输技术，如果直接在这些传输技术上承载IP分组，省略ATM、帧中继等中间层次，这就是IP Over SDH、IP Over WDM、IP Over DWDM等技术。这类组网方案具有传送效率高、组网简单等特点，对于仅承载IP数据业务的网络来说尤为适合。但要支持QoS和电信级要求，还需要利用MPLS等组网技术。

为了提高IP网络和业务的承载效率，人们提出了隧道技术，即将IP报文作文整体承载在某个隧道协议中进行传输，向用户提供虚拟专用网（VPN，Virtual Private Network）服务。这其中包括将二层交换和三层路由结合起来的MPLS技术，其基本思想是边缘路由和核心交换，是目前实现QoS保障的主要技术之一。同时随着移动4G和5G的迅速发展，移动回传网对数据业务对带宽需求越来越大，推动了分组传送技术的发展，形成了一个新的位于IP业务层与底层光传输媒介之间的面向分组的承载层，既能满足分组业务突发性和统计复用传送要求，又能兼顾支持其他类型业务和网络管理要求，具体包括基于IP的无线接入网（IPRAN，IP Radio Access Network）和分组传送网（PTN，Packet Transport Network），以及切片分组网络（SPN，Slicing Packet Network）等技术标准。

随着互联网用户和网络规模的发展，新型互联网应用的大规模部署，现有互联网体系结构存在的弊端日渐凸现，因此，创新互联网体系结构是技术发展和演进的必然。本章最后主要对SDN、NFV等新型网络技术进行了介绍，以此启发读者关注和把握技术发展方向。虽然宽带IP网络和新型网络技术肩负的众多理想未必都能实现，但新技术必定包含现有技术的合理成分，通信网就是在融合、分化的不断循环中向前发展的。

习题与思考题

5.1 为提供综合服务，基于IP的宽带网络需要引入哪些关键技术？

5.2 在综合服务模型中，使用的信令协议是什么？受控负载业务的含义是什么？应该采取什么措施以保证负载是受到控制的？

5.3 在区分服务模型中：

（1）提供了哪些业务分类？哪一种业务分类具有动态 QoS 特性？

（2）业务分类是在什么地方进行的？

（3）网络中没有信令，这使该模型有何优缺点？

5.4　什么叫分组队列调度算法？综合服务模型、区分服务模型各可以采取什么队列调度算法？MPLS 是否需要队列调度算法？

5.5　试从封装效率、业务支持等角度说明 IP over ATM、IP over SDH、IP over WDM 三种组网方案的特点。

5.6　什么是 VPN？试举例说明 VPN 的实现原理？

5.7　什么是 PTN？PTN 具有哪些特点？主要有哪些应用场合？

5.8　什么是 SDN？试画图并简要描述 SDN 的网络结构。

5.9　简述 Openflow 交换机的基本工作原理。

5.10　什么是 NFV？NFV 的网络架构是怎样分层的？运营商实现 NFV 的方法有哪几种？

第6章 下一代网络与IMS

下一代网络（NGN）是集话音、数据、视频和多媒体业务于一体的全新网络架构。软交换，特别是3GPP提出的IP多媒体子系统是下一代网络的核心技术，其思想是在电信网向下一代网络演进的过程中产生的，充分吸取电信网和IP技术的优点，采用开放式网络架构，不但实现了网络的融合，更重要的是实现了业务的开放性，具有巨大的优越性。

本章介绍下一代网络和软交换的基本概念，然后介绍软交换系统的网络结构、软交换设备、软交换主要协议及其发展应用，最后介绍IMS的基本概念和体系结构、IMS的通信控制流程和IMS的发展与应用。

6.1 下一代网络概述

20世纪90年代末，以IP技术为代表的互联网得到了快速发展，基于H.323的IP电话系统的大规模商用有力地证明了IP网络承载电信业务的可行性，也让人们看到了利用IP网络承载多种电信业务的希望，NGN的概念正是在这样的背景下提出的。从广义上看，NGN泛指一个以IP为中心的全业务网络，可以支持话音、数据和多媒体业务的融合或部分融合，支持固定接入、移动接入。一方面，NGN不是现有电信网和IP网的简单延伸和叠加，也不是单项节点技术和网络技术，而是整个网络框架的变革，是一种整体解决方案。另一方面，NGN的出现与发展不是革命，而是演进，即在继承现有网络优势的基础上实现的平滑过渡。

1. NGN 的内涵和特征

按照ITU-T的观点，NGN是全球信息基础设施（GII，Global Information Infrastructure）的具体体现。ITU-T对NGN给出的定义是：NGN是一个分组传送的网络，它提供包括电信业务在内的多种业务，能够利用多种带宽和具有QoS能力的传送技术，实现业务功能与底层传送技术的分离；提供用户对不同业务网的自由接入，并支持通用移动性，实现用户对业务使用的一致性和统一性。ETSI则将NGN定义为一种规范和部署网络的概念，通过使用分层、分面和开放接口的方式，给业务提供商和运营商提供一个统一的平台，借助这一平台逐步演进，以生成、部署和管理新的业务。

从广义上讲，NGN泛指一个不同于目前一代的，大量采用创新技术，以IP技术为中心，同时可以支持话音、数据和多媒体业务的网络体系结构。NGN涉及的内容十分广泛，不同专业和背景的人都在应用这一概念。从网络角度看，NGN涉及从干线网、城域网、接入网、用户驻地网到各种业务网的所有层面；从传输网的角度看，传统电信网络是以TDM为基础，以SDH和WDM为代表的传输网络，NGN则是以自动交换光网络（ASON）为核心的光传送网络；从计算机网的角度看，上一代网络是以IPv4为基础的互联网，NGN则是以高带宽和IPv6为代表的下一代互联网（NGI）；从移动网的角度看，NGN是指第四代移动通信（4G）和5G系统；从电信交换网的角度看，原有网络是以TDM为基础的程控交换网，NGN则是以软交换、IMS为核心的下一代交换网。

总体来讲，NGN是一种目标网络结构，一种具有**分组化、宽带化、移动性、呼叫与承载分离、业务与控制分离**等特征的理想网络结构。各类通信网（电信网、互联网、移动网等）将按 NGN 框架，在接入、传送、控制、业务等层面进行融合。

2．NGN 的分层结构

主要国际标准化组织（如 ITU、ETSI、3GPP 等）对 NGN 的网络功能结构都进行了深入研究，并分别提出了自己的模型。根据业务与呼叫控制相分离、呼叫控制与承载相分离的思想，一般认为 NGN 的功能结构可取三层或四层。ETSI、3GPP 提出的 NGN 分层结构包括传送层、会话控制层和应用层；ITU 以 ETSI 和 3GPP 提出的 NGN 分层结构为基础，提出了各层的细化模型。国际分组通信协会 IPCC（原国际软交换论坛 ISC）早期提出的基于软交换的 NGN 分层结构如图 6-1 所示。各层主要功能如下：

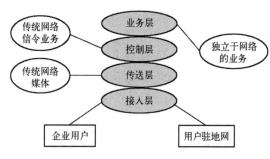

图 6-1　基于软交换的 NGN 分层结构

（1）接入层：将各类用户连接至网络，集中用户业务并将它们传送至目的地；包括各种接入手段，如固定或移动接入、窄带或宽带接入等。

（2）传送层：将信息格式转换成能够在网络上传递的统一格式，如将话音信号封装成 IP 包，并实现媒体流的选路和传送。

（3）控制层：完成各种呼叫控制功能，控制底层网络元素对接入层和传送层话音、数据和多媒体业务流的处理，在该层实现了网络端到端的连接控制。

（4）业务层：在呼叫建立的基础上提供各种增值业务，同时开放第三方可编程接口，便于引入新业务。另外也负责业务的管理功能，如业务逻辑定义、业务生成、业务认证和业务计费等。

在下一代网络的发展过程中，以 ETSI 为代表的欧洲 TISPAN 计划提出了基于 IMS 的 NGN 体系架构，认为 IMS 代表了 NGN 的发展方向，基于 IMS 的体系架构才是 NGN 的主体。IMS 系统采用 SIP 协议进行端到端的呼叫控制，为同时支持固定和移动接入提供了技术基础，也使得网络融合成为可能。

IMS 相对于软交换有着显著优势，但 IMS 是基于软交换理念和原理的，并在软交换的基础上，进一步实现了网络的开放性，IMS 与软交换是互通融合的关系。IMS 拥有的与接入技术无关的特性使得其可以成为融合移动网络与固定网络的一种手段，这是与 NGN 的目标相一致的。IMS 这种天生的优势使得它得到了 ITU-T 和 ETSI 的关注，这两个标准化组织都把 IMS 引入到自己的 NGN 标准之中，在 NGN 的体系结构中 IMS 作为控制层面的核心架构，用于控制层面的网络融合。在向 NGN 演进的过程中，基于 IMS 的下一代网络将融合各种网络而成为一个统一的平台。

6.2　软交换及其系统结构

1．软交换的基本概念

软交换的概念最早起源于美国。在企业网络环境下，用户可采用基于以太网的电话，再通过一套基于服务器的呼叫控制软件，实现 PBX 功能，即 IP PBX。该系统的实现方式不需要单独构架内部电话网络，而仅仅通过共用现有的局域网设施，就可以实现业务管理和维护的统一，其综合成本远远低于传统的 PBX。

受到 IP PBX 成功的启发，电信界将传统的交换设备部件化，分为呼叫控制与媒体处理功能，二者之间采用标准控制协议（如媒体网关控制协议 MGCP），呼叫处理由原来封闭于专用交换设备中的控制系统转变为运行于通用硬件平台上的纯软件,媒体处理将 TDM 转换为基于 IP 的媒体流。软交换(SoftSwitch)概念和技术应运而生,由于这一体系具有扩展性强、接口标准、业务开放等特点,发展极为迅速,成为了 NGN 的核心技术。国际分组通信协会 IPCC 对软交换的定义是:软交换是提供呼叫控制功能的软件实体。软交换的思想是将呼叫控制功能和媒体承载功能分离,通过软件实现基本呼叫控制功能。

传统的电话交换机将传输接口硬件、呼叫控制和数字交换硬件以及业务和应用功能结合到单个昂贵的交换机设备内,是一种垂直集成的、封闭和厂家专用的系统结构,如图 6-2 所示,新业务的开发必须以专用设备和专用软件为载体,导致开发成本高、时间长、无法适应快速变化的市场环境和多样化的用户需求。软交换打破了传统电话交换机的封闭结构,采用完全不同的功能分解模式,将传输、呼叫控制和业务控制管理三大功能进行分解,采用开放接口和通用协议,形成一个开放、分布式和多厂家应用的系统结构,可以使业务提供者灵活选择最佳和最经济的组合来构建网络,加速新业务和新应用的开发、生成和部署。以软交换为核心的系统结构如图 6-3 所示。图中,传统电话交换机的用户电路模块演变为媒体接入网关,呼叫控制功能演变为软交换设备,数字交换网络演变为分组交换网,各部分之间采用标准的协议进行通信。

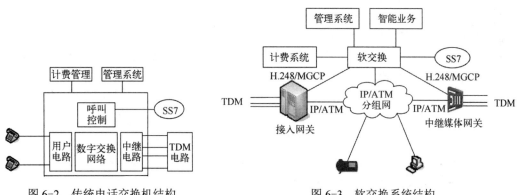

图 6-2 传统电话交换机结构   图 6-3 软交换系统结构

软交换的关键就是采用开放式的体系结构,实现分布式通信和管理,具有良好的系统扩展性。这种开放的体系结构汲取了 IP、ATM 和电信网的技术精髓,是 NGN 发展和业务提供的关键所在。

2. 软交换网络结构

软交换是为下一代网络中具有实时性要求的业务提供呼叫控制和连接控制功能的实体,是下一代网络呼叫控制的核心,也是电路交换网向分组交换网演进的主要设备之一。如图 6-4 所示,基于软交换的电信系统同样采用 NGN 的分层结构。自底向上分为接入层、传送层、控制层和业务层,各层之间采用标准化接口。

(1)接入层

接入层负责将各种不同的网络和终端接入软交换系统,实现业务的集中,并利用公共传送平台传送到目的地。接入层设备主要有:媒体网关(MG,Media Gateway)负责将各种终端和接入网络接入核心分组网络,主要用于将一种网络中的媒体格式转换成另一种网络所要求的媒体格式。信令网关(SG,Signaling Gateway)提供基于 TDM 的 NO.7 信令网和基于 IP 的分组网之间信令传送方式的转换。综合接入设备(IAD,Integrated Access Device)提供话音、数据、多媒体业务的综合接入。

(2)传送层

传送层为各种不同的业务和媒体流提供公共的传送平台,多采用基于分组的传送方式。

目前比较公认的传送网为 IP 承载网。其他各层如业务层、控制层、接入层都直接挂接在 IP 承载网上，在物理网上，它们都是 IP 承载网的终端设备。

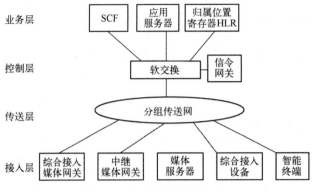

图 6-4　软交换网络分层结构

（3）控制层

控制层完成呼叫控制、连接控制、路由、认证、计费、资源管理等功能。其主要实体为软交换机，有时也称做媒体网关控制器。软交换与媒体网关间的信令，可使用媒体网关控制协议 H.248/Megaco，用于软交换对媒体网关的承载控制、资源控制及管理。软交换与 IP 电话设备间的信令，可使用会话起始协议（SIP）或 H.323。

（4）业务层

业务层在呼叫控制的基础上向最终用户提供各种增值业务，同时提供业务和网络的管理功能。该层的主要功能实体包括：应用服务器（AS，Application Server），特征服务器，策略服务器，认证、授权和计费（AAA，Authentication、Authorization、Accounting）服务器，目录服务器，数据库服务器，SCP（业务控制点），网管及安全系统（提供安全保障）。其中，应用服务器负责各种增值业务的逻辑生成和管理，并提供开放的应用编程接口（API，Application Programming Interface），为第三方业务的开发提供统一公共的创作平台；AAA 服务器负责提供接入认证和计费功能。

3．软交换设备主要功能

在软交换体系中，位于控制层的软交换设备主要完成下列功能：

（1）媒体接入功能。软交换通过 H.248 协议将各种媒体网关接入软交换系统，如各种中继媒体网关。同时，软交换设备还可利用 H.323 协议和会话起始协议（SIP）将 H.323 终端和 SIP 终端接入软交换系统，以提供相应的业务。

（2）呼叫控制功能。呼叫控制功能是软交换的重要功能之一。它为基本呼叫的建立、维持和释放提供控制功能，包括呼叫处理、连接控制、智能呼叫触发检出和资源控制等。可以说呼叫控制功能是整个系统的灵魂。

（3）业务提供功能。由于软交换系统既要兼顾与现有网络业务的互通，又要兼顾下一代网络业务的发展，因此软交换应提供以下业务功能：实现现有 PSTN/ISDN 交换机提供的全部业务，包括基本业务和补充业务；与现有智能网配合提供现有智能网的业务；更为重要的是，能够提供开放的、标准的 API 或协议，以实现第三方业务的快速接入。

（4）互连互通功能。目前，在 IP 网上提供实时多媒体业务可以基于 H.323 协议和会话起始协议（SIP）两种体系结构。因此软交换应能够同时支持这两种协议体系结构，并实现与两种体系结构网络和业务的互通。

另外，为了沿用已有的智能业务和 PSTN 业务，软交换还应支持 SSP 功能，实现与智能网及 PSTN/ISDN 的互通。

（5）资源管理功能。软交换设备对系统中的各种资源进行集中管理，如资源的分配、释放和控制，接受网关的报告，掌握资源当前状态，对使用情况进行统计，以便决定此次呼叫请求是否进行接续等。

（6）认证和计费。软交换可以对接入软交换系统的设备进行认证、授权和地址解析，同时还可以向计费服务器提供呼叫详细话单。

6.3 软交换组网设备

在软交换系统中，除了软交换设备，其他组网设备如下所述。

6.3.1 综合接入设备

综合接入设备（IAD）是适用于小型企业和家庭用户的接入产品，可提供话音、数据、多媒体业务的综合接入。在网络侧，IAD 的接口类型可以是数字用户线路（DSL，Digital Subscriber Line）、100M 以太网接口、1000M 以太网（GE）接口。在用户侧，IAD 的接口类型有 10/100M 以太网、Z 接口（模拟用户接口）。

为了保证话音业务的质量，要求 IAD 具有下列控制功能。

（1）呼叫处理功能

首先，IAD 要能识别用户终端发出的双音多频信号，将其转化成相应的拨号数字，封装在信令中，传给上级软交换设备；并能将软交换的控制指令恢复成规定的信号传给用户终端。其次，IAD 要完成上级软交换设备下达的相关呼叫控制命令，如动态话音编解码算法调整，摘/挂机等各类事件的检测，产生并向用户终端发送各种信号音及铃流，释放已建立连接所占用的资源等。最后，IAD 还要具有向上级软交换设备上报资源状态、故障事件等功能。软交换机与 IAD 之间的媒体控制协议可采用 H.248 或 MGCP，推荐采用 H.248 协议。

（2）媒体控制功能

这是一种对资源合理管理和利用的机制，可以根据软交换设备的指令，对资源进行预留。如根据资源状况，支持自适应编解码方式。

（3）话音处理功能

众所周知，IP 网存在时延和丢包问题。时延大会带来回声，少量丢包会带来话音质量下降，所以，在接收端 IAD 要具有回声抑制和产生舒缓背景杂音功能。另外，在 IP 网络中，无连接的分组传送会产生抖动，影响通话质量。所以在接收端还要设置接收缓冲区，尽可能消除时延抖动对话音质量的影响。同时，为了提高带宽利用率，发端 IAD 要具备静音检测技术，以便对静音进行压缩传输。

（4）话音 QoS 管理功能

为了避免时延抖动对话音质量的影响，在设计接收端缓冲区大小时必须考虑时延抖动的最差情况，保证一定的缓存区大小。因此，要求 IAD 提供一种可以根据网络负载情况动态调整接收端缓冲区大小的机制，以保证端到端时延在网络当前条件下最小。另外，在 IAD 中适时地加入优先级机制，对不同业务标记不同优先级，为高等级业务预留相应带宽，提高业务的服务质量。

6.3.2 媒体网关

媒体网关（MG）完成媒体流格式的转换处理，软交换系统中存在多种媒体网关，如接入网关、中继网关、无线网关等。

1. 接入网关

接入网关相对于 IAD 是大型接入设备，提供普通电话、ISDN PRI/BRI（基群速率接口/基本速率接口）、V5 等窄带接入，与软交换配合可以替代现有的电话端局。当接入网关作为呼叫的主叫侧时，与软交换机配合完成呼叫的启呼，用户拨号的 DTMF 识别，播放提示音等功能；当接入网关作为呼叫的被叫侧时，与软交换机配合完成呼叫的终结，用户振铃等功能。接入网关在信令网关的配合下完成现有电话用户的接入。除完成电话端局功能外，接入网关同时提供数据接入功能，可以提供 ADSL、LAN 等宽带接入。

2. 中继网关

中继网关提供 TDM 中继接入，可以与软交换机及信令网关配合替代现有的长途/汇接局。主要中继功能包括：

（1）话音处理功能

① 具有话音信号的编解码功能，支持 G.711，G.729，G.723 等算法。

② 具有回声抑制机制，支持 G.168。

（2）呼叫处理与控制功能

① 能根据软交换机的指令对它所连接的呼叫进行控制，如接续、中断、动态调整带宽等。

② 能够通过相关的信令检测出 PSTN 侧的用户摘机、应答、久叫不应等状态，并向软交换机报告。

（3）资源控制功能

① 向软交换机报告由于故障、恢复或管理行为而造成的物理实体的状态改变。

② 报告网关内各端口和连接的当前状态。

③ 支持对 TDM 电路终结点的阻塞管理和释放。

④ 及时保持与软交换机之间信息一致性。

⑤ 当资源耗尽或资源暂时不可用时，能向软交换机指示不能执行的操作。

中继网关支持的接口有：

● TDM 网络侧接口：采用 TDM 数字中继接口或其他 ISDN PRI 接口。

● 分组网络侧接口：采用 10/100M LAN 接口、千兆位以太网接口。

● 与网管中心接口：采用 10BaseT/100BaseT 接口。

中继网关支持的信令和协议：NO.7，NO.1，Q.931，H.248，MGCP。

6.3.3 信令网关

在软交换系统中，信令网关（SG）是在 IP 网和 NO.7 信令网的边界设备。它可向/从 IP 设备发送/接收 NO.7 信令信息，并可管理多个网络之间的交互和互连，以便实现无缝集成。其实质就是为了实现 PSTN 与软交换设备之间的 NO.7 信令互通，实现信令的 TDM 承载与 IP 承载之间的转换功能。

信令网关在软交换系统中的位置如图 6-5 所示，为了实现与 NO.7 信令的互通，信令网关首先需要终结 NO.7 信令链路，然后利用 SIGTRAN 协议将信令消息传递给媒体网关控制器

（MGC，软交换机）或 IP SCP/IP HLR 进行处理。媒体网关只负责终结局间中继，并且按照来自媒体网关控制器的指令完成媒体流的处理。

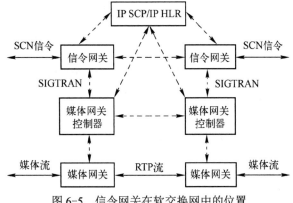

图 6-5　信令网关在软交换网中的位置

如 3.6 节所述，信令网关只进行 NO.7 信令的底层转换，从而实现一个网络中的控制信息能够在另一个网络中延续传输。即将 NO.7 信令的传送从 MTP 承载转换成 IP 传送方式，但并不改变应用层消息。因此，从应用层角度看，信令网关对信令内容仍是透明的。

1. 信令承载协议

（1）BICC 协议

随着网络和业务的融合，必须解决的首要问题就是电路交换网和分组数据网之间的信令互通问题。传统的做法是在应用层实现互通，由互通协议解释不同网络协议的语义，并根据应用环境进行映射。这种处理方法不但复杂，而且很难做到一一对应，不可避免地会在互通时造成控制信息的丢失。为了解决这个问题，ITU-T SG11 小组制定了独立于承载的呼叫控制协议（BICC，Bearer Independent Call Control），即承载独立（无关）的呼叫控制信令。

BICC 协议解决了呼叫控制和承载控制的分离问题，使传统的呼叫控制信令（NO.7 信令）可通过任何承载网络进行传送，如 ATM 和 IP 等。BICC 的主要应用领域是在移动软交换网络中。MSC Server 间的呼叫控制信令采用承载无关的控制协议 BICC，由其提供在 IP 承载网上等同于 ISUP 的信令服务。

（2）SIGTRAN 协议

如图 6-6 所示，SIGTRAN 是在流控制传送协议（SCTP）的基础上加上用户适配层（UA）来传送电话信令的应用部分的，用户适配层由多个模块组成。如 MTP 第二级用户适配（M2UA）、MTP 第三级用户适配（M3UA）、SCCP 用户适配（SUA）、MTP 第二级对等适配（M2PA）等。

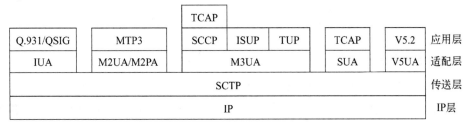

图 6-6　SIGTRAN 结构

SCTP 是一个传输层协议，支持多径并发传输，用于在 IP 网上替代 TCP、UDP 协议，可靠地传输 PSTN 信令；SCTP 在实时性、可靠性和安全方面均比 TCP 和 UDP 优越。TCP 不能同时在两点之间提供多个 IP 连接，安全方面也受到限制；UDP 不可靠，不提供顺序控制和连接确认。除了传输 PSTN 信令外，SCTP 还可以传输其他宽带信令，如 SIP 信令（SIP 也可使用 UDP、TCP 传输）。

M2UA 支持 MTP2 互通和链路状态维护，向上提供与 MTP2 同样的服务功能。

M3UA 支持 MTP3 用户部分互通，提供信令点编码和 IP 地址的转换。

SUA 支持 SCCP 用户互通，相当于 TCAP over IP。

M2PA 支持 MTP3 互通，支持本地 MTP3 功能，支持 M2PA SG（信令网关），可以作为信令转接点。

目前，使用较多的适配层协议是 M3UA。M3UA 用于适配 NO.7 信令消息传递部分（MTP）的第三级功能，采用 M3UA 的信令网关既可作为一个 STP，分配单独的信令点编码，也可与软交换设备共享一个信令点编码。在 M3UA 的支持下，NO.7 信令系统的高层协议如 ISUP、SCCP、TCAP、MAP、INAP 和 CAP 消息的内容可在 IP 网中透明传输。

（3）信令承载协议结构

在 IP 网络中，信令可以通过 TCP、UDP、SCTP 等传输层协议进行传输。UDP 是数据报方式，其优点是简单、易于实现，但不保证数据的正确传输，对于电话信令不适合。TCP 是面向连接方式，在正常的网络状况下可以保证数据的正确传输，但在网络故障、拥塞等情况下性能较差，不支持冗余路径。SCTP 是一个新型协议，支持经过多条路径向同一目的地传输，可靠性和实时性都较高，适合信令传输的要求。

各种信令传输使用的承载协议结构如图 6-7 所示。H.323 协议使用 TCP，H.248 可以使用 TCP 或 UDP，SIP 则可以选择使用 TCP、UDP、SCTP，BICC、NO.7 信令用户部分必须通过 SIGTRAN 适配层经过 SCTP 传输。

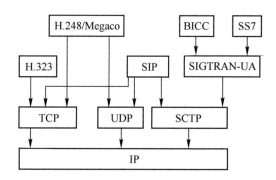

图 6-7 信令承载协议结构

2. 信令网关的接口

在介绍了 IP 网中的信令传送方式后，可以明确地指出信令网关的功能就是完成基于 TDM 承载的 NO.7 信令和基于分组承载的 SIGTRAN 信令的转换。

信令网关主要接口包括 TDM 接口和 IP 接口，TDM 接口支持的协议包括 MTP、SCCP、OMAP 等，IP 接口包括 SCTP、M3UA、M2PA 等协议。

在 PSTN 电话网一侧，信令网关必须支持 NO.7 信令的多种格式，包括传统的窄带和宽带 NO.7 信令，支持传统的 T1/E1 接口，以及不同应用的信令协议。

在 IP 网络一侧，必须支持不同的物理传输介质及高速宽带和 IP 信令接口，即 SCTP 和 SIGTRAN（M2PA，M3UA，SUA 等），以及不同信令的应用。

6.3.4 SIP 终端与服务器

SIP 多媒体会话系统采用客户-服务器工作方式，包含两类组件：用户代理（UA，User Agent）和网络服务器（NS，Network Server）。用户代理是呼叫的终端设备，而网络服务器是处理与呼叫相关信令的网络设备。

1. 用户代理

用户代理（UA）是一个用于和用户交互的 SIP 实体，又称为 SIP 终端，可以为用户提供话音、视频及增值业务。

根据 SIP 用户代理在会话中扮演角色的不同又可分为用户代理客户机（UAC，User Agent Client）和用户代理服务器（UAS，User Agent Server）。前者用于呼叫请求，后者用于响应呼叫请求。SIP 终端通常包括 UAC 和 UAS。

根据实现方式的不同，SIP 终端又可分为硬终端和软终端。SIP 硬终端在一个独立硬件设备中实现 SIP 业务功能，它直接接入到局域网中，可为用户提供话音和增值业务。SIP 软终端是将 SIP 终端软件加载在 PC 等智能设备上，配合耳机和麦克风为用户提供业务；如果配上摄像头，还能为用户提供视频通信业务。

SIP 终端可将话音信号压缩并编码为数字流。每一个 SIP 终端具有一个 IP 地址。SIP 终端可通过 IAD、以太网和其他宽带方式接入网络，在软交换的控制下，实现 SIP 终端之间、SIP 终端与其他接入网关及 IAD 用户之间、SIP 终端与固定电话网之间的互通。

2．SIP 服务器

SIP 服务器的主要功能是完成地址解析和用户定位，包括代理服务器（Proxy Server）、重定向服务器（Redirect Server）和注册服务器（Registrar Server）等。

SIP 代理服务器是基于 SIP 协议进行呼叫控制的设备。它既是客户机又是服务器，主要功能为路由选择和呼叫转发，负责将 SIP 请求和响应转发到下一跳代理服务器或终端。SIP 代理服务器分为有状态的（Stateful）和无状态的（Stateless）两类，有状态的代理服务器记录经其转发呼叫的状态信息，而无状态的代理服务器只负责呼叫转发而不记录呼叫状态。由于核心代理服务器需要处理大量的呼叫，不保留呼叫状态可大大提高系统的处理能力。

SIP 重定向服务器主要用于地址解析。其功能是通过响应告诉客户端下一跳服务器的地址，然后由客户端根据此地址向下一跳服务器重新发送 SIP 请求。与代理服务器不同，重定向服务器本身并不产生请求。

SIP 注册服务器接收终端的注册请求，记录终端的 SIP URI（统一资源标识）和 IP 地址。注册服务器通常与代理服务器或重定向服务器位于同一物理实体中。用户终端在启动后向 SIP 注册服务器注册，用于记录其当前位置信息。如果用户正在漫游，当其 IP 地址发生变化时，用户要将登记在注册服务器中的相应信息进行更新。其他用户呼叫该用户时，相关的服务器先通过用户的注册服务器查找其 IP 地址，这样就可实现动态寻址，支持用户移动性。

在 SIP 系统中，代理和重定向服务器在确定下一跳时还可使用定位服务器（Location Server）。定位服务器提供定位服务，协助 SIP 代理和重定向服务器获得被叫当前位置信息。定位服务器提供软交换服务器之间的路由信息，这在大型网络中可以简化路由配置。

6.4 软交换的主要协议

6.4.1 H.248 协议

H.248 是 ITU-T 和 IETF 的 Megaco 工作组共同制定的媒体网关控制协议（Megaco，Media Gateway Control Protocol），用于软交换与媒体网关之间的通信。

主流的媒体网关控制协议主要包括 H.248 和 MGCP 两种。与 MGCP 相比，H.248 可以支持更多类型的接入技术并支持终端的移动性，除此之外，H.248 比 MGCP 支持的规模更大、灵活性更高，并已逐渐取代 MGCP 成为媒体网关控制的标准协议。根据我国原信息产业部颁布的《软交换设备总体技术要求》，在软交换组网中 H.248/Megaco 和 MGCP 均可采用，但

H.248/Megaco 为必选。

H.248/Megaco 协议是控制器和网关分离概念的产物。网关分离的核心是业务和控制分离，控制和承载分离。这样便于业务、控制和承载独立发展，运营商在充分利用新技术的同时，还可提供丰富的业务，通过不断创新的业务提升网络价值。

H.248/Megaco 提供媒体的建立、修改和释放机制，同时也可携带某些随路呼叫信令，支持传统网络终端的呼叫。该协议在构建开放和多网融合的下一代网络中，发挥着重要作用。下面简要介绍 H.248/Megaco 协议的基本内容。

1. H.248 连接模型

为便于软交换设备对网关的承载连接行为进行监视和控制，首要问题是如何对媒体网关内部对象进行抽象和描述？为此，H.248 协议提出了网关的连接模型。连接模型是对网关内部实体的抽象描述，模型中主要包括**终端**（Termination）和**关联**（Context）两个抽象概念。

（1）终端

终端是能够发送或接收一个或多个媒体流的逻辑实体。在终端中，封装了媒体流参数、MODEM 和承载能力参数。媒体网关在创建终端时，赋予终端一个唯一的标识（Termination ID）来识别终端。

终端分为半永久终端和临时终端两种。半永久终端代表物理实体，例如一个用户端口或 TDM 信道。临时终端代表临时性的信息流，此时，只有当媒体网关使用这些信息流时，这个终端才存在。临时终端可通过 Add 命令创建和 Subtract 命令删除。而半永久终端则不同，当使用 Add 命令向一个关联添加物理终端时，这个物理终端来自空关联（Null Context）；当使用 Subtract 命令从一个关联去除物理终端时，这个物理终端将转移到空关联中。

终端支持信号和事件等属性，包括媒体网关施加的媒体流（如拨号音）和检测到的事件（如摘机、拍叉簧）。通过信号可以使终端对事件进行监测，并将监测结果报告给软交换（SS）或媒体网关控制器（MGC）。同时，通过信号还可以使终端对由 MG 发起的动作进行监测。终端可以记录统计数据，当软交换设备发出请求，或者当终端从其所在的关联中被删除时，终端就将这些统计数据报告给软交换设备。

一个终端在任一时刻属于且只能属于一个关联。在一个关联中包含终端的最大数目由媒体网关（MG）的特性来决定。仅提供点到点连接的 MG 在每个关联中最多只支持两个终端。支持多点会议的 MG 在一个关联之中可以支持三个或更多的终端。终端通过许多特性进行描述，这些特性组合成一组描述符而包含在命令中。

（2）关联

关联表示网关内一组终端之间的连接关系和媒体流方向。空关联是一种特殊的关联，它是未定义连接关系的所有终端的集合。如在一个分解的接入网关中，所有空闲的电路都是空关联中的元素。如果在一个关联中有两个以上终端，那么关联就对系统的拓扑结构和媒体混合和/或交换参数进行描述。关联的创建、修改和删除均由相应的命令实现。一般地，使用 Add 命令向一个关联添加终端，如果软交换不指明终端被添加到哪个关联之中，接收该命令的网关就创建一个新的关联。可以使用 Subtract 命令将一个终端从一个关联之中删除，也可以使用 Move 命令将一个终端从一个关联转移到另一个关联。

关联的属性包括关联标识（Context ID）、拓扑（Topology）、优先级（Priority）和紧急呼叫指示（Indication for Emergency Call）。其中，关联标识由网关分配，并具有唯一性；拓扑描述关联中终端之间的关系，这些关系指出了媒体流在终端之间的流向；关联的优先级用于网关在处理关联时的先后顺序；紧急呼叫指示用于在紧急呼叫时，网关将优先处理此类呼叫。

综上所述，H.248 连接模型的主要任务就是如何对终端和关联的特性进行描述，并定义控制终端和关联的相关命令。

2．命令

H.248 协议使用命令对连接模型中的逻辑实体进行管理，命令提供了对关联和终端特性进行控制的机制。H.248 协议中定义了 Add（添加）、Subtract（删除）、Move（移动）、Modify（修改）、AuditValue（审计值）、AuditCapability（审计能力）、Notify（通报）和 ServiceChange（业务改变）八个命令。其中大部分命令都是由软交换作为指令发起者，MG 作为指令响应者接收的，从而实现软交换对 MG 的控制。但是，Notify 和 ServiceChange 命令除外。Notify 命令是由 MG 发给软交换的，而 ServiceChange 既可以由 MG 发起，也可以由软交换发起。

3．描述符和包

在 H.248 协议中，命令的参数定义为描述符。描述符由名称和一些参数值组成。不同命令可包含相同的描述符。常用描述符包括：媒体描述符、事件描述符、事件缓存描述符、信号描述符、数字映射描述符等。

不同网关支持的终端在特性上可能具有很大的差异，由于应用的多样性和技术的发展，新的终端和特性会不断出现。为了适应不断变化的需要，H.248 协议采用了一种终端特性扩展机制——包（Package），软交换设备可以通过审计终端来确定网关实现了哪一种类型的包。包的定义由特性（Property）、事件（Event）、信号（Signal）和统计（Statistic）组成，这些项分别由标识符进行标识。网关为了实现某种类型的包，必须支持包中所有的特性、事件、信号、统计以及信号和事件的所有参数类型。目前，H.248 协议主要定义了 32 类包。

4．H.248 呼叫控制流程

图 6-8 给出了一个基于 H.248/Megaco 协议的软交换系统结构示意图。在该系统中，普通电话终端（TDM 终端）通过媒体网关（MG）连接到软交换系统，软交换（SS）利用 H.248/Megaco 协议控制呼叫的建立和释放。

图 6-8　基于 H.248/Megaco 的软交换网络结构

不同媒体网关的两个用户基于 H.248/Megaco 协议的呼叫控制流程如图 6-9 所示。

① MG1 检测到主叫摘机后，通过 Notify 命令将摘机事件报告给 SS。

② SS 回应 Reply 消息。

③ SS 向 MG1 发送 Modify，命令 MG1 向主叫用户送拨号音，根据编号方案检测被叫号码，并监视挂机事件。

④ MG1 回响应。

⑤ 主叫用户拨号，MG1 收到第 1 位拨号数字，停送拨号音，然后继续收号，直至识别出局向为止，MG1 将收到的号码通过 Notify 命令报告给 SS。

⑥ SS 回响应。

⑦ SS 分析被叫号码，查找被叫端口，确定需在 MG1 和 MG2 之间建立承载连接，在 MG1 的关联域中加入终端。

⑧ MG1 回响应。

⑨ SS 向 MG2 发送 Add 指令，命令 MG2 创建关联域，并加入 TDM 用户终端标识和 RTP 终端。

⑩ MG2 回响应。

⑪ SS 将 MG2 的 RTP 接收地址及媒体格式通知 MG1，该事务处理包含两个 Modify 命令，一个是要求向 TDM 终端发回铃音，另一个是规定 RTP 终端的传送特性。

⑫ MG1 回响应。这时，MG2 至 MG1 的后向通道已经建立，前向通道已保留但尚未建立。

⑬ MG2 监测到被叫用户摘机，报告给 SS。

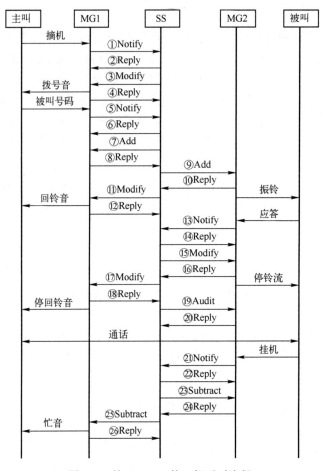

图 6-9　基于 H.248 的一般呼叫流程

⑭ SS 回响应。

⑮ SS 命令 MG2 监视 TDM 终端挂机事件，并停送铃流信号。

⑯ MG2 回响应。

⑰ SS 通过 Modify 命令 MG1 停回铃音，并将 RTP 终端的媒体流模式改为"双向通道"。

⑱ MG1 回响应。

⑲ SS 要求审计 MG2 上 RTP 终端的特性，即要求 MG2 报告该终端当前激活的检测事件、媒体特性等。

⑳ MG2 报告审计结果，用户进入通话阶段。

㉑ 设被叫用户先挂机，MG2 报告挂机事件。

㉒ SS 回响应。

㉓ SS 通过 Subtract 命令 MG2 删除终端，将被叫端口放回空关联。

㉔ MG2 回响应，上报统计数据。

㉕ SS 通过 Subtract 命令 MG1 删除终端，将主叫端口放回空关联，并向主叫送忙音。

㉖ MG1 回响应，上报统计数据。

至此，MG1 与 MGC 的连接释放，媒体流终止。

6.4.2 H.323 协议

H.323 协议是 ITU 为在局域网上开展多媒体通信制定的，其初衷是希望该协议用于多媒体会议系统，但后来却在 IP 电话领域得到广泛应用，并取得了很好的效果。H.323 是 H.320 的扩展，H.320 通常使用 ISDN、DDN 等电路交换网进行视频会议通信。H.323 则在分组网络上支持点对点和多点音视频通信服务。H.323 协议是在分组网上支持话音、图像和数据业务最成熟的协议之一。

H.323 系统主要包含四种部件：终端（Terminal）、网关（Gateway）、网守（Gatekeeper）和多点控制单元（MCU，Multipoint Control Unit）。

1. 终端

终端是在分组交换网络中提供实时、双向通信的用户设备。所有的终端都必须支持话音通信，视频和数据通信能力是可选的。终端间使用 H.245 协议进行信道容量等媒体参数的协商，使用 Q.931 协议进行连接建立，使用实时传输协议/实时传输控制协议（RTP/RTCP，Real-time Transfer Protocol/Real-time Transfer Control Protocol）进行音频和视频分组传输。终端有两类：

① 硬终端：如 VoIP 电话机，其特点是具有 IP 网口，不提供模拟 Z 接口或中继接口。

② 软终端：运行于 PC 上的软件。流行的有微软的 NetMeeting 等，其对 VoIP 的发展起到了推波助澜的作用，无论哪个厂商生产的硬件设备，一般来讲都能和 NetMeeting 互通。

2. 网关

网关是 H.323 会议系统的一个可选部件，它可在 H.323 系统和其他会议（如 H.320 系统）间进行转接，完成通信协议转换和音视频编码格式转换。相关功能与 8.3.2 节介绍的软交换媒体网关类似。

3. 网守

网守也是 H.323 会议系统的一个可选部件，它完成别名到地址的解析、访问控制、带宽管理等功能。这些功能由 RAS（注册/接纳/状态）建议定义。

网守是 H.323 系统中完成信令功能的控制和管理实体，管理一个域（Zone）内的终端、MCU 和网关等设备，完成 RAS 功能，实现地址翻译和带宽控制等。域是指一个网守管理的区域。在该域中所有的 H.323 设备，包括终端、网关和 MCU 需要向该网守进行登记注册，网守负责本域内设备号码和 IP 地址的解析，对本域的设备进行管理和监控，如果被叫不属于本域管辖，需要跨域处理。

4. MCU

MCU 支持多个终端间的会议功能，由多点控制器（MC）和多点处理器（MP）组成。多点控制器是 H.323 多点控制单元的一个必备部件，它控制多点处理器与终端之间的交互，采用 H.245 协议在多个终端间对话音、视频、数据编解码能力、信道容量等进行协商，设置会议成员优先权，并决定哪些话音、数据、视频流应该组播发送，但它并不直接处理这些比特流。多点处理器是 H.323 多点控制单元的一个可选部件，完成话音、数据、视频流的混合、交换和处理。多点控制器可以作为一个单独的部件存在，也可以存在于其他的 H.323 部件（终端、网关、网守）中。

在软交换体系结构中，网守和多点控制功能可以在网络控制层中由软交换设备等完成，网关和多点处理功能可以在边缘接入层中由媒体网关等设备实现。

6.4.3 SIP 协议

IP 电话相对于传统 PSTN 电话的优势不仅仅在于低成本，还在于它能将互联网基于 Web 的新业务和传统智能网业务的优势结合起来，提供创新的多媒体业务。ITU 提出的 H.323 协议更多地考虑了基于分组网满足传统话音通信的要求，对以 Web 为基础的新应用考虑得不多。为此 IETF 基于互联网理念提出了会话起始协议（SIP），这里的"会话"是指用户之间的实时媒体交换。SIP 是一个基于文本格式的应用层信令协议，用于建立、修改和终止 IP 网上双方或多方多媒体会话。SIP 借鉴了 SMTP、HTTP 等协议的思想，支持代理、重定向、用户定位等功能，支持用户移动，与 RTP、SDP（会话描述协议）、DNS 等配合，支持话音、数据、视频、呈现（Presence）、即时消息和交互游戏，甚至虚拟现实等业务（会话）。如图 6-10 所示，在软交换网络中，SIP 主要用于 SIP 终端与软交换之间、软交换与软交换之间以及软交换与应用服务器之间。

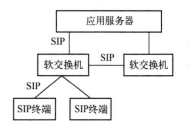

图 6-10　SIP 协议的应用范围

1. SIP 基本思想

SIP 的设计思想与 H.248/Megaco 和 H.323 完全不同，它采用基于文本格式的客户机/服务器结构，客户机发起请求，服务器响应请求。SIP 信令交互过程类似于客户机/服务器和 HTTP 协议模型，由呼叫服务器、代理服务器等提供业务，用户终端的每一个请求触发服务器的某种操作；每一对请求和响应构成一个事务，事务之间相互独立，一个完整的呼叫包含多个事务；SIP 独立于底层 UDP/TCP 等传输协议，消息中可携带任意类型的消息体。

2. SIP 系统组成

通用的 SIP 多媒体系统包括 SIP 用户代理、SIP 注册服务器、SIP 代理服务器和 SIP 重定向服务器等功能实体。

SIP 用户代理（UA）又包括 SIP 代理客户机（UAC）和 SIP 代理服务器（UAS），UA 是终端用户设备，如智能手机、多媒体终端、PC、PDA 等。UAC 用于消息发送，UAS 用于对消息进行响应。

SIP 注册服务器是包含其管理域范围内所有用户代理位置的数据库。在 SIP 会话时，注册服务器根据需要检索特定用户代理的 IP 地址及其他相关信息，并将其发送至 SIP 代理服务器。

SIP 代理服务器接受 SIP 用户代理的会话请求并查询 SIP 注册服务器，获取收信方用户代理的地址信息。然后，将会话邀请直接转发给收信方用户代理（如果它位于同一管理域）或代理服务器（如果收信方用户代理位于另一管理域）。

SIP 重定向服务器允许 SIP 代理服务器将 SIP 会话请求消息定向到外部域。SIP 重定向服务器可以与 SIP 注册服务器和 SIP 代理服务器设置在同一个硬件设备中。

在 SIP 系统中，SIP 协议完成下列基本功能：
① 用户定位，确定用于通信的 SIP 终端的位置。
② 用户能力协商，确定通信媒体和媒体的使用参数。
③ 用户可达性，确定被叫加入会话的意愿。
④ 呼叫建立，建立主叫和被叫的呼叫参数。
⑤ 呼叫处理，包括呼叫转移和呼叫的终止。

SIP 是一个正在发展和不断研究中的协议。如为实现与 PSTN 的互通，软交换必须对 SIP

进行扩展，以便在 SIP 消息中能够准确地传送 ISUP 消息，进而定义了 SIP-T（SIP-I）协议。此外，SIP 会话请求和媒体协商过程是一起进行的，即会话描述协议（SDP 或 ISUP）消息的内容是包含在 SIP 消息中传送的，因此，实现了呼叫建立和媒体协商的统一。

在 SIP 消息中，消息体大多以 SDP 协议进行描述，如交换媒体的 RTP 负载类型、IP 地址和端口号等。一个会话可以由一个或多个媒体流组成，因此，会话描述包括一个或多个媒体相关的参数说明，此外还包括与会话整体相关的通用信息。因此，SDP 中既包括会话级参数（如会话的名称、发起者、连接信息等），又包括媒体级参数（如媒体类型、端口号、传输协议、媒体格式等）。

二维码 6-1

【见二维码 6-1】

3. SIP 协议特点

SIP 协议具有下列特点：

（1）简单。SIP 主要包括六个主要请求和六类响应，会话关系清晰，便于理解；SIP 基于文本编码，易实现和调试，便于跟踪和手工操作。

（2）扩展性和灵活性好。SIP 具有灵活的扩展机制和强大的能力协商机制；消息结构便于新的方法、消息头和功能的添加，无须改动协议；将处理智能放在网络边缘，网络连接关系简单；SIP 系统采用分布式结构，提高了系统的灵活性和可靠性。

（3）安全性和可靠性较高。

① 各 SIP 处理节点之间可以采用 IPSec、SSL 技术进行逐跳加密和认证。

② 进行 SIP 代理认证：采用 Proxy-Authentication 请求。

③ 支持端到端 HTTP 认证（包括基本方式和摘要方式）、端到端加密（PGP，Pretty Good Privacy）、S/MIME（单/多用途互联网邮件扩展）。

④ 每次 SIP 会话包含一个时间/空间唯一的 Call-ID，每个请求命令都有一个顺序号 Cseq，用于标识呼叫事务，请求之后有应答，但对 INVITE 请求的应答必须进行确认。

（4）互通性好。

① SIP 是简单、轻型的会话通信协议，基于文本方式，容易描述和分析。

② 作为应用层协议，SIP 与底层传输无关。

（5）与 Web 和 E-mail 兼容性好。其原因是：

① SIP 携带与 Web 和 E-mail 同样类型的数据。

② SIP 的地址可以是 URI，可以嵌入 Web 网页。

③ 用与 E-mail 同样的 DNS 选路技术进行呼叫路由选择。

由于 SIP 协议具有上述特点，在开发与 Web 结合的综合应用时简单方便。这样可以降低开发成本，缩短开发周期。

4. SIP 与 H.323 的比较

● SIP 特别适合于提供即时消息和呈现服务，而采用 H.323 很难提供这类服务。

● 采用 SIP 协议可以提供兼有传统智能网和基于 Web 特点的综合服务。

● 采用 H.323 的 VoIP 服务对终端设备的要求较高。而 SIP 则简单易行并且很容易与其他服务集成，优势明显。

● H.323 作为 VoIP 的基本通信协议，已经过长期应用检验，这是 SIP 所不具备的。

SIP 协议的作用类似于 H.323 协议簇中的 H.225，用于呼叫控制信令的传送。H.323 采用专门的 H.245 协议负责描述媒体信道的类型和属性，而 SIP 采用把基于文本的 SDP 媒体描述信息作为 SIP 的消息体封装入 SIP 消息的方法，实现了呼叫控制和连接控制合二为一，有利于呼叫的快速建立。和 H.323 的另一个不同之处是 SIP 系统没有网守这一网络实体，H.323 系统中网守完成的寻址、带宽管理、计费信息采集等功能在 SIP 中分别由相应的服务器实现。

6.5　软交换的发展与应用

从本世纪初开始，国内外电信运营商部署了大量商用软交换网络，其技术日趋成熟。国内运营商在建设软交换网时一般经历了三个阶段：第一个阶段是利用软交换技术实现长途网的优化改造，如中国移动、中国电信等运营商已经建成了覆盖全国的长途软交换网，用于分流长途话音业务，并逐步将长途业务转向软交换网；第二个阶段是利用软交换技术实现本地网的智能化改造，以及新建和网络扩容的重要手段；第三个阶段是利用软交换网络提供新型增值业务。由于各运营商的基础网络和运营策略不同，软交换建设的具体方案也存在一定的差异。

随着技术发展和市场应用的进一步拓展，基于软交换思想的 IP 多媒体子系统逐渐成为下一代网络建设和发展的主题和目标，并在固定和移动网络的演进过程中发挥主体作用。

6.6　IP 多媒体子系统

IP 多媒体子系统（IMS）是一个端到端基于 IP 承载提供话音及多媒体业务的网络体系架构。IMS 的基本协议主要基于 IETF 已有的标准，如 SIP、Diameter 等协议，3GPP 根据具体的业务和功能需求进行了相应的扩展。IMS 是基于软交换原理的，但 IMS 更具开放性和通用性。在下一代网络中，软交换与 IMS 是互通融合的关系。

6.6.1　IMS 的由来

IMS 技术最初是由 3GPP 提出的，是一种利用移动分组网（如 GPRS 等）作为承载的移动多媒体数据业务解决方案，同时满足了各种多媒体数据业务在安全、计费、移动性以及 QoS 等方面的需求。此后 3GPP、3GPP2 以及 TISPAN 进行了进一步的扩展，以支持 GPRS 之外的，诸如 WLAN、CDMA2000 和固定等其他接入网络。实质上 IMS 的最终目标是使各种类型的终端都可以建立起对等的 IP 连接，以便终端之间可以相互传递各种信息，包括话音、图片、视频等。因此，IMS 是通过 IP 网络来为用户提供实时或非实时多媒体业务的。

与软交换相比较，**IMS 在控制与承载分离的基础上，进一步实现了呼叫控制层与业务控制层的分离。同时，IMS 考虑了对移动性的支持，此外，IMS 采用 SIP 作为呼叫控制和业务控制的统一信令。** 而在软交换中，SIP 只是可用于呼叫控制的多种协议的一种，更多的是使用 MGCP 和 H.248 协议。总体来讲，IMS 与软交换的区别只是在网络架构上。软交换网络体系基于主从控制的特点，使得其与具体的技术关系密切，而 IMS 由于终端与网络采用基于 IP 承载的 SIP 信令，IP 技术与承载媒体无关的特性，使得 IMS 的应用范围从最初的移动网逐步扩展至固定领域。此外，由于 IMS 体系架构支持移动性管理并且具有一定的 QoS 保障机制，因此 IMS 的优势还体现在对用户的漫游管理和 QoS 保障方面。

IMS 由于具有与接入无关、统一的会话控制和用户数据管理、开放的接口和统一的应用平台等特性，为未来的多媒体应用提供了一个通用的业务平台，是业界普遍认同的解决固定和移动网络融合的理想方案和发展方向。

6.6.2　IMS 的体系结构

典型的 IMS 体系结构如图 6-11 所示。

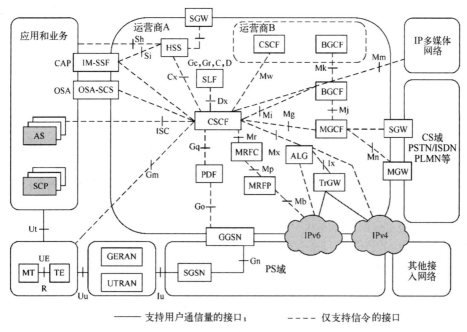

图 6-11 典型的 IMS 体系结构

3GPP 提出的 IMS 的主要功能实体包括：呼叫会话控制功能（CSCF）、归属用户服务器（HSS）、媒体网关控制功能（MGCF）、IP 多媒体-媒体网关功能（IM-MGW）、多媒体资源功能控制器（MRFC）、多媒体资源功能处理器（MRFP）、签约定位器功能（SLF）、出口网关控制功能（BGCF）、信令网关（SGW）、应用层网关（ALG）、翻译网关（TrGW）、策略决策功能（PDF）、应用服务器（AS）、IP 多媒体业务交换功能（IM-SSF）、开放业务体系结构业务能力服务器（OSA-SCS）。GGSN 和 SGSN 等实体的功能参见第 7 章。

在 IMS 中，可以通过一些特定的功能实体相互配合实现多媒体会话功能，这些功能实体主要包括 CSCF、HSS、MRFC、MRFP、MGCF、IMS-MGW 等。其中，CSCF 是 IMS 中最重要的元素之一，类似于 SIP 服务器的功能；MGCF 和 IM-MGW 用于将其他网络终端接入 IMS 系统。每个功能实体都有自己的任务，各实体协同工作、相互配合共同完成对会话的控制。

（1）CSCF

CSCF（Call Session Control Function）是 IMS 体系的控制核心。根据其功能的不同，CSCF 又分为 P-CSCF、I-CSCF、S-CSCF。

P-CSCF（Proxy-CSCF），称为代理呼叫会话控制功能。它是 IMS 用户的第一个接入点。所有 SIP 信令流，无论是来自 UE（User Equipment）或者发给 UE，都必须通过 P-CSCF。正如这个实体的名字所表示的，P-CSCF 的行为很像一个代理。P-CSCF 负责验证请求，将它转发给指定的目标，并且处理和转发响应。同一个运营商的网络可以有一个或多个 P-CSCF。

I-CSCF（Interrogating-CSCF）称为询问 CSCF，它是一个运营商网络中为所有连接到这个运营商的某一用户的连接提供的联系点。一个运营商的网络可以有多个 I-CSCF。I-CSCF 执行的功能包括查询 HSS 以获得正在为某个用户提供服务的 S-CSCF 的名字、转发 SIP 请求或响应 S-CSCF 等。

S-CSCF（Serving-CSCF）称为服务 CSCF，它是 IMS 的核心所在，位于归属网络，为 UE 进行会话控制和注册服务。当 UE 处于会话状态时，S-CSCF 维持这个会话状态，并且根据网络运营商对服务支持的需要，与服务平台和计费功能进行交互。在一个运营商的网络中，可以有多个 S-CSCF，并且这些 S-CSCF 可以具有不同的功能。

（2）HSS

HSS（Home Subscriber Server）是 IMS 中所有与用户和服务有关的数据的主要存储器。存储在 HSS 中的数据主要包括用户身份、注册信息、接入参数和业务触发信息。

用户身份包括两种类型：私有用户身份是由归属网络运营商分配的用户身份，用于注册和授权等用途；而公共用户身份用于其他用户向该用户发送通信请求。IMS 接入参数用于会话建立，它包括用户认证、漫游授权和分配 S-CSCF 的名字等。业务触发信息使 SIP 服务得以执行。HSS 也提供各个用户对 S-CSCF 能力方面的特定要求，这个信息用于 I-CSCF 为用户挑选最合适的 S-CSCF。

在一个归属网络中可以有不止一个 HSS，这取决于用户的数量、设备容量和网络的架构。在 HSS 与其他网络实体之间存在多个参考点。

（3）SLF

SLF（Subscription Locator Function）是一种地址解析机制。当网络运营商部署了多个独立可寻址的 HSS 时，这种机制使 I-CSCF、S-CSCF 和 AS 能够找到拥有给定用户身份的签约关系数据的 HSS 地址。在单 HSS 的 IMS 系统中，是不需要 SLF 的。

（4）MRFC

MRFC（Multimedia Resource Function Controller）用于支持和承载相关的服务，例如会议、话音提示、承载代码转换等。MRFC 解释从 S-CSCF 收到的 SIP 信令，并且使用媒体网关控制协议指令控制多媒体资源功能处理器。MRFC 还能够发送计费信息给 CCF（Changing Control Function）和 OCS（Online Charging Server）。

（5）MRFP

MRFP（Multimedia Resource Function Processor）称为多媒体资源功能处理器，它提供 MRFC 所请求和指示的用户媒体资源。MRFP 具有下列功能：

① 在 MRFC 的控制下进行媒体流及特殊资源的控制；
② 对外部提供 RTP/IP 的媒体流连接和相关资源；
③ 支持多方媒体流的混合功能（如音频/视频多方会议）；
④ 支持媒体流发送源处理的功能（如多媒体公告）；
⑤ 支持媒体流的处理功能（如音频的编解码、转换、媒体分析）。

（6）MGCF

MGCF（Media Gateway Control Function）是使 IMS 域和电路交换域（CS）之间进行信令交互的网关。所有来自 CS 用户的呼叫控制信令都指向 MGCF，它负责 ISDN 用户部分（ISUP）或承载无关呼叫控制（BICC）与 SIP 协议之间的转换，并且将会话转发给 IMS。类似地，所有 IMS 发起到 CS 用户的会话也经过 MGCF。MGCF 还控制与其关联的用户面实体——IMS-MGW 中的媒体通道。另外，MGCF 能够向计费系统提供计费信息。

（7）IM-MGW

IM-MGW（IM-Media Gateway）提供 CS 网络和 IMS 之间的用户媒体转换，它直接受 MGCF 的控制。它终结来自 CS 网络的承载信道和来自分组网（例如，IP 网络中的 RTP 流，或者 ATM 骨干网中的 AAL2/ATM 连接）的媒体流，执行媒体流的转换，并且在需要时为用户平面进行代码转换和信号处理。另外，IMS-MGW 能够向 CS 用户提供音频和公告服务。

（8）PDF

PDF（Policy Decision Functions）的基本功能有：

① 支持来自 AF（Application Function，应用功能）的授权处理及向 GGSN 下发策略消息（AF 主要由 P-CSCF 提供）；

② 支持来自 AF 或者 GGSN 的授权修改及向 GGSN 更新策略信息；

③ 支持来自 AF 或者 GGSN 的授权撤销及策略信息删除；

④ 为 AF 和 GGSN 进行计费信息交换，支持 ICID（IMS Changing ID）交换和 GCID（GPRS Changing ID）交换；

⑤ 支持策略门控制功能，控制用户的媒体流是否允许经过 GGSN，以便支撑计费和呼叫保持/恢复补充业务；

⑥ 支持分叉功能，识别带分叉指示的授权请求处理以及呼叫应答时授权信息的更新。

（9）BGCF

BGCF（Breakout Gateway Control Function）负责选择到 CS 域的出口位置。所选择的出口既可以与 BGCF 处在同一运营网络，也可以位于另一个运营网络。如果这个出口位于相同网络，那么 BGCF 选择媒体网关控制功能（MGCF）进行进一步的会话控制；如果出口位于另一个网络，那么 BGCF 将会话转发到相应网络的 BGCF。另外，BGCF 能够向外提供计费信息，并且收集统计信息。

（10）SGW

SGW（Signalling Gateway）用于不同信令网的互连，作用类似于软交换系统中的信令网关。SGW 在基于 NO.7 信令系统的信令传输和基于 IP 的信令传输之间进行传输层的双向信令转换。SGW 不对应用层的消息进行解释。

（11）ALG

ALG（Application Gateway）在 SIP/SDP 协议层提供特定的功能，用于在两个运营商域间的互连。实现 IPv6 与 IPv4 应用之间的互通。

（12）TrGW

TrGW（Translation Gateway）位于媒体路径中，受 ALG 控制，提供网络地址/端口转换和 IPv6 与 IPv4 SIP 应用之间的协议互通。

（13）AS

AS（Application Server）是为 IMS 提供各种业务逻辑的功能实体，与软交换体系中的应用服务器的功能相同。AS 所提供的功能称为应用功能 AF（Application Function）。

6.6.3 IMS 接口描述

3GPP 对 IMS 系统各功能实体间的接口进行了详细的定义。这些接口使用的协议主要有 SIP、Diameter、COPS 等。Diameter 是提供认证、授权和计费（AAA）服务的协议，它是作为传统的 RADIUS 协议的改进版而设计的。COPS（Commom Open Policy Service，公共开放策略服务）协议是一种简单的查询和响应协议，主要用于在策略服务器（策略决策点 PDP）与其客户机（策略执行点 PEP）之间交换策略信息。表 6-1 给出了主要接口的描述。

表 6-1　IMS 系统中主要接口描述

接 口 名 称	IMS 相关实体	功 能 描 述	接 口 协 议
Cx	I-CSCF、S-CSCF、HSS	I-CSCF/S-CSCF 和 HSS 间接口	Diameter
Dx	I-CSCF、S-CSCF、SLF	I-CSCF/S-CSCF 通过该接口向 SLF 检索正确的 HSS	Diameter
Gm	UE、P-CSCF	支持 UE 与 CSCFs 之间的信息交换	SIP
Go	PDF、GGSN	提供 QoS 策略控制，交换计费相关信息	COPS
Gq	P-CSCF、PDF	交换决策相关信息	Diameter
ISC	S-CSCF、I-CSCF、AS	用于 CSCF 与 AS 之间交换信息	SIP

接口名称	IMS 相关实体	功 能 描 述	接 口 协 议
Mg	MGCF、I-CSCF	MGCF 将 ISUP 信令转换为 SIP，并转发到 I-CSCF	SIP
Mi	S-CSCF、BGCF	用于 S-CSCF 与 BGCF 之间的信息交换	SIP
Mj	BGCF、MGCF	BGCF 和 MGCF 之间交换选路信息	SIP
Mk	BGCF、BGCF	BGCF 间接口	SIP
Mm	I/S-CSCF、外部 IP 网络	IMS 和外部 IMS 网络间接口	SIP
Mn	MGCF、IM-MGW	用户平面资源控制	H.248
Mp	MRFC、MRFP	用于 MRFC 与 MRFP 之间的信息交换	H.248
Mr	S-CSCF、MRFC	S-CSCF 和 MRFC 之间的信息交换	SIP
Mw	P-CSCF、I-CSCF、S-CSCF	CSCF 间接口，用于 SIP 信令交互	SIP
Sh	SIP AS、OSA SCS、HSS	在 SIP AS/OSA SCS 与 HSS 间交换信息	Diameter
Si	IM-SSF、HSS	在 IM-SSF 与 HSS 之间交换信息	MAP

6.6.4 IMS 的编号与路由

IMS 中包含各种用户、终端和服务实体。为了使它们相互之间能够相互通信，需要使用名字、编号或地址等表示它们。这些名字、编号或地址就是它们的标识。

1．对用户的标识

每个 IMS 用户都具有私有用户标识和公有用户标识。

（1）私有用户标识

私有用户标识（IMPI，IMS Private User Identifier）是由归属网络运营商决定的全局唯一标识符。IMPI 主要被用来实现认证目的，也可用于计费和管理功能。IMPI 的功能类似于 GSM 网络定义的 IMSI，其对用户而言是不可知的，仅仅存储在 SIM 卡中，只用于签约标识和鉴权目的，不用于 SIP 请求的路由。其格式采用 RFC2486 定义的网络接入标识（NAI）的形式，具有 username@operator.com 格式。对 IMS 私有用户标识要求如下：

- 私有用户标识需要被包含在所有从用户设备 UE 到网络的注册请求中。
- 私有用户标识只有在用户注册时才会被用于认证（包括注册和重新注册）。
- S-CSCF 在处理注册或者处理发往未注册用户的请求时需要下载和存储私有用户标识。
- 私有用户标识不用于路由 SIP 消息。
- UE 无法修改私有用户标识。
- HSS 需要存储私有用户标识。

（2）公共用户标识

公共用户标识（IMPU，IMS Public User Identifier）是用于 IMS 用户之间进行通信的标识。归属网络运营商会给 IMS 用户分配一个或者多个 IMPU。IMPU 的功能类似于 GSM 中的 MSISDN 号码，IMPU 用于路由 SIP 信令。

IMPU 可以采用 SIP URI（统一资源标识）或 TEL URL（统一资源定位）格式。

TEL URL 采用 E.164 编号，以"tel："开头，例如：tel:+861012345678。

SIP URI 以"sip："开头，例如 sip:+861012345678@ims.bj.chinamobile.com。

只有 SIP URI 用于在 IMS 网络中进行信令路由，当呼叫 IMS 用户采用 E.164 号码时，需要首先通过 ENUM 将 TEL URL 转换成用户对应的 SIP URI 进行路由。

对 IMS 公共用户标识要求如下：

- 至少有一个公共用户标识被安全地存储在 ISIM 卡中。
- UE 无法修改公共用户标识。
- 公共用户标识必须先注册，然后才能用于会话过程（例如，MESSAGE、SUBSCRIBE、NOTIFY）。
- 公共用户标识需要先被注册，然后终结于这个用户的会话和非会话类型的过程才会被发往它所属的 UE。这不影响网络执行为未注册用户提供的服务。
- 可以通过一个 UE 请求注册多个公共用户标识。
- 网络在注册过程中不会对公共用户标识进行认证。

（3）私有用户标识和公共用户标识的关系

对 IMS 用户而言，运营商会为其分配一个或者多个 IMPU 和一个 IMPI。公共标识是用户发起呼叫时实际输入的标识，是主、被叫用户可以看见的用户名或号码。一个用户的不同公共标识用于不同的目的，如一个公共标识号用于办公，另一个用于私事。私有标识则是通信双方都看不见的，由用户设备自动产生并发往 IMS 服务系统进行认证。也就是说，不管用户用哪个公共标识进行通信，其终端在注册时都会自动使用同一个私有标识参与认证，在注册的 SIP 消息中包含公共标识、私有标识、终端 IP 地址等内容，其中私有标识主要用于认证。

有时，多个终端（它们的 IMPI 不同）可以使用同一个 IMPU 进行注册。当其他用户向该 IMPU 呼叫时，网络可根据一定策略选择某个终端建立连接。利用这一功能，可以实现一号通、多机同振等业务。

2．对服务的标识（公共服务标识符）

随着呈现服务、短消息服务、会议服务和群组能力的引入，网络需要用标识符来标识应用服务器 AS 上的服务和群组。用作这些目的的标识符同时要支持动态创建，也就是说服务商可以按需在 AS 上创建。为此 IMS R6 引入了一种新的标识符——公共服务标识符。公共服务标识符采用 SIP URI 或者 TEL URL 形式。例如有一个短消息聊天服务，它的公共服务标识符是 sip: messaginglist@ims.example.com，用户向这个标识符进行注册后，就可和其他用户进行短信息聊天。这同样适用于其他服务（例如话音、视频等）。

3．对网络实体的标识

除了 IMS 用户和服务外，处理 SIP 路由的网络节点也需要有一个有效 SIP URI 以便能被标识。这些 SIP URI 将被用在 SIP 消息头部中以标识这些节点。但这些标识符不必在 DNS 中全局发布。下面是一个运营商给其 S-CSCF 设置的标识符的例子：

sip:scscf1@ims.example.com。

6.6.5　IMS 的通信流程

1．IMS 入口点的发现流程

用户终端（UE）发送一个 DHCP 请求给 IP 连通性接入网 IP-CAN，该 IP-CAN 会将这个请求转发给 DHCP 服务器。在这个请求中，UE 可以要求返回一个具有 P-CSCF 的 IP 地址或域名的列表。当返回的是 P-CSCF 的域名列表时，UE 需要执行 DNS 查询来找到 P-CSCF 的 IP 地址，如图 6-12 所示。

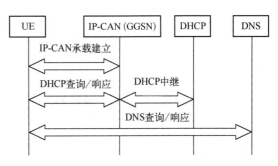

图 6-12　通过 DHCP 和 DNS 发现 P-CSCF

2. 注册过程

IMS 的注册分两个阶段：第一阶段 UE 向网络进行注册申请，网络将回答授权未响应；第二阶段 UE 再次向网络进行注册申请，网络将完成这次的注册申请。

在第一阶段，UE 发送一个 SIP 注册（REGISTER）请求给已发现的 P-CSCF，这个请求包含要注册的公共身份和归属域名。该 P-CSCF 处理注册请求，并使用用户提供的归属域名来解析 I-CSCF 的 IP 地址，然后把该请求转发给 I-CSCF。随后 I-CSCF 将询问归属用户服务器（HSS），以便通过 S-CSCF 选择过程来获取所需的 S-CSCF 能力要求。在 S-CSCF 选定之后，I-CSCF 将注册请求转发给选定的 S-CSCF。这时，S-CSCF 会发现这个用户没有授权，因此它会向 HSS 索取认证数据，并且通过一个 401 未授权响应用户。终端注册过程第一阶段如图 6-13 所示。

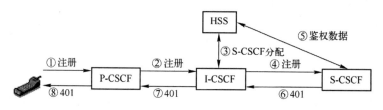

图 6-13　终端注册过程第一阶段

第二阶段，UE 收到 401（未授权响应）后，将根据认证要求和 S-CSCF 提供的鉴权参数发送另外一个注册请求给 P-CSCF。P-CSCF 再次找到 I-CSCF，I-CSCF 也依次找到 S-CSCF。最后，S-CSCF 对用户进行认证，如果认证正确，它就从 HSS 下载用户配置数据，并且通过一个 200OK 响应接受该注册。一旦 UE 被成功授权，该 UE 就能够发起和接收会话。在注册过程中，UE 和 P-CSCF 会了解到网络中的哪个 S-CSCF 将要为该 UE 提供服务。终端注册过程第 2 阶段如图 6-14 所示：

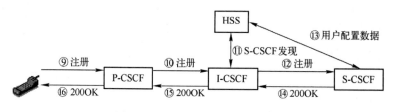

图 6-14　终端注册过程第二阶段

3. 会话建立过程

当用户 A 想要与用户 B 进行会话时，就向 P-CSCF 发起一个 SIP INVITE 请求。P-CSCF 会对这个请求进行处理，例如，它会将其解压缩并且验证呼叫发起用户的身份。之后，P-CSCF 将这个 INVATE 请求转发给为用户 A 提供服务的 S-CSCF，这个 S-CSCF 是在 A 的注册过程中为 A 指定的。S-CSCF 继续处理这个请求，执行服务控制，这包括与应用服务器 AS 的交互，并且通过 SIP INVITE 请求中用户 B 的身份最终确定用户 B 的归属网络入口点，即该网络中的一个 I-CSCF。之后，A 的 S-CSCF 将该请求转发给用户 B 归属网络中的 I-CSCF，I-CSCF 收到请求后会询问用户 B 归属网络中的 HSS，以便找到正在为用户 B 提供服务的 S-CSCF。该 S-CSCF 负责处理这个入呼叫会话，包括与应用服务器的交互，并最终将这个 SIP INVITE 请求发送给用户 B 的 P-CSCF，然后 P-CSCF 把这个请求送给用户 B。用户 B 收到这个请求后会生成一个 183（会话进行中）响应，该响应将按相反的路径传给用户 A。其信令过程示意如图 6-15 所示。

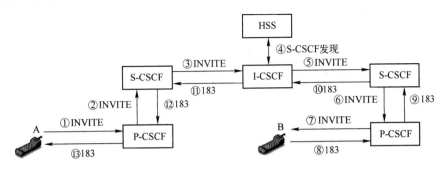

图 6-15　会话建立过程示意图

6.6.6　IMS 的发展与应用

由于 IMS 的接入无关性，在 3GPP 提出 IMS 之后，IMS 逐渐引起了广泛的关注，尤其是固定网领域也对 IMS 产生了浓厚的兴趣。IMS 最初是移动通信领域提出的一种体系架构，但是其拥有的与接入无关的特性使得 IMS 可以成为融合移动网与固定网的一种手段，这是与 NGN 的目标相一致的。IMS 这种天生的优势使它得到了 ITU-T 和 ETSI 的关注，这两个标准化组织目前都已把 IMS 引入到自己的 NGN 标准之中。在 NGN 的体系结构中，IMS 将作为控制层面的核心架构，用于控制层面的网络融合。ETSI 开展的 TISPAN 计划，前期主要研究 IMS 的固定接入问题，并提出了 AGCF、NASS、RACS 等功能实体以及 PES/PSS 业务流程等。2008 年之后，TISPAN 与 3GPP 合作，共同研究统一 IMS 相关标准。

现在 IMS 已经成为通信业的焦点，IMS 已得到广泛的行业支持，电信运营商、设备制造商等对 IMS 的投入巨大，尤其是面临转型的电信运营商更是对 IMS 寄予厚望。此外，IMS 还得到了计算机行业的支持，像 IBM、微软公司也在对 IMS 进行研究。

在我国，中国移动、中国电信、中国联通以及广电系统等运营商均建设了大规模的商用 IMS 网络。中国移动于 2009 年开始引入 IMS，各省都建立了 IMS 网络，并逐步将大量电路交换和软交换业务量接入到 IMS 网络中，在 4G 移动通信网中使用的 VoLTE（Voice over LTE），其控制核心就是 IMS。中国电信于 2010 年开始引入 IMS，初期主要承接固定业务，同时将原来承接在软交换网络中的业务也逐步迁移到 IMS 网络中。此外中国联通、广电和国家电网也部署了 IMS 网络。随着固定网 IP 化和移动网分组化的发展，特别是 4G 分组化和 5G 云化网络平台，其分组话音业务将全部通过 IMS 实现控制。

本 章 小 结

下一代网络是以宽带 IP 网络为基础，以软交换为核心，能为用户提供个性化、智能化和综合业务的可持续发展的网络。下一代网络可以分成接入层、传送层、控制层、业务层共四个层面。按照传输、控制、业务分离的思想，软交换实现呼叫控制功能，业务的提供由应用服务器提供，具体业务流的传输由宽带 IP 网络承载。这样就形成了开放的、分布式的、多协议的架构体系，便于新业务的快速引入，以及固定网和移动网等不同网络的互通和融合。

在软交换系统中，核心交换设备是软交换机/软交换服务器，它提供呼叫控制、信令处理、资源管理、计费、用户管理等功能。通过 IAD、媒体网关、信令网关等典型的软交换组网设备，可实现各类窄带和宽带接入。在这些软交换设备之间，使用 H.248、H.323、SIP 等基于 IP 的信令进行控制。

IMS 是基于软交换原理的，软交换网络与 IMS 是互通融合的关系。IMS 是移动和固定融合比较适合的架构，基于 IMS 的网络体系对移动性管理、承载网控制、接入控制等有了清晰的关系定义。每个 IMS 用户都具有私有用户标识和公有用户标识，IMS 的编号与路由具有其独特性，同时与 GSM 用户的编号与标识又具有一定的共通性。IMS 的会话控制是对 SIP 会话的扩展和增强，支持认证、授权和服务质量保证，并在安全性方面也有所增强。在向下一代网络的演进过程中，IMS 将融合各种网络而成为一个统一的业务控制平台。

习题与思考题

6.1 下一代网络分为哪些层次？各实现哪些功能？

6.2 在下一代网络中，软交换设备具有哪些功能？

6.3 软交换具有哪些特点？分析其优点和缺点。

6.4 IAD 是一种媒体网关吗？为什么？

6.5 H.248 协议是如何对媒体网关内部实体进行抽象描述的，具有什么特点？

6.6 在 SIGTRAN 体系中，SCTP 协议与 TCP 协议相比较，具有哪些特点？

6.7 SIP 是哪一层的协议？它与 HTTP 和 HTML 哪个更相似？

6.8 比较 SIP 和 H.323 协议的异同。

6.9 CSCF 按功能分为哪些逻辑实体？简要说明主要实体的功能。

6.10 IMS 对用户、服务和网络实体是如何进行标识的？其中用于会话的标识是什么？

6.11 简要说明 IMS 在哪些方面实现了对固定和移动网络融合的支持。

第7章 移动交换

7.1 移动通信概述

移动通信是指通信的一方或双方在移动中进行的通信过程，即至少有一方具有移动性。因此，移动通信可以是移动台与移动台之间的通信，也可以是移动台与固定台之间的通信。移动通信满足了人们无论在何时何地都能进行通信的愿望。因此，20 世纪 80 年代以来，特别是 90年代以后，公用移动通信得到了飞速的发展。

相比固定通信而言，移动通信不仅要给用户提供与固定通信一样的通信业务，而且由于用户的移动性，其控制与管理技术要比固定通信复杂得多。同时，由于移动通信采用无线传输，其信号传播环境要比固定网中有线媒质复杂，因此，移动通信有着与固定通信不同的特点。

1．移动通信的特点

（1）用户的移动性。要保持用户在移动状态下的通信，必须采用无线通信，或无线通信与有线通信的结合。因此，移动通信系统要有完善的管理技术来对用户的位置进行跟踪，使用户在移动时也能进行通信，不会因为位置的改变而中断。

（2）电波传播环境复杂。移动台可能在各种环境中运动，如平原、山地、森林和建筑群等，存在各种障碍，因而电磁波在传播时不仅有直射信号，而且还会有反射、折射、绕射和多普勒效应等现象，从而产生多径衰落、信号传播时延和时延展宽等。因此，必须充分考虑电波的传播特性，使系统具有足够的抗衰落能力，才能保证通信系统正常运行。

（3）噪声和干扰严重。移动台在移动时会受到城市环境中的各种工业噪声和天电噪声的干扰，同时，由于系统内有多个用户，因此，移动用户之间还会有互调干扰、邻道干扰、同频干扰等。这就要求在移动通信系统中对信道进行合理的划分和频率规划。

（4）系统和网络结构复杂。移动通信系统是一个支持众多用户通信的系统和网络，必须使用户之间互不干扰，能协调一致地工作。此外，移动通信系统还应与其他网络互联，整个网络结构比较复杂。

（5）有限的频率资源。在有线网中，可以依靠铺设电缆或光缆来提高系统的带宽资源。而在无线网中，频率资源是有限的，ITU 对无线频率的划分有严格的规定。因此，如何提高系统的频率资源利用率是发展移动通信要解决的主要问题之一。

2．移动通信分类

移动通信的种类繁多，其中陆地移动通信系统有：

- 寻呼系统。无线电寻呼系统是一种单向传递信息的移动通信系统。它由寻呼台发送信息，寻呼机接收信息来完成通信。
- 无绳电话。对于室内外慢速移动的手持终端的通信，一般采用功率小、通信距离近、轻便的无绳电话。它们可以经过通信点与其他用户进行通信。
- 集群移动通信。集群移动通信是一种高级移动调度系统。所谓集群通信系统，是指系统所具有的可用信道为系统的全体用户公用，具有自动选择信道的功能，是共享资源、分担费用、公用信道设备及服务的多用途和高效能的无线调度通信系统。

- 公用移动通信。它是指给公众提供移动通信服务的网络。这是移动通信最常见的方式。这种通信又可以分为大区制移动通信和小区制移动通信，小区制移动通信又称蜂窝移动通信。
- 卫星移动通信。移动通信还可与卫星通信相结合形成卫星移动通信，实现全球范围内的移动通信服务。它是利用卫星转发信号来实现移动通信的。对于车载移动通信，可采用同步卫星；而对手持终端，采用中低轨道的卫星通信系统较为有利。

本章主要介绍公用数字蜂窝移动通信系统中的重要技术——移动交换技术。

7.2 公用蜂窝移动网

7.2.1 网络结构

为了实现移动网络设备之间的互连互通，ITU-T 于 1988 年对公用陆地移动通信网（PLMN，Public Land Mobile Network）的结构、功能和接口及其与公用交换电话网（PSTN）等的互通做出了详尽的规定。下面以经典的 GSM 系统为例介绍公用蜂窝移动网的功能结构，如图 7-1 所示。

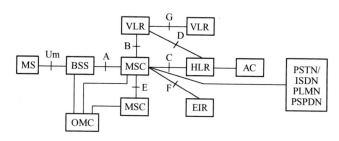

图 7-1　PLMN 的功能结构

1. 网络功能实体

（1）移动台（MS，Mobile Station）

MS 是移动通信网的用户终端。用户使用 MS 接入 PLMN，得到所需的通信服务。MS 分为车载台、便携台和手持台等类型。对于 GSM 系统，移动台并非固定于一个用户，在系统中的任何一个移动台上，都可以通过用户识别卡（SIM，Subscriber Identity Module）来识别用户，此外还可设置个人识别码（PIN），以防止 SIM 卡未经授权而被使用。

移动台具有国际移动设备识别码（IMEI），IMEI 主要由型号许可代码和厂家产品号构成。此外，每个用户都有一个唯一的国际移动用户识别码（IMSI），存储在 SIM 卡上。

（2）基站系统（BSS，Base Station System）

BSS 负责在一定区域内与移动台之间的无线通信。一个 BSS 包括一个基站控制器（BSC，Base Station Controller）和一个或多个基站收发信台（BTS，Base Transceiver Station）。

BTS 是 BSS 的无线部分，包括无线传输所需的各种硬件和软件，如发射机、接收机、天线、接口电路，以及收发信台本身所需要的检测和控制装置等。BTS 完成 BSC 与无线信道之间的转换，实现 BTS 与 MS 之间通过空中接口的无线传输及相关的控制功能。

BSC 是 BSS 的控制部分，处于 BTS 和移动业务交换中心（MSC）之间。一个基站控制器通常控制若干个基站收发信台，主要功能是无线信道管理、实施呼叫以及通信链路的建立和拆除，并为本控制区内移动台越区切换进行控制等。

（3）移动业务交换中心（MSC，Mobile Service Switching Center）

MSC 完成移动呼叫接续、越区切换控制、无线信道资源和移动性管理等功能，是移动通信网的核心。同时，MSC 也是 PLMN 与固定网之间的接口设备。

（4）归属位置寄存器（HLR，Home Location Register）

HLR 是用于存储本地归属用户位置信息的数据库。**归属是指移动用户开户登记所属区域**。在移动通信网中，可以设置一个或若干个 HLR，这取决于用户数量、设备容量和网络的组织结构等因素。每个用户都必须在某个 HLR 中登记。登记的内容主要有：

① 用户信息：如用户号码 MSISDN、移动用户识别码 IMSI 等。

② 位置信息：如当前所在的 MSC、VLR 地址等，以便建立至移动台的呼叫路由。

③ 业务信息：基本电信业务签约信息、业务限制（如限制漫游）和始发 CAMEL 签约信息 O-CSI、终结 CAMEL 签约信息 T-CSI、补充业务信息等。

（5）拜访位置寄存器（VLR，Visitor Location Register）

用于存储所有当前在其管理区活动的移动台的相关数据，如 IMSI、MSISDN、TMSI 及 MS 所在的位置区、补充业务、O-CSI、T-CSI 等。VLR 是一个动态数据库，它从用户归属的 HLR 获得并存储必要的信息，一旦移动用户离开本 VLR 在另一个 VLR 控制区登记，原 VLR 将清除该用户的数据记录。通常 MSC 和 VLR 处于同一物理设备中，因此常记为 MSC/VLR。

（6）设备标识寄存器（EIR，Equipment Identity Register）

EIR 是存储移动台设备参数的数据库，用于对移动设备的鉴别和监视，并拒绝非法移动台入网。在我国的移动通信系统中，目前尚未设置 EIR。

（7）鉴权中心（AC，Authentication Center）

AC 存储移动用户合法性检验的专用数据和算法，用于防止无权用户接入系统和保证通过无线接口的移动用户通信的安全。通常，AC 与 HLR 合设于一个物理实体中。

（8）操作维护中心（OMC，Operation and Maintenance Center）

OMC 是网络运营者对移动网进行监视、控制和管理的功能实体。

2. 网络接口

（1）Um 接口

Um 接口又称为空中接口，是 PLMN 的主要接口之一。Um 接口传递的信息包括无线资源管理、移动性管理和连接管理等信息。该接口所采用的技术决定了移动通信系统的制式。

（2）网络内部接口

除空中接口外，PLMN 各网络部件之间的接口称为网络内部接口。主要包括：

A 接口：为基站系统与 MSC 之间的接口。该接口传送有关移动呼叫处理、基站管理、移动台管理、无线资源管理等信息，并与 Um 接口互通，在 MSC 和 MS 之间传递信息。该接口采用 NO.7 信令作为控制协议。

A-bis 接口：BSC 与 BTS 之间的接口，该接口未完全标准化。

B 接口：为 MSC 与 VLR 之间的接口。MSC 通过该接口传送漫游用户位置信息，并在呼叫建立时向 VLR 查询漫游用户的有关数据。该接口采用 NO.7 信令的移动应用部分（MAP）协议规程。由于 MSC 与 VLR 常合设在同一物理设备中，该接口为内部接口。

C 接口：为 MSC 与 HLR 之间的接口。MSC 通过该接口向 HLR 查询被叫的选路信息，以便确定呼叫路由，并在呼叫结束时向 HLR 发送计费信息等。该接口采用 MAP 协议规程。

D 接口：为 HLR 与 VLR 之间的接口。该接口主要用于传送移动用户数据、位置和选路信息。该接口采用 MAP 协议规程。

E 接口：为 MSC 之间的接口。该接口主要用于越区切换和话路接续。当通话中的移动用户由一个 MSC 进入另一个 MSC 服务区时，两个 MSC 需要通过该接口交换信息，由另一个 MSC 接管该用户的通信控制，使移动用户的通信不中断。对于局间话路接续，该接口采用 ISUP 或 TUP 信令规程；对于越区（局）频道切换的信息传送，采用 MAP 协议规程。

F 接口：为 MSC 与 EIR 之间的接口。MSC 通过该接口向 EIR 查询移动台的合法性数据。该接口采用 MAP 协议规程。

G 接口：为 VLR 之间的接口。当移动用户由一个 VLR 管辖区进入另一个 VLR 管辖区时，新老 VLR 通过该接口交换必要的控制信息。该接口采用 MAP 协议规程。

（3）PLMN 与其他网络之间的接口

为实现与其他网络（如 PSTN/ISDN、PSPDN 等）业务互通，PLMN 与这些网络之间都有互连接口。

3．网络区域划分

由于用户的移动，位置信息是一个很关键的参数。移动通信系统中 PLMN 网络覆盖区域划分如图 7-2 所示，按从小到大的顺序，包括下列各组成区域。

（1）小区。为 PLMN 的最小覆盖区域。小区是由一个基站（全向天线）或基站的一个扇形天线所覆盖的区域。

（2）基站区。是一个基站提供服务的所有小区所覆盖的区域。

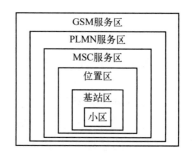

图 7-2　PLMN 网络覆盖区域划分

（3）位置区。指**移动台可任意移动而不需要进行位置更新的区域**。一个位置区可由若干个基站区组成，因此在寻呼移动台时，可在一个位置区内的所有基站同时进行。位置区由运营商设置，一个位置区可能和一个或多个 BSC 有关，但只属于一个 MSC。

（4）MSC 服务区。指由一个 MSC 所控制的所有小区共同覆盖的区域，由一个或若干个位置区构成。

（5）PLMN 服务区。由一个或多个 MSC 服务区组成，每个国家有一个或多个，可以通过移动网络号（MNC）来区别。

（6）GSM 服务区。由全球各国的 PLMN 网路所组成，GSM 移动用户可以自动漫游。

7.2.2　编号计划

在移动通信网中，由于用户的移动性，需要设置下列号码和标识来对用户进行识别、跟踪和管理。

1．移动用户号码簿号码

移动用户号码簿号码（MSDN，Mobile Subscriber Directory Number）指主叫用户为呼叫移动用户所拨的号码，其编号方式同 PSTN/ISDN。在 GSM 系统中，被称为 MSISDN。MSDN 的结构为：MSDN = [CC] + [NDC] + [SN]

CC：国家编号。即移动用户登记注册的国家的编号，如中国为 86。

NDC：国内移动网络接入号。如中国移动的 134～139 号段、15X 号段，中国联通的

130～132 号段、15Y、18X 号段，中国电信的 133、153、18Y 号段等。

SN：用户号码。我国采用 8 位等长编号，前 4 位 $H_0H_1H_2H_3$ 为用户 HLR 的标识号，具体分配由运营商决定。

例如一个 GSM 移动手机号码为 861377083****，其中 86 是中国的国家编号（CC），137 是中国移动 GSM 网络接入号（NDC），7083****是用户号码（SN），其中，7083 为用户归属区识别号 $H_0H_1H_2H_3$，表明用户归属地为南京，****则是移动用户码。

2. 国际移动用户识别码

国际移动用户识别码（IMSI，International Mobile Subscriber Identity）是网络识别移动用户唯一的国际通用标识，总长度为 15 位数字。移动用户以此号码发起入网请求或位置登记，网络据此查询用户数据。此号码也是 HLR、VLR 的主要检索参数。

IMSI 编号计划国际统一，由 ITU-T E.212 建议规定，以适应国际漫游需要。它和 MSDN 编号相互独立，使得各国电信管理部门可以根据本国移动业务的实际情况，独立制定自己的编号计划，不受 IMSI 的约束。

ITU-T 规定的 IMSI 结构如下：IMSI = [MCC] + [MNC] + [MSIN]

MCC：国家编码（3 位），由 ITU-T 统一分配，同数据国家码（DCC）。我国为 460。

MNC：移动网号，最多 2 位数字，用于识别归属的移动网。如中国移动的 MNC 为 00、02、04、07，中国联通的 MNC 为 01、06、09，中国电信的 MNC 为 03、05。

MSIN：国内移动用户识别码，由各运营商自行规定编号原则，但 MSIN 的前 4 位与 MSDN 号码中的 $H_0H_1H_2H_3$ 之间有一定的对应关系。

IMSI 不用于拨号和路由选择，因此其长度不受 PSTN/PSPDN/ISDN 编号计划的影响。但 ITU-T 要求各国应努力缩短 IMSI 的位长，并规定其最大长度为 15 位。每个移动台可以是多种移动业务的终端（如话音、数据等），相应地可以有多个 MSDN；但是 IMSI 只有一个，移动网据此受理用户的通信或漫游登记请求，并对用户进行计费。IMSI 由电信运营部门在用户开户时写入 SIM 卡的 EPROM 中。当移动用户做被叫时，终端 MSC 将根据被叫用户的 IMSI 在无线信道上进行寻呼。

3. 国际移动设备识别码

国际移动设备识别码（IMEI，International Mobile Equipment Identification）是唯一标识移动台的号码，又称移动台电子串号。该号码由制造厂家永久地置入移动台，用户和网络运营部门均不能改变它，其作用是防止有人使用非法的移动台进行呼叫。ITU-T 建议 IMEI 的最大长度为 15 位。其中，设备型号占 6 位，制造厂商占 2 位，设备序号占 6 位，另有 1 位保留。

4. 移动台漫游号码

移动台漫游号码（MSRN，Mobile Station Roaming Number）是系统分配给拜访用户的一个临时号码，供移动网进行路由选择使用。移动台的位置是不确定的，MSDN 中的移动网络接入号和 $H_0H_1H_2H_3$ 只反映它的归属地。当它漫游进入另一个移动业务区时，该地区的移动交换机必须根据当地编号计划给它分配一个 MSRN，并经由 HLR 告知主叫端 MSC，MSC 据此建立至该用户的路由。当移动台离开该业务区后，拜访 VLR 和 HLR 都要删除该漫游号码，以便再分配给其他移动用户使用。MSRN 由被拜访地区的 VLR 动态分配，它是系统预留的号码。

除了上述 4 种号码外，为了对 IMSI 保密，在空中传送用户识别码时还采用临时移动用户识别码（TMSI，Temporary Mobile Subscriber Identity）来代替 IMSI。TMSI 是由 VLR 给用户临时分配的，只在本地有效（即在该 MSC/VLR 区域内有效）。详见 7.3.3 节。

5. 位置区识别码

位置区识别码（LAI）由三部分组成：

移动国家编码（MCC）+移动网号（MNC）+位置区编码（LAC）

MCC、MNC 与 IMSI 中的编码相同，LAC 为 2 字节十六进制 BCD 码，表示为 L1L2L3L4。其中，L1L2 全国统一分配，L3L4 由各省分配。

7.2.3 移动通信的发展

蜂窝移动通信已经经历了第 1～4 代系统，目前正在向第 5 代系统演进。在未来 IP 宽带网络系统中，移动通信将作为一种接入手段融入全球 IP 系统。

第 1 代移动通信（1G，First Generation）系统是模拟蜂窝系统，如欧洲的全接入通信系统（TACS，Total Access Communication System）、美国的高级移动电话系统（AMPS，Advanced Mobile Phone System）等。这两种制式我国都曾建设过，但目前都已经停止使用。1G 系统主要提供模拟话音业务，实现了公众移动通信的第一次跨越。但 1G 系统存在诸多不足，如容量小、制式多、保密性差、通话质量不高、不能提供数据业务和自动漫游服务等。

第 2 代移动通信（2G，Second Generation）系统属于数字蜂窝系统，如欧洲的 GSM（全球移动通信）、美国的 CDMA（码分多址接入）等。针对 1G 的缺陷，2G 直接采用数字技术。GSM 基于时分复用，而 CDMA 采用码分复用，二者均采用电路交换，支持对数字信道的直接接入，通话质量、保密性都有所提高。但对数据业务，电路型数据业务的信道利用率较低。为此，在 GSM 基础上发展了通用分组无线电业务（GPRS，Global Packet Radio Service），以更好地支持移动数据业务。GPRS 被称为 2.5G，可实现无线信道的统计复用，用户数据率可达 100kbps，信道利用率有所提高。CDMA 体制的 2.5G 系统为 CDMA2000 1X，该系统开放的上行速率峰值为 153.6kbps。但在 GSM/GPRS、CDMA2000 1X 系统内部，话音和数据是分别传输的，话音业务依然采用电路交换。

第 3 代移动通信（3G，Third Generation）系统，是指能支持话音、数据和移动多媒体等综合业务的宽带移动网。它由无线接入、宽带核心网和智能化的控制系统组成。无线接入部分包括移动卫星接入，用于覆盖边远地区、空中和海上目标；还包括以微微蜂窝、微蜂窝和宏蜂窝等多种接入方式，用于覆盖城市高密度话务区和郊区低密度话务区；终端包括普通话机、手持机、车载台和多媒体智能终端等。同固定网一样，移动通信从 1G 模拟系统到 2G 数字系统以后，也开始了向宽带综合业务网的演进。发展 3G 的目的是为了提供移动多媒体业务，同时扩展频率资源，提高频谱利用率和系统容量，实现全球无缝漫游。3G 强调从 2G 演进，先在 2G 的基础上过渡到 2.5G，然后再演进到 3G 系统。与发展 B-ISDN 的过程类似，3G 最开始也考虑采用 ATM 交换技术。然而，互联网的迅速发展以及电信网从基于 ATM 的 B-ISDN 转向宽带 IP 承载，使得 3G 最终选择 IP 技术，并向全 IP 演进。

第 4 代移动通信（4G，Fourth Generation），根据 ITU-T 当时设想的目标是：在 2005 年左右实现最高约 30Mbps 的数据速率，而在 2010 年左右在高速移动环境下支持最高 100Mbps 的速率，在低速移动环境，如游牧/本地无线接入环境下达到最高 1Gbps 的数据速率。4G 的概念还强调不同系统之间的互通和关联，包括 3G、4G 系统与其他无线系统之间的协同等。在由 3G 向 4G 的演进过程中，3GPP 提出的长期演进（LTE，Long Term Evolution）计划和相应的核心网系统架构演进（SAE，System Architecture Evolution）得到了业界的广泛认同。LTE 和

SAE 分别侧重于无线接入技术和网络架构，LTE 与 E-UTRAN（演进的 UTRAN，UTRAN 为 3G 无线接入网）存在一定的映射关系，而演进的分组系统（EPS，Evolved Packet System）是 SAE 的主要内容，其基于全 IP 承载、扁平化网络结构和控制与承载分离的技术，可进一步提高系统容量和性能，降低系统建设成本，同时支持端到端服务质量保证，支持多种接入环境，并能实现各接入系统之间的无缝切换和互联互通。4G 彻底取消了电路交换，推出了全 IP 系统，它使用 OFDM 来提高频谱效率，MIMO 和载波聚合等技术进一步提高了整体网络容量。4G 在 20MHz 带宽下数据传输速率达到 100Mbps，可以满足大部分用户对无线移动服务的要求。

第 5 代移动通信（5G，Fifth Generation）系统是面向 2020 年以后移动通信需求而发展的新一代移动通信系统。根据移动通信的发展规律，5G 将具有超高的频谱利用率和能效，在传输速率和资源利用率方面较 4G 又提高一个量级或更高，其无线覆盖性能、传输时延、系统安全性和用户体验将得到显著的提高。5G 提出了"万物互联"的目标及增强型移动宽带（eMBB）、海量物联网（mMTC）和高可靠低时延（uRLLC）三大应用场景。eMBB 相对于 4G 网络可以提供更高的速率、移动性以及频谱效率，可以满足 4K/8K 超高清视频、VR/AR 等大流量应用，为用户提供更好的使用体验。mMTC 和 uRLLC 是针对垂直行业推出的全新场景，分别在流量密度、连接密度和端到端时延、可靠性方面进行了网络设计，用以满足海量物联网连接、车联网、工业控制、智慧工厂等应用，推动 5G 由移动互联网时代向万物互联时代转变。5G 的发展和应用将使信息突破时空限制，最终实现"信息随心至，万物触手及"。

限于篇幅，本章主要介绍以 GSM/GPRS 为代表的数字移动交换原理，然后介绍 3G、4G 和 5G 移动核心网技术的发展演进。

7.3 移动交换基本原理

7.3.1 移动呼叫的一般过程

移动网呼叫建立过程与固定网具有相似性，其主要区别表现为：一是移动用户发起呼叫时必须先输入号码，确认不需要修改后才发送。二是在号码发送和呼叫接通之前，移动台（MS）与网络之间必须交互控制信息。这些操作是设备自动完成的，无须用户介入，但有一段时延。下面以 GSM 为例，介绍移动呼叫的一般过程。

1. 移动台初始化

在蜂窝网系统中，每个小区都配置了一定数量的信道，其中有用于广播系统参数的广播信道，用于信令传送的控制信道和用于用户信息传送的业务信道。MS 开机时通过自动扫描，捕获当前所在小区的广播信道，根据系统广播的训练序列完成与基站的同步；然后获得移动网号、基站识别码、位置区识别码等信息。此外，MS 还需获取接入信道、寻呼信道等公共控制信道的标识。上述任务完成后，移动台就监视寻呼信道，处于守听状态。

2. 用户的附着与登记

移动台一般处于空闲、关机和忙三种状态之一，网络需要对这三种状态进行管理。

（1）MS 开机，网络对其做"附着"标记

若 MS 是开户后首次开机，在其 SIM 卡中找不到网络的位置区识别码（LAI），于是 MS 以 IMSI 作为身份标识申请入网，向 MSC 发送"位置更新请求"，通知系统这是一个位置区内的新用户。MSC 根据用户发送的 IMSI 中的 $H_0H_1H_2H_3$，向该用户的 HLR 发送"位置更新请

求"，HLR 记录发送请求的 MSC 号码，并向 MSC 回送"位置更新证实"消息。至此当前为其服务的 MSC 认为此 MS 已被激活，在其 VLR 中对该用户做"附着"标记；再向 MS 发送"位置更新接受"消息，MS 的 SIM 卡记录此位置区识别码（LAI）。

若 MS 不是开户后的首次开机，则当接收到的 LAI（来自广播控制信道）与 SIM 卡中的 LAI 不一致时，也要立即向 MSC 发送"位置更新请求"。MSC 首先判断来自 MS 的 LAI 是否属于自己的管辖范围。如果是，MSC 只需修改 VLR 中该用户的 LAI，对其做"附着"标记，并在"位置更新接受"消息中发送 LAI 给 MS，MS 更新 SIM 卡中的 LAI。如果不是，MSC 需根据该用户的相关标识信息，向其归属 HLR 发送"位置更新请求"，HLR 记录发送请求的 MSC 号码，并回送"位置更新证实"；同时，MSC 在 VLR 中对该用户做"附着"标记，并向 MS 回送"位置更新接受"，MS 更新 SIM 卡中的 LAI。若 MS 接收到的 LAI 与 SIM 卡中的 LAI 相同，那么 MSC/VLR 只需刷新该用户的"附着"标记。

（2）MS 关机，网络对其做"分离"标记

当 MS 切断电源关机时，MS 在断电前需向网络发送关机消息，其中包括分离处理请求，MSC 收到后，即通知 VLR 对该用户做"分离"标记，但 HLR 并没有得到该用户已经脱离网络的通知。当该用户做被叫时，归属地 HLR 会向拜访地 MSC/VLR 索取 MSRN，MSC/VLR 通知 HLR 该用户已脱离网络，网络将终止接续，并提示主叫用户被叫已关机。

（3）用户忙

当用户忙时，网络分配给 MS 一个业务信道用以传送话音或数据，并标注该用户"忙"。当 MS 在小区间移动时必须有能力转换至别的信道上，实现信道切换。

（4）周期性登记

当 MS 要求"IMSI 分离"时，由于无线链路问题，系统没能正确译码，这就意味着系统仍认为 MS 处于附着状态。再如 MS 在开机状态移动到覆盖区以外的地方（如盲区），系统仍认为 MS 处于附着状态。此时如该用户被呼叫，系统就会不断寻呼该用户，无效占用无线资源。为了解决上述问题，GSM 系统采取了强制登记措施，例如要求 MS 每 30 分钟登记一次（时间长短由运营者决定），这就是周期性登记。这样，若 GSM 系统没有接收到某 MS 的周期性登记信息，它所在的服务 VLR 就以"隐分离"状态对该 MS 做标记；只有当再次接收到正确的位置更新或周期性登记后，才将它改写成"附着"状态。周期性登记的时间间隔由网络通过广播控制信道（BCCH）向用户广播。

3. 移动用户呼叫固定用户（MS→PSTN 用户）

MS 入网（附着）后，即可进行呼叫，包括做主叫或被叫。移动用户呼叫固定用户流程如图 7-3 所示。

（1）移动用户起呼时，MS 采用类似于无线局域网中常用的"时隙 ALOHA"协议竞争所在小区的随机接入信道。如果由于冲突，小区基站没有收到移动台发出的接入请求，则 MS 将收不到基站返回的响应消息。此时，MS 随机延时若干时隙后再重发接入请求。从理论上说，第二次发生冲突的概率将很小。系统通过广播信道发送"重复发送次数"和"平均重复间隔"参数，以控制信令业务量。

（2）MS 通过系统分配的专用控制信道与系统建立信令连接，并发送业务请求消息。请求消息中包含移动台的相关信息，如该移动台的 IMSI、本次呼叫的被叫号码等参数。

（3）MSC 根据 IMSI 检索主叫用户数据，检查该移动台是否为合法用户，是否有权进行此类呼叫。在此，VLR 直接参与鉴权和加密过程，如果需要，HLR 也将参与操作。如果需要加密，则需协商加密模式。然后进入呼叫建立起始阶段。

（4）对于合法用户，系统为 MS 分配一个空闲的业务信道。一般地，GSM 系统由基站控制器分配业务信道。MS 收到业务信道分配指令后，即调谐到指定的信道，并按照要求调整发射电平。基站在确认业务信道建立成功后，通知 MSC。

（5）MSC 分析被叫号码，选择路由，采用 NO.7 信令协议（ISUP/TUP）与固定网（ISDN/PSTN）建立至被叫用户的通话电路，并向被叫用户振铃，MSC 将终端局回送的建立成功消息转换成相应的无线接口信令回送给 MS，MS 听回铃音。

（6）被叫用户摘机应答，MSC 向 MS 发送应答（连接）指令，MS 回送连接确认消息，然后进入通话阶段。

4. 固定用户呼叫移动用户（PSTN→MS 用户）

MS 作为被叫时，固定用户呼叫移动用户的基本流程如图 7-4 所示。GMSC 为网关 MSC，在 GSM 系统中定义为与主叫 PSTN 最近的 MSC。图中流程说明如下。

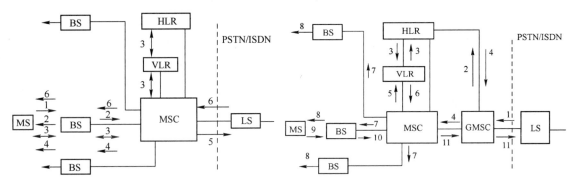

图 7-3　移动用户至固定用户的呼叫流程　　　图 7-4　固定用户至移动用户的呼叫流程

（1）PSTN 交换机 LS 通过号码分析判定被叫为移动用户，通过 ISUP/TUP 信令将呼叫接续至 GMSC。

（2）GMSC 根据 MSISDN 确定被叫用户所属的 HLR，向 HLR 询问被叫用户正在拜访的 MSC 地址。

（3）HLR 检索用户数据库，若该用户已漫游至其他地区，则向用户当前所在的 VLR 请求漫游号码，VLR 动态分配 MSRN 后回送 HLR。

（4）HLR 将 MSRN 回送 GMSC，GMSC 根据 MSRN 选择路由，将呼叫接续至被叫用户当前所在的 MSC。

（5）、（6）拜访 MSC 查询数据库，从 VLR 获取有关被叫用户的呼入信息。

（7）、（8）拜访 MSC 通过位置区内的所有 BS 向 MS 发送寻呼消息。各 BS 通过寻呼信道发送寻呼消息，消息的主要参数为被叫用户的 IMSI 号码。

（9）、（10）被叫用户收到寻呼消息，发现 IMSI 与自己相符，即回送寻呼响应，基站将寻呼响应消息转发至 MSC。MSC 然后执行与移动用户呼叫固定用户流程（1）～（4）相同的过程，直到 MS 振铃，向主叫用户回送呼叫接通证实信号（图中省略）。

（11）移动用户摘机应答，向固定网发送应答（连接）消息，最后进入通话阶段。

5. 呼叫释放

在移动网中，为节省无线信道资源，呼叫释放采用互不控制复原方式。通话可由任意一方释放，移动用户通过按挂机"NO"键终止通话。这个动作由 MS 翻译成"断连"消息，MSC 收到"断连"消息后，向对端局发送拆线或挂机消息，然后释放局间通话电路。但此时信道资源仍未释放，MSC 与 MS 之间的信道资源仍保持着，以便完成诸如收费指示等附加操作。当 MSC 决定不再需要呼叫时，发送"信道释放"消息给 MS，MS 以"释放完成"消息应答。直至这时，连接信道才被释放，MS 回到空闲状态。

7.3.2 漫游与越区切换

漫游（Roaming）是蜂窝移动网的一项重要服务功能，它可使不同地区的移动网实现互联。移动台不但可在归属区中使用，也可以在拜访区使用。具有漫游功能的用户，在整个移动网内都可以自由地通信，其使用方法不因位置不同而异。在移动通信的发展过程中，曾出现过人工漫游、半自动漫游和自动漫游三种形式。前两种方式，大多用于早期的模拟网。目前，数字蜂窝移动网均支持自动漫游方式，这种方式要求移动网数据库通过 NO.7 信令进行互连，网络可自动检索漫游数据，并在呼叫时自动分配漫游号码，而对于移动用户则是无感的。

越区切换是指当通信中的 MS 从一个小区进入另一个小区时，网络把 MS 从原小区占用的信道切换到新小区的某一信道，以保证用户的通信不中断。移动网的特点就是用户的移动性，因此，保证用户信道的成功切换是移动网的基本功能，也是移动网和固定网的重要区别。切换是由网络决定的，除越区需要切换外，有时系统出于业务平衡需要也需要进行切换。如 MS 在两个小区覆盖重叠区进行通话时，由于被占信道小区业务特别繁忙，这时 BSC 可通知移动台测试它临近小区的信号质量，决定将它切换到另一个小区。

切换时，基站首先要通知 MS 对其周围小区基站的有关信息及广播信道载频、信号强度进行测量，同时还要测量它所占用业务信道的信号强度和传输质量，并将测量结果传送给 BSC，BSC 根据这些信息对 MS 周围小区的情况进行比较，最后由 BSC 做出切换的决定。另外，BSC 还需判别在什么时候进行切换，切换到哪个基站。

越区切换是由网络发起，移动台辅助完成的。MS 周期性地对周围小区的无线信号进行测量，及时报告给所在小区基站，并上报 MSC。MSC 会综合分析 MS 送回的报告和网络所监测的情况，当网络发现符合切换条件时，执行越区切换的信令过程，指示 MS 释放原来所占用的无线信道，在临近小区的新信道上建立连接并进行通信。下面就两种不同情况下的越区切换进行讨论。

1．MSC 内部切换

同一 MSC 服务区内基站之间的切换，称为 MSC 内部切换（Intra-MSC）。它又分为同一 BSC 控制区内不同小区之间（Intra-BSS）的切换和不同 BSC 控制区内小区之间（Inter-BSS）的切换。MSC 内部切换（Intra-MSC）过程如图 7-5 所示。

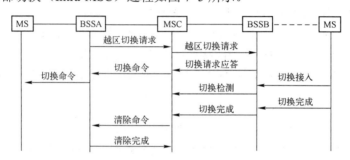

图 7-5　Intra-MSC 切换过程

MS 周期地对周围小区的无线信号进行测量，并及时报告给所在小区基站。当信号强度过弱时，该 MS 所在的基站（BSSA）就向 MSC 发出"越区切换请求"消息，该消息中包含了 MS 所要切换的后选小区列表。MSC 收到该消息后，开始向切入基站（BSSB）转发该消息，要求切入基站分配无线资源，BSSB 开始分配无线资源。

若 BSSB 分配无线信道成功，则给 MSC 发送"切换请求应答"消息。MSC 收到后，通过 BSSA 向 MS 发送"切换指令"。该指令中包含了由 BSSB 分配的一个切换参考值，包括所分配信道的频率等信息。MS 将其频率切换到新的频点上，向 BSSB 发送"切换接入"消息。BSSB 检测 MS 的合法性；若合法，BSSB 发送"切换检测"消息给 MSC。同时，MS 通过 BSSB 发送"切换完成"消息给 MSC，MS 通过 BSSB 进行通信。当 MSC 收到"切换完成"消息后，通过"清除命令"释放 BSSA 上的无线资源，完成后，BSSA 回送"清除完成"给 MSC。至此，一次切换过程完成。

2. MSC 间切换

不同 MSC 服务区基站之间的切换，称为 MSC 间切换（Inter-MSC）。MSC 之间切换的基本过程与 Intra-MSC 的切换基本相似。所不同的是，由于切换是在 MSC 之间进行的，因此，MS 的漫游号码要发生变化，由切入服务区的 VLR 重新分配，并且在两个 MSC 之间建立电路连接。

7.3.3 网络安全

GSM 提供了较完备的网络安全功能，包括用户身份（IMSI）的保密、用户鉴权和信息在无线信道上的加密。

1. IMSI 保密

IMSI 是唯一识别一个移动用户的识别码，如果被截获，就会被人跟踪，甚至被人盗用，造成经济损失。为此，GSM 系统可为每个用户提供一个临时移动用户识别码（TMSI）。该编码在用户入网时由 VLR 分配，它和 IMSI 一起存在 VLR 数据库中。移动台起呼、位置更新或向网络发送报告时将使用该编码，网络对用户进行寻呼时也使用该编码。如果移动用户进入一个新的 VLR 服务区，需要进行位置更新，位置更新过程如图 7-6 所示。新的 VLR 首先根据更新消息中的 TMSI 及 LAI 判定分配该 TMSI 的前一个 PVLR（Previous VLR），然后从 PVLR 获取该用户的 IMSI，再根据 IMSI 向 HLR 发出位置更新消息，请求有关的用户数据。与此同时，PVLR 将收回原先分配的 TMSI，当前所在的 VLR 重新给该用户分配新的 TMSI。从以上讨论可知，IMSI 不在空中信道上传送，取而代之的是 TMSI，而 TMSI 是动态变化的，避免了 IMSI 被截获的可能，因而 IMSI 得到了保护。

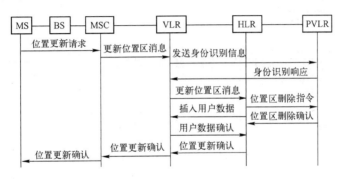

图 7-6 TMSI 更新过程

2. GSM 鉴权

鉴权（Authentication）是指对用户或网络合法性的验证。用户鉴权是网络对用户身份进行验证，防止非法用户使用网络资源。网络鉴权是用户对网络进行验证，避免接入了非法网络，被骗取信息。这种双向的认证机制，被称为鉴权和密钥协商（AKA，Authentication and Key Agreement）。GSM 网络只有用户鉴权，没有网络鉴权。在 GSM 网络中，鉴权是由移动台 MS、VLR、HLR/AC 协同完成的，MS 和 AC 分别计算出鉴权参数，由 VLR 负责比较双方的计算结果，从而完成网络对 MS 合法性的验证。GSM 鉴权是通过比对 MS 提供的鉴权响应和 AC 提供的鉴权三元组是否一致来判断的，通过鉴权可以防止非法用户使用网络服务。当用户购机入网时，运营商将 IMSI 和用户鉴权密钥 Ki 一起分配给用户，同时将与该用户相对应的 IMSI 和 Ki 也存入 AC，这样鉴权信息只存储在手机 SIM 卡和 AC 中。

（1）GSM 鉴权参数

① 鉴权三元组：RAND、SRES、Kc。

RAND 为随机数，由随机数发生器产生，是计算其他两个参数的基础；

SRES 为符号响应，通过 RAND 和 Ki 用 A3 算法计算得出，用于判断 MS 鉴权是否通过；

Kc 为加密密钥，通过 RAND 和 Ki 用 A8 算法计算得出，用于空中无线信道的加密。

② SIM 卡中存储的信息：IMSI, Ki, A3 和 A8 算法为固定数据；TMSI, LAI, Kc 等为临时数据。

③ AC 中存储的信息：IMSI, Ki, A3 和 A8 算法。

（2）GSM 鉴权过程

GSM 鉴权过程示意图如图 7-7 所示。AC 的基本功能是产生三元组。三元组产生后存于 HLR 中。当需要时，由 MS 所在服务区的 MSC/VLR 从 HLR/AC 中调用三元组为其服务。VLR 可为每个用户暂存多对三元组，每执行一次鉴权使用一对数据，鉴权结束这对数据就被销毁。当 VLR 只剩下少量鉴权数据时就向 HLR/AC 申请，HLR/AC 将向它发送鉴权数据

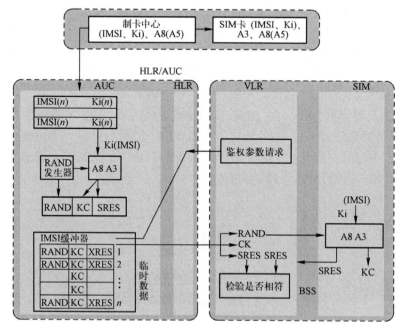

图 7-7　GSM 鉴权过程示意图

当 MS 起呼、被呼或进行位置更新时，VLR 向 MS 发送一个随机数（RAND）；MS 的

SIM 卡以随机数和 Ki 为输入参数运行鉴权算法 A3，得到的输出结果称为符号响应（SRES），MS 向 VLR 回送 SRES。VLR 将此结果和预先算好并暂存在 VLR 的结果进行比对，如果相符，表示鉴权成功。如果 VLR 发现鉴权结果与预期不符，且 MS 是以 TMSI 发起鉴权的，则可能 TMSI 有误，这时 VLR 通知 MS 发送其 IMSI。如果 TMSI 与 IMSI 的对应关系不一致，则以 IMSI 为准再次进行鉴权。若鉴权再失败，则认为 MS 为非法用户，网络将拒绝为其提供服务。鉴权记录由 VLR 保存。

GSM 实现了系统对用户的鉴权，但尚未实现用户对移动网络的鉴权，因此存在较大的安全漏洞。为此，第 3 代及后续移动通信系统采用了双向鉴权机制【见二维码 7-1】，以进一步提高系统的安全性。

二维码 7-1

3．数据加密

数据加密（Encryption）用于确保信令和用户信息在无线链路上的安全传送，用户信息是否需要加密可在起呼时由系统确定。数字通信系统有许多成熟的加密算法，GSM 采用可逆算法 A5 进行加解密。为了提高加密性能，AC 为每个用户提供若干对 3 参数组（Rand、SRES、Kc）。如图 7-8 所示，在鉴权过程中，当 MS 计算 SRES 时，同时利用 A8 算法计算密钥 Kc。一旦鉴权成功，MSC/VLR 根据系统要求向 BTS 发送加密模式指示，消息中包含加密模式（M）；接着，BTS 通知 MS 启动加密操作。MS 根据 Kc 和 TDMA 帧号通过算法 A5 对 M 进行加密，然后将密文传回 BTS，同时报告加密模式完成。BTS 解密后得到明文 M，将其与从MSC/VLR 收到的 M 进行对比，如果相同则加密成功，同时向 MSC/VLR 回送加密完成消息，表明 MS 已成功启用加密，接下来可以进行呼叫建立了。

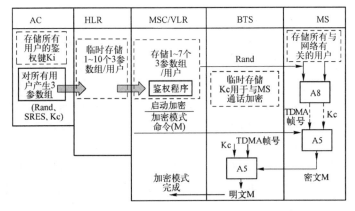

图 7-8　加密过程

7.4　接口与信令

GSM 系统设计的一个重要出发点是支持泛欧漫游和多厂商环境，因此定义了完备的接口和信令。其接口和信令协议结构对后续移动通信标准的制定具有重要影响。

7.4.1　空中接口信令

GSM 系统空中接口继承了 ISDN 用户/网络接口的概念，其控制平面包括物理层、数据链路层和信令层三层结构。

1．物理层

GSM 无线信道分为业务信道（TCH）和控制信道（CCH）两类。业务信道承载话音编码或用户数据；控制信道用于承载信令或同步数据，GSM 包括三类控制信道：广播信道、公共控制信道和专用控制信道。

2．数据链路层

GSM 空口数据链路层协议称为 LAPDm，它是在 LAPD 基础上做少量修改形成的。修改原则是尽量减少不必要的字段以节省信道资源。LAPDm 支持两种操作：一是无确认操作，其信息采用无编号信息帧 UI 传输，无流控和差错控制功能；二是确认操作，使用多种帧传输第三层信息，可确保传送帧的顺序，具有流控、差错控制功能。为此，GSM 定义了多种简化帧格式以适应各种应用。LAPDm 定义的 5 种帧格式如图 7-9 所示。

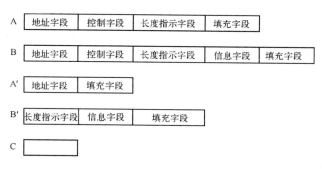

图 7-9　LAPDm 帧格式

格式 B 是最基本的一种帧，和 LAPD 相同。地址字段增设一个服务访问点标识 SAPI，用于识别上层应用，如 SAPI=0 为呼叫控制信令，SAPI=3 为短消息业务。所谓短消息业务（SMS，Short Message Service），指的是在专用控制信道上传送的长度受限的用户信息，犹如 ISDN 中 D 信道上传送的分组数据。系统将其转送至短消息中心，进而转送到目的用户。但 SAPI=0 的帧优先级高于 SAPI=3 的帧。控制字段定义了 I 帧和无编号信息帧 UI，前者用于专用控制信道（SDCCH、SACCH、FACCH），后者用于除随机接入信道外的所有控制信道。

格式 A 对应 UI 帧和 S 帧。

格式 A′和 B′用于 AGCH、PCH 和 BCCH 信道。这些下行信道的信息自动重复发送，无须证实，因此不需要控制字段；由于所有移动台都接收这些信道，因此不需要地址字段。B′格式帧传送不需要证实的无编号帧 UI。A′只起填充作用。

格式 C 仅一个字节，专用于 RACH 信道。实际上 C 不是 LAPDm 帧，只是由于接入的信息量小，所以采用了一个最简化的结构。

3．信令层

信令层是收、发和处理信令消息的实体，其主要功能是传送控制和管理信息。它包括三个功能子层：

（1）无线资源管理（RR），其作用是对无线信道进行分配、释放、切换、性能监视和控制。对于 RR，GSM 共定义了 8 个信令过程。

（2）移动性管理（MM），定义了位置更新、鉴权、周期更新、开机接入、关机退出、TMSI 重新分配和设备识别等 7 个信令过程。

（3）连接管理（CM），或称呼叫管理，负责呼叫控制，包括补充业务和短消息业务的控制。由于有 MM 功能子层的屏蔽，CM 子层已感觉不到用户的移动性。其控制机理继承了

ISDN 的 UNI 接口原理，包括去话建立、来话建立、呼叫中改变传输模式、MM 连接中断后呼叫重建和 DTMF 传送等 5 个信令过程。

信令层消息结构如图 7-10 所示。其中，事务标识 TI 用于区分多个并行的 CM 连接。TI 标志由连接的发起端和目的端设置，起始端 TI 标志为 0，目的端设置为 1。TI 值由发起端分配，一直保持到连接处理结束。因此，TI 标志和 TI 值结合起来，既可表示方向，又可区分连接。对于 RR 和 MM 实体，由于同时只有一个处理有效，因此

TI标志	TI	协议指示语（PD）
0		消息类型（MT）
信息单元（必备）		
信息单元（任选）		

图 7-10　信令层信令消息结构

TI 对它们没有意义。协议指示语（PD）定义了 RR、MM、呼叫控制、SMS 业务、补充业务和测试 6 个协议。消息类型（MT）指示每种协议的具体消息。消息本体由信息单元（IE）组成。

移动台（MS）起呼时无线接口信令过程如图 7-11 所示。首先，MS 通过 RACH 发送"信道请求"，申请占用信令信道。如申请成功，基站经 AGCH 回送"立即分配"，指派一个专用信令信道（SDCCH）。然后，MS 转入此信道进行通信。先发送"CM 服务请求"消息，告诉网络要求 CM 实体提供服务。但 CM 连接必须建立在 RR 和 MM 连接基础上，因此首先执行 MM 和 RR 信令过程。为此，先执行用户鉴权（MM 信令），然后执行加密模式指令（RR 信令）。MS 发送"加密模式完成"消息后启动加密。如不需要加密，则网络在发送的"加密模式命令"消息中将进行指示。接着 MS 发送"呼叫建立"消息，该消息指明业务类型、被叫号码，也可给出自身的标识和相关信息。MSC 启动呼叫建立进程，并发回"呼叫进行中"消

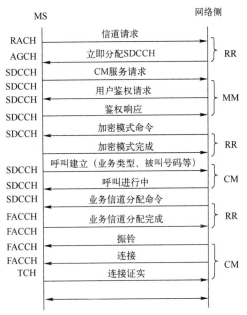

图 7-11　MS 呼叫建立信令过程

息。同时，网络（一般是 BSC）分配业务信道用于传送用户信息。该 RR 信令过程包含 2 个消息：分配命令和分配完成。其中"分配完成"表明 MS 已在新指派的 TCH/FACCH 信道上发送信令，其后的消息转由 FACCH 承载，原先分配的 SDCCH 被释放。当被叫空闲且振铃时，网络向主叫发送"振铃"提示消息，MS 听回铃音。被叫应答后，网络发送"连接"消息，MS 回送"连接证实"。这时，FACCH 任务完成，进入正常通话阶段。值得注意的是，图 7-11 中网络侧泛指信令消息在网络侧的对应实体，可能位于基站子系统的 BSC 或交换机（MSC）中。

7.4.2　基站接入信令

如图 7-12 所示，基站子系统（BSS）与网络子系统（NSS）的接口称为 A 接口，BTS 与 BSC 之间的接口称为 A-bis 接口。A 接口已在 GSM 规范中进行了标准化定义，A-bis 接口未标准化，因此不支持 BSC-BTS 的多厂商设备互连环境。

如图 7-13 所示，A 接口采用 NO.7 信令，包括物理层、链路层、网络层（MTP-3 + SCCP）和应用层。A 接口属于点到点接入，网络功能有限，因此 GSM 将应用层作为信令处理的第三层。MTP-2/3 + SCCP 作为

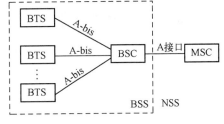

图 7-12　基站系统结构与接口

第二层，负责消息的可靠传送。MTP-3 复杂的信令网管理功能基本不用，主要采用其信令消息处理功能。由于 A 接口传送许多与电路无关的消息，需要 SCCP 支持，但其 GT 翻译功能基本不用，而利用子系统号（SSN）识别第三层应用实体。第三层包括下列 3 个实体：

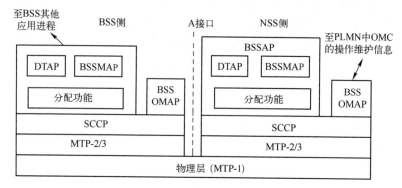

图 7-13　A 接口信令分层结构

（1）BSS 操作维护应用部分（BSSOMAP），用于 BSS 和 MSC 与 OMC 交换维护管理信息。

（2）直接传送应用部分（DTAP），用于透明地传送 MSC 和 MS 之间的消息，包括 CM 和 MM 消息。RR 协议消息终结于 BSS，不再发送到 MSC。

（3）BSS 管理应用部分（BSSMAP），用于 MSC 和 BSS 交换管理信息，对 BSS 进行资源管理、调度、监测、切换控制等。消息源点和终点为 BSS 和 MSC，消息均与 RR 有关。某些 BSSMAP 过程将直接触发 RR 过程，反之，RR 消息也可能触发某些 BSSMAP 过程。GSM 共定义了 18 个 BSSMAP 信令过程。

综上所述，空中接口和基站接入信令协议模型如图 7-14 所示。图中虚线表示对等实体之间的逻辑连接。Um 接口直接和 MS 相连，所有与通信相关的信令信息都源于该接口，因此空中接口 Um 是用户侧最重要的接口。

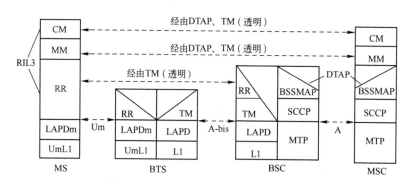

图 7-14　GSM 无线接入信令协议模型

7.4.3　高层应用协议

GSM 高层应用协议为移动应用部分（MAP），MAP 的主要功能是支持 MS 移动性管理、漫游、切换和网络安全。为实现网络互联，GSM 系统需要在 MSC 和 HLR/AUC、VLR 和 EIR 等网络部件之间频繁地交换数据和指令，这些信息大都与电路无关，因此最适合采用 NO.7 信令传送。MSC 与 MSC 之间及 MSC 与 PSTN/ISDN 之间关于电路接续的信令则采用 TUP/ISUP 协议。下面结合第 3 章的信令知识和 GSM 系统的控制需要简要介绍 MAP 使用

SCCP 和 TCAP 的情况。

1. SCCP 的使用

在 GSM 移动应用中，MAP 仅使用 SCCP 的无连接协议，MSC/VLR、EIR、HLR/AUC 在信令网中寻址时采用下列 2 种方式：国内业务采用 GT、SPC、SSN；国际业务采用 GT。GT 为移动用户的 MSISDN 号码；国内 SPC 采用 24bit 点码；SSN 为使用 MAP 的各个功能实体，如 HLR（SSN 编码为 00000110）、VLR（SSN 编码为 00000111）、MSC（SSN 编码为 00001000）、AUC（SSN 编码为 00001010）、CAP（SSN 编码为 00000101）。

SCCP 被叫地址表示语：SSN 表示语为 1（包含 SSN），全局码（GT）表示语为 0100（GT 包括翻译类型、编号计划、编码设计、地址性质），但翻译类型为 00000000（不用）。

路由表示语：我国规定在移动本地网内，路由表示语为 1，即按照 MTP 路由标记中的 DPC 和被叫用户地址中的子系统号选路。在不同移动本地网之间（如省内、国内长途呼叫），路由表示语为 0，即按照全局码寻址。

2. TCAP 的使用

作为 TCAP 的用户，MAP 的通信部分由一组应用服务单元构成，这组应用服务单元（ASE）由操作、差错和一些任选参数组成，该应用服务由应用进程调用并通过成分子层传送至对等实体。图 7-15 示出了系统 1 与系统 2 中 MAP 应用实体之间通信的逻辑和实际信息流。

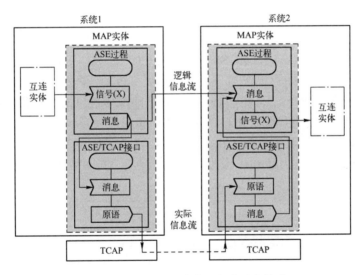

图 7-15　MAP 应用实体之间的消息传递

MAP 消息是由包含在 TCAP 消息中的成分协议数据单元传送的。

按照 GSM 要求，MAP 定义了移动性管理、操作维护、呼叫处理、补充业务、短消息业务和 GPRS 业务等几类信令程序。移动性管理程序包括位置管理、切换、故障后复位程序。操作维护程序包括跟踪、用户数据管理、用户识别程序。呼叫处理程序包括查询路由程序。补充业务程序包括基本补充业务处理、登记、删除、激活、去活、询问、调用、口令登录、移动发起无结构化补充数据业务（USSD，Unstructured Supplementary Service Data）和网络发起 USSD 程序。短消息程序包括移动发起、移动终结、短信提醒、短信转发状态等程序。GSM 典型信令流程【见二维码 7-2】。

二维码 7-2

7.5 通用分组无线电业务

GSM 系统采用电路交换，主要提供话音业务，而 Internet 采用分组交换，提供丰富的信息服务。制定 GPRS 标准的目的，就是要在 GSM 系统中引入分组交换和数据传输能力，支持移动用户利用分组终端接入 Internet 或其他分组数据网的应用需求。GPRS 是 GSM Phase2+阶段规定实现的内容之一，是 GSM 向 3G 演进的第一步。在通信速率方面，GSM 电路型数据业务（CSD）只能提供 9.6kb/s 的传输速率，限制了移动数据业务的开展。而 GPRS 可同时采用 8 个信道进行数据传输，如采用 CS-2 编码方式最高速度可达 115kb/s，采用 CS-3、CS-4 编码后理论速率可达 171kb/s。增强型数据速率 GSM 演进技术（EDGE）进一步提高了 GPRS 信道的编码效率，其速率可达 384kb/s。GPRS 的引入使得一些原本在 GSM 系统中不能实现的应用成为可能，这些新应用得以实现的关键就在于 GPRS 能与 LAN、WAN 及 Internet 互连。同时，GPRS 可使 GSM 向 3G 过渡更为平滑，保护运营商的投资。

7.5.1 GPRS 网络架构

GPRS 网络分为两个部分：无线接入网和核心网。无线接入网在移动台与基站子系统之间传输数据，核心网在基站子系统和外部数据网边缘路由器之间传输数据。GPRS 的基本功能就是在 MS 和外部数据网之间传输分组业务。

1. GPRS 网络结构

由 GSM 升级为 GPRS 需要增加 GPRS 业务支持节点（SGSN，Servicing GPRS Support Node）以及 GPRS 网关支持节点（GGSN，Gateway GPRS Support Node，）两种数据交换节点设备。此外，还需要在 BSS 中增加分组控制单元（PCU，Packet Control Unit），并对原有 BSC、BTS 进行软件升级。与此同时，GSM 电路域中的 HLR 也需升级软件，以支持 Gc、Gr 接口；MSC 也需要升级软件，以支持 Gs 接口。使用 GPRS 业务的移动台必须是 GPRS 手机或 GPRS/GSM 双模手机。由于 GGSN 与 SGSN 具有处理和管理分组数据的功能，因此，GPRS 网络能够与 Internet 等其他数据网互连，其网络结构模型如图 7-16 所示。

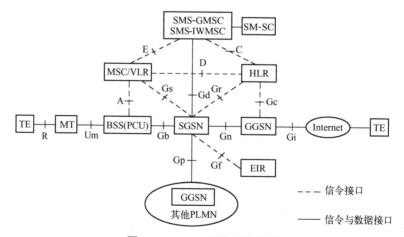

图 7-16 GPRS 网络结构模型

下面对各功能实体进行简要介绍。

（1）终端设备（TE，Terminal Equipment）

TE 用于发送和接收分组数据。TE 可以是独立的计算机，也可将 TE 的功能集成到手持终端，同移动终端（MT，Mobile Terminal）合二为一。从某种意义上说，GPRS 所提供的所有功能都是为了在 TE 和外部数据网络之间建立一个分组数据的传送通道。

（2）移动终端

MT 一方面与 TE 通信，另一方面通过空口与 BSS 通信，并建立到 SGSN 的逻辑链路。GPRS 的 MT 必须配置 GPRS 功能软件，以便使用 GPRS 业务。在数据通信过程中，从 TE 的角度看，MT 的作用相当于是将 TE 连接到 GPRS 网络的 MODEM。

（3）移动台（MS，Mobile Station）

MS（如手机）可以看成 MT 和 TE 功能的集成，物理上可以是一个实体，也可以是两个实体（TE + MT）。GPRS 移动台具有三种操作模式：

A 类模式：GPRS 和 GSM 电路型业务可同时工作。

B 类模式：MS 可同时附着在 GPRS 和 GSM 网上，但两者不能同时工作。

C 类模式：只能附着在 GPRS 网上。

A、B 类手机都能进行数据与话音业务的切换，区别在于：MS 在数据传送期间，有呼叫进入时，A 类 MS 能应答呼叫并通话，通话过程中继续保持数据传送；B 类 MS 应答后切换至话音业务，数据业务被悬置；待话音业务结束后，才切换回数据业务。

（4）SGSN 及其接口

在一个 PLMN 内，可以设置多个 SGSN。SGSN 的功能类似于 GSM 的 MSC/VLR，主要是对移动台进行鉴权、移动性管理和路由选择；建立 MS 与 GGSN 的逻辑链路；接收 BSS 透明传送的分组数据；完成协议转换并经 GPRS 核心网传送至 GGSN（或 SGSN），或进行反向操作。另外，SGSN 还具有计费和业务统计功能。

Gb 接口：为 GPRS 核心网与接入网的接口，用于信令和业务信息传输。通过承载网提供流量控制，支持移动性和会话管理功能，如 GPRS 附着/分离、安全、路由选择、PDP 连接的激活/去活等；同时支持 MS 经 BSS 到 SGSN 的分组数据传送。

Gn 接口：为同一个 PLMN 内 SGSN 间、SGSN 和 GGSN 间的接口，该接口采用基于 TCP 或 UDP 的 GTP（GPRS 隧道协议）进行通信。

Gp 接口：为不同 PLMN 网 SGSN 之间或 SGSN 与 GGSN 之间的接口，在通信协议上与 Gn 接口相同，但网间通信需要增加边界网关（BG，Border Gateway）和防火墙，通过 BG 提供的路由，完成网间 GPRS 支持节点之间的通信。

Gs 接口：为 SGSN 与 MSC/VLR 间接口，采用基于 NO.7 信令的 BSSAP+协议，SGSN 和 MSC/VLR 配合完成对 MS 的移动性管理功能，包括联合附着/分离、联合路由区/位置区更新等操作。SGSN 还可接收从 MSC/VLR 来的电路型寻呼信息，并通过 PCU 下传到 MS。对于 GPRS 手机 C 类操作，Gs 接口提供与否对业务没有影响；但是对于 A、B 类操作模式，Gs 接口有利于提高空中接口的利用效率。

Gr 接口：为 SGSN 和 HLR 间接口，采用 MAP 协议。SGSN 通过 Gr 接口从 HLR 获得 MS 的相关信息，HLR 保存 GPRS 用户数据和路由信息。当发生 SGSN 间的路由区更新时，SGSN 将更新 HLR 中的相应信息；当 HLR 中数据有变动时，也将通知 SGSN 进行相关的处理。

Gd 接口：为 SGSN 与 SMS-GMSC、SMS-IWMSC 的接口。SGSN 和 SMS-GMSC、SMS-IWMSC、短消息中心之间通过 Gd 接口配合完成 GPRS 的短消息业务。通过该接口，SGSN 能接收短消息，并将它转发至 MS。在不设置 Gd 时，短消息业务只能通过电路域提供。

Gf 接口：SGSN 与 EIR 之间的接口。它支持 SGSN 与 EIR 之间的数据交换，支持对移动台的 IMEI 进行认证。

（5）GGSN 及其接口

GGSN 是 GPRS 网络与外部数据网的网关或路由器，提供 GPRS 与外部分组网的接口。用户选择哪一个 GGSN 作为网关，是在 PDP 上下文（Context）激活过程中根据用户的签约信息以及用户的接入点名称（APN）来确定的。GGSN 可通过 Gc 接口向 HLR 请求位置信息，对于漫游用户，HLR 可能与当前拜访的 SGSN 不在同一个 PLMN 中。

GGSN 主要功能：①GGSN 提供 MS 接入外部分组网的关口功能，从外部网看，GGSN 就好像是可寻址 GPRS 网中所有用户的路由器，因此，需要同外部网络交换路由信息；②GPRS 会话管理，完成 MS 同外部数据网的连接建立；③将发送至 MS 的分组数据送往正确的 SGSN；④话单的产生和输出，主要体现用户使用外部网络的情况。

GGSN 的接口除了 Gn、Gp 外，还有与外部数据网及 GSM 电路域的接口。

Gi 接口：GPRS 与外部数据网的接口。GPRS 通过该接口和各种外部数据网（如 X.25 或 IP 网）互连，在 Gi 接口上进行协议的封装/解封装、地址转换、接入鉴权和认证等操作。

Gc 接口：该接口为可选接口，主要用于网络侧在主动发起对 MS 的业务请求时，查询 HLR 中被叫用户当前所在 SGSN 的地址。

2．GPRS 协议体系

如图 7-17 所示，GPRS 协议体系结构包括控制和数据业务两个平面。

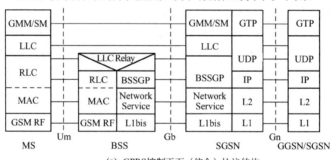

(a) GPRS 控制平面（信令）协议结构

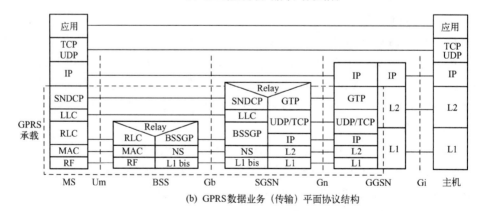

(b) GPRS 数据业务（传输）平面协议结构

图 7-17　GPRS 网络协议结构

图 7-17（a）为控制平面协议结构，MS-SGSN 之间的控制协议与 GPRS 移动性管理和会话管理功能有关，如 GPRS 附着/分离、路由区更新和 PDP 上下文的激活。GSN（SGSN、GGSN 总称为 GSN）节点之间的信令传输采用 GTP 协议，GTP 用于隧道的建立、管理和释放。

图 7-17（b）所示为 GPRS 数据业务平面涉及的各个协议层，包括 SNDCP、LLC、RLC、BSSGP、NS、GTP 等。所有 MS 传输到 GGSN 的数据都要经过这些协议层的处理，MS、SGSN、GGSN 完成的是数据包的打包、拆包等协议转换功能。

下面介绍几个主要的 GPRS 协议。

（1）子网相关汇聚协议（SNDCP）

SNDCP 是为屏蔽底层子网差异而引入的，支持多种网络层协议（如 IPv4、IPv6、X.25 等）的统一适配，实现网络层数据的透明传输；对用户数据或协议控制信息进行压缩和解压，以提高信道利用率；对分组数据进行分段与重装，以适应无线链路的传输要求。

（2）逻辑链路控制（LLC）协议

LLC 协议基于 HDLC 协议，负责信令、短信和 SNDCP 协议数据单元的传输，向上层提供与底层协议无关的、安全可靠的逻辑链路。

（3）无线链路控制/媒体接入控制（RLC/MAC）协议

RLC 协议实现 LLC 协议数据的分段和重装以便在无线信道上传送，支持选择性重传，向上提供一个可靠的无线链路。MAC 协议定义和分配空中接口的逻辑信道，并控制 MS 的接入以共享这些逻辑信道。RLC/MAC 提供确认和非确认两种操作模式。

（4）基站子系统 GPRS 应用协议（BSSGP）

BSSGP 主要提供与无线相关的 QoS 和选路信息，以满足 Gb 接口传输用户数据的需要。

（5）网络服务协议（NS）

NS 传送 BSSGP 协议数据，提供网络传输服务，如采用帧中继或 IP 传送方式。

（6）隧道协议（GTP）

GTP 用于在 GSN 节点之间透明地传输用户和信令信息。GTP 数据单元由 TCP 或 UDP 承载，然后封装成 IP 包，IP 包的目的地址即为目标 GSN 地址。这个地址是运营商的内部地址，与此相应，封装在 GTP 内部的 IP 包称为外部 IP 包。使用隧道的好处：一是当 MS 移动需要变换 SGSN 时，只需改变 GTP 的配置即可，而对上层 IP 数据包是透明的；二是在 Gi 与 Gn 之间不需要路由，只有封装关系，提高了系统的安全性。

3. GPRS 网络业务

（1）承载业务

GPRS 定义了两类承载业务：PTP（Point To Point，点到点数据业务）和 PTM（Point To Multipoint，点到多点数据业务）。

（2）短信业务

附着在 GPRS 网络的移动台，可以通过 GPRS 无线信道收、发短消息。利用 GPRS 的分组信道传送短消息，效率更高，容量更大。

7.5.2 移动性与会话管理

与 GSM 移动台相似，GPRS 终端必须注册到 PLMN 网络，所不同的是 GPRS 终端要将位置更新信息同时存储到 SGSN 中。分布在 GPRS 网络实体中的用户信息存储位置如表 7-1 所示。

表 7-1 GPRS 用户信息存储位置

信 息 类 型	信 息 元 素	存 储 位 置
认证信息	IMSI	SIM、HLR、VLR、SGSN、GGSN
	TMSI	VLR、SGSN
	IP 地址	MS、SGSN、GGSN
位置信息	VLR 地址	HLR
	位置区	SGSN
	当前服务的 SGSN	HLR、VLR
	路由区	SGSN
业务信息	基本业务 补充业务 电路交换承载业务 GPRS 业务信息	HLR
	基本业务 补充业务 电路交换承载业务	VLR
	GPRS 业务信息	SGSN
鉴权信息	Ki、算法	SIM、AC
	三参数组	VLR、SGSN

1. 基本概念

为了理解 GPRS 移动性管理和会话管理原理，首先需要理解下列基本概念。

（1）路由区（RA）

GPRS 是按路由区进行位置管理的。路由区是位置区的子集，即一个位置区可作为一个路由区，也可划分为几个路由区。每个路由区只有一个 SGSN 对其提供服务。定义路由区的目的是为了有效地寻呼 GPRS 手机。路由区由 RAI 识别，其结构为：RAI = MCC + LAC + RAC。其中，MCC 为移动国家号码；LAC 为位置区代码；RAC 为路由区代码。RAI 由运营商确定，并作为系统信息进行广播；移动台监视 RAI，以确定是否启动路由区位置更新过程。

（2）GPRS 位置区管理

GPRS 位置区管理就是对移动台位置的管理，例如当移动台从一个位置区或路由区移动到另外一个位置区或路由区时，网络是如何进行管理的。位置更新过程如下：

① 当 MS 处于就绪状态，在小区之间移动时，需要进行小区位置更新（Cell Update）。

② 当 MS 从一个路由区移动到另一个路由区时，需要进行路由区置更新（Routing Area Update）。更新包括：同一 SGSN 内和不同 SGSN 之间的路由区位置更新。

③ 当 SGSN 与 MSC/VLR 建立关联后，基于 Gs 接口还可实现 RA/LA 联合更新过程。

GPRS 手机先要注册到网络，然后网络才能为注册用户分配 IP 地址，其注册过程类似于 GSM 的位置登记，这一过程称为 GPRS 附着。网络为移动台分配 IP 地址，使其成为外部 IP 网络的一部分，这一过程称为 PDP 上下文（PDP Context）激活。

（3）GPRS 附着与分离

MS 请求接入 GPRS 网络并提供相关信息，SGSN 对其进行鉴权。鉴权通过后，在 MS 和 SGSN 建立移动性管理上下文（GMM Context）。至此，完成 GPRS 附着。GMM 上下文内容包括：IMSI、MM 状态、P-TMSI、MSISDN、Routing Area、Cell identity、New SGSN Address、VLR Num 等。

与附着相反的操作是分离。分离就是 GPRS 手机断开与网络的连接，MS 从就绪状态转为空闲状态，清除与 SGSN 建立的移动性管理上下文（GMM Context）记录。

（4）PDP 上下文（PDP Context）

PDP（分组数据协议）是外部数据网与 GPRS 接口所用的会话层协议。PDP 上下文是在 MS 和 GSN 节点中存储的与会话管理有关的信息列表（如 PDP 类型、PDP 地址、接入点名称 APN、QoS 参数等）。这些信息分为签约信息和位置信息两类。

简单地说，GPRS 手机上网分为三步：附着、PDP 激活、数据传输。因此，GPRS 手机附着后，在传输数据之前，必须先建立 PDP 上下文，这一过程称为会话（类似于呼叫）。会话过程就是 MS 发起 PDP 上下文的过程，在这个过程中，MS 与网络之间协商 QoS 参数、动态分配 IP 地址、选择 GGSN、分配外部的 PDP 合法地址、建立 SGSN 与 GGSN 之间的隧道等。一旦 PDP 上下文激活，即可进行数据传送。

从业务管理角度看，GPRS 网络必须具有两个管理过程：一是 GPRS 移动性管理过程（GMM）；二是 GPRS 会话管理过程（SM）。GMM 主要支持用户的移动性，实时掌握用户的位置信息；SM 是指支持移动用户对 PDP 上下文的处理，即 GPRS 移动台连接到外部数据网的处理过程。下面分别对这两个过程进行介绍。

2. GPRS 移动性管理

GMM 主要包括附着（Attach）、分离（Detach）、位置管理等处理流程，每个处理流程中通常包括登记、鉴权、IMEI 校验、加密等接入控制与安全管理功能。通过 GMM，SGSN 建立如表 7-2 所示的当前活动在该 SGSN 区域的 MS 的相关信息（移动性管理上下文）。

表 7-2　与 GPRS 移动性管理相关的信息

信息类型	描　述	信息类型	描　述
IMSI	国际移动用户标识	CKSN	加密键序列号
MM 状态	移动性管理状态，包括空闲、守候或就绪	加密算法	选择的加密算法
P-TMSI	分组临时移动用户标识	级别标志	MS 的级别标志
IMEI	国际移动设备标识	DRX	参数间歇接收参数
P-TMSI 签名	用于标识校验的签名	MNRG	指示是否应将 MS 的动作报告给 HLR
路由区	当前路由区	NGAF	指示是否应将 MS 的动作报告给 MSC/VLR
小区标识	当前小区，仅在就绪状态有效	PPF	指示能否发起对 GPRS 和非 GPRS 业务的呼叫
VLR 号码	当前服务于 MS 的 MSC/VLR 的 VLR 号码	MSISDN	MS 的基本 MSISDN
新 SGSN 地址	新 SGSN IP 地址，后续 N-PDU 将转发给该 SGSN	SMS	短消息相关参数，如运营商决定的限制
鉴权 Triplets	鉴权和加密参数（三参数组）	恢复	指示 HLR 或 VLR 是否执行数据库恢复
Kc	当前使用的加密密钥		

GPRS 移动台具有下列三种移动性管理状态：Idle（空闲）、Standby（守候）、Ready（就绪）。MS 在某个时刻总是处在某一状态。与 GSM 相比，GPRS 移动台能保持一直在线（always on-line）状态，当收到来自上层应用的数据时，立即启动分组数据传送。移动性管理上下文（GMM context），也称为移动性管理场景，是描述 MS 和 SGSN 中存储信息的总称。

（1）空闲状态

在此状态下，MS 尚未附着到 GPRS 网络，SGSN 和 MS 的 GMM 上下文中未存有用户的任何信息，系统不能执行与该用户有关的移动性管理过程。

MS 可通过 GPRS 附着过程在 MS 和 SGSN 中建立 GMM 上下文，使 MS 状态由空闲转至就绪。

（2）守候状态

守候也称为待命。该状态下，MS 和 SGSN 已经为 MS 建立了 GMM 上下文，由于尚未启动数据传输，MS 基本上不占用网络资源。在守候状态下，MS 可执行本地 GPRS 路由区（RA）、小区选择和重选。当 MS 进入新路由区时，将执行移动性管理并通知 SGSN。如果只在同一个路由区中的小区之间移动，MS 不会通知 SGSN。因此，守候状态下的 GMM 上下文仅包含 MS 路由区标识（RAI）。

MS 在守候状态可以发起激活或去活分组数据协议（PDP）上下文过程。

（3）就绪状态

该状态下，SGSN 的 GMM 上下文是对守候状态下 GMM 上下文的用户位置信息在小区的扩展。MS 执行移动性管理向网络报告实际所在的小区。此时，MS 可以收发分组数据，也可以发起激活或去活 PDP 上下文。MS 停留在就绪状态的时间由一个定时器监视，传输数据时定时器复位，当计时超过规定时限（如 30s）时，MS 转到守候状态。如果要从守候状态转入空闲状态，MS 必须发起 GPRS 分离。GMM 状态转移过程如图 7-18 所示。

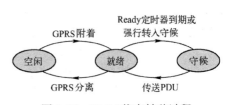

图 7-18　GMM 状态转移过程

3. GPRS 的会话管理

会话管理（SM）是指将 GPRS 移动台连接到外部数据网的信令过程，包括对 PDP 上下文的激活、去活和修改。PDP 上下文是 PDP 地址的一个信息描述表，描述在移动台和网络之间传递分组数据的路由信息、QoS、优先权及计费信息等。进行数据通信时，首先要激活 PDP 上下文，才能建立传输链路。数据传输结束后，则要去活 PDP 上下文，使其进入非活动状态。在数据传输过程中，可以修改 PDP 上下文，即修改某些参数。PDP 上下文分布在 MS、SGSN 和 GGSN 中。相关的 PDP 信息如表 7-3 所示。

PDP 上下文主要包括 APN、QoS、PDP 类型、PDP 地址等信息。其中 APN 是所使用的 GGSN 参考名（如域名），用于标识所接入的外部网络。当手机接入不同外网时 APN 是不同的，在 PDP 上下文激活过程中 DNS 将 APN 翻译成 GGSN 的 IP 地址，通过此 GGSN 就可接入相应的外部数据网。例如，中国移动将 APN 分为两类：一类是通用的 APN（如 CMNET 和 CMWAP），这类 APN 在全网所有 GGSN 中都有定义，当 MS 使用通用 APN 激活 PDP 上下文时，DNS 总是将它翻译成为 MS 漫游地 GGSN，就近接入外网；另一类是区域性的 APN（如南京市某行业部门利用 GPRS 实现移动办公所设置的 APN 等），这样的 APN 只在 MS 归属地 GGSN 中定义，当 MS 使用区域性 APN 激活 PDP 上下文时，DNS 总是将它翻译成归属地的 GGSN 地址。

表 7-3　与 GPRS 会话管理相关的 PDP 信息

信息类型	描述
PDP 类型	指 IP 数据网络或 X.25 网络
PDP 地址	指 IP 地址或 X.25 地址
NSAPI	网络层业务接入点标识符
PDP 状态	分组数据协议状态未激活或已激活
APN	MS 请求的接入点名称（APN, Access Point Name）
使用的 GGSN 地址	激活的 PDP 上下文当前所使用的 IP 地址
允许的 VPLMN 地址	规定允许 MS 在 HPLMN 或 VPLMN 中使用的 APN
压缩	商定的数据压缩参数
签约 QoS 文件	该 PDP 上下文的签约 QoS 文件
所请求的 QoS 文件	在 PDP 上下文激活时请求的 QoS 文件
商定的 QoS 文件	该 PDP 上下文所商定的 QoS 文件
无线优先级	RLC/MAC 优先级
SND	发往 MS 的下行 N-PDU 的 GTP 序号，仅用于面向连接型 PDP
SNU	发往 GGSN 的上行 N-PDU 的 GTP 序号，仅用于面向连接型 PDP
要求重新排序	规定 SGSN 在将 N-PDU 传送给 MS 之前是否重新排序

7.5.3　GPRS 信令流程

下面介绍几个典型的 GPRS 信令流程。

1. GPRS 附着信令流程

MS 附着到 GPRS 网络的信令流程如图 7-19 所示，其中简化了鉴权和加密部分的处理。

当 GPRS 移动台（MS）进入一个新的位置区时，立即向当前服务区的 SGSN 发起附着请求，GPRS 网络对 MS 进行鉴权，鉴权成功后启动加密操作。新 SGSN 向 HLR 发送位置更新请求，告知归属地 HLR MS 已进入新 SGSN 服务区。HLR 向 MS 原来所在的 SGSN 发送删除位置信息请求，要求该 SGSN 删除与该 MS 相关的信息。同时，归属 HLR 向新 SGSN 插入用户数据，将与该 MS 相关的用户信息发送到新 SGSN。在成功完成旧 SGSN 中用户数据的删

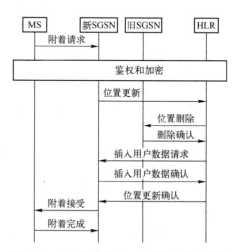

图 7-19　MS 附着到 GPRS 网络的信令流程

除和新 SGSN 中用户数据的插入后，HLR 将该用户的新位置登记到数据库中，并向新 SGSN 确认位置更新成功。

GPRS 附着后，当前服务于 MS 的 SGSN 中就存放有 MS 的相关数据，MS 归属 HLR 中也存放了该用户的位置信息（如 SGSN 地址）。MS 原来所在的 SGSN 则删除了该用户的相关数据。

2. GPRS 分离信令流程

MS 发起的分离包括三种类型，分别用不同的 Detach Type 值表示：一是 GPRS Detach，MS 只与 GPRS 网脱离；二是 IMSI Detach，MS 只与 GSM 网脱离；三是 IMSI/GPRS Detach，MS 同时脱离 GPRS 和 GSM 网。其分离流程如图 7-20 所示，其中省略了鉴权和加密处理。

图 7-20   MS 分离 GPRS 网络的信令流程

MS 向 SGSN 发送分离请求；SGSN 首先判断此 MS 是否存在激活的 PDP 上下文；如有，则发起到 GGSN 的去活 PDP 请求，GGSN 向 SGSN 回送去活响应。如果 MS 已附着在 MSC/VLR，并且此次分离类型为 IMSI/GPRS 联合分离，SGSN 还应向 MSC/VLR 发送 IMSI 分离指令。如果 MS 此次分离类型为 GPRS 分离，MS 还想保留 IMSI 附着，SGSN 应向 MSC/VLR 发送 GPRS 分离指令，取消 SGSN 与 MSC/VLR 的关联。分离完成后，SGSN 向 MS 发送分离接受消息。

3. MS 激活 PDP 信令流程

MS 激活一个 PDP 上下文意味着发起一个分组数据呼叫。图 7-21 所示是处于附着状态的 MS 成功激活 PDP 上下文的信令流程。通过该流程，MS 建立 PDP 上下文。当处于附着状态的 MS 需要传输数据时，MS 向目前所在区域的 SGSN 发送一个 PDP 上下文激活请求，其中包含上下文接入点名称（APN）、QoS 要求、PDP 类型、PDP 地址等信息。SGSN 对 MS 进行鉴权，鉴权通过后启动加密过程。SGSN 根据收到的

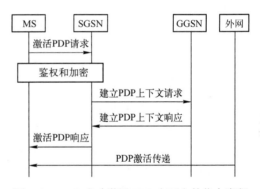

图 7-21   MS 成功激活 PDP 上下文的信令流程

APN 解析 GGSN 地址，将 PDP 请求路由到与该 PDP 上下文相关的 GGSN，并向其发送 PDP 上下文激活请求，建立与 GGSN 之间的隧道连接。GGSN 确认可建立到指定外部网络（APN）的连接时，就向 SGSN 回复应答消息。SGSN 向 MS 返回接受 PDP 上下文激活的消息，至此 PDP 建立成功，即可进入数据传输。

4. 网络激活 PDP 信令流程

当 MS 分配静态 PDP 地址时，可由网络侧发起 PDP 上下文激活规程。当 GGSN 接收到外网发给某 MS 的 PDP 协议数据单元（PDU）时，如果确认需要激活 PDP 上下文，立即启动如图 7-22 所示的信令过程。GGSN 先将来自外网的协议数据单元（PDU）存储起来，然后向 MS 归属的 HLR 发送路由询问消息。如果 HLR 确认 MS 可达，则将响应路由询问消息。在该

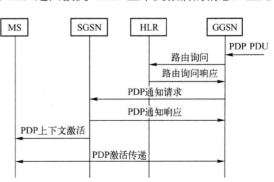

图 7-22   网络激活 PDP 上下文的信令流程

消息中包括目前服务于该 MS 的 SGSN 地址。GGSN 根据收到的 SGSN 地址向当前服务于 MS 的 SGSN 发送 "PDP 通知请求" 消息,通知其准备接收 PDP 数据单元。SGSN 向 GGSN 回复应答消息,通知对端将启动 PDP 上下文激活流程。SGSN 向 MS 发送请求 PDP 上下文激活的消息,在 MS 和 GGSN 之间启动 PDP 上下文激活流程。PDP 上下文激活后,GGSN 即可将其缓存的 PDU 传送至 MS。

7.6 移动软交换与 3G、4G 核心网

7.6.1 基本概念

3GPP 在制定 WCDMA R4 版本规范时正式把软交换引入移动网,将传统的 MSC 分割成 MSC 服务器(MSC Server)和媒体网关(MGW),将所有的控制功能集中在 MSC Server 中,并通过标准化的媒体网关控制协议实现对 MGW 的控制和管理;而将所有的交换功能分散在各 MGW 中实现。MSC Server 完成呼叫控制、业务提供、资源管理、协议处理、路由、鉴权、计费和操作维护等功能,并基于标准化的业务接口,向用户提供多样化业务。

(1)移动软交换与固网软交换的比较

移动软交换与固网软交换在体系结构、承载方式和业务架构等方面基本一致。但由于移动通信的特点,移动软交换与固网软交换的最大区别在于接入层面;由于移动软交换以无线接入为基础,需要提供控制无线接入网(RAN)和管理移动用户的必要功能,使得其控制和协议更为复杂。在核心控制层,移动软交换除了要实现呼叫控制功能外,还要实现由于用户移动而带来的位置管理、漫游和切换等功能。在业务层面,移动网和固定网都支持标准化、开放的业务接口,与承载和接入方式无关。

(2)移动软交换网络结构

移动软交换网络的基本结构如图 7-23 所示,核心网电路域主要由 MSC-Server、GMSC-Server 和 MGW 组成,承载方式可以使用不同的传送技术,如 IP、ATM 或 TDM。但主要采用 IP 承载。

主要的网络实体及相关接口功能。

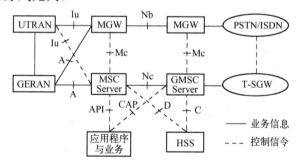

图 7-23 移动软交换网络基本结构

- MSC Server:其功能包括呼叫控制、MGW 控制、信令互通、业务提供、认证与授权、地址解析、移动性管理,以及网络互通、系统过负荷控制、计费、性能统计、告警和网管等。
- GMSC Server:是移动软交换电路域中负责与外部网络(如 PSTN/ISDN)互通的软交换设备,其功能主要包含传统 GMSC 的呼叫控制和移动性管理功能。
- MGW:其主要功能是将一种网络的媒体格式转换为另一种媒体格式,以及实现其他媒体资源(如 IVR)和多媒体会议等功能。
- T-SGW:即传送信令网关(T-SGW,Transport Signaling Gateway),主要用于呼叫控制信令的转换。其功能是执行 NO.7 信令的 TDM 承载和 IP 承载的转换,以实现 NO.7 信令网和软交换网的信令互通;提供 PSTN/PLMN 和 IP 传送层地址的映射。

- Mc 接口：为 MSC Server 与 MGW 间的接口。主要功能是媒体控制，以实现 MSC Server 与 MGW 的交互，完成承载控制、管理等功能。其接口协议包括 H.248/MeGaCo 和 Q.1950。
- Nc 接口：为 MSC-Server 与(G)MSC Server 之间的接口，采用控制和承载分离的方式解决 ISUP 信令的呼叫控制。例如采用 BICC 和 SIP-T 协议。BICC 协议是 ITU-T 推荐的标准协议，是在 ISUP 协议基础上发展而来的，其协议版本较为稳定；SIP-T（用于电话的会话起始协议）是 IETF 推荐的基于 SIP 的扩展协议。
- Nb 接口：为 MGW 之间的接口。主要功能是基于 IP 承载电路域业务，包括话音和电路域的数据承载业务。采用 IP 承载时，Nb 接口的用户面和控制面传送路径不同。用户面基于 RTP，直接在 MGW 之间传输，其协议栈为 RTP/UDP/IP；控制面采用 IPBCP（IP 承载控制协议），即 ITU-T Q.1970。MGW 之间的承载控制信息是通过 Mc、Nc 接口以隧道方式传送的。
- MSC Server 与应用/业务层的接口：提供访问各种数据库、第三方应用平台和各种功能服务器的接口，实现对各种增值业务、管理业务和第三方应用的支持等。

软交换的基本思想是实现网络结构的层次化、设备的部件化、接口的标准化和业务的开放性。其中，设备部件化使网关分离是软交换的核心理念。移动软交换可以实现灵活的组网应用，同时提供丰富的业务，便于核心网的平滑演进。

7.6.2 3G 核心网

3G 核心网主要包括基于 GSM MAP 和基于 IS-41 演进两条路线。

1. 基于 GSM MAP 演进的核心网

3GPP 主要制定基于 GSM MAP 演进的核心网，以 WCDMA 和 TD-SCDMA 为无线传输技术的标准。3GPP 标准的制定是分阶段的，包括 R99、R4、R5、R6、R7、R8、R9、R10 等版本。R99 版本的核心网基于演进的 GSM MSC 和 GPRS GSN，电路域与分组域逻辑上是分离的，而无线接入网（RAN）则是全新的，其网络结构如图 7-24 所示。R4 版本最为突出的改变是在核心网电路域实现了承载和控制的分离，即引入了软交换。R5 版本引入了 IP 多媒体子系统（IMS），R6、R7、R8、R9、R10 等版本主要涉及无线传输技术、接入网架构和业务功能的演进、增强和完善，而其核心网结构与 R5 版本基本相同。

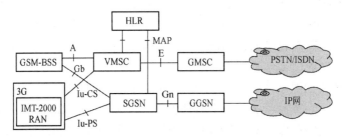

Gb—BSS 与 SGSN 之间的接口　　　　　Iu（Interface of UMTS）—接入网与核心网之间的接口
SGSN—GPRS 业务支持节点　　　　　　GGSN—GPRS 网关支持节点
Iu-CS—UMTS 电路域接口　　　　　　　Iu-PS—UMTS 分组域接口

图 7-24　基于 GSM 演进的 3G 核心网

从图 7-24 可以看出，核心网基于 MSC 和 GSN 网络平台，以实现 2G 向 3G 的演进。无线接入网（RAN）通过所定义的 Iu 接口与核心网连接。Iu 包括支持电路交换的 Iu-CS 和支持分组交换的 Iu-PS，分别实现电路和分组型业务。
如图 7-25 所示，无线接入网由 RNC 和 NodeB
两大物理实体构成，分别对应 2 代网的 BSC 和
BTS。除 Iu 接口外，还定义了 Iub 和 Iur 接口。
在 GSM 向 WCDMA/TD-SCDMA 的演进过程中
仅核心网是平滑的；由于空中接口的巨大变化，
无线接入网的演进是革命性的。

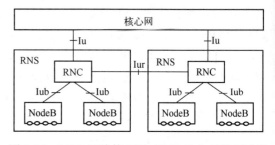

图 7-25　3GPP 无线接入网（UTRAN）结构示意图

2．基于 IS-41 演进的核心网

3GPP2 主要制定基于 IS-41 的全 IP 网络演进路线，以 CDMA2000 为无线传输标准。
3GPP2 的标准化是分阶段进行的，从 IS95 到 CDMA2000 1X、CDMA2000 1X EV-DO 及
CDMA2000 1X EV-DV，具有后向兼容性。3GPP2 演进标准 S.R0038 所描述的核心网演进路线
共分 4 个阶段，其中阶段 2 对应传统移动域 LMSD（Legacy Mobile Station Domain），阶段 3 对
应多媒体域 MMD（Multi-Media Domain），每个阶段中还可以分为几个步骤。

基于 IS-41 演进的 3G 核心网结构示意图如图 7-26 所示。随着网络不断向前演进，核心网
电路域（基于 IS-41 的核心网）的功能将不断减弱，最终整个网络所支持和提供的业务将由无
线网和分组网共同实现。在其演进过程中，系统的无线网和核心网可以独立发展，并且能够互
相兼容。

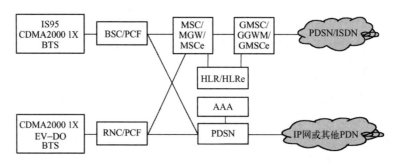

图 7-26　基于 IS-41 演进的 3G 核心网结构示意图

3．3G 核心网的发展与演进

在 WCDMA、CDMA2000 和 TD-SCDMA 网络中，WCDMA 和 TD-SCDMA 具有相同的核
心网，且 3GPP 制定的核心网标准成熟度较高，应用广泛，其核心网的结构和演进代表了 3G
的发展方向。因此，下面主要以 WCDMA/TD-SCDMA 核心网为例介绍 3G 核心网的演进。

（1）R99 版本

R99 版本网络结构如图 7-27 所示，更为详细的内容可参照 3G TS23.002v3.6.0。R99 包括
接入网（AN）和核心网（CN）。AN 分为两种类型：一种是用于 GSM 的基站子系统（BSS）；
一种是用于 UMTS 的无线网络系统（RNS），也称为 UTRAN。核心网分为电路域（CS）和分
组域（PS）。CS 与 GSM 具有相同的核心网，采用电路交换。PS 主要由 SGSN 和 GGSN 组
成；相对于 GPRS，增加了分级服务概念，分组域的 QoS 能力有所提高。

R99 版本网络主要以继承 GSM 为主，在网络特征上仍然属于传统的网络。

（2）R4 版本

R4 版本的网络结构如图 7-28 所示，更详细的描述可参照 3G TS23.002v4.8.0。R4 的改进
主要在电路域，即将 MSC 分离成 MSC Server 和 MGW，MSC Server 完成呼叫控制和移动性

管理，而 MGW 完成媒体流的处理功能。MSC Server 与 MGW 之间采用 H.248 协议，MSC Server 之间采用 BICC 协议。而且，MSC Server 和 MGW 在地理上可以完全分离，从而实现控制和承载的分离。同时，电路域和分组域采用相同的 IP 承载。这样，分离后的两个平面可以根据业务发展需要各自独立发展，承载面专注于媒体流的传输、媒体格式转换、编解码以及回波抵消、媒体资源等的提供。控制面专注于与承载无关的呼叫控制、业务处理，并且通过提供标准的 API 连接外部应用服务器，方便扩展和生成新业务。(G)MSC Server 通过信令网关（SGW）实现与 PSTN/PLMN 的互通。由此可见，R4 引入了移动软交换技术。

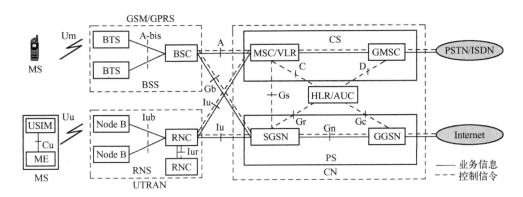

图 7-27　R99 版本网络结构

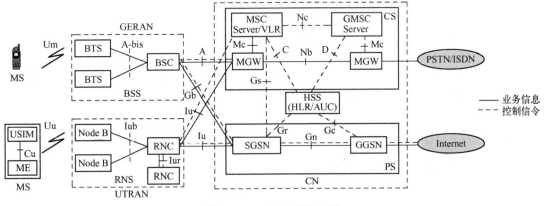

图 7-28　R4 版本网络结构

（3）R5 版本

R5 版本网络结构如图 7-29 所示，详细描述可参照 3G TS23.002v5.0.0。R5 电路域和分组域与 R4 区别不大，只是在核心网中将 HLR 升级替换为归属用户服务器（HSS）。首先，R5 最大的变化是增加了 IMS，它和分组域一起提供实时和非实时的多媒体业务，并且可以实现与电路域的互操作。其次，R5 在空中接口上引入了高速下行分组接入（HSDPA）技术，使传输速率提高到约 10Mb/s（理论最大值 14.4Mb/s）。软交换思想在 R5 得到完整的体现，使其在电路域及分组域的业务承载和控制都实现了分离，全 IP 架构的 R5 进一步发展了软交换技术。

R5 引入了 IMS 技术，IMS 是移动核心网实现分组话音和分组数据业务，提供统一多媒体业务和应用的最终目标。IMS 和 PS 成为 R5 发展的重点，但 R5 的部件及业务实现思想也是基于控制和承载分离的，即 IMS 基于软交换思想。主要体现在：R5 将 R4 中设置的 MSC Server 在功能上进一步分离为 MGCF（媒体网关控制功能）和 CSCF（呼叫会话控制功能），分别处理话音呼叫控制和多媒体呼叫控制。

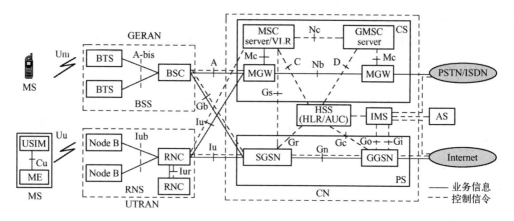

图 7-29　R5 版本网络结构

（4）R6 版本

R6 版本主要致力于高速上行分组数据接入（HSUPA）标准的制定，HSUPA 将上行速率提高到 5.7Mb/s。同时，进一步完善 IMS 接口和功能，增加对 WLAN 的接入支持，并研究 IMS 域基于流的计费和 QoS 控制技术，以及多媒体广播组播（MBMS）等技术。

（5）R7 版本

R7 版本继续对无线接入技术进行增强，称为 HSPA+，引入了多输入多输出（MIMO）和正变频分复用（OFDM）技术，进一步提高下行数据传输速率。HSPA+是 WCDMA 与 LTE 之间的过渡技术，有时称为 3.5G。R7 在核心网方面提出了直接隧道（DT，Direct Tunnel）机制，即用户平面数据不再经由 SGSN 到 GGSN，而是在 RNC 与 GGSN 之间直接通信，从而降低用户数据的传送时延。同时，R7 还对 IMS 进行增强，包括支持 xDSL 和 Cable Modem 等固定宽带接入、紧急呼叫、话音呼叫连续性（VCC，Voice Call Continuity）和策略与计费控制（PCC，Policy and Charging Control）等。

7.6.3　LTE/4G 核心网

为了配合移动通信在无线接入侧的长期演进（LTE）计划，3GPP 在 R8 版本中提出了如图 7-30 所示的演进的分组系统（EPS）架构项目（原称为 SAE 项目）。EPS 包括演进的无线接入网（E-UTRAN）和演进的分组核心网（EPC，Evolved Packet Core），该项目的目标是制定一个面向未来移动通信的，以高数据率、低延迟、数据分组化、支持多种无线接入技术为特征的，具有可移植性的 3GPP 系统框架。

与 3G 无线接入网相比，E-UTRAN 采用更加扁平化的结构，无线接入侧只设置 e-NodeB 负责终端的接入控制，并通过 S1 接口与移动性管理实体/服务网关（MME/S-GW）交互来管理终端的移动性。其中 S1-MME 是 e-NodeB 连接 MME 的控制面接口，S1-U 是 e-NodeB 连接 S-GW 的用户面接口。各 e-NodeB 之间还可通过 X2 接口进行交互，支持用户数据和控制信令在 e-NodeB 之间的直接传输，从而使无线接入系统更加合理和健壮。

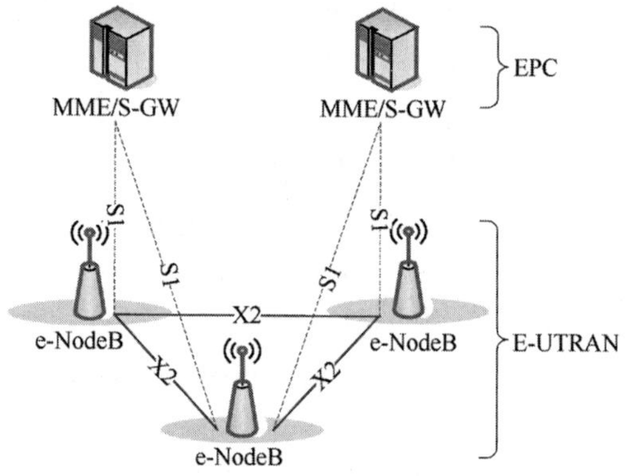

3GPP 在 R8 中制定了第一个可商用的 EPC 版

图 7-30　演进的分组系统结构

本。但由于 R8 定义的特性较多，很难在预定时间内完成所有工作，于是 3GPP 决定按优先级进行处理，将优先级较低的特性放在 R9 中实现。在 R10、R11 和 R12 等后续版本中，3GPP 又陆续对 EPC 的系统架构和功能进行了进一步增强。EPC 是基于 GPRS 演进而来，但又独立于 GPRS 的全新核心网，其主要技术特征如下：

（1）系统架构全 IP 化。EPC 取消了电路域，仅提供分组域。所有业务都通过分组域提供，包括传统的电话业务。EPC 控制面主要基于 GTPv2-C 和 Diameter 协议，用户面主要基于 GTPv1-U 和 SCTP 协议。

（2）网络结构扁平化。基于控制与承载分离的思想，EPC 将控制平面与用户平面的网元实体分离，使得操作维护更为简单、灵活。此外，由于 LTE 无线接入网取消了 RNC，结构变得更加扁平化，这有利于缩短用户数据的传送时延。

（3）增强的 QoS 机制。EPC 能对每段承载网络进行 QoS 控制，从而实现端到端的 QoS。

（4）IP 永久在线。终端开机后，EPC 即可分配 IP 地址，保证用户永久在线。

（5）增强的策略与计费控制（PCC）架构。在 GPRS 中，PCC 的控制能力很弱，且只支持静态策略配置；而在 EPC 中，PCC 加强了对 QoS 策略和计费管理的灵活性，并支持漫游场景。

（6）支持多种接入技术。EPC 所支持的接入技术不仅包括 3GPP 自身定义的 GERAN（GSM EDGE 无线接入网）、UTRAN 和 E-UTRAN，而且还包括非 3GPP 定义的接入技术，如 Wi-Fi、WiMAX 等。此外，EPC 还支持不同接入技术之间的互操作，支持系统间的无缝移动，以及统一计费、策略控制、用户管理和安全机制等。

下面主要介绍支持 3GPP 接入的 EPC 网络架构。

1．EPC 网络架构

EPC 包括漫游和非漫游场景，且在漫游场景下根据运营商对业务提供和业务疏导的方式不同，EPC 网络架构具有多种组网模式。

非漫游场景下 3GPP 无线接入的 EPC 基本架构如图 7-31 所示。由于用户位于归属网络，EPC 结构较为简单，信令和用户数据都通过归属网络传送，所有网元都由归属网络提供。EPC 网元由移动性管理实体（MME）、服务网关（S-GW）、分组数据网关（P-GW，Packet-Gateway）、SGSN、HSS 以及策略与计费规则功能（PCRF，Policy and Charging Rule Function）等组成。

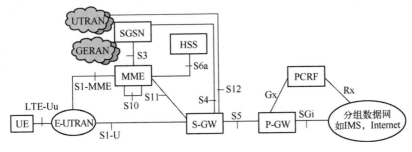

图 7-31　EPS 基本架构

（1）MME

MME 负责处理 UE 和 EPC 之间的信令交互，实现移动性管理。MME 的主要功能包括：UE 的接入控制，MME 通过与 HSS 的交互获取用户的签约信息，对 UE 进行鉴权认证；在 UE 附着、位置更新和切换过程中，MME 需要为 UE 选择 S-GW/P-GW 节点；当 UE 处于空闲状态时，MME 需对 UE 进行位置跟踪，在下行数据到达时进行寻呼；当 UE 发起业务连接时，MME 负责为 UE 建立、维持和删除承载连接；当 UE 发生切换时，MME 执行控制功能。此外，还包括信令加密、完整性保护、安全控制等功能。

（2）S-GW

S-GW 是 UE 附着到 EPC 的"锚点"，主要负责 UE 用户平面的数据传送、转发以及路由切换等。当用户在 eNodeB 之间移动时，S-GW 作为逻辑的移动性锚点，E-UTRAN 内部的移动性管理以及 E-UTRAN 与其他 3GPP 网元之间的移动性管理和数据包路由都需要通过 S-GW 实现。当用户处于空闲时，S-GW 将保留承载信息并临时缓存下行分组数据，以便当 MME 开始寻呼时建立承载。对于每个 UE，同一时刻只存在一个 S-GW。

（3）P-GW

P-GW 提供与外部分组数据网络的连接，是 EPC 和外部分组数据网络间的边界路由器。P-GW 负责执行基于用户的分组过滤、IP 地址分配和用户平面的 QoS 管理、执行计费功能、根据业务请求进行业务限速等。

P-GW 将从 EPC 收到的数据转发到外部 IP 网络，并将从外部 IP 网络收到的数据分组转发至 EPC 的承载上。接入到 EPC 系统的 UE 至少需要连接一个 P-GW，对于支持多连接的 UE，可同时连接多个 P-GW。此外，EPC 中还有 PCRF 和 HSS 等实体。HSS 类似于 GPRS 中的 HLR，用于存储用户签约信息；但与 HLR 采用基于 NO.7 信令的 MAP 协议不同，HSS 采用基于 IP 的 Diameter 协议。PCRF 是策略决策和计费控制的实体，用于策略决策和基于流的计费控制。

（4）SGSN

SGSN 节点用于将传统的 2G/3G 系统接入到 EPC，这里 SGSN 具有 2 种类型：一种是原 GPRS 中支持 Gn/Gp 接口的 SGSN（记作 Gn/Gp-SGSN），另一种是支持通过 S4 接口与 S-GW 连接的 SGSN（记作 S4-SGSN）。在实际应用中，一般不存在纯粹的 S4-SGSN 物理实体，而是综合 S4-SGSN 和 Gn/Gp-SGSN 功能的混合实体。

2．EPC 接口

LTE 定义了一系列接口，包括 S1~S12、X2 等接口，这里主要介绍 S1 接口和 X2 接口。

X2 接口是各 eNodeB 之间相互连接的接口，支持数据和信令的直接传输。X2 接口用户平面提供 eNodeB 之间的用户数据传输功能，其网络层基于 IP 传输，传输层使用 UDP 协议，高层采用 GTP-U 隧道协议。X2 接口控制平面在 IP 层之上采用 SCTP 作为其传输层协议。

S1 接口是 E-UTRAN 与 EPC 之间的接口，其中 S1-MME 是 eNodeB 连接 MME 的控制平面接口，S1-U 是 eNodeB 连接 S-GW 的用户平面接口。

与 GPRS 相比，EPC 中的控制平面与用户（数据）平面是分离的，控制平面通过 S1-MME 接口与 MME 相连，用户数据平面通过 S1-U 直接与 S-GW 相连。MME 所起的作用相当于将 SGSN 中的移动性管理功能实体分离出来单独设置成一个网元。S-GW 相当于从 SGSN 剥离出了移动性管理相关的控制功能，而只用于承载用户数据。P-GW 类似于 GPRS 中的 GGSN，是 EPC 与外部分组数据网的关口设备。此时的 S-GW 和 P-GW 功能可以合设，即位于同一物理设备中。

3．向 EPC 的演进

相比于 3G，4G 核心网 EPC 出现了纯控制平面设备 MME，但 S-GW 和 P-GW 不是纯用户平面设备，如 P-GW 还要完成 IP 地址分配这些控制平面功能，即 4G 核心网还没有真正做到控制平面与用户平面的完全分离。移动核心网向 EPC 的演进可基于 2G/3G 系统升级实现，如 SGSN 升级为 MME，GGSN 升级为 S-GW。但 2G/3G 分组域向 EPC 的演进，需根据 4G 演进策略及业务需求，并结合现网设备的支持程度来选择演进步骤和进程。总体来讲，从 EPC 独立组网到与 2G/3G 分组域融合组网是演进的总原则。4G 可以理解为 LTE+SAE+IMS 架构，其中 LTE 是空口的演进技术，SAE 是与 LTE 平行发展的系统架构演进，IMS 则主要解决话音等多媒体业务的承载和控制问题。EPC 涉及内容较多，如移动性管理、会话管理、系统安全、QoS 与 PCC、节点选择、话音解决方案等，鉴于篇幅，这里不再赘述。

7.7　5G 核心网

为满足多样化应用场景和极致性能需求，5G 需要提供灵活的、按需服务的全新网络架构。为此，3GPP 在标准化工作方面提出了新空口（NR），演进的 LTE 空口，新型核心网（NextGen），演进的 LTE 核心网（EPC）。下面主要介绍 5G 核心网（NextGen）。

7.7.1　5G 核心网架构

5G 核心网架构为用户提供数据连接和数据业务服务，基于 NFV/SDN 等新技术，其控制平面网元之间使用服务化接口进行交互。非漫游情况下的 5G 核心网架构（服务化方式）如图 7-32 所示。

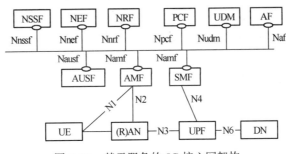

图 7-32　基于服务的 5G 核心网架构

图中涉及的主要网元及其功能如下：

（1）AUSF：认证服务器功能，负责对 3GPP 和非 3GPP 接入的用户进行认证；

（2）AMF：接入和移动性管理功能，负责用户的接入和移动性管理；

（3）SMF：会话管理功能，负责用户 IP 地址分配和会话管理、用户面选择与控制等；

（4）UPF：用户面功能，负责用户面处理，相当于 S-GM/P-GM 中的用户面功能；

（5）NSSF：网络切片选择功能，负责选择用户业务采用的网络切片；

（6）NEF：网络能力开放功能，负责将 5G 网络的能力开放给外部系统；

（7）NRF：网络功能注册功能，负责网络功能的注册、发现和选择；

（8）PCF：策略控制功能，负责用户的策略控制，包括会话策略、移动性策略等；

（9）UDM：统一数据管理功能，负责用户签约和鉴权数据管理，相当于 HSS；

（10）AF：应用功能，与核心网互通，为用户提供业务。

UPF 属于用户平面（相当于 S-GM 和 P-GM 中的路由和转发功能），除了 UPF 之外的 5G 核心网网元都属于控制平面。控制平面网元全部采用服务化架构设计，彼此之间的通信采用服务化接口；用户平面继续采用传统架构和接口。控制平面和用户平面之间的接口（N4）目前还是传统接口，控制平面和无线网以及控制面与终端之间也是传统接口（N2 和 N1）。

与 4G 核心网 EPC 相比，5G 在认证、移动性管理、连接、路由等基本功能方面保持不变，但实现方式更加灵活。主要体现在移动性管理（AMF）和会话管理（SMF）分离，承载与控制分离；基于"微服务"的设计理念，5G 网络采用模块化功能设计模式，其网元功能进行了模块化解耦，并通过功能组件的按需组合，构建满足不同应用场景需求的专用逻辑网络，以便为网络切片和按需编排打下技术基础。从无线网与核心网的关系来看，5G 组网方式主要有 SA（Stand Alone，独立组网）和 NSA（Non-Stand Alone，非独立组网）。这两种方式又有多种具体的组合选择（Option）。对于国内运营商，早期组网选择主要有如图 7-33 所示的两种，即采用 Option2 的 SA 和采用 Option3 的 NSA。基于 Option2 的 5G 无线网（NR）与 5G 核心网（5GC）直接连接；基于 Option3 的 NR 与 4G 核心网（EPC）连接，暂不建设 5G 核心网，终端与 NR 和 4G 无线网（eNB）采用双连接机制。

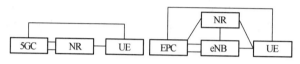

图 7-33　采用 Option2 的 SA 与采用 Option3 的 NSA 比较

采用 Option3 的 NSA 继续采用 EPC 而不是 5GC，是一种过渡方案，立足于尽快部署 5G 无线网络。NSA 方式需要终端支持与 4G 和 5G 无线网络的双连接，这对终端有较高的要求，并且 4G 和 5G 无线网需要同一厂家设备部署。由于没有 5GC，NSA 方式在业务方面只是继承了传统的移动宽带业务。采用 Option2 的 NA 方式采用 5GC，可以利用 5GC 新型的网络和业务能力，如支持网络切片、边缘计算等，是 5GC 发展的目标方案。

7.7.2　5G 核心网关键技术

1. 服务化架构

5G 核心网控制平面借鉴 IT 系统的服务化理念，采用服务化架构（SBA，Service Based Architecture）设计，通过模块化实现网络功能间的解耦和整合，解耦后的网络功能（服务）可以独立扩容、独立演进、按需部署；各种服务采用服务注册、发现机制，实现了网络功能在 5G 核心网中的即插即用、自动化组网；同一服务可以被多种网络功能（NF）调用，提升服务的重用性，简化业务流程设计。其技术特点如下：

（1）服务的提供通过生产者（Producer）与消费者（Consumer）之间的消息交互来实现。交互模式简化为 Request-Response、Subscribe-Notify 两种，从而支持 NF 之间按照服务化接口交互。

在 Request-Response 模式下，服务消费者向服务生产者请求特定的 NF 服务，服务内容可能是进行某种操作或提供信息；服务生产者根据消费者的请求，返回相应的服务结果。

在 Subscribe-Notify 模式下，服务消费者向服务生产者订阅 NF 服务。服务生产者对所有订阅了该服务的 NF 发送通知并返回结果。消费者订阅的信息可以是按时间周期更新或者由特定事件触发的通知（例如请求的信息发生更改、达到了阈值等）。

（2）服务基于自动化的注册和发现机制。NF 通过服务化接口，将自身的能力作为一种服务呈现到网络中，并被其他 NF 复用；NF 通过服务化接口的发现流程，获取拥有所需 NF 服务的其他 NF 实例。这种注册和发现是通过 5G 核心网引入的新型网络功能 NRF 来实现的。NRF 接收其他 NF 发来的注册信息，维护 NF 实例的相关信息和支持的服务信息。NRF 接收其他 NF 发来的 NF 发现请求，返回对应的 NF 示例信息。

（3）采用统一服务化接口协议。5G 标准在设计接口协议时，考虑了适应 IT 化、虚拟化、微服务化的需求，其中定义的接口协议栈从下往上在传输层采用 TCP，在应用层采用 HTTP/2.0，在序列化协议方面采用 JSON，接口描述采用 OpenAPI3.0，API 的设计方式采用面向资源的 Web 服务架构（RESTful）。

2. 新型移动性和会话管理

5G 核心网移动性管理包括在激活状态下维持会话的连续性和在空闲状态下保证用户的可达性。通过对这两种状态下移动性功能的分级和组合，根据终端的移动模型和业务特征，有针对性地为终端提供相应的移动性管理机制。有效支持不同层级的移动性（无移动性、低移动性、低功耗终端、高移动性）是 5G 网络新型移动性管理的主要需求。

在 5G 网络中，低功耗、低移动性的物联网终端不需要永久在线，这要求优化移动性状态和流程，在 RRC 连接和 RRC 空闲状态基础上，引入非激活或节能状态，设计专有机制服务类似海量连接、低功耗等物联网场景。网络还可以按照条件变化动态地调整终端的移动性管理等级。例如对一些垂直行业应用，在特定工作区域内可以为终端提供高移动性等级，以保证业务的连续性和快速寻呼响应；在离开该区域后，网络动态将终端移动性管理等级调到低等级，以提高节能效率。基于终端行为学习的算法，实现动态移动性管理功能。新型会话管理将实现会话管理与移动性管理解耦设计，实现按需会话建立，打破"永久在线"机制。基于 SDN 思想，引入无连接的数据承载方式和无隧道或简化隧道的传送方式。基于新型会话管理功能实现灵活的用户平面选择和重选，是 5G 核心网的技术特点。

3. 移动边缘计算

针对 4G 核心网对边缘计算（Edge Computing）支持能力不足而带来的问题，5G 在架构中考虑了支持边缘计算的需求，在网络层面和能力开放层面都支持边缘计算。按照 ETSI 的定义，移动边缘计算（MEC）就是在移动网络边缘提供 IT 服务环境和云计算能力。MEC 的实现依赖于虚拟化、云技术和 SDN 等关键技术的支持。MEC 的基本特点包括业务本地化、近距离和低时延交付，为业务提供用户位置感知和其他网络能力。在网络层面，5G 核心网支持多种灵活的本地分流机制，支持移动性、计费和 QoS 以及合法监听。在能力开放层面，5G 核心网支持应用路由引导，支持对网络及用户的信息获取和控制。

对于本地分流机制，5G 支持下列 3 种方式：

（1）上行分类器（UL-CL，Uplink Classifier）

UL-CL 机制是基于目的地址进行本地用户面分流的机制，其用户面架构如图 7-34 所示。

根据边缘计算业务需求，当 UE 移动到某个位置时 SMF 插入本地的 UPF 进行分流，UPF 根据 SMF 下发的分流规则过滤上行数据包 IP 地址，将符合规则的数据包分流到本地 DN。UL-CL 机制对移动用户是无感的，且对终端没有特别要求。

（2）IPv6 多宿（IPv6 Multi-homing）

基于源地址进行本地分流的机制，其用户面架构如图 7-35 所示。

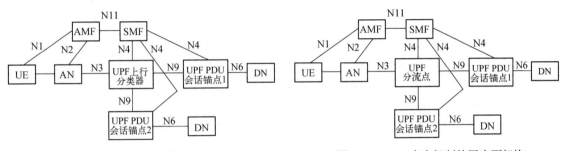

图 7-34　UL-CL 机制的用户面架构　　　　图 7-35　IPv6 多宿机制的用户面架构

利用 IPv6 的多宿特性，将终端 UE 的一个 IPv6 地址用于边缘计算业务。SMF 根据 UE 位置选择本地的共同 UPF 分流点进行分流，不同的 IP 锚点通过 UPF 分流点实现用户面路径的分离。UPF 分流点根据 SMF 下发的分流规则过滤上行数据包源 IP 地址，将符合规则的数据包分流到本地 DN。IPv6 多宿机制下 UE 需要支持 IPv6 多宿地址，一个 PDU 会话分配两个 IPv6 前缀，并且 UE 能感知并控制数据分流。

（3）本地区域数据网（LADN，Local Area Data Network）

LADN 基于特定数据网络名（DNN）进行本地分流。

LADN 机制与前面 2 种方式不同，它需要 UE 建立新的 PDU 会话接入本地 DN，用于边缘计算业务。UE 在 5G 核心网注册成功后，AMF 告知 UE 其 LADN 信息（服务区域、LADN DNN）。UE 移动到 LADN 服务区域内时发起 PDU 会话，SMF 根据 UE 的位置选择本地 UPF，将会话路由到 LADN。UE 离开区域后 SMF 发起会话释放。LADN 机制下 UE 需要支持 LADN，并且能感知并控制数据分流。

5G 核心网为支持边缘计算的分流机制提供了多种灵活的方式，每种方式均有其特点及对网络和终端的能力要求。在提供 5G 边缘计算服务时，需要根据技术成熟度、终端能力、对网络的影响以及运营成本等多方面的综合考虑来选择合适的方案。另外，由于边缘计算需要将 5G 核心网的 UPF 下沉，以满足业务时延、服务覆盖范围等要求，因此在部署边缘计算能力时需要结合网络设施的数据中心改造进程，选择具备能力的数据中心来实现。

4．网络切片

网络切片是指利用虚拟化技术将 5G 网络物理基础设施根据业务场景需求虚拟化为多个相互独立、平行的虚拟网络切片。每个网络切片按照业务场景需要和话务模型进行网络功能的定制剪裁和相应网络资源的编排管理。一个网络切片可以视为一个实例化的 5G 核心网架构，在一个网络切片内，运营商可以进一步对虚拟资源进行灵活的分割，按需创建子网络。网络切片是端到端的逻辑子网，涉及核心网（控制平面和用户平面）、无线网、承载网和传送网，需要多领域的协同配合。**3GPP 对网络切片的定义是：一个网络切片是一个逻辑网络，提供一组特定的网络功能和特性**。在统一的底层物理设施基础上采用可编排、可隔离方式支持多种网络服务是网络切片的关键特征，网络切片降低了运营商支持多个不同业务类型的建网成本。

5G 网络切片管理架构如图 7-36 所示。网络切片管理架构包括通信业务管理、网络切片管理、网络切片子网管理。其中，通信业务管理功能（CSMF）实现业务需求到网络切片需求的映射；网络切片管理功能（NSMF）实现切片的编排管理，并将整个网络切片的 SLA 分解为不同切片子网（如核心网子网、无线网子网和承载网子网）的 SLA；网络切片子网管理功能（NSSMF）实现将 SLA 映射为网络服务实例和配置要求，并将指令下达给 MANO，通过 MANO 进行网络资源编排。MANO 在 NFVI 上完成各个子网切片

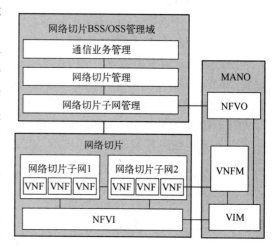

图 7-36 5G 网络切片管理架构

及其对应的计算、网络和存储资源的部署。对于承载网络的资源调度，将通过与承载网管理系统的协同来实现。

用户终端并不感知网络切片的存在，网络切片有下列 3 种典型的部署方式：

（1）多个网络切片在逻辑上完全隔离，只在物理资源上共享，每个切片包含完整的控制面和用

户面功能。终端可以连接多个独立的网络切片，终端在每个核心网切片可能有独立的网络签约。

（2）多个网络切片共享部分控制面功能，考虑到终端实现的复杂度，可对移动性管理等终端粒度的控制面功能进行共享，而业务粒度的控制和转发功能则为各切片的独立功能，实现切片特定的服务。

（3）多个网络切片之间共享所有控制面功能，只有用户面功能是各切片专有的。

7.7.3　5G 核心网演进

5G 核心网的发展可以基于 EPC 演进和全新部署 NGC 两种方式，选择基于 EPC 演进还是直接建设 NGC 取决于下列因素：

（1）3GPP 核心网标准及产品成熟度，无线网络产品成熟度。若无线 NR 先于 NGC 成熟，则考虑基于 EPC 增强进行发展；否则，考虑直接发展 NGC。

（2）NFV/SDN 基础设施成熟度。5G 核心网需要通过 NFV/SDN 实现"自上而下"按需、灵活的网络切片定制。

（3）IMS 话音成熟度。5GC 需要支持 VoLTE 话音业务。

对于已有 4G 网络的运营商，5G 核心网的演进可分阶段实施：

第一阶段主要针对 eMBB 业务升级 EPC 网络，以便与 5G 新无线网络 NR 对接，实现控制与转发分离，并采用虚拟化技术实现 vEPC。

第二阶段在原有的 EPC 增强的基础上实现 P-GW、HSS、PCRF 等平滑升级，支持 NGC；新建 AMF 网元并与 MME 实现对接，实现与 EPC 的融合与无缝切换，支持部分垂直行业业务。

第三阶段扩建 5G 核心网并支持接入所有 4G 和 5G 无线网络，逐步淘汰 EPC 网元，将 vEPC 资源释放，实现 NGC 网元重构，将大部分 eMBB、mMTC 和 uRLLC 等业务迁移到 5G 网络。

随着 5G 标准、技术和产业的不断发展，不确定性因素逐步消除。5G 核心网将充分发挥 5G 网络特性，通过网络切片对外提供服务化网络功能，不断推动网络从集中化向自动化和智能化演进。

本 章 小 结

本章首先介绍了移动通信的基本概念、特点及分类，并对移动通信的发展演变过程进行了概述。然后，以 2G 的 GSM 为参照全面讨论了公用蜂窝系统的网络结构、功能实体、编号与识别、呼叫过程、移动性管理、漫游与切换、网络安全、接口与信令等经典原理与技术。GPRS 在移动互联网的发展过程中起着十分重要的作用，因此本章也对其产生背景、组网结构及工作原理进行了介绍，同时对 GPRS 业务、移动与会话管理及其信令流程进行了描述。此外，对移动软交换的基本概念、组网结构以及软交换技术在新一代移动通信系统中的应用进行了系统阐述。最后，对演进的分组核心网进行了介绍。

与固网相比，移动交换的呼叫处理具有突出的特点。由于用户位置经常变动，系统为了找到用户，对用户数据采用集中管理。移动用户必须将位置变化情况实时地报告给系统，其接入和呼叫通过无线信道完成；但移动用户并不固定占用业务信道和信令信道，而是在通信时由系统按需分配。当移动用户为被叫用户时，始发移动交换机要向被叫归属 HLR 查询该用户当前位置，再由被叫归属 HLR 向被叫用户当前拜访的 VLR 索取本次呼叫的漫游号码，始发移动交换机通过漫游号进行路由和接续。移动交换机在用户进入通信后继续监视信道质量，并按需进行信道切换，以保证通信的连续性。

移动通信网与固定通信网的最大区别在于用户的移动性以及网络控制和资源管理的复杂性，因此，移动通信网必须解决移动性管理、漫游、切换和网络安全与加密等问题。公用移动通信网基于蜂窝理论，以解决频率资源有限和系统容量之间的矛盾。空中接口是用户接入网络的开放接口，是众多移动用户的共享信道。了解移动通信信道类型对理解空中接口资源控制、位置更新、接入、鉴权、漫游切换等控制过程十分重要。

交换的目的是按需实现任意用户间通信链路的建立和管理，合理分配网络资源，并对呼叫进行计费，以实现对网络资源的有效利用。因此寻址和选路是移动交换网实现呼叫和接续控制的基础。GSM 的编号计划涉及诸多号码和标识，以使移动网顺利地完成呼叫接续、移动性管理等相关控制。本章以基本呼叫过程为主线，介绍移动呼叫处理、漫游、切换和网络安全等的基本原理，并对 GSM/GPRS 系统的实现技术进行了阐述，以使读者系统地理解移动交换的本质所在。2G 系统空中接口继承了 ISDN 用户/网络接口的概念，在控制平面包括物理层、数据链路层和信令层三层协议结构；在网络内部采用 NO.7 信令传递呼叫和移动性管理等控制信息，并实现与其他网络的互连互通。对接口和信令协议的理解是掌握移动交换技术的关键。

发展第 3 代移动通信（3G）的目的是为了提供移动多媒体业务，同时扩展频率资源，提高频谱利用率和扩大容量，并提供全球漫游。3G 强调从 2G 的平滑演进，先在 2G 已有的基础设施上过渡到 2.5G（如 GPRS、CDMA2000 1X 等），然后发展 3G 乃至 4G 系统。从技术发展、业务互通、运营和建网成本等方面综合考虑，未来的移动通信网将是宽带的、支持多媒体业务的基于全 IP 的网络。

移动软交换的核心是控制与承载的分离。在移动软交换系统中，传统的 MSC 被分割成 MSC 服务器（MSC Server）和媒体网关（MGW），将所有的控制功能集中在 MSC Server 中，并通过标准化的媒体网关控制协议实现对媒体网关的控制和管理；而将所有的交换功能分散在各 MGW 中实现。MSC Server 完成呼叫控制、业务提供、资源管理、协议处理、路由、鉴权、计费和操作维护等功能，并基于标准化的业务接口，向用户提供移动话音、数据及多样化的第三方业务。

在由 3G 向 4G 的演进过程中，3GPP 提出的 LTE/SAE 得到了业界的广泛认同。LTE 和 SAE 分别侧重于无线接入技术和网络架构。LTE 与 E-UTRAN 存在一定的映射关系；而演进的分组系统（EPS）是 SAE 的主要内容，它基于全 IP 承载、扁平化网络结构和控制与承载分离的技术，可进一步提高系统容量和性能，降低系统建设成本，同时支持端到端服务质量保证，支持多种接入环境，并能实现各接入系统之间的无缝切换和互连互通。与 3G、4G 系统相比，5G 需要满足多样化的场景和极致的性能挑战。5G 核心网采用原生态适配云平台的设计思路、基于服务的架构和功能设计，提供更泛在的接入，更灵活的控制和转发，更友好的能力开放。

习题与思考题

7.1　简要说明数字蜂窝移动通信系统的基本组成及各部分的作用。

7.2　在 GSM 系统中，移动台是以什么号码发起呼叫的？

7.3　简要说明 GSM 系统中移动台呼叫移动台的一般呼叫过程。

7.4　假设 A、B 都是 MSC，其中与 A 相连的基站有 A1、A2，与 B 相连的基站有 B1、B2，那么把 A1 和 B1 组合在一个位置区内，把 A2 和 B2 组合在一个位置区内，是否合理？为什么？

7.5　详细说明 VLR、HLR 中存储的信息有哪些。为什么有了 HLR 还要设置 VLR?

7.6　GPRS 系统中的两个节点 SGSN 和 GGSN 的功能分别是什么?

7.7　分别说明移动性管理上下文和 PDP 上下文的含义是什么。

7.8　简要说明 2G 系统如何向 3G 系统和全 IP 的移动通信网演进。

7.9　根据统计,某网络的话务统计数据为:MS→PSTN 呼叫占 45%,呼叫成功率为 65%;PSTN→MS 呼叫占 25%,呼叫成功率为 70%;MS→MS 呼叫占 30%,呼叫成功率为 80%。在移动台中,车载台占 6%,每天成功呼叫次数为 14;手持机占 88%,每天成功呼叫次数为 7;固定台占 6%,每天成功呼叫次数为 18。请据此算出:

（1）平均每用户忙时成功呼叫次数（k=0.15）;

（2）平均每用户忙时呼叫次数;

（3）某移动交换机,其 BHCA 值为 $1×10^4$,估算出它可接入的移动用户总数。

7.10　说明呼叫建立阶段移动交换机获得路由信息的信令过程。

7.11　说明不同移动交换机之间切换的信令过程。

7.12　说明移动台发送短消息和接收短消息的信令过程。

7.13　传统移动交换与软交换有何区别?

7.14　移动软交换在 3G 中是怎样发展的? R99、R4 和 R5 各有何特点?

7.15　LTE、4G 核心网的功能实体有哪些? 各自完成什么功能?

7.16　LTE、4G 核心网 EPC 与 GPRS 相比,具有怎样的技术特征?

7.17　3GPP 在 5G 网络标准 R15 中提出的三大应用场景是什么?

7.18　试说明 5G 核心网与 4G 核心网的区别,5G 核心网采用了哪些关键技术?

第8章 光 交 换

8.1 概　　述

21 世纪的通信网应该是能提供各种通信业务、具有巨大通信能力的宽带综合业务网。网络业务将以宽带高清视频、VR/AR、高清话音和高速数据等业务为主。为提供这些业务，需要高速、宽带、大容量的传输系统和宽带交换系统。

目前，以电子技术为基础的骨干网络交换设备，由于受到电子器件工艺、功耗和串扰等的影响，工作速率受限，其扩展性也难以适应网络发展。在这种情况下，人们对光交换的关心日益增长，因为光技术在交换高速宽带信号上具有独特优势，研究和开发具有高速宽带大容量交换潜力的光交换技术势在必行。光交换被认为是未来宽带通信网的新一代交换技术，其优点主要体现在以下几方面。

（1）光信号具有极大的带宽。光载波的频率在 10^{14}Hz 以上，结合光波分复用技术，光信道的带宽潜力巨大。光交换器件只对波长敏感，一个光开关就可能有数百 Gb/s 的业务吞吐量，可以满足大容量交换节点的需要。

（2）光交换对比特速率和调制方式透明，即相同的光器件能应用于比特速率和调制方式不同的系统，便于扩展新业务。

（3）具有空间并行传输信息的特性。光交换不受电磁波影响，可在空间进行并行信号处理和单元连接，可做二维或三维连接而互不干扰，是增加交换容量的新途径。

（4）光器件体积小，便于集成。光器件与电子器件相比，体积更小，集成度更高，并可提高整体处理能力。

（5）光交换与光传输匹配可进一步实现全光通信网。从通信发展演变的历史可以看出交换遵循传输方式的发展规律：模拟传输导致机电交换，而数字传输将引入数字交换。那么，传输系统普遍采用光纤后，很自然地导致光交换，通信全过程由光完成，从而构成完全光化的通信网，有利于高速、大容量的信息通信。

（6）降低网络成本，提高可靠性。光交换无须进行光电转换，以光形式直接实现用户间的信息交换，这对提高通信质量和可靠性，降低网络成本大有好处。

光交换是指不经过任何光电转换，在光域直接将输入光信号交换到不同的输出端。由于目前光逻辑器件的功能还较简单，不能完成控制部分复杂的逻辑处理，因此现有的光交换控制单元还要由电信号来完成，即所谓的电控光交换。在控制单元输入端进行光电转换，而在输出端完成电光转换。随着光器件技术的发展，光交换的最终发展趋势将是光控光交换。

本章首先介绍几种光交换器件，然后介绍各种光交换网络结构和系统，以及智能光网络和全光交换技术的发展。

8.2　光交换器件

1. 光开关

光开关主要用于控制光路的通断与切换。光开关大致可分为半导体光开关、采用铌酸锂

（LiNbO₃）的耦合波导光开关、M-Z 干涉型电光开关、液晶光开关、微机电系统（MEMS）开关等。

光开关在光通信中的作用有三种：一是将某一光纤通道中的光信号切断或开通，二是将某波长光信号由一个光纤通道转换到另一个光纤通道中去，三是在同一光纤通道中将一种波长的光信号转换为另一种波长的光信号（波长转换器）。

光开关的特性参数主要有插入损耗、回波损耗、隔离度、串扰、工作波长、消光比、开关时间等。其中有些参数与其他器件的定义相同，有的则是光开关特有的。

（1）半导体光开关

半导体光开关是由半导体光放大器转换而来的。通常，半导体光放大器用来对输入的光信号进行放大，并且通过控制放大器的偏置信号来控制其放大倍数。当偏置信号为零时，输入的光信号将被器件完全吸收，使得器件没有任何光信号输出。器件的这个作用相当于一个开关把光信号给"关断"了。当偏置信号不为零且具有某个定值时，输入的光信号便会被适量放大并出现在输出端，这相当于开关闭合让光信号"导通"。如图 8-1 所示，半导体光放大器可用做光开关，通过控制电流来控制光信号的输出选向。

图 8-1　半导体光放大器及其等效光开关

（2）耦合波导光开关

耦合波导光开关属于电光开关，其原理一般是利用铁电体、化合物半导体、有机聚合物等材料的电光效应或电吸收效应，以及硅材料的等离子体色散效应，在电场的作用下改变材料的折射率和光的相位，再利用光的干涉或偏振等方法使光强突变或使光路转变。

这种开关是通过在电光材料（如铌酸锂，LiNbO₃）的衬底上制作一对条形波导及一对电极构成的，如图 8-2 所示（a）。当不加电压时，此开关即为一个具有两条波导和四个端口的定向耦合器。一般称①—③和②—④为直通臂，①—④和②—③为交叉臂。

铌酸锂是一种很好的电光材料，它具有折射率随外界电场变化而改变的光学特性。在铌酸锂基片上进行钛扩散，以形成折射率逐渐增加的光波导，即光通道，再焊上电极，它便可以作为光交换元件了。当两个很接近的波导进行适当的耦合时，通过这两个波导的光束将发生能量交换，并且其能量交换的强度随着耦合系数、平行波导的长度和两波导之间的相位差而变化。只要所选的参数得当，那么光束将会在两个波导上完全交错。另外，若在电极上施加一定的电压，将会改变波导的折射率和相位差。由此可见，通过控制电极上的电压，将会获得如图 8-2（b）中所示的平行和交叉两种交换状态。

（3）M-Z 干涉型电光开关

马赫-曾德尔（Mach-Zehnder）干涉型电光开关是一种广泛应用的光开关。它由两个 3dB 定向耦合器 DC₁、DC₂ 和两个长度相等的波导臂 L₁、L₂ 组成，如图 8-3 所示。

由端口①输入的光，被第一个定向耦合器按 1:1 的光强比例分成两束，通过干涉仪两臂进行相位调制。在两光波导臂的电极上分别加上偏置电压 V 和$-V$。

该器件的交换原理是基于硅介质波导内的热电效应。平时偏置电压为零时，器件处于交叉连接状态。当加上偏置电压时，由于每个波导臂上带有铬薄膜加热器，使得波导臂被加热，这时器件切换到平行连接状态。M-Z 干涉型电光开关的优点是插入损耗小（0.5dB）、稳定性好、可靠性高、成本低，适合于大规模集成；缺点是响应速度较慢，为1~2ms。

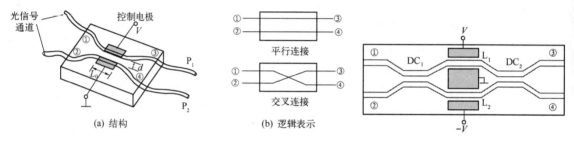

图 8-2　耦合波导光开关　　　　　图 8-3　M-Z 干涉型电光开关

（4）液晶光开关

液晶光开关的原理是利用液晶材料的电光效应，即用外电场控制液晶分子的取向而实现开关功能。偏振光经过未加电压的液晶后，其偏振态将发生 90° 改变；而经过施加了一定电压的液晶时，其偏振态将保持不变。

液晶光开关工作原理如图 8-4 所示。在液晶盒内装着相列液晶，通光的两端安置两块透明的电极。当未施加电场时，液晶分子沿电极平板方向排列，与液晶盒外的两块正交的偏振片 P 和 A 的偏振方向成 45°，P 为起偏器，A 为检偏器。这样液晶具有旋光性，入射光通过起偏器 P 先变为线偏光，经过液晶后，分解成偏振方向相互垂直的左旋光和右旋光，两者的折射率不同（速度不同），有一定相位差，在盒内传播盒长距离 L 之后，引起光的偏振面发生 90° 旋转，因此不受检偏器 A 阻挡，器件为开启态。当施加电场 E 时，液晶分子平行于电场方向，因此液晶不影响光的偏振特性，此时光的透射率接近于零，处于关闭态。撤去电场后，由于液晶分子的弹性和表面作用，器件又恢复至原开启态。

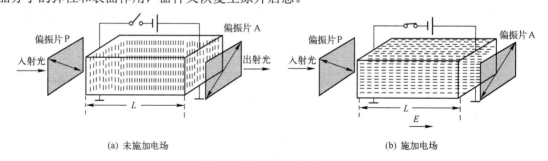

(a) 未施加电场　　　　　　　　　　　(b) 施加电场

图 8-4　液晶光开关工作原理

（5）微机电系统（MEMS）开关

这是靠微型电磁铁或压电器件驱动光纤或反射光的光学元件发生机械移动，使光信号改变光纤通道的光开关。其原理如图 8-5 和图 8-6 所示。

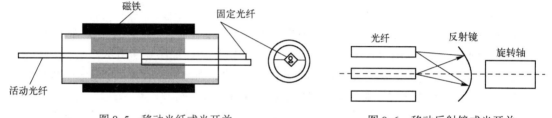

图 8-5　移动光纤式光开关　　　　　图 8-6　移动反射镜式光开关

以上两种器件体积较大，很难实现，且难以组成集成化的开关网络。后来发展了一种由大量可移动的微型镜片构成的开关阵列，即微机电系统（MEMS）光开关。例如，采用硅在绝缘层上的硅片生长一层多晶硅，再镀金制成反射镜，然后通过化学刻蚀或反应离子刻蚀方法除去中间的氧化层，保留反射镜的转动支架，通过静电力使微镜发生转动。图 8-7 所示为一个 MEMS 实例，它采用 16 个可以转动的微型反射镜光开关，实现两组光纤束间的 4×4 光互连。

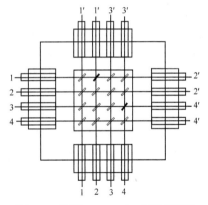

图 8-7　两组 4×4 MEMS 开关阵列

归纳起来，按照光束在开关中传输的媒质来分类，光开关可分为自由空间型和波导型光开关。自由空间型光开关主要利用各种透射镜、反射镜和折射镜的移动或旋转来实现开关动作。波导型光开关主要利用波导的热光、电光或磁光效应来改变波导性质，从而实现开关动作。按照开关实现技术的物理机理来分，可以分为机械开关、热光开关和电光开关。机械开关在插损、隔离度、消光比和偏振敏感性方面都有很好的性能；但它的开关尺寸比较大，开关动作时间比较长，不易集成。波导开关的开关速度快，体积小，而且易于集成；但其插损、隔离度、消光比、偏振敏感性等指标都较差。因此，如何在未来光网络中结合机械开关和波导开关两者的优点，以适应现代网络的要求，一直是研究的热点之一。

2. 波长转换器

波长转换器是一种能把带有信号的光波从一个波长输入转换为另一个波长输出的器件。当相同波长的两个通道选择同一输出端口时，由于可能的波长争用，将会出现阻塞。克服这一限制的解决方法是将光通道转移至其他波长，随着对复杂光网络的多重光通道管理需求的增加，人们对波长转换的兴趣也不断增长。波长转换器是解决相同波长争用同一个端口时的信息阻塞的关键。理想的光波长转换器应具有较高的速率、较宽的波长转换范围、高的信噪比、高的消光比，且与偏振无关。

最直接的波长转换是光-电-光直接转换，即将波长为 λ_1 的输入光信号，先由光电探测器转变为电信号，然后去驱动一个波长为 λ_2 的激光器，使得出射光信号的输出波长为 λ_2，如图 8-8（a）所示。直接转换利用了激光器的注入电流直接随承载信息的信号而变化的特性。少量电流的变化（约为 1nm/mA，每毫安 1nm）就可以调制激光器的光频（波长）。

另外一种波长转换是调制间接转换，即在外调制器的控制端上施加适当的直流偏置电压，使得波长为 λ_1 的入射光被调制成波长为 λ_2 的出射光，如图 8-8（b）所示。调制间接转换利用了某些材料（如半导体、绝缘晶体和有机聚合物）的电光效应。最常用的是使用钛扩散铌酸锂（$LiNbO_3$）波导构成的 M-Z 干涉型外调制器。在半导体中，相位滞后的变化受到随注入电流而变化的折射率的影响。在晶体和各向异性的聚合物中，利用电光效应，即电光材料的折射率随施加的外电压而变化，从而实现对激光的调制。

(a) 光-电-光直接转换　　　　　　　　　　(b) 调制间接转换

图 8-8　光波长转换器结构示意

3. 光存储器

在电交换中，存储器是常用的存储电信号的器件。在光交换中，同样需要存储器实现对光信号的存储。常用的光存储器有光纤时延线光存储器和双稳态激光二极管光存储器。

（1）光纤时延线光存储器

光纤时延线作为光存储器使用的原理较为简单。它利用了光信号在光纤中传播时存在时延，这样，在长度不相同的光纤中传播可得到时域上不同的信号，这就使光信号在光纤中得到了存储。N 路信号形成的光时分复用信号被送入到 N 条光纤时延线，这些光纤的长度依次相差 Δl，这个长度正好是系统时钟周期内光信号在光纤中传输的时间。N 路时分复用的信号，要有 N 条时延线，这样，在任何时间诸光纤的输出端均包括一帧内所有 N 路信号，即间接地把信号存储了一帧时间，这对光交换应用已足够了。

光纤时延线光存储法较简单，成本低，具有无源器件的所有特性，对速率几乎无限制，而且具有连续存储的特性，不受各比特之间的界限影响，在现代分组交换系统中应用较广。

时延线存储的缺点是，长度固定，时延不可变，故其灵活性和适应性受到了限制。

（2）双稳态激光二极管光存储器

其原理是利用双稳态激光二极管对输入光信号的响应和保持特性来存储光信号。

双稳态半导体激光器具有类似电子存储器的功能，即它可以存储数字光信号。光信号输入到双稳态激光器中，当光强超过阈值时，由于激光器事先有适当偏置，可产生受激辐射，对输入光进行放大。其响应时间小于 10^{-9}s，以后即使去掉输入光，其发光状态也可以保持，直到有复位信号（可以是电脉冲复位或光脉冲复位）到来，才停止发光。由于上述两种状态（受激辐射状态和复位状态）都可保持，所以它具有双稳特性。

当采用双稳态激光二极管作为光存储器件时，由于其光增益很高，可大大提高系统的信噪比，并可进行脉冲整形。但由于存在剩余载流子影响，其反应时间较长，使速率受到一定限制。

4．光调制器

在光纤通信中，通信信息由 LED 或 LD 发出的光波所携带，光波就是载波，把信息加载到光波上的过程就是调制。光调制器是实现从电信号到光信号转换的器件。

与电调制一样，光调制器的调制方式有模拟调制和数字调制两大类。数字调制是光纤通信的主要调制方式，其优点是抗干扰能力强，中继时噪声及色散的影响不累积，因此可实现长距离传输；其缺点是需要较宽的频带，设备也复杂。

按调制方式与光源的关系来分，有直接调制和外调制两种。直接调制指直接用电调制信号来控制半导体光源的振荡参数（光强、频率等），得到光频的调幅波或调频波，这种调制又称内调制。外调制是让光源输出的幅度与频率等恒定的光载波通过光调制器，光信号通过调制器实现对光载波的幅度、频率及相位等的调制。光源直接调制的优点是简单，但调制速率受到载流子寿命及高速率下的性能退化的限制（如频率啁啾等）。外调制方式需要调制器，结构复杂；但可获得优良的调制性能，尤其适合高速率下的运用。常用光调制器主要包括：

（1）铌酸锂（LiNbO$_3$）电光调制器

电光调制的机理基于线性电光效应，即光波导的折射率正比于外加电场变化的效应。利用电光效应的相位调制，光波导折射率的线性变化，使通过该波导的光波有了相位移动，从而实现相位调制。单纯的相位调制不能调制光的强度，而由包含两个相位调制器和两个 Y 分支波导构成的马赫-曾德尔干涉仪型调制器能调制光的强度。高速电光调制器有很多用途，如高速相位调制器可用于相干光纤通信系统，在密集波分复用光纤系统中用于产生多光频的梳形发生器，也能用做激光束的电光移频器。

（2）马赫-曾德尔型光调制器

该光调制器具有良好的特性，可用于光纤有线电视（CATV）系统，无线通信系统中基站与中继站之间的光链路，以及其他的光纤模拟系统；还可在光时分复用（OTDM）系统中用于产生高重复频率、极窄的光脉冲或光孤子，在先进雷达的欺骗系统中用做光子宽带微波移相器和移频器，在微波相控阵雷达中用做光子时间时延器，用于高速光波元件分析仪，测量微弱的微波电场等。

（3）电吸收半导体光调制器

电吸收半导体光调制器的机理是：利用量子阱中激子吸收的量子限制效应，当调制器无偏压时，调制器中的光波处于通状态；随着调制器上偏压的增加，原波长处吸收系数变大，调制器中的光波处于断状态。调制器的通断状态即为光强度调制。电吸收半导体光调制器的最大特点在于其调制速率可以达到 100Gb/s 以上，而且其消光比的值非常大。

8.3 光交换网络

前面介绍的光交换器件是构成光交换网络的基础，随着技术的进步，光交换器件也在不断地发展。在全光网络的发展过程中，光交换网络的组织结构也随着光交换器件的发展而不断变化。本节介绍几种典型的光交换网络。

1. 空分光交换网络

与空分电交换一样，空分光交换是几种光交换方式中最简单的一种。它通过机械、电或光三种方式对光开关及相应的光开关阵列/矩阵进行控制，为光交换提供物理通道，使输入端的任一信道与输出端的任一信道相连。空分光交换网络的最基本单元是 2×2 的光交换模块，如图 8-9 所示，其输入端有两根光纤，输出端也有两根光纤。它有两种工作状态：平行状态和交叉状态。

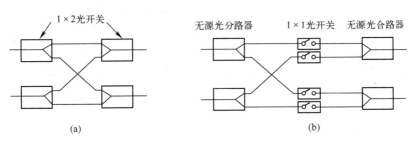

图 8-9 基本的 2×2 空分光交换模块

可以采用以下几种方式来组成空分交换模块：

（1）铌酸锂（LiNbO₃）晶体定向耦合器，其结构和工作原理已在 8.2 节中介绍过。

（2）用 4 个 1×2 光开关（又可称为 Y 分叉器）组成 2×2 的光交换模块。1×2 光开关（Y 分叉器）可由铌酸锂耦合波导光开关来实现，只需少用一个输入端或输出端即可，如图 8-9（a）所示。

（3）用 4 个 1×1 光开关器件和 4 个无源光分路/合路器组成 2×2 的光交换模块，如图 8-9（b）所示。1×1 光开关器件可以是半导体光开关或光门电路等。无源光分路/合路器可采用 T 形无源光耦合器，光分路器能把一个光输入分配给多个光输出，光合路器能把多个光输入合并到一个光输出。T 形无源光耦合器不影响光信号的波长，只是附加了损耗。在此方案中，T 形无源光耦合器不具备选路功能，选路功能由 1×1 光开关器件实现。另外，由于光分路器的两个输出具有同样的光信号输出，因此它具有同播功能。

通过对上面的基本交换模块进行扩展、多级复接，可以构成更大规模的光空分交换网络。

空分光交换的优点是各信道中传输的光信号相互独立，且与交换网络的开关速率无严格的对应关系，并可在空间进行高密度的并行处理，因此能较方便地构建容量大而体积小的交换网络。空分光交换网络的主要指标是网络规模和阻塞性能。其交换系统对阻塞要求越高，对组网器件的单片集成度就越高；而参与组网的单片器件数量越多，互连就越复杂，损耗也就越高。

2. 时分光交换网络

在电时分交换方式中，普遍采用电存储器作为交换器件，通过顺序写入、控制读出，或者控制写入、顺序读出的读写操作，把时分复用信号从一个时隙交换到另一个时隙。对于光时分交换，则是按时间顺序安排的各路光信号进入时分交换网络后，在时间上进行存储或延迟，对时序有选择地进行重新安排后输出，即基于光时分复用中的时隙交换。

光时分复用与电时分复用类似，也是把一条复用信道分成若干个时隙，每个数据光脉冲流分配占用一个时隙，N 路数据信道复用成高速光数据流进行传输。

时隙交换离不开存储器。由于光存储器及光计算机还没有达到实用阶段，所以一般采用光时延器件实现光存储。采用光时延器件实现时分光交换的原理是：先把时分复用光信号通过光分路器分成多个单路光信号，然后让这些信号分别经过不同的光时延器件，获得不同的时延，再把这些信号通过光合路器重新复用起来。上述光分路器、光合路器和光时延器件的工作都是在（电）计算机的控制下进行的，可以按照交换的要求完成各路时隙的交换功能，也就是光时隙互换。由时分光交换网络组成的光交换系统如图 8-10 所示。

时分光交换的优点是能与现在广泛使用的时分通信体制相匹配。但它必须知道各路信号的比特率，即不透明。另外，需要产生超短光脉冲的光源、光比特同步器、光时延器件、光时分合路/分路器、高速光开关等，技术难度较空分光交换大得多。

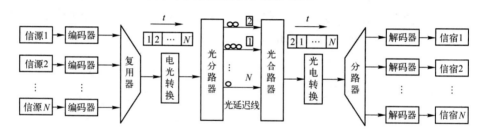

图 8-10　时分光交换系统

3. 波分光交换网络

波分光交换是根据光信号的波长进行通路选择的交换方式。如图 8-11 所示，波分光交换的基本原理是通过改变输入光信号的波长，把某个波长的光信号转换成另一个波长的光信号输出。波分光交换模块由波长复用/去复用器、波长选择开关和波长转换器（波长开关）组成。

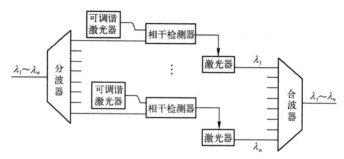

图 8-11　波分光交换原理

波分光交换的基本操作，是从波分复用信号中检出某一波长的信号，并把它调制到另一个波长上去。信号检出由相干检测器完成，信号调制则由不同的激光器来完成。为了使得采用由波长交换构成的交换系统能够根据具体要求，在不同的时刻实现不同的连接，各个相干检测器的检测波长可以由外加控制信号来改变。

图 8-12 示出一个 $N \times N$ 阵列波长选择型波分光交换网络结构。输入端的 N 路电信号分别去调制 N 个可变波长激光器，产生 N 个波长的光信号，经星形耦合器耦合后形成一个波分复用信号，并输出到 N 个输出端上，每个输出端可以利用光滤波器或相干光检测器检出所需波长的信号。

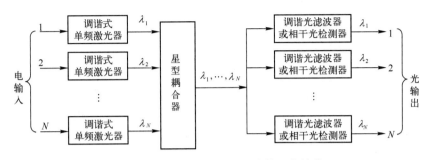

图 8-12　波长选择型波分光交换网络结构

在该方案中，输入端和输出端之间的选择（交换），既可以在输入端通过改变激光器波长来实现，也可以在输出端通过改变光滤波器的调谐电流或相干检测本振激光器的振荡波长来实现。

与光时分交换相比，光波分交换的优点是各个波长信道的比特率相互独立，各种速率的信号都能透明地进行交换，不需要特别高速的交换控制电路，可采用一般的低速电子电路作为控制器。另外，它能与波分复用（WDM）传输系统相配合。

4. 混合型光交换网络

将上述几种光交换方式结合起来，可以组成混合型光交换网络。例如，波分与空分光交换相结合组成波分－空分－波分混合型光交换网络，其结构如图 8-13 所示。

在图 8-13 中，先将输入波分复用光信号进行解复用，得到 M 个波长分别为 $\lambda_1, \lambda_2, \cdots, \lambda_M$ 的光信号；然后对每一个波长的信号分别应用空分光开关组成的空分光交换模块；完成空间交换后，再把不同波长的光信号波分复用起来，完成波分和空分混合光交换功能。

利用混合型光交换方式，大大扩大了光交换网络的容量，而且具有链路级数和交换元件较少，网络结构简单等优点。混合型光交换网络的总容量是空分光交换网络容量与波分多路复用度的乘积（共 $N \times M$ 个信道）。此外，将时分与波分光交换结合起来，可以得到另一种混合型光交换网络——时分－波分光交换网络，其复用度是时分多路复用与波分多路复用度的乘积。

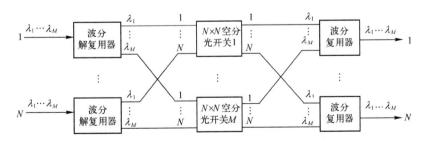

图 8-13　波分-空分-波分混合型光交换网络结构

5. 自由空间光交换网络

在前面讨论的空分光交换网络中，光学通道是由光波导组成的，其带宽受材料特性的限制，远未达到光在高密度、并行传输时应该达到的程度。另外，由平面波导开关所构成的光交换网络，一般没有逻辑处理功能，不能做到自寻路由。为此，采用一种在空间无干涉地控制光路径的光交换方式，称之为自由空间光交换。

自由空间光交换通过简单的移动棱镜或透镜来控制光束，进而完成交换功能。在进行自由空间光交换时，光通过自由空间或均匀的材料（如玻璃等）进行传输；而在进行光空分波导交换时，光由波导所引导并受其材料特性的限制，不能发挥光的高密度和并行性的潜力。自由空间光交换可采用多达三维高密度组合的光束互连，从而构成大规模的光交换网络。

自由空间光交换网络可以由多个 2×2 光交换器件组成。除了前面介绍过的耦合光波导元件具有交叉连接和平行连接两种状态，可以构成 2×2 光交叉连接元件外，极化控制的两块双折射片也具有该特性。由两块双折射片构成的空间光交叉连接元件如图 8-14 所示。前一块双折射片对两束正交极化的输入光束进行复用，后一块双折射片对其进行解复用。输入光束偏振方向由极化控制器控制，可以旋转 0° 或 90°。旋转 0° 时，输入光束的极化状态不会变化，而旋转 90° 时，输入光束的极化状态发生变化，从而实现 2×2 的光束交换。当需要构建较大规模的交换网络时，可以按照 Banyuan 网络的组网规则把多个 2×2 交换元件互连起来实现。

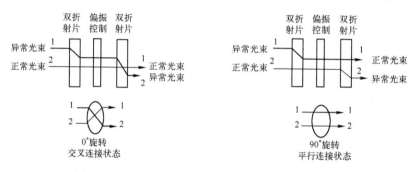

图 8-14　由两块双折射片构成的空间光交叉连接元件

自由空间光交换网络也可以由光逻辑开关器件组成。自电光效应器件（S-SEED）就具有这种功能。其结构及其特性曲线如图 8-15 所示。自电光效应器件实际上是一个 i 区多量子阱结构的 PIN 光电二极管，在对它供电时，其出射光强并不完全正比于入射光强。当入射光强（偏置光强+信号光强）大到一定程度时，该器件变成一个光能吸收器，使出射光信号减小。利用这一性质，可以制成多种逻辑器件，如逻辑门。当偏置光强和信号光强足够大时，其总能量足以超过器件的非线性阈值电平，使器件的状态发生改变，输出光强从高电平"1"下降到低电平"0"。借助减少或增加偏置光束和信号光束的能量，即可构成一个光逻辑门。

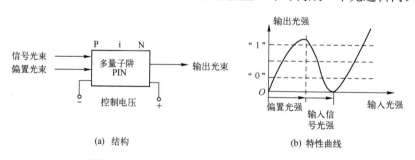

图 8-15　自电光效应器件的结构及其特性曲线

自由空间光交换的优点是光互连不需要物理接触，且串扰和损耗小。缺点是对光束的校准和准直精度有很高的要求。

利用微机电系统（MEMS）光开关，同样可以组成自由空间光交换网络。其工作原理是：

在入口光纤和出口光纤之间使用微镜阵列，阵列中的镜元通过在光纤之间任意变换角度来改变光束方向，达到实时对光信号进行重新选路的目的。这种网络同样具有容量大、串扰和损耗小、速度较快等特点。

8.4 光交换系统

和电交换技术类似，光交换技术按交换方式可分为光路光交换和分组光交换两大类型，如图 8-16 所示。

不同的光交换技术可以支持不同粒度的交换，其中波导空分、自由空间和波分光交换类似于现有的电路交换，即光路交换（OCS，Optical Circuit Switch），是粗粒度的光交换。时分和分组光交换属于信道分割粒度较细的交换。

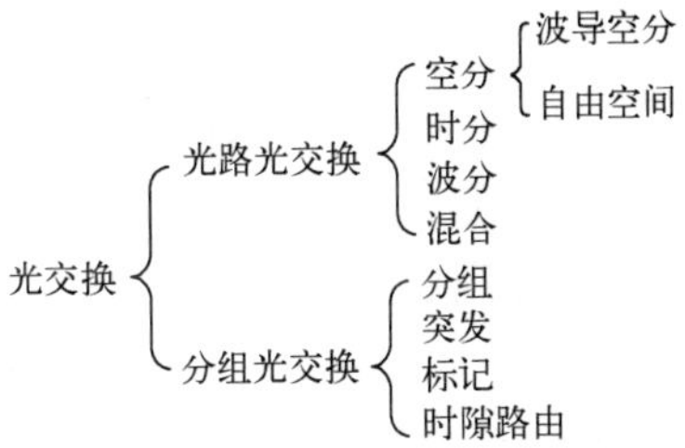

```
                    ┌ 空分 ┌ 波导空分
          ┌ 光路光交换 ┤ 时分 └ 自由空间
          │          │ 波分
          │          └ 混合
  光交换 ┤          ┌ 分组
          │          │ 突发
          └ 分组光交换 ┤ 标记
                     └ 时隙路由
```

图 8-16　光交换技术分类

1. 光路交换

光路交换（OCS）主要完成光节点处光纤端口之间的光信号交换与选路，实质上是对光波长进行处理（波长交换/波长路由）。全光网络的几大优点（如带宽优势、透明传送、降低接口成本等）都是通过该技术体现的。与传统电路交换不同，在光路交换中，存在"波长连续性"和"同纤必须不同波长"（即在同一根光纤中的光路必须采用不同波长）等限制因素。因此在波长选路的光网络中，必须使用波长选路算法和波长分配技术，即路由和波长分配（RWA）技术，这样才能优化网络性能。

从功能上划分，光路交换、光交叉连接（OXC，Optical Cross Connects）、光分叉复用器（OADM，Optical Add-Drop Multiplexer）是顺序包容的，即 OADM 是 OXC 的特例，而 OXC 是光路交换的特例。

（1）光分插复用器

在光传送网中，光分插复用器（OADM）和光交叉连接（OXC）属于光纤和波长级粗粒度带宽处理的光节点设备，通常由波分复用/解复用器、光交换矩阵（由光开关和控制部分组成）、波长转换器和节点管理系统组成，主要完成光路上下、光层带宽管理、光网络保护、恢复和动态重构等功能。

OADM 的功能是在光域内从传输设备中有选择地上下波长或直通传输信号，实现传统SDH 设备中电的分插复用功能。它能从多波长通道中分出或插入一个或多个波长，有固定型和可重构型两种类型。固定型只能上下一个或多个固定的波长，节点的路由是确定的，缺乏灵活性；但性能可靠，时延小。可重构型能动态交换OADM 节点上下通道的波长，可实现光网络的动态重构，使网络的波长资源得到合理的分配；但其结构复杂。图 8-17 所示为一种基于波分复用/解复用和光开关的 OADM 结构示意图。

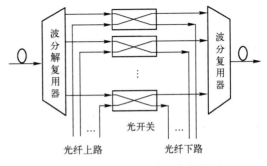

图 8-17　基于波分复用/解复用和光开关的 OADM 结构示意图

（2）光交叉连接（OXC）

OXC 的功能与 SDH 中的数字交叉连接设备（SDXC）类似，它主要是在光纤和波长两个层次上提供带宽管理，如动态重构光网络，提供光信道的交叉连接，以及本地上下业务，动态调整各个光纤中的流量分布，提高光纤的利用率。此外，OXC 还在光层提供网络保护和恢复等功能，如出现光纤断裂时可通过光开关将光信号倒换至备用光纤上，实现光复用段 1+1 保护。通过重选波长路由实现更复杂的网络恢复，处理包括节点故障在内的更广泛的网络故障。

OXC 有以下三种实现方式。

- 光纤交叉连接：以一根光纤上所有波长为基础进行的交叉连接，容量大但灵活性差。
- 波长交叉连接：将一根光纤上的任何波长交叉连接到使用相同波长的另一根光纤上。这种方式比光纤交叉具有更大的灵活性；但由于不进行波长变换，这种方式受到一定限制。其示意图如图 8-18 所示。
- 波长变换交叉连接：将输入光纤上的任何波长交叉连接到任何输出光纤上。由于采用了波长变换，这种方式可以实现波长之间的任意交叉连接，具有最高的灵活性。其示意图如图 8-19 所示。

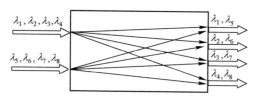
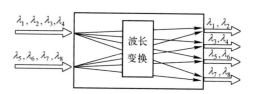

图 8-18　波长交叉连接示意图　　　　图 8-19　波长变换交叉连接示意图

2. 光分组交换

光分组交换（OPS，Optical Packet Switch）能在细粒度上实现光交换/选路，极大地提高光网络的灵活性和带宽利用率，非常适合数据业务的传输，是未来全光网络的发展方向。

（1）光分组交换节点功能结构

光分组交换节点的结构示意图如图 8-20 所示。它主要由输入/输出接口、交换模块和控制单元等部分组成。其关键技术主要包括光分组产生、同步、缓存、再生、光分组头重写及分组之间的光功率均衡等。

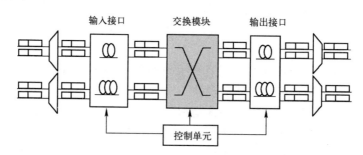

图 8-20　光分组交换节点结构示意图

输入接口完成的功能有：①对输入的数据信号整形、定时和再生，形成质量完善的信号以便进行后续的处理和交换。②检测信号的漂移和抖动。③检测每一分组的开头和末尾、信头和有效负载。④使分组获取同步并与交换的时隙对准。⑤将信头分出，并传送给控制器进行处理。⑥将外部 WDM 传输波长转换为交换模块内部使用的波长。

控制单元完成的功能：借助网络管理系统（NMS）的不断更新，参考在每一节点中保持的转发表，处理信头信息，进行信头更新（或标记交换），并将新的信头传给输出接口。目前这些控制功能都是由电子器件操作的。

交换模块就是按照控制单元的指示，对信息有效负载进行交换操作。

输出接口完成的功能：①对输出信号整形、定时和再生，以克服由于交换引起的串扰和损伤，恢复信号的质量。②给信息有效负载加上新的信头。③分组的描绘和再同步。④按需要将内部波长转换为外部用的波长。⑤由于信号在交换模块内通路不同、插损不同，因而信号功率也不同，需要均衡输出功率。

由于分组业务具有很大的突发性，如果用光路交换的方式处理将会造成带宽资源的浪费。在这种情况下，采用光分组交换将是最为理想的选择，它将大大提高链路的利用率。在分组交换网络中，每个分组都必须包含自己的选路信息，通常放在信头中。交换机根据信头信息发送信号，而其他的信息（如净荷）则不需要由交换机处理。

（2）光分组交换实现方法

光分组交换一般有两种实现方法。一种是比特序列分组交换（BSPS，Bit Sequence Packet Switch）；另一种是并行比特分组交换（BPPS，Bit Parallel Packet Switch）。BSPS 由电分组交换直接演化而来。对于一个给定波长信道的分组交换，信头采用二进制比特顺序编码，通常使用开关信号。如果将这些二进制的比特序列分组交换信道进行波分复用，可以增加传输带宽，因为多个分组信号可以同时在不同的波道上传送。不过，这些通道信号必须在进入交换机之前解复用以便进行选路，然后在交换机输出端复用。

BPPS 可以采用两种编码技术来实现，一种是副载波复用，另一种是多波长的 BPPS。在这两种情况中，并行比特分组交换的编码技术采用同一光纤中的不同波道来传送信头和负载信息，可保证负载和信头并行传送，可增加网络的吞吐量。多波长的分组交换比较适合于光网络。首先，它可采用简单的无源光滤波器从分组信号中提取信头；其次，在交换机内对信头进行处理，使得分组路由对负载是透明的；第三，由于每波长使用单独的光源，信头和负载光源是分开的，因此没有功率损失。

由于技术限制，光分组交换所需的光存储器、信头识别和处理还难以在光域完成。可调谐光源的反应时间为毫秒级，还不能满足分组交换的要求。目前，光分组交换技术仍处于研究阶段，离实用化还有一定距离，但光分组交换是交换方式不断演化道路上的最后一步。随着全光器件技术水平的发展和成本下降，光分组交换的发展趋势将是"光控光交换"，实现真正意义上的光交换及全光网络。

3．光突发交换

针对光路交换（OCS）和光分组交换（OPS）存在的问题，人们提出了光突发交换（OBS，Optical Burst Switch），并迅速得到国内外学者们的广泛关注。OBS 是一种近期较为现实的实现分组交换的途径，它是一种兼顾了 OCS 和 OPS 优点的折中方案。

在 OBS 网络中，基本交换单位是突发（Burst）。光突发交换网包括核心节点与边缘节点。边缘节点负责突发数据包的封装和分类，并提供各类业务接口；而核心节点的任务是完成突发数据的转发与交换。边缘节点将具有相同出口路由器地址和 QoS 要求的 IP 分组汇聚成突发包，生成突发数据分组和相应的控制分组。突发数据分组和控制分组的传输在物理信道上（一般为同一光纤中不同波长）和时间上是分离的。突发数据分组直接在端到端的透明传输通道中传输和交换，控制分组先于数据分组在特定的通道中传送，核心节点对先期到达的控制分组进行电处理，根据控制分组中的路由信息和网络当前状态，为相应的数据分组预约资源，并建立全光通道，因此，突发数据分组全程无须光电光转换处理。资源预约是单向的，而且不需要下游节点的确认。数据分组经过一段延迟后，直接在预先设置的全光通道中透明传输。突发数据分组和控制分组发送的时间差称为偏置时间。出口边缘路由器将突发数据分组解封装以后发送至其他子网或终端用户。

OBS 这种将数据通道与控制通道分离和单向资源预留的实现方法简化了突发数据交换的处理过程，减小了建立通道的延迟等待时间，进一步提高了带宽的利用率。由于控制分组长度很短，因此可以进行高速处理。数据分组与控制分组的分离、大小适中的交换粒度、较低的控制开销降低了对光器件的要求和中间节点的复杂度。在 OBS 网络中，中间节点无须使用光存储器，也不存在网内的时间同步问题。

OBS 技术是为了满足业务增长的需要而成长起来的，它具有时延小（单向预留）、带宽利用率高、交换灵活、数据透明、交换容量大（电控光交换）等优点，可以达到 Tb/s 级的交换容量。因此，OBS 网络主要应用于不断发展的大型城域网和广域网。它可以支持传统业务，也可以支持具有较高突发性的各种业务，如 FTP、Web、视频点播、视频会议等。

尽管 OBS 在标准和协议方面还不够成熟，但 OBS 仍是一种非常有前途的光交换技术，随着快速波长变换技术的成熟，光突发交换将得到进一步发展，成为光交换网络的核心技术。

8.5　自动交换光网络

光传送网一直被看作一个为电层网络设备提供连接通道的传输平台。在传送网中，"智能"主要体现在电层，而光层仅仅是为信息传输提供波长通道。传统光网络的控制功能是通过网管来实现的，这种结构带来了一系列的问题。如光通道的配置需要人工干预，开通时间长、效率低，不适应业务和网络的实时、动态变化。随着 WDM 技术的发展，单根光纤的传输容量可达 Tb/s 级速度，由此也对交换系统带来了巨大的压力，尤其是在全光网络中，交换系统所需处理的信息甚至可达到几百至上千 Tbps。为了有效解决上述问题，一种新型的网络体系应运而生，这就是自动交换光网络（ASON，Automatically Switched Optical Network）。

1. ASON 的体系结构

ASON 体系结构主要体现在具有鲜明特色的三个平面、三种接口和三类连接方式上。与传统的光传送网相比，ASON 引入了独立的控制平面，从而使光网络能够在信令的控制下完成资源的自动发现，连接的自动建立、维护和删除等，成为光传送网向智能化发展的必然趋势。

（1）ASON 的三个平面

根据 ITU-T G.8080 和 G.807 的定义，ASON 包括如图 8-21 所示的三个独立平面，三个平面之间运行着一个传送管理和控制信息的数据承载网（DCN，Data Communication Network）。

控制平面是 ASON 最具特色的核心部分，主要完成路由控制、连接及链路资源管理、协议处理和其他策略控制功能。控制平面的控制点由多个功能模块组成，它们之间通过信令进行交互协同，形成一个统一的整体，完成呼叫和连接的建立与释放，实现连接管理的自动化；在连接出现故障时，能够对业务进行快速而有效的恢复。ASON 的智能主要体现在控制平面。

传送平面由一系列的传送实体组成，为业务

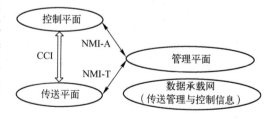

图 8-21　ASON 的体系结构

的传送提供端到端的单向或双向传输通道。传送平面采用网格化结构，也可构成环形结构，传送节点采用 OXC、OADM、DXC 和 ADM 等设备。此外，传送平面具有分层特点，并向支持多粒度交换的方向发展。

管理平面负责对传送平面和控制平面的管理。相对于传统的网管系统，其部分功能被控制平面取代。ASON 的管理平面与控制平面互为补充，可以实现对资源的动态配置、性能监测、故障管理和路由规划等。ASON网管系统是一个集中式管理与分布智能相结合、面向运营者维护管理需求和面向用户的动态服务需求相结合的综合解决方案。

（2）ASON的三种接口

三个平面之间通过接口实现信息交互。控制平面和传送平面之间通过连接控制接口（CCI，Connection Control Interface）相连，交互的信息主要是从控制平面到传送平面的交换控制命令和从传送平面到控制平面的资源状态信息。管理平面通过网管接口（NMI-T，Network Management Information-T）和NMI-A（Network Management Information-A）分别与传送平面和控制平面交互，实现管理功能。NMI-A接口主要是对信令、路由和链路资源等功能模块进行配置、监视和管理。同时，控制平面发现的网络拓扑也通过该接口报告上送给网管。NMI-T接口的管理功能包括基本的传送资源配置，日常维护过程中的性能检测和故障管理等。

（3）ASON的三类连接

如图8-22所示，ASON网络提供的三类连接包括交换式连接（SC）、永久连接（PC）和软永久连接（SPC）。

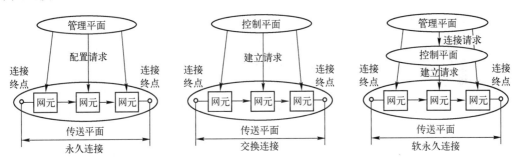

图8-22 ASON的三种连接方式

SC是根据源端用户呼叫请求，通过控制平面功能实体之间的信令交互而建立的连接。这种连接集中体现了ASON的本质特征。为了实现交换式连接，ASON必须具备一些基本功能，包括：自动发现（如邻居发现、业务发现）、路由、信令、保护和恢复、策略（链路管理、连接允许控制和业务优先级管理）等。相应地，针对SC的路由与波长分配算法（RWA），对路由建立的实时性要求很高，属于动态RWA问题。

PC沿袭了传统光传送网的连接建立方式，整个连接是由网管系统指配的，控制平面不参与其中。一旦连接建立后，就一直存在，直到管理平面下达拆除指令。PC的RWA算法对实时性要求不高，属于静态连接。

SPC介于SC和PC之间，这种连接请求、配置以及在传送平面的路由均从管理平面发出，但具体实施由控制平面完成。同时，控制平面将实施情况报告给管理平面，对这种连接的维护需要控制平面与管理平面共同完成。

上述三类连接各具特色，进一步增强了光网络提供光通道的灵活性，同时，支持ASON与现有网络的无缝连接，也有利于现网向ASON的过渡和演进。

2. ASON的控制协议

GMPLS是MPLS的扩展，在ASON体系中，GMPLS协议用于完成控制平面功能。传统的MPLS支持以IP为主的分组交换，而GMPLS将其扩展用于支持SDH的虚容器、OTN的电层ODU和光层波长交换，此时GMPLS以时隙、波长、物理位置等作为基础构成标识业务的标记。在ASON中，GMPLS主要完成连接的建立、删除、查询、同步与恢复、重路由保护等功能，它包括支持流量工程的信令协议（RSVP-TE）、开放最短路径优先协议（OSPF-TE）和链路管理协议（LMP），这三个协议是构成 ASON 控制面的基础，其相互关系如图 8-23 所示。

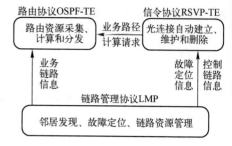

图 8-23 GMPLS 协议之间的关系

OSPF-TE 的主要功能包括收集和分发网络控制平面的控制链路信息，产生控制平面路由信息，用于控制平面的消息转发；收集和分发业务平面的链路信息，为业务路径计算提供网络拓扑信息。与 IP 网中的 OSPF 协议类似，ASON 网络中的传输节点设备用于维护一个链路状态数据库，建立网络拓扑和链路代价，每个节点计算经过它到任意其他网元代价最小的路径，最终得到一个最小生成树。

RSVP-TE 源于 IP 网中的 RSVP 协议，是其在流量工程方面的扩展，用于标记交换路径（LSP）的建立、删除、属性修改、重选路由和路径优化。LMP 协议的主要功能是发现本地节点的所有链路和邻居节点的连接状态、链路参数和属性，在相邻节点间建立控制信道并对其进行维护。它可为 OSPF-TE 和 RSVP-TE 提供所需的信息。

3. 向 ASON 的演进

下一代 IP 通信网是一个具有高交换速率、高传输带宽的 IP 网。能做到这一点主要归功于密集波分复用技术的突破性进展，以及单波长传输速率的迅速提高，使得在一根光纤上传输数据的速率有了极大的提高，其速度不仅超过了摩尔定律限定的交换机和路由器的发展速度，而且也超过了数据业务的增长速度。尽管 DWDM 技术实现了传输容量的突破，但普通的点到点 DWDM 系统只提供原始的传输带宽，为了将巨大的原始带宽转化为实际组网可以灵活应用的资源，需要在传输节点引入光节点设备，实现灵活的光层连网，解决传输节点的容量扩展问题。

目前，传统光网络向 ASON 演进主要有两种方式，一种是由 ITU、光互连论坛（OIF）和光域业务互连（ODSI）等组织提出的域业务模型（重叠模型）；另一种是由 IETF 提出的统一业务模型（集成模型）。它们的目标都是要解决 IP 网络和光网络融合的问题，其基本思想与 IP/ATM 互连的思路相似。

（1）重叠模型

重叠模型的主要思想是将光传送层特定的智能控制功能完全放在光层实现，无须客户层干预，客户层和光传送层相互独立。这种模型有两个独立的控制平面，一个在光层（即光网络层的控制平面），另一个在 IP 层（IP 设备和光层之间）。每个边缘设备利用标准的 UNI 接口直接与光网络通信，而光网络设备之间的互连则利用标准的网络节点接口（NNI）。核心光网络为边缘客户（诸如路由器和交换机）提供波长业务。当边缘路由器拥塞后，网管或路由器将要求核心光网络提供动态波长指配，于是光节点实施交叉连接，为路由器提供所需的波长通路，即动态波长指配可以自动适应业务流量的变化。

重叠模型的主要优点是：可以实现统一、透明的光网络层，支持多种客户层信号，如支持 SDH、ATM、IP 路由器等客户信号；允许以类似于智能网和 NO.7 信令方式实施光路的带内和带外控制；通过接口向用户屏蔽光层的拓扑细节，在一定程度上有利于光网络的安全和管理；允许光网络层和 IP 层各自演进；利用成熟、标准化的 UNI 和 NNI，比较容易实现多厂商光网络的互操作；这种模型在光层和客户层信号间有一个清晰的分界点，允许网络按需控制等。

但该模型也有不足，如两个平面都需配置网管，功能重叠；需要在边缘设备间建立点到点的网状连接，存在 N^2 问题，扩展性受限；同时两个平面存在两个分离的地址空间，相互之间的地址解析较复杂；需要同时管理两个独立的物理网，成本较高。

（2）集成模型

集成模型的基本思想是将光层的智能转移到 IP 层，由 IP 层实施端到端的控制，此时 IP 网和光网络被看作一个集成的网络，使用统一的管理和控制策略。其控制平面跨越核心光网络和边缘客户层设备（主要是路由器）。目前，主要采用基于 GMPLS 的 IP 控制平面，将 IP 层用于 GMPLS 通道的路由和信令，经适当改造后直接应用于包括光层在内的各层的连接控制。

集成模型的优点是：具有无缝特性，光交换机和标记交换路由器（LSR）之间可以自由地交换信息，消除了不同网络间的壁垒，可提高网络资源利用率，降低网络建设和运营成本。

但这种模型也有不足，与重叠模型支持多种客户信号的特性相比，这种模型只能支持单一的客户层设备——IP 路由器，从而失去了透明性，难以支持传统的非 IP 业务；无法维护光网络运营者的秘密和知识产权，因为要想实现路由器对光层的全面控制，就必须对客户层开放光层的拓扑细节；在进行互操作时，IP 层和光层之间会有大量的状态和控制信息交互，这也给标准化过程带来一些困难。

重叠模型和集成模型各有优劣，其中重叠模型主要存在 N^2 和两个独立网络的管理问题；集成模型主要存在只支持 IP 路由器和光网络层不透明问题。已建有大量 SDH 和网管系统的传统运营商可采用重叠模型组网；相应地，那些同时拥有光网络和 IP 网络的新兴运营商可以采用集成模型，特别是基于 GMPLS 的 IP 控制平面出现以后，只支持 IP 路由器而不支持多种客户层信号的问题将得到很好的解决。当然，在具体应用时也可将这两种模型结合使用。

目前，通信网正在向全 IP 化方向演进，各种网络技术与解决方案层出不穷。其中，ASON 具有很好的优越性，将成为未来宽带通信网的综合传送平台。随着 IP 业务的快速发展，光网络与 IP 技术的结合越来越紧密。光网络未来的发展趋势将是适应数据业务发展的光分组网，在由电网络向全光网络的演进过程中，光交换技术必将起到重要的支撑作用。

本 章 小 结

光纤具有信息传输容量大、对业务透明、不受电磁干扰、保密性好等优点，是现代通信网络中传送信息的极佳媒质。光交换被认为是为未来宽带通信网服务的新一代交换技术。

纯粹的光交换，是指不经过任何光电转换，在光域直接将输入光信号交换到不同的输出端。但由于目前光逻辑器件的功能还较简单，不能完成控制部分复杂的逻辑处理功能，因此现有的光交换控制单元还要由电信号来完成，即目前主要是电控光交换。随着光器件技术的发展，光交换技术的最终发展趋势将是光控光交换。

光交换的基础器件有各种类型光开关（半导体、耦合波导、M-Z 干涉型电光、液晶、微机电系统等）、波长转换器、半导体激光放大器、光耦合器、光调制器和光存储器等，通过这些基本器件的不同组合，可构成不同的光交换结构，如空分光交换、时分光交换、波分光交换、混合型光交换及自由空间光交换。

和电交换技术类似，光交换技术按交换方式可分为光路光交换和分组光交换两大类型。光路光交换系统所涉及的技术有空分交换、时分交换、波分交换和混合型交换，其中空分交换包括波导空分和自由空分光交换。分组光交换系统所涉及的技术主要包括：光分组交换，光突发交换，光标记分组交换，光子时隙路由技术等。

不同的光交换技术可以支持不同粒度的交换，其中，波导空分、自由空间和波分光交换类似于电路交换，是粗粒度的信道分割。时分和分组光交换属于信道分割粒度较细的交换。

光路交换技术已经实用化，如在基于 WDM 的光网络中，使用光分插复用器和光交叉连接来完成光路上下、光层的带宽管理、光网络的保护、恢复和动态重构等功能。

在分组光交换领域，由于光信息处理技术还未成熟，目前比较通用的光交换还是 O/E/O（光-电-光）的模式，即光信号首先经过光电转换成为电信号，然后通过高速的交换电路进行数据交换，最后再进行电光转换。光分组交换的实用化，取决于一些关键技术的进步，如光标记交换、微电子机械系统（MEMS）、光器件技术等。

随着全光网络技术及光交换器件的发展，光交换技术也日趋成熟。从光电和光机械的光交换机，发展到基于热学、液晶、声学、微机电技术的光交换机。

光传送网已经由过去的点到点系统发展到今天面向连接的 OADM/OXC 和 ASON。与传统的光传送网相比，ASON 在网络层次上引入了控制平面的概念，从而使光网络能够在信令的控制下完成资源的自动发现、连接的自动建立、维护和删除等，成为光传送网向智能化发展的必然趋势。在向全光网络的发展过程中，光交换技术的发展将起到决定性作用。

习题与思考题

8.1 简要说明光交换的特点。

8.2 试叙述几种主要的光交换器件实现光交换的基本原理。

8.3 光交换技术有哪些类型？涉及哪些光交换方式？

8.4 简要叙述光波分复用交换网络的工作原理。

8.5 在光时分交换网络中，为什么要使用光时延线或光存储器？

8.6 自由空间光交换网络的主要特点是什么？

8.7 OADM 和 OXC 分别完成什么功能？

8.8 目前光分组交换有哪些新的技术和方法？

8.9 简述光突发交换网络的构成及基本工作机制。

8.10 ASON 体系结构分为哪几个层面？向 ASON 演进方式主要有哪些模型，这些模型的特点是什么？

8.11 ASON 中 GMPLS 协议主要由哪三个协议组成？各自的功能是什么？

附录 A 话 务 理 论

在设计和应用交换系统时，设备性能和用户服务质量是重要的技术指标。对电话交换机而言，虽然可以提供足够的设备资源来满足局内所有用户同时通信的需要，但这样做的代价很高，也是不值得的。原因是出现这种情况的机会几乎不存在。实际上，即使在通信最繁忙的时段，同时进行通信的用户也只是少数。交换系统实际需要配置的公用设备数量一般是根据所承担的话务负荷计算出来的。也就是说，在设计交换系统时，对话务负荷的处理能力是有限度的，但选择怎样的限度，既经济又能提供用户满意的服务，这就是话务理论要解决的问题。

话务理论的奠基人是丹麦电话工程师爱尔兰（A.K.Erlang），他首先发表了全利用度线群的呼损计算公式。其后，不少学者又不断加以充实和完善。20 世纪 50 年代初，瑞典人雅可比斯（Jacobaeus. C）提出了关于链路系统的计算方法，使话务理论有了新的发展。但传统的话务理论主要针对机电式交换机。程控交换出现后，交换网络可以从设计上做到无阻塞。另外，影响交换系统服务质量的因素除了公用话路设备的数量外，处理机的处理能力也是重要因素。

随着通信和交换技术的发展，通信业务也从电话发展到话音、数据、多媒体等，相应地，基本话务理论也扩展到通信业务量理论。通信业务量理论是一种利用概率论和数理统计方法求解服务质量、业务量和服务设备数量这三者之间的关系的理论。

A.1 话务量概念

1. 话务量定义

话务量是表征电话交换机机线设备负荷的一种度量值，所以也称为电话负荷。在一个交换系统中，我们把请求服务的用户或向本级设备送入话务量的前级设备统称为**话源**（负载源），而把为话源提供服务的设备（如接续网络中的内部链路、中继线、信令处理器等）称为服务器。话务量反映了话源对所使用的电话设备数量上的要求。话务量的大小取决于一定时间内话源产生的呼叫次数，以及每次呼叫占用机线设备的时间长度。显然，话源发生呼叫次数越多，话务量越大；每次呼叫占用设备时间越长，话务量也越大。

明确了上述概念，可对话务量给出如下定义：话务量在数值上等于时间 T 内发生的呼叫次数和平均占用时长的乘积。其表达式为：

$$A = C_T t \tag{A-1}$$

式中，A 为时间 T 内产生的话务量；t 为平均占用时长；C_T 为 T 时间内话源产生的呼叫数。话务量是无量纲的，为纪念其发明者爱尔兰，将话务量的单位命名为为爱尔兰（Erl）。如一条中继线（或一个机键）连续使用 1 小时，则该中继线（或机键）的话务量为 1 Erl。

从话务量定义可以看出，有三个因素影响话务量的大小。一是观察时间 T 的长短。显然一天的话务量与一周的话务量是不一样的，取的时间越长，其话务量就越大。二是呼叫强度，也就是单位时间（如 1 小时）内发生的呼叫次数。显然，单位时间内所发生的呼叫次数越多，话务量也越大。三是每次呼叫的占用时长。不难理解，每次呼叫占用设备时间越长，其平均占用时长就长，话务量也越大。这三个因素综合起来，表现为机线设备的繁忙程度。

话务量具有两个重要的特性，即随机性和波动性。随机性是指话源产生呼叫是随机的，每一次呼叫所占用设备的时间也是随机的，由此产生的话务量也是随机的。波动性是指话务量是个随机变量，每时每刻都在变化。由于话务量具有随机性和波动性，因此，一般讨论的话务量大都是指平均话务量。

尽管话务量具有随机性和波动性，但就一个交换系统或一个本地电话网而言，其长期观察结果是有一定规律性的。如白天话务大于晚上，上班时段大于下班时段，每天话务波动的曲线具有相似性。人们将一天中电话负荷最大的 1 小时称为最忙小时，简称**忙时**。忙时的平均话务量简称忙时话务量。忙时话务量是交换系统设计的重要依据。这是因为，交换系统在忙时能顺利处理各种话务，在平时更不在话下。

因此，在工程上通常所说的话务量是指忙时话务量。我们将单位时间内的话务量叫做话务量强度，习惯上常把强度两个字省略，如不特别声明，所说的话务量是指话务量强度，即最忙一小时的话务量。因此式（A-1）可写成为：

$$A=Ct \qquad \text{（A-2）}$$

式中，A 为话务量；C 为单位时间（1 小时）内所发生的呼叫次数（即呼叫强度）；t 为平均占用时长。

当所要求的话务量不是单位时间内的话务量时，也可用式（A-2），只要把式中的 C 看成 C_T，并把求出的 A 看作 T 小时的话务量即可。

2. 交换系统处理话务的方式

根据处理呼叫或服务请求的方式不同，交换系统可分为呼损工作制和等待工作制。

呼损工作制是指当用户呼叫遇到交换资源繁忙时，系统拒绝本次呼叫，给用户送忙音，用户听到忙音必须放弃呼叫，当需要通信时必须重新呼叫。电话交换机通常采用呼损工作制。

采用等待工作制的系统也称等待系统、排队系统。它的服务方式是当系统不能立即为用户服务时，将服务请求放入队列等待，待系统资源空闲时，系统再按某种规则（如按先后次序或按随机方式）为等待的用户服务。分组交换系统通常采用等待工作制。

3. 流入话务量和完成话务量

讨论交换系统的话务量时，严格来说应区分流入话务量和完成话务量。对于呼损工作制系统，流入系统的话务量，有一部分完成了，而另一部分则损失掉了，即呼损。

流入话务量（A_λ）是指话源产生的话务量。设话源在一小时内发生的呼叫数为 a（a 即呼叫发生强度），其平均占用时长为 t，则根据话务量的定义有：

$$A_\lambda = at \qquad \text{（A-3）}$$

完成话务量（$A_完$）是指系统接受呼叫并完成处理的话务量。设 a' 为接受处理的呼叫数（或完成接续的呼叫数），其平均占用时长为 t，则根据话务量定义有：

$$A_完 = a't \qquad \text{（A-4）}$$

显然，对于等待制系统，理论上其话源产生的话务都能得到处理，只不过某些呼叫需要等待一定时间而已，因此它的完成话务量等于流入话务量，即 $A_完 = A_\lambda$。

但对于呼损工作制系统，当系统资源被全部占用时，对话源产生的新的呼叫将被损失掉。因此，在呼损制系统中完成话务量一般要小于流入话务量，其流入话务量与完成话务量的差值就是"损失话务量（$A_损$）"，即存在：$A_\lambda - A_完 = A_损$

正常情况下，由于呼损制系统中的呼损率很小（如规定为 1% 或 5‰），故通常在工程中并不严格区分流入话务量和完成话务量。但是，在非常情况下，如设备超负荷运行时，$A_损$ 不可忽略，则需区分流入话务量和完成话务量。

完成话务量具有下列性质：

（1）完成话务量在数值上等于平均占用时长内发生的平均占用次数。

（2）完成话务量在数值上等于在单位时间内各机键占用时间的总和。

（3）完成话务量在数值上等于承担这一负荷的设备平均同时占用数，也就是同时处于工作状态的设备数量的平均值。

A.2　话务量与 BHCA 的关系

BHCA 是指"最大忙时试呼次数"，其英文全称为 Maximum Number of Busy Hour Call Attempts，它是在保证规定的服务质量前提下，处理机在最忙单位时间内处理的最大呼叫次数。这个参数和控制部件的结构有关，也和处理机本身的能力有关。它和话务量同样影响系统的能力。因此，在衡量交换机的负荷能力时不仅要考虑话务量，同时还要考虑其处理能力（BHCA 值）。

BHCA 实质上就是忙时呼叫次数，即话务量定义中的 C。由式（A-2）可得：

$$C=A/t \tag{A-5}$$

对于交换系统的处理机而言，用户摘机呼出就需占用处理机资源，因此，式（A-5）中的 C，既包括用户拨号后接通被叫并完成通话的次数（即有效呼叫），也包括摘机后中途挂机、中继电路忙、被叫用户忙、久叫不应或设备故障而占用处理机的次数（即无效呼叫）。所以，式（A-5）中的 t，是包括有效呼叫和无效呼叫所有次数在内的平均占用时间。

数字程控交换机是由计算机控制的电话交换设备，其中央处理器是整个控制系统的核心，它的性能直接影响控制系统的运行性能，进而影响整个交换机的呼叫处理能力。为此，引入 BHCA 来衡量程控交换机控制系统处理呼叫的能力。

A.3　线群与呼损

1. 线群的概念

电话交换机是一种典型的服务共享系统，其中服务设备（服务器）是在电话接续过程中，为用户提供服务的共享资源。从前面的内容可知，用户和其他入线是产生话务量的来源，简称话源。广义地说，凡是向本级设备送入话务量的前级设备都是本级设备的话源。一群（或一组）为话源服务的设备及其出线总称为线群。图 A-1 为线群的模型，图中假定该线群的入线数为 N，出线数为 V。

交换系统的线群通常满足以下条件：

（1）入线发起呼叫时，如果线群具有空闲链路，则将其接续到指定的空闲出线上；如果没有空闲链路，则按损失或排队等预先指定的方式进行处理。

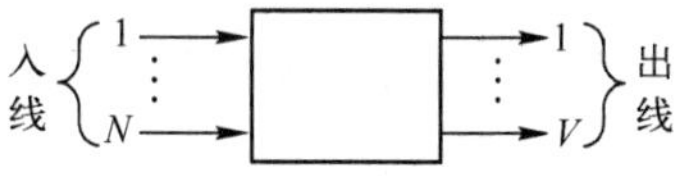

图 A-1　线群模型

（2）任一条出线/入线上同时只允许一个呼叫占用。

根据出、入线之间的连接关系，线群可以分为以下两类：如果线群能够把任意空闲的入线连接到任何空闲的出线，这种线群被称为**全利用度线群**，这种情况下，每一个话源都能使用所有服务器中的任何一个。当然也有**部分利用度线群**，其中任一话源只能使用所有服务设备中的一部分。把话源能够使用的服务器数称为**利用度**。显然，全利用度情况下的利用度等于服务器的数量。

2. 线群的呼损

在呼损制工作制中，衡量线群服务质量的指标为呼损。对于线群，存在以下三种呼损计算方法：

（1）按时间计算呼损 E

按时间计算的呼损，表示的是线群发生阻塞的概率。对于全利用度线群，按时间计算的呼损等于出线全忙的概率；或者说，按时间计算的呼损等于全部出线都被占用的时间与总统计时间的比值，即：

$$E = 出线全被占用的时间/总统计时间$$

得到的是全部出线都被占用的概率。用公式表达为：

$$E = T_{阻}/T_{总}$$

式中，$T_{阻}$ 为全部出线被占用的时间，$T_{总}$ 为总统计时间，总统计时间一般为忙时。

（2）按呼叫计算呼损 B

按呼叫计算的呼损 B，表示的是因线群阻塞而损失的呼叫数占总呼叫数的比值。即：

$$B = 损失呼叫次数/总呼叫次数$$

（3）按负载计算呼损 H

按负载计算的呼损，表示的是忙时损失的话务量与流入总话务量的比值，即：

$$H = A_{损}/A_{入}$$

式中，$A_{损}$ 是因线群发生阻塞而损失的话务量，$A_{入}$ 是流入该线群的总话务量。

从以上讨论可知，呼损 P（用它来代表 B、E 或 H）的取数范围在 0～1 之间，因此，它常用小数或百分数（%）表示。例如：$P=0.01=1\%$。

从网络观点分析，呼损可分为四类，即交换机呼损、局间电路（或称中继）呼损、全程呼损和全网平均呼损。其中最值得关注的是全程呼损，所谓全程呼损是指从发端交换机到收端交换机之间的呼损，故也称为端到端呼损。

3. 全利用度线群呼损的计算

全利用度线群的呼损应体现话务量 A、呼损 P 和线群出线数 V 三者之间的关系。

根据线群占用的概率分布，存在多种不同的呼损计算公式。如二项分布（话源数 N 不大于服务设备数量 m，即 $N \leqslant m$），恩格塞特分布（话源数 N 大于服务设备数量 m，即 $N>m$），爱尔兰分布（话源数为无穷大，服务设备数量有限，即 $N \to \infty$，m 有限或 $N \gg m$），泊松分布（话源数和服务设备数量都非常大，即 $N \to \infty$，$m \to \infty$）。

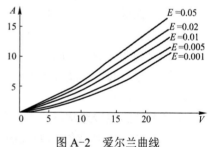

图 A-2　爱尔兰曲线

电话交换系统近似服从爱尔兰分布，因此，常用爱尔兰呼损计算公式，具体形式如下：

$$P = \frac{A^{V}/V!}{\sum\limits_{i=0}^{V} A^{i}/i!} \tag{A-6}$$

式中，A 为流入话务量（单位为爱尔兰）；V 为全利用度线群的出线数；P 为呼损值。

为了书写方便，上式常用符号 $P_v(A)$ 来表示，即：

$$P=P_v(A) \tag{A-7}$$

应用上述计算公式，要注意以下几个问题：

（1）爱尔兰呼损计算公式只适用于全利用度线群。

（2）该公式计算较麻烦，为此，话务理论研究工作者已预先把它列成表格（爱尔兰表）或绘制成曲线。通常需要时可以直接查阅爱尔兰表。绘制曲线的例子如图 A-2 所示。

（3）呼损计算公式表征了 P、V 和 A 三个量之间的函数关系。根据计爱尔兰曲线可得出如下结论：

● 在呼损 P 保持不变的条件下，如果话务量 A 增大，则出线数 V 必须要增加；或者说，在 V 增加时，线群所能承受的话务量 A 可以增大。

- 在话务量 A 不变时，出线数 V 增加，呼损 P 就会减小；或者说，如果减小呼损 P 的规定，就必须增加出线数 V。
- 当出线数 V 一定时，当话务量 A 增大，呼损值 P 会增大；或者说，若允许 P 增大时，线群承受的话务负荷 A 可以增大。

A.4 话务模型与工程计算

根据早期我国对入网电话交换机的技术规范，话务模型为各类呼叫定义的平均占用时长为：

本地市话呼叫的平均占用时长：60s

国内长话呼叫的平均占用时长：90s

特种业务呼叫的平均占用时长：30s

上述数据为正常负荷时的平均占用时间，当话务量超负荷 20% 时，由于各种无效呼叫的增加，上述各项平均占用时长将做相应调整。因此，计算与呼叫数有关的公用设备能力时，应按正常负荷情况下呼叫数的 1.5 倍计算。工程设计时选择处理机的处理能力，还应考虑必要的冗余度（如按 1.1 倍系数）和处理机的其他开销（如按 20% 预留）。

下面举例说明工程设计时如何测算中继线路的话务量和交换机的呼叫处理能力。

【例 1】 某模块局至母局配备了 2 套路 PCM30/32 系统作为中继线路，若要求该中继线路的呼损 $P=0.001$，求该中继线路能容纳多大的话务量？设该模块局的用户呼出话务量为 0.07 Erl，用户呼入话务量为 0.065Erl，问最多容许这个模块局装多少用户？

解：先求 2 条 PCM 系统能容纳多大的话务量，根据 $P=P_v(A)$，得：

$$0.001=P_{60}(A)$$

已知 $P=0.001$，$V=60$，查爱尔兰表得 $A=40.79$ Erl。

由于模块局用户的呼出呼入都经过这 2 条 PCM 传输线，所以，用户的双向话务量为 0.07+0.065=0.135Erl。则该模块局可装用户数为：$N=40.794/0.135=302.15$（户）。

取整为 302 户，即保证给定的呼损值（$P=0.001$）情况下，最多只能装 302 个用户。

【例 2】 某交换局需要安装一台 1 万门的数字程控交换机，假设用户忙时平均呼出话务量为 0.08 Erl，呼入话务量为 0.07Erl，其中呼叫特种业务占 4%，长途去话呼叫占 14%。入局话务量占用户呼入话务量的 60%，其中本地网内占 48%，长途来话占 12%。该交换机中央处理机的处理能力应不小于多少 BHCA？

解：先求用户总的呼出次数 C_1 和入局呼叫次数 C_2，再求所需处理机的处理能力。

忙时用户呼出总话务量 A=0.08×10000=800Erl。呼出次数 C_1 由用户呼叫本地市话、呼叫长途和呼叫特种服务三部分组成，即：

$$C_1 = \frac{800\times(1-14\%-4\%)}{60/3600} + \frac{800\times14\%}{90/3600} + \frac{800\times4\%}{30/3600} = 39360\times4480\times3840 = 47680（次）$$

用户呼入总话务量 $B=0.075×10000=750$Erl。但呼入次数 C_2 由本地市话入局呼叫次数和长途来话次数所组成：

$$C_2 = \frac{750\times48\%}{60/3600} + \frac{750\times12\%}{90/3600} = 21600 + 3600 = 25200（次）$$

因此，呼叫总次数为 $\quad\quad C = C_1 + C_2 = 47680 + 25200 = 72880$（次）

该局交换机中央处理机至少应具备的处理能力为：

$$72880\times1.5\times1.2\times1.1 = 144300.24\text{BHCA}$$

所以其处理机的处理能力应为 15 万 BHCA。

附录 B 缩略语表

3G	3rd Generation Mobile Communications System	第三代移动通信系统
3GPP	3rd Generation Partner Project	第三代伙伴关系计划
4G	fourth Generation Mobile Communications System	第四代移动通信系统
5G	fifth Generation Mobile Communications System	第五代移动通信系统
AAL	ATM Adaptation Layer	ATM 适配层
AC	Authentication Center	鉴权中心
ACC	Automatic Congestion Control	自动拥塞控制
	Account Card Calling	记账卡呼叫
AcCH	Access Channel	接入信道
ACM	Address Complete Message	地址全消息
ADSL	Asymmetric Digital Subscriber Line	非对称数字环路
AF	Assured Forwarding	保证转发
AGCF	Access Gateway Control Function	接入网关控制功能
AGCH	Access Grant Channel	准予接入信道
AMF	Access and Mobility Management	接入和移动性管理功能
AMPS	Advanced Mobile Phone System	高级移动电话系统
ANC	Answer Charging	应答信号、计费
ANN	Answer No charging	应答信号、免费
APDU	Application Protocol Data Unit	应用层协议数据单元
API	Application Programming Interface	应用编程接口
ARM	Asynchronous Response Mode	异步响应方式
ARP	Address Resolution Protocol	地址解析协议
ARPA	Advanced Research Project Agency	国防部高级研究计划局
AS	Application Server	应用服务器
	Assured Service	确保的业务
ASON	Automatic Switch Optical Network	自动交换光网络
ATD	Asynchronous Time Division	异步时分
ATM	Asynchronous Transfer Mode	异步传递模式
AUSF	Authentication Server Function	认证服务器功能
BCCH	Broadcast Control Channel	广播控制信道
BCH	Broadcast Channel	广播信道
BE	Best Effort	尽力而为（业务）
BECN	Backward Explicit Congestion Notification	后向显式拥塞通知
BFD	Bidirectional Forwarding Detection	双向转发检测
BGP	Border Gateway Protocol	边缘网关协议
BHCA	maximum number of Busy Hour Call Attempts	最大忙时试呼次数
BIB	Backward Indication Bit	后向重发指示位

BICC	Bearer Independent Call Control	独立于承载的呼叫控制
B-ISDN	Broadband Integrated Services Digital Network	宽带综合业务数字网
BSC	Base Station Controller	基站控制器
BSM	Backward Setup Message	后向建立消息
BSN	Backward Sequence Number	后向序号
BSS	Base Station System	基站系统
BT	Burst Tolerance	信元突发变化容限
B-TCH	Backward Traffic Channel	反向业务信道
BTS	Base Transceiver Station	基站收发台
CAC	Connection/Call Admission Control	连接/呼叫接纳控制
CAMEL	Customized Application for Mobile Network Enhanced logic	应用于 GSM 的移动网络增强型逻辑的客户化应用
CBK	Clear Backward	后向拆线
CBQ	Class Based Queuing	基于级别的排队
CBR	Constant Bit Rate	固定比特率
CCAF	Call Control Agent Function	呼叫控制接入功能
CCB	Call Control Block	呼叫控制块
CCCH	Common Control Channel	公共控制信道
CCF	Call Control Agent Function	呼叫控制功能
CCH	Control Channel	控制信道
CCL	Calling Party Clear	主叫用户挂机
CCM	Circuit Supervision Message	电路监视消息
CCR	Continuity Check Request Signal	导通检验请求消息
CDMA	Code Division Multiple Access	码分多址
CFB	Call Forwarding Busy	遇忙呼叫前转
CFL	Call Failure	呼叫失败
CHILL	CCITT High Level Language	CHILL 语言
CIC	Circuit Identification Code	电路识别码
CIDR	Classless Inter-Domain Routing	无类别域间路由
CIR	Committed Information Rate	承诺的信息速率
CL	Connectionless	无连接
CLF	Clear forward	前向拆线
CLP	Cell Loss Priority	信元丢失优先级
CLR	Cell Loss Ratio	信元丢失率
CM	Control Memory	控制存储器
	Connection Management	接续管理
CNM	Circuit Network Management Message	电路网管理消息
CO	Connection Oriented	面向连接
COT	Continuity Signal	导通检验成功消息
CSL	Component Sub-Layer	成份子层
CSM	Call Supervision Message	呼叫监视消息
CSMA/CD	Carrier Sense Multiple Access with Collision Detection	载波监听多路访问/冲突检测

CSMF	Communication Service Management Function	通信业务管理功能
CTD	Cell Transfer Delay	信元传输时延
DCCH	Dedicated Control Channel	专用控制信道
DCE	Data Circuit-terminating Equipment	数据电路终接设备
DiffServ	Differentiated Services	区分业务模型
DLCI	Data Link Connection Identifier	数据链路连接标识
DNS	Domain Name System	域名服务系统
DPC	Destination Point Code	目的地信令点编码
DRR	Defict Round Robin	赤字轮转排队
DSL	Digital Subscriber Line	数字用户线路
DSLAM	DSL Access Multiplexer	DSL 接入复用器
DSN	Digital Switching Network	数字交换网络
DSS	Discrete Sampling Scrambling	分散样值扰码
DSS1	Digital Subscriber Signaling NO.1	NO.1 号数字用户信令
DTE	Data Terminal Equipment	数据终端设备
DUP	Data User Part	数据用户部分
DWDM	Densive Wavelength Division Multiplexing	密集波分复用
EF	Expedited Forwarding	快速转发
eMBB	Enhanced Mobile Broardband	增强移动宽带
EIR	Equipment Identity Register	设备标识寄存器
ETSI	European Telecommunications Standards Institute	欧洲电信标准协会
FACCH	Fast Associated Control Channel	快速随路控制信道
FAM	Forward Address Message	前向地址消息
FCCH	Frequency Correction Channel	频率校准信道
FCS	Frame Check Sequence	帧校验序列
	Fast Circuit Switching	快速电路交换
FDD	Frequency Division Duplex	频分双工
FDDI	Fiber Distributed Digital Interface	光纤分布式数字接口
FDL	Fiber Delay Line	光纤延时线
FDMA	Frequency Division Multiple Access	频分多址
FE	Function Entity	功能实体
FEC	Forward Equivalence Class	等价转发类
FECN	Forward Explicit Congestion Notification	前向显式拥塞通知
FEP	Front End Processor	前端处理机
FIB	Forward Indication Bit	前向指示位
FIM	Feature Interaction Manager	特征交互管理
FISU	Fill-In Signal Unit	填充信令单元
FPH	Free PHone	被叫集中付费
FR	Frame Relay	帧中继
FRCM	Free Running Clock Mode	独立时钟工作模式
FRR	Fast ReRoute	快速重路由
FRS	Frame Relay Service	帧中继业务

FRMR	Frame Reject	帧拒绝	
FSM	Finite State Machine	有限状态机	
	Forward Setup Message	前向建立消息	
FSN	Forward Sequence Number	前向序号	
GFC	Generic Flow Control	一般流量控制	
GII	Global Information Infrastructure	全球信息基础设施	
GMPLS	Generalised Multiple Protocol Label Switching	通用多协议标签交换	
GMSC	Gateway MSC	网关移动交换中心	
GPRS	General Packet Radio Service	通用分组无线业务	
GRM	Circuit Group Supervision Message	电路群监视消息	
GRQ	General Request Message	一般请求消息	
GSM	Global Systems for Mobile communications	全球移动通信系统	
GT	Global Title	全局码	
GTP	GPRS Tunnel Protocol	GPRS 隧道协议	
HEC	Header Error Check	信头差错控制	
HSDPA	High Speed Download Packet Access	高速下行分组接入	
HSS	Home Subscriber Server	归属用户服务器	
HSTP	Higher Signalling Transfer Point	高级信令转接点	
HSUPA	High Speed Uplink Packet Access	高速上行分组接入	
IAI	IAM with Information	带有附加信息的初始地址消息	
IAM	Initial Address Message	初始地址消息	
IETF	Internet Engineering Task Force	因特网工程任务组	
IGP	Interior Gateway Protocol	内部网关协议	
IM	Information Memory	信息存储器	
IMEI	International Mobile Equipment Identification	国际移动设备识别号	
IMS	IP Multimedia Subsystem	IP 多媒体子系统	
IMSI	International Mobile Subscriber Identity	国际移动用户识别号	
IMT-2000	International Mobile Telecommunication-2000	国际移动通信 2000（第三代移动通信）	
IN	Intelligent Network	智能网	
INAP	Intelligent Network Application Part	智能网应用部分	
	Intelligent Network Application Protocol	智能网应用规程	
IntServ	Integrated Services	综合业务模型	
IPBCP	IP Bearing Control Protocol	IP 承载控制协议	
IP/DWDM	IP over DWDM	DWDM 上的 IP	
IPOA	Classic IP Over ATM	ATM 上经典 IP	
ISUP	ISDN User Part	ISDN 用户部分	
LADN	Local Area Data Network	本地区域数据网	
LAI	Location Area Identification	位置区识别码	
LAN	Local Area Network	局域网	
LANE	Local Area Network Emulation	局域网仿真	
LAPB	Link Access Procedure Balanced	平衡型链路接入规程	

LAPD	Link Access Procedure on D channel	基于 D 信道的链路接入规程
LAPF	Link Access Procedure for Frame-mode	针对帧方式的链路接入规程
LCN	Logical Channel Number	逻辑信道号
LDP	Label distribution protocol	标签分配协议
LER	Label Edge Router	标签边缘路由器
LLC	Logical Link Control	逻辑链路控制子层
LS	Location Server	定位服务器
LSP	Label Switch Path	标签交换路径
LSR	Label Switch Router	标签交换路由器
LSSU	Link Status Signal Unit	链路状态信令单元
LSTP	Lower Signalling Transfer Point	低级信令转接点
M2PA	MTP2 Peer-to-Peer Adaptation layer	MTP2 用户对等适配
M2UA	MTP2 User Adaptation	MTP2 用户适配
M3UA	MTP3 User Adaptation	MTP3 用户适配
MAC	Media Access Control	媒体访问控制子层
MACF	Multiple Association Control Function	多相关控制功能
MAN	Metropolitan Area Network	城域网
MANO	Management and Orchestration	网络资源编排
MAP	Mobile Application Part	移动应用部分
MCI	Malicious Call Identification	恶意呼叫识别
MCU	Multipoint Control Unit	多点控制单元
Megaco	Media Gataway Control Protocal	媒体网关控制协议
MFC	Multi-frequency Conquering	多频互控
MG	Media Gateway	媒体网关
MIMO	Multiple-Input Multiple-Output	多输入多输出
MM	Message Mode	消息模式
	Mobility Management	移动性管理
MME/S-GW	Mobile Management Entity/serving gateway	移动性管理实体/服务网关
MML	Man-Machine Language	MML 语言
mMTC	Massive Machine Type of Communication	海量物联网
MPLS	Multiple Protocol Label Switch	多协议标签交换
MS	Mobile Station	移动台
MSC	Mobile Service Switching Center	移动业务交换中心
MSDN	Mobile Station Directory Number	移动用户号码簿号码
MSRN	Mobile Station Roaming Number	移动台漫游号码
MSU	Message Signal Unit	消息信令单元
MTP	Message Transfer Part	消息传递部分
NASS	Network Attachment Subsystem	网络附着接入网子系统
NEF	Network Exposure Function	网络能力开放功能
NFV	Network Function Virtualization	网络功能虚拟化
NFVI	Network Function Virtualization Infrastructure	网络功能虚拟化基础设施

NNI	Network Node Interface	网络节点接口
NPC	Network Parameter Control	网络参数控制
NRF	Network Repository Function	网络注册功能
NRM	Normal Response Mode	正常响应方式
NSA	Non-Stand Alone	非独立组网
NSMF	Network Slice Management Function	网络切片管理功能
NSSF	Network Slice Selection Function	网络切片选择功能
NSSMF	Network Slice Subnetwork Management Function	网络切片子网管理功能
OADM	Optical Add-Drop Multiplexer	光分插复用器
OFDM	Orthogonal Frequency Division Multiplexing	正变频分复用
ONF	Open Networking Foundation	开放网络基金会
OPC	Originating Point Code	源信令点编码
OSI RM	Open System Interconnection Reference Model	开放系统互连参考模型
OSPF	Open Shortest Path First	开放最短路径优先
OXC	Optical Cross Connects	光交叉连接
PaCH	Paging Channel	寻呼信道
PBX	Private Branch eXchange	用户专用小交换机
PCC	Policy and Charging Control	策略与计费控制
PCR	Peak Cell Rate	峰值信元速率
PDU	Protocol Data Unit	协议数据单元
PHB	Per Hop Behavior	每跳行为
PIN	Personal Identity Number	个人识别码
PLMN	Public Land Mobile Network	公用陆地移动通信网
PM	Physical Media	物理媒体
PPP	Point to Point Protocol	点对点协议
PS	Premium Service	优质的业务
PSPDN	Packet Switched Public Data Network	分组交换公用数据网
PSTN	Public Switched Telephone Network	公用电话交换网
PTI	Payload Type Indication	净荷类型指示
PTN	Packet Transport Network	分组传送网
PVC	Permanent Virtual Circuit	永久虚电路
PWE3	Pseudo-Wire Emulation Edge to Edge	点对点伪线仿真
QoS	Quality of Service	服务质量
RACH	Random Access Channel	随机接入信道
RAI	Routing Area Identification	路由区标识
RACS	Resource and Access Control Subsystem	资源和接纳控制子系统
RIP	Routing Information Protocol	路由信息协议
RLG	Release Guard	释放监护
RR	Radio Resource	无线资源管理
RSVP	Resource ReSerVation Protocol	资源预留协议
RTCP	Real-time Transfer Control Protocol	实时传输控制协议
RTP	Real-time Transfer Protocol	实时传输协议

RTT	Radio Transmission Technology	无线传输技术
SA	Stand Alone	独立组网
SAAL	Signaling ATM Adaptation Layer	信令 ATM 适配层
SABM	Set Asynchronous Balanced Mode	置异步平衡方式
SAM	Subsequent Address Message	后续地址消息
	SCF Access Manager	SCF 访问管理
SAR	Segment And Reassemble	分段和重装子层
SAPI	Service Access Point Identifier	服务访问点标识
SBA	Service Based Architecture	服务化架构
SBM	Successful Backward Message	后向建立成功消息
SCCP	Signaling Connection Control Part	信令连接控制部分
SCE	Service Creation Environment	业务生成环境
SCF	Service Control Function	业务控制功能
SCH	Synchronization Channel	同步信道
SCP	Service Control Point	业务控制点
SCR	Sustainable Cell Rate	可维持信元速率
SCTP	Stream Control Transport Protocol	流控制传送协议
SDCCH	Stand-alone Dedicated Control Channel	独立专用控制信道
SDF	Service Data Function	业务数据功能
SDL	Specification and Description Language	规范描述语言
SDN	Software Defined Network	软件定义网络
SF	Status Field	状态字段
SG	Signaling Gateway	信令网关
SI	Service Indicator	业务指示语
SIF	Signaling Information Field	信令信息字段
SIGTRAN	Signaling Transport	信令传输部分
SIM	Subscriber Identity Module	用户识别卡
SIO	Service Indicator Octet	业务信息八位位组
SIP	Session Initiation Protocol	会话起始协议
SIP-T	Session Initiation Protocol for Telephone	用于电话的会话起始协议
SLA	Service Level Agreement	服务等级协定
SLS	Signaling Link Selection	信令链路选择码
SMF	Service Management Function	业务管理功能
SMF	Session Management Function	会话管理功能
SMS	Service Management System	业务管理系统
	Short Message Service	短消息业务
SP	Signaling Point	信令点
SPC	Stored Program Control	存储程序控制
SPDU	Session Protocol Data Unit	会话层协议数据单元
SRF	Specialized Resource Function	专用资源功能
SPN	Slicing Packet Network	切片分组网络
SRTCM	Single Rate Three Color Marker	单速三色标记器

SS	Software Switching	软交换
SSF	Service Switching Function	业务交换功能
	Sub-Service Field	子业务字段
SSP	Service Switching Point	业务交换点
SSS	Self Synchronous Scrambling	自同步扰码
STD	Synchronous Time Division	同步时分
STM	Synchronous Transfer Mode	同步传送模式
STP	Signalling Transfer Point	信令转接点
SUA	SCCP-User Adaptation	SCCP 用户适配
SVC	Switching Virtual Circuit	交换虚电路
	Switched Virtual Connection	交换虚连接
SyCH	Synchronization Channel	同步信道
TACS	Total Access Communication System	全接入通信系统
TC	Transaction Capability	事务处理能力
	Transmission Convergence	传输汇聚
TCA	Traffic Condition Agreement	业务流调节协定
TCH	Traffic Channel	业务信道
TCP	Transmission Control Protocol	传输控制协议
TDD	Time Division Duplex	时分双工
TDMA	Time Division Multiple Access	时分多址
TD-SCDMA	Time Division-Synchronization Code Division Multiple Access	时分同步码分多址
TIA/EIA	Telecommunication Industries Associations/Electronic Industries Associations	电信工业联盟/美国电子工业联盟
TMN	Telecommunication Management Network	电信管理网
TMSI	Temporary Mobile Subscriber Identity	临时移动用户识别码
ToS	Type of Service	服务类型
TRTCM	Two Rate Three Color Marker	双速三色标记器
TSW3CM	Time Sliding Window Three Color Marker	时间滑动窗口三色标记器
TSN	Time Sensitive Network	时间敏感网络
TUP	Telephone User Part	电话用户部分
UA	User Agent	用户代理
UAC	User Agent Client	用户代理客户机
UAS	User Agent Server	用户代理服务器
UBM	Unsuccessful Backward Message	后向建立不成功消息
UDM	Universal Data Management	统一数据管理
UMTS	Universal Mobile Telecommunication System	通用移动通信系统
UNI	User-Network Interface	用户网络接口
UPC	User Parameter Control	用户参数控制
UPF	User Plane Function	用户面功能
UPT	Universal Personal Telecommunication	通用个人通信
uRLLC	ultra Reliable and Low Latency Communication	高可靠低时延

USR	User to User Message	用户至用户消息
UTRA	Universal Terrestrial Radio Access	全球陆地无线接入
VBR	Variable Bit Rate	可变比特率
VC	Virtual Channel	虚信道
	Virtual Connection	虚连接
VCC	Virtual Channel Connection	虚信道连接
VCI	Virtual Channel Identifier	虚信道标识符
VCL	Virtual Channel Link	虚信道链路
VIM	Virtualized Infrastructure Manager	虚拟设施管理器
VLAN	Virtual LAN	虚拟局域网
VLL	Virtual Leased Line	虚拟租用线
VLR	Visitor Location Register	访问位置寄存器
VNF	Virtual Network Function	虚拟网络功能
VoDSL	Voice over DSL	DSL 电话
VoIP	Voice over IP	IP 上的话音（IP 电话）
VoLTE	Voice over LTE	基于 LTE 的话音业务
VP	Virtual Path	虚通路
VPC	Virtual Path Connection	虚通路连接
VPI	Virtual Path Identifier	虚通路标识符
VPL	Virtual Path Link	虚通路链路
VPLS	Virtual Private LAN Service	虚拟专用局域网业务
VRRP	Virtual Router Redundancy Protocol	虚拟路由冗余协议
VPN	Virtual Private Network	虚拟专用网
WAN	Wide Area Network	广域网
WCDMA	Wideband Code Division Multiple Access	宽带码分多址接入
WDM	Wavelength Division Multiplexing	波分复用
WF^2Q	Worst case Fair Weighted Fair Queuing	最坏情况公平加权公平排队
WFQ	Weighted Fair Queuing	加权公平排队
WRR	Weighted Round Robin	加权轮转排队

参 考 文 献

[1] 霍龙社，王健全. 分组核心网架构和关键技术. 北京：机械工业出版社，2013.

[2] 李正茂，正晓云. TD-LTE 技术与标准. 北京：人民邮电出版社，2013.

[3] 崔鸿雁. 现代交换原理（第 5 版）. 北京：电子工业出版社，2018.

[4] 郭娟. 现代通信网. 西安：西安电子科技大学出版社，2016.

[5] 王珺. 交换技术与通信网. 北京：清华大学出版社，2019.

[6] 梁雪梅. IMS 技术行业专网应用. 北京：人民邮电出版社，2016.

[7] 庞韶敏. 移动通信核心网. 北京：电子工业出版社，2016.

[8] 韩斌杰. GSM 原理及网络优化. 北京：机械工业出版社，2016.

[9] 李纪舟. 软件定义网络技术及发展趋势综述. 北京：通信技术，2014.

[10] 张建强. 中国移动信令网 IP 化演进探. 北京：移动通信，2014.

[11] 沈庆国，于振伟. 网络体系结构的研究现状与发展动向. 北京：通信学报，2010.

[12] 聂衡，赵慧玲，毛聪杰. 5G 核心网关键技术研究. 北京：移动通信，2019.

[13] 项弘禹，肖扬文，张贤. 5G 边缘计算和网络切片技术. 北京：电信科学，2017.

[14] 肖子玉. 5G 核心网标准进展综述. 北京：电信工程技术与标准化，2017.

[15] 周敏，张健. 全光交换网络的技术发展与演进趋. 北京：电信科学，2019.

[16] 苟建国. 网络功能虚拟化技术综述. 北京：计算机工程与科学，2019.